人工智能前沿技术丛书

总主编 焦李成

大数据智能挖掘与影像解译

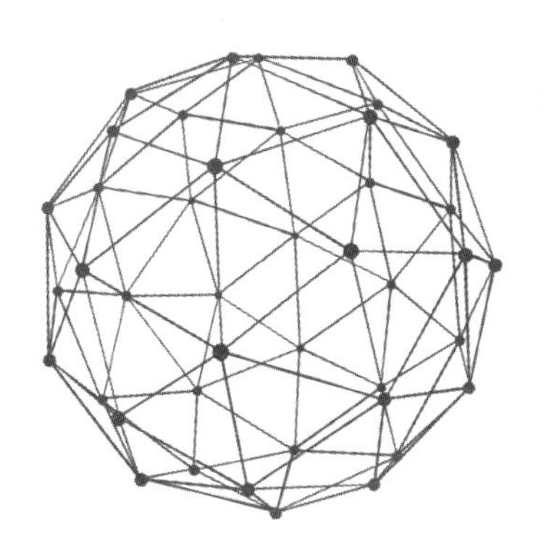

缑水平 焦李成 刘 芳 杨淑媛
焦昶哲 李睿敏 毛莎莎 编 著

西安电子科技大学出版社
http://www.xduph.com

内 容 简 介

本书在介绍数据挖掘基本概念、原理和算法的基础上，详细介绍了图像数据的表示、图像存储、图像分类和目标识别、异常检测、图像关联分析、多媒体数据混合挖掘等内容，展示了智能数据挖掘技术与影像解译信息的过程，并对数据挖掘在人工智能、图像处理、模式识别、数据库等领域的研究进行了详细的论述。全书共分8章，主要内容包括数据挖掘概述及分类、数据挖掘的理论基础、关联规则挖掘、数据挖掘应用实例及可视化、数据挖掘中的图像表示与数据预处理、图像目标检测、图像分割、图像分类与识别。

本书可作为高等学校人工智能、计算机、信号与信息处理、应用数学等专业高年级本科生和研究生的教材，也可作为数据挖掘方面的研究人员的参考资料。

图书在版编目(CIP)数据

大数据智能挖掘与影像解译/缑水平等编著. —西安：西安电子科技大学出版社，2022.4(2023.1重印)
ISBN 978-7-5606-6249-7

Ⅰ. ①大… Ⅱ. ①缑… Ⅲ. ①数据采集 ②图像处理 Ⅳ. ①TP274 ②TP391.413

中国版本图书馆CIP数据核字(2022)第049902号

策　　划　人工智能前沿技术丛书项目组
责任编辑　阎　彬
出版发行　西安电子科技大学出版社(西安市太白南路2号)
电　　话　(029)88202421　88201467　　邮　　编　710071
网　　址　www.xduph.com　　电子邮箱　xdupfxb001@163.com
经　　销　新华书店
印刷单位　陕西天意印务有限责任公司
版　　次　2022年4月第1版　2023年1月第2次印刷
开　　本　787毫米×960毫米　1/16　印 张　19
字　　数　390千字
印　　数　1001～3000册
定　　价　54.00元
ISBN 978-7-5606-6249-7/TP
XDUP 6551001-2

前言 PREFACE

人类正被数据淹没，却饥渴于知识。随着传感器技术的发展和视频图像大数据技术的应用越来越普及，人们正逐步陷入"数据丰富、知识贫乏"的尴尬境地。知识信息的"爆炸"给人类带来莫大益处，但也带来不少弊端，造成知识信息的"污染"。面对浩瀚无际而被污染的数据海洋，人们急需一种去粗存精、去伪存真的技术。数据挖掘(Data Mining，DM)应运而生。数据挖掘就是指从大量的、不完全的、有噪声的、模糊的、随机的实际应用数据中，提取隐含在其中的、人们事先不知道的、但又是潜在有用、目标明确、针对性强、精练准确的信息和知识的过程。

海量数据与知识贫乏引发了知识发现和数据挖掘技术的出现。可以预计在21世纪，知识发现与数据挖掘（Knowledge Discovery and Data Mining，KDDM）的研究将形成又一个新的高潮。第五代移动通信技术的出现也促进了这一研究的开展。由于DM涉及人工智能、模式识别、机器学习、统计学等领域，因此，不同领域的学者利用各自不同的技术和方法对数据挖掘进行了卓有成效的研究。如何将不同领域的理论、技术进行融合，将是下一阶段研究的中心，而计算机、通信和网络的融合为人们集成这些不同技术提供了硬件基础。可以预见，数据挖掘和知识发现的研究将会进一步深入并将有大量的成果问世。当然，对这些技术的研究将行进在充满挑战又极富发展潜力的漫长道路上。

尽管KDD(Knowledge Discovery in Database，数据库中的知识发现)和DM的研究可以继承大量在计算机科学和模式识别理论中已有的理论和技术，但是它们仍面临着大量的问题，具体包括：

（1）巨大的数据量以及高维数据问题。

目前，数据集合中拥有数百万条记录的数据库已大量存在，对这样的数据库进行优化分析会产生组合爆炸，因此要考虑将最优解转换为可接受解，并要使用降维、去噪等处理方法。

（2）数据缺失问题。

数据库不是为知识发现定做的，所以会有一些重要数据或重要属性缺失的问题。

（3）变化的数据和知识问题。

变化的数据有可能使原有的模式不正确，因此要考虑模式的更新功能，并且要能够利用原来的知识发现新模式，减少分析量。

（4）影像大数据的有效性表示。

图像结构在时空与尺度变化上的一致性规律，需要构建图像局部—非局部结构感知的视觉表观重构模型。

(5) 模式的易读性。

要使知识发现结果易于被非计算机专业人员理解，需要进一步加强人机对话能力。

(6) 与其他系统集成问题。

数据库的发展趋势是不仅要存储数字化数据，而且要存储许多非标准化数据，尤其是大规模视频影像数据，与这类数据的接口问题日趋严重。只有平台和数据有效结合，才具有实用价值。

针对海量数据挖掘存在的维数灾难及小样本问题，传统机器学习理论的“小样本”统计假设受到了极大的限制和挑战。信息稀疏问题摆在了人们的面前：属性量巨大，样本稀少，而一些属性的数值对问题世界没有意义，大量数据存在于边界上。而对于实际问题，目标函数各异，表示形式多样，多个需求叠加“平均”。面对海量数据的不确定性、无尺度性、非线性、非平稳、非高斯、非局域、非标号、非结构以及半结构化、域知识特征等，如何能够实现有效的智能数据挖掘与知识发现，成为一个有重大应用潜力的课题，相应的方法学也面临新的挑战。

近年来，人们在向自然进化学习、向人脑学习、向遗传免疫学习的基础上，发展了多种自然计算和智能信息处理的方法。在国家“863”计划、国家自然科学基金重点项目、教育部跨世纪人才基金、国家“973”子项等课题资助下，科技人员展开了相关课题的研究，并取得了一定的成果，这些成果主要包括：自适应子波网络、多尺度几何网络、免疫克隆计算、方向多分辨脊波网络、海量数据的组织协同进化分类、基于免疫克隆算法的特征选择、子波核匹配追踪学习机、集成分类器、核匹配追踪分类集成、基于组织进化和组织多层次进化的关联规则挖掘与 Web 日志挖掘、基于克隆算法的多维数据及孤立点挖掘、基于 Petri 网的可视化模型的实现等。最近几年来，得益于大数据的出现和计算能力的提升，深度学习作为人工神经网络分支下的一类新的学习方法，成为目前人工智能领域最热门的研究方向之一。相比于传统的浅层学习，深度学习解决了传统浅层学习方法需要进行特征提取和特征选择的麻烦，简化了特征处理流程，并将其应用于图像挖掘中的感兴趣区域分割和目标分类与识别这些影像解译中，取得了一系列成果。

本书在介绍数据挖掘基本概念、原理和算法的基础上，详细介绍了图像数据的表示、图像目标检测、图像分割、图像分类和识别等内容。全书共分为 8 章，第 1 章主要从整体上介绍数据挖掘和知识发现的基本概念、研究现状及发展方向；第 2 章全面论述了数据挖掘的理论基础；第 3 章详细论述关联规则挖掘方法；第 4 章介绍了数据挖掘应用实例及可视化；第 5 章系统论述了数据挖掘中的图像表示与数据预处理；第 6 章详细介绍了图像数据目标检测方法；第 7 章论述图像分割方法；第 8 章介绍图像分类与识别方法。

本书结合机器学习、模式识别和人工智能等众多领域的知识，注重深入讲解从大量信息中获取有用知识的有效途径，可作为高等学校人工智能、计算机、信号与信息处理、应用数学等专业的高年级本科生和研究生的教材，也可作为数据挖掘方面的研究人员的参考资料。

本书第 1 章由焦李成教授撰写；第 2 章、第 7 章由缑水平教授撰写；第 3 章由刘芳教授撰写；第 4 章由李睿敏老师撰写；第 5 章由杨淑媛教授撰写；第 6 章由焦昶哲老师撰写；第 8 章由缑水平教授和毛莎莎老师共同撰写。本书是西安电子科技大学人工智能学院和智能感知与图像理解教育部重点实验室近 10 年集体智慧的结晶。特别感谢保铮院士多年来的悉心培养和教导，感谢中国科技大学陈国良院士和 IEEE 进化计算期刊主编姚新教授，IEEE 知识与数据挖掘期刊主编、IEEE Fellow Wu Xindong 教授的指导和帮助；感谢国家自然科学基金委信息科学部的大力支持；感谢田捷教授、高新波教授、石光明教授、王磊教授的帮助。本书的部分内容借鉴了国内外其他专家和学者的最新研究成果，同时该书也得到了西安电子科技大学出版社有关领导和责任编辑的关心和支持，在此深表谢意！

感谢作者家人的大力支持和理解。

本书相关研究得到了国家自然科学基金(批准号：61836009、62102296、62171357)、教育部长江学者和创新团队支持计划(项目编号：IRT_15R53)、陕西省重点研发计划项目(批准号：2019ZDLGY03－02－02)、陕西省自然科学基础研究计划一般项目(批准号：2022JQ－661)以及西安市科技计划项目(项目编号：20RGZN0020)的资助，特此感谢！

由于作者水平有限，书中不妥之处在所难免，恳请读者批评指正。

编著者
2021 年 11 月

目录 CONTENTS

第1章 绪论

近年来，由于计算机性能提高、成本下降及数据管理技术成功运用，各部门内部的信息化程度越来越高，同时也造成了大量数据的积累。收集于大型数据库中的数据变成了“数据坟墓”。“数据丰富，知识贫乏”，决策者很难从海量的数据中提取出有价值的信息，这引发了对数据分析工具的强烈需求。数据分析工具可以从大量数据中得到信息和知识，可以广泛用于商务管理、生产控制、市场分析、工程设计和科学研究与探索等。

20 世纪 60 年代，计算机的应用领域从科学计算转向事务处理，人们利用磁带、磁盘及计算机的相关技术，进行数据的收集、回顾和静态传输，这便是早期的数据库技术；1970 年 E. F. Cold 创建了关系数据库模型，促成了从层次和网状数据库系统到关系数据库系统的发展，形成了在数据收集基础上的数据索引和数据组织技术、查询处理及查询优化技术以及事务处理和联机事务处理(OLTP)，并进一步集成了关系数据库管理系统(DBMS)、结构查询语言(SQL)和开放数据库互联(ODBC)技术，使数据可在记录层上进行动态传输，这使得数据库的应用迅速推广。20 世纪 80 年代起，人们广泛运用关系模型，并研究和开发出新的模型，如基于高级数据模型的扩充关系模型、面向对象模型、对象—关系模型和演绎模型，基于应用的空间模型、时间模型、多媒体模型、主动模型、知识库模型等，进一步开发出功能更强大的数据库系统。20 世纪 80 年代后期以来，数据仓库和决策支持技术出现，在线分析处理(OLAP)、多维数据库(MDDB)和数据仓库(DW)技术保证可在数据收集的基础上进行动态的、多层次的数据传输。20 世纪 90 年代，一种新的数据库系统——Web 数据库系统出现。进入 2000 年以来，新一代的综合信息系统应运而生。随着各种大型查询和事务处理数据库系统的应用，数据分析和理解已成为新的目标，人们期待着从数据中发现有价值的信息和知识，发现事物的发展趋势。利用大型数据库技术、并行计算机、高级算法进行主动的信息传输已成为数据库系统和机器学习中的一个关键性的研究课题。

近年来，Internet 及相关技术使得计算机、网络、通信三合为一。网络经济、注意力经济等，以其巨大的社会效益和极富挑战与机遇的内涵，成为信息科学最引人注目的研究课题。然而，网络在快捷、方便地带来大量信息的同时，也带来了一大堆的问题：信息过量、难以消化；信息真假难以辨识；信息安全难以保证；信息形式不一致，难以统一处理；等等。如何理解已有的历史数据并用以预测未来的行为？如何从这些海量数据中发现信息，变被动的数据为主动的知识？如何快速、准确地获得有价值的网络信息和网络服务，为用户提供重要的、未知的信息或知识，指导政府决策、企业决策，获取更大的经济效益和社会效益？这些问题迫使人们寻找新的、更为有效的数据分析手段，对各种“数据矿藏”进行有效的挖掘以发挥其应用潜能。20世纪80年代后期至今，高级数据分析——数据挖掘(Data Mining，DM)与数据库中的知识发现(Knowledge Discovery in Database，KDD)正是在这样的应用需求背景下产生并迅速发展起来的。数据挖掘和知识发现(Knowledge Discovery，KD)是开发信息资源的一套科学方法、算法及软件工具和环境的统称，是集统计学、人工智能、模式识别、并行计算、机器学习、数据库等技术于一体的一个交叉性的研究领域。

大数据时代的来临突破了数据库的传统模式，使之转变成可进行数据变换、连接及共享的数据库。科技时代下，数据成为各行各业发展的依据和关键，面对如此庞大的数据，数据挖掘承担了十分重要的角色。而在数据挖掘领域，对于大数据的分析越来越成为时代的主流。我们可借助大数据挖掘技术，从多类数据中发现信息和知识，并让数据为自己服务。

1.1 数据挖掘概述

简单来说，数据挖掘(DM)就是从数据中提取或“挖掘”知识。目前，数据挖掘可以从统计学、数据库和机器学习等三个角度进行定义。从统计学的角度讲，数据挖掘是指分析所观察的数据集以发现可信的数据间的未知关系，并给数据拥有者提供可理解的、新颖的和有用的归纳数据的过程；从数据库的角度讲，数据挖掘是指从存储在数据库、数据仓库或其他信息仓库中的大量数据中发现有趣的知识的过程；从机器学习的角度讲，数据挖掘定义为从数据中抽取隐含的、明显未知和潜在有用的信息的过程。

数据库中的知识发现(KDD)是识别有效的、新颖的、具有潜在用处的、可理解的数据模式的过程。数据库(DB)与数据库中的知识发现(KDD)的关系从名称上就已体现出明显的区别：数据库仅提供了基本数据模型下的数据存储和数据操作，而KDD的过程说明知识发现常常意味着经验、重复、用户的交互及许多设计、决策和习惯。简单来讲，KDD表示了从低层数据抽象高层知识的整个过程，见图1.1。通过KDD，人们可以从数据库的数据及相关集合中抽象有用的知识、数据的规律性或高层的信息。对于KDD，还有一些类似的术语，如从数据库中挖掘知识，进行知识提取、数据考古、数据捕捞、数据/模型分析等。

数据挖掘过程可以与用户或知识库交互，最终将得到的模式提供给用户，或将其作为新的知识存放在知识库中。

按照上面的讨论，典型的数据挖掘系统由以下部分组成：

(1) 数据库、数据仓库或其他信息库。它们可以是一个或一组数据库、数据仓库、电子表格或其他类型的信息库，可以在由其构成的数据集上进行数据清理和集成。

(2) 数据库或数据仓库服务器。根据用户的数据挖掘请求，数据库或数据仓库服务器负责提取相关数据。

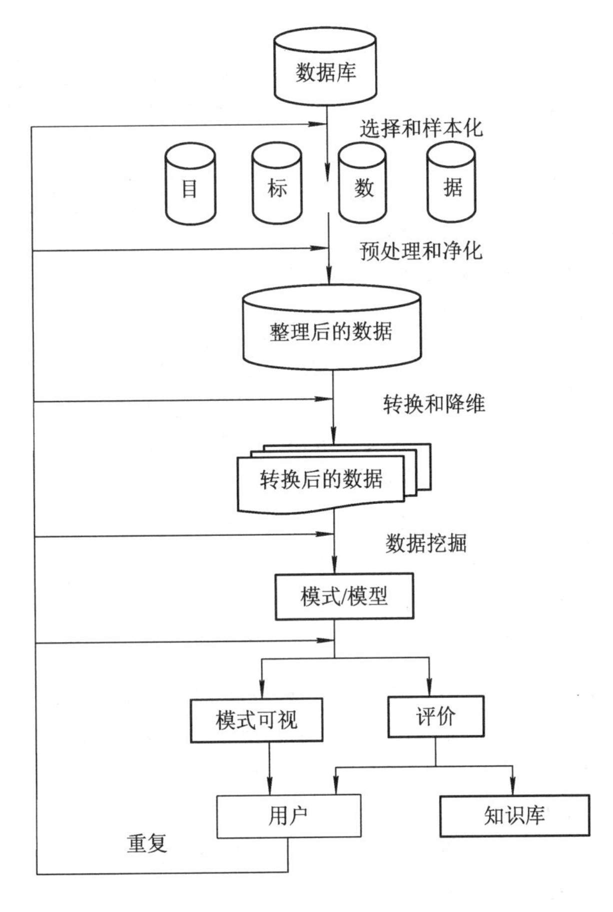

图 1.1　KDD 的过程

(3) 知识库。知识库中存放着领域知识，用于指导搜索，或评估结果模式的兴趣度。这种知识库可能包括概念分层及用户确信度方面的知识。

(4) 数据挖掘引擎。它是数据挖掘系统的基本组成部分，由一组功能模块组成，用于特征化、关联、分类、聚类分析以及演变或偏差分析。

(5) 模式评估模块。它通常使用兴趣度来测试，并与数据挖掘模块交互，以便将搜索聚焦在有趣的模式上。可以使用兴趣度阈值过滤所发现的模式。模式评估模块也可以与挖掘模块集成在一起，二者的不同在于所用的数据挖掘方法不同。但是，有效的数据挖掘应将模式评估集成到数据挖掘的一定过程之中，从而使搜索限制在感兴趣的模式上。

(6) 图形用户界面。在用户和数据挖掘系统之间可以利用图形用户界面进行通信。该模块允许用户与系统交互，指定数据挖掘查询任务，提供信息，帮助搜索聚焦，根据数据挖掘的中间结果进行探索式数据挖掘。此外，该模块还允许用户浏览数据库和数据仓库模式或数据结构，评估挖掘的模式，以不同的形式对模式进行可视化。

典型的数据挖掘系统的结构见图 1.2。

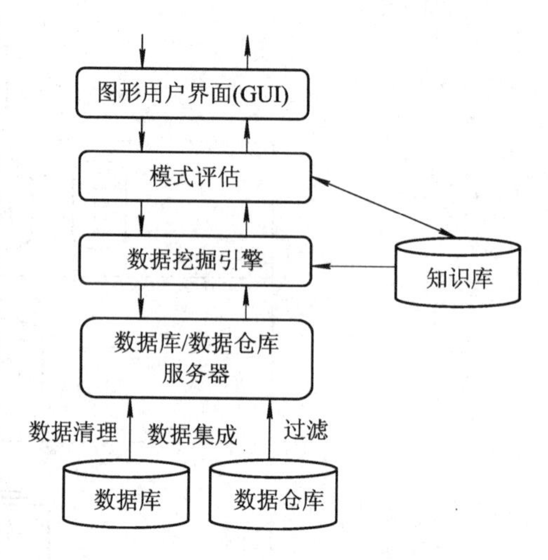

图 1.2　典型的数据挖掘系统的结构

数据仓库是系统地组织、理解和使用数据的一种结构和工具。数据仓库系统可将各种应用系统集成在一起，为统一的历史数据分析提供平台。数据仓库有多种定义，较为公认的定义为：数据仓库是一个面向主题的、集成的、时变的、非易失的数据集合，用以支持部门的决策。所谓面向主题，是指数据仓库围绕某个主题，剔除无用的数据，提供特定主题的简明视图；所谓集成，是指数据仓库通常是多个异种数据源中的各种数据的集成；所谓时变，是指数据仓库中的数据为历史数据，其关键结构隐式地或显式地包含着时间因素；所谓非易失的，是指数据仓库物理地分离式存放数据，数据仓库中不需要事务处理、恢复和并发控制机制。

数据仓库的应用有信息处理、分析处理和数据挖掘。其中，信息处理支持查询和基本的统计分析，并使用交叉表、表、图、图表进行报告；分析处理支持基本的 OLAP(在线联机处理)操作，包括切片与切块、下钻、上卷和转轴，支持多维数据分析；数据挖掘支持知识发现，可以找出隐藏的模式和关联，构造分析模型，进行分类和预测，并用可视化工具提供挖掘结果。从数据仓库的观点看，数据挖掘可以看成 OLAP 的高级阶段。然而，通过结合更高级的数据理解工具，数据挖掘比数据仓库的汇总型的分析处理更先进。

数据挖掘是一个交叉的学科领域，包括了数据库技术、统计学、机器学习、可视化和信息科学。数据挖掘中主要采用的技术有神经网络、模糊理论、粗糙集理论、知识表示、归纳逻辑和高性能计算等。依赖所挖掘的数据类型或给定的数据挖掘应用，数据挖掘系统也可能集成空间数据分析、信息检索、模式识别、图像分析、信号处理、计算机图形学、Web 技术、数据可视化及经济、商业、生物信息学或心理学等领域的核心技术。本书基于数据库的观点，着重研究大型数据库中有效的、可伸缩的和可行的数据挖掘技术。通过数据挖掘，可以从数据库中提取有趣的知识、规律和信息，并可以从不同的角度观察和浏览，所发现的知识可用于决策、信息管理、查询处理、过程控制等。因此，数据挖掘是当今信息技术学科最前沿的领域之一。

大数据时代，数据处理与传统的处理方式有着显著的不同：更注重全体数据的处理而非抽样数据，更注重处理的效率而绝非精度。一个通用的大数据处理流程可以概括为以下几个步骤：

(1) 数据采集。大数据的采集是指接收来自客户端的数据，并且用户可以对这些数据进行简单的查询和处理工作。其代表工具包括 Flume、Kafaka 等。

(2) 数据存储。互联网的数据“大”是不争的事实。目前除了互联网企业外，数据处理领域还是传统关系型数据库管理系统(RDBMS)的天下。近年来，通过扩展和封装 Hadoop 来实现对互联网数据的存储、分析的技术越来越成熟。代表工具包括 HDFS 文件系统、HBase 列数据库等。

(3) ETL(数据抽取(extract)、转换(transform)、加载(load))。在数据采集时，要对这些海量数据进行有效的分析，还要将来自前端的数据导入到一个集中的大型数据库或者分布式存储集群中，并在此基础上做一些简单的清洗和预处理工作。典型的 ETL 工具包括 Aqoop、DataX 等，可以满足不同平台的数据清洗、导入和导出等需求。

(4) 数据计算。大数据计算主要体现在数据的快速统计与分析上。统计与分析主要利用分布式数据库或者分布式计算集群来对存储于其内的海量数据进行普通的分析和分类汇总等，以满足大多数常见的数据分析需求。常见的工具包括 MapReduce 分布式并行计算框架、Spark 内存计算模型、Impala 大数据交互查询分析框架等。

(5) 数据分析与挖掘。在大数据平台下，数据的体量和多样性对挖掘的时效性提出了更高的要求，对计算精度要求降低，主要是在现有数据上面进行基于各种算法的计算，从而起到预测的效果，实现一些高级别数据分析的需求。常用的数据挖掘和机器学习工具包括 Mahout、MLlib 等。

(6) 数据可视化。数据可视化已经融入到大数据分析处理的全过程中，逐渐形成了基于数据的特点、面向数据处理过程、针对数据分析结果等多方面的大数据可视分析理论。典型的可视化工具或组件包括 D3.js、ECharts 等。

1.2 数据挖掘的分类

数据挖掘是一个交叉性的学科领域，涉及数据库技术、统计学理论、机器学习技术、模式识别技术、可视化理论和技术等。由于所用的数据挖掘方法不同、所挖掘的数据类型不同、数据挖掘应用不同等，因而产生了大量的、各种不同类型的数据挖掘系统。掌握数据挖掘系统的不同分类，可以帮助用户确定最适合自己的数据挖掘系统。

1.2.1 基于数据类型的分类

数据挖掘系统可以根据所挖掘的数据库类型的不同来分类。

根据数据模型分类，可以有关系型数据挖掘系统、对象型数据挖掘系统、对象－关系型数据挖掘系统、事务型数据挖掘系统、数据仓库的数据挖掘系统等。

根据所处理数据的特定类型分类，可以有演绎数据挖掘系统、空间数据挖掘系统、时间序列数据挖掘系统、空时数据挖掘系统、多媒体数据挖掘系统、文本数据的数据挖掘系统、WWW 数据挖掘系统等。

1.2.2 基于所挖掘的知识类型的分类

数据挖掘系统可以根据所挖掘的知识类型的不同，分为特征(characterization)规则、区分(discrimination)规则、关联(association)规则、分类(classification)规则、聚类(clustering)规则、孤立点分析(异常数据)(outlier)、偏差分析(deviation analysis)规则、相似性分析(similarity analysis)等挖掘系统。其中，特征规则挖掘系统从与学习任务相关的一组数据中提取关于这些数据的特征式(特征式表达了该数据集的总体特征)，即主要采集隐含于目标数据库中的特征规则集合；区分规则挖掘系统发现和提取待学习数据(目标数据)的某些特征或属性，使之与对比数据区分，即采集隐含于数据库中的数据的偶然性、相关于特定模型的趋势等，形成区分模型的相似匹配的规则；关联规则挖掘系统通过关联性发现一组项目之间的关联关系和相关关系，并将这些关系表示为规则形式，即在事务型数据库和关系数据库中采集关联规则的集合；分类规则挖掘系统产生对大量数据的分类，采集相应的分类规则的集合；聚类规则挖掘系统搜索并识别一个有限种类的集合或簇集合，以描述数据，聚类也意味着基于概念聚类原理聚类一个数据集(识别一组聚类规则)，以把类似的事件聚合在一起；孤立点就是不符合数据的一般模式的数据对象，孤立点分析即挖掘这样的孤立点；偏差分析规则挖掘系统探测现状、历史记录或标准之间的显著变化和偏差，采集不同概念层测试的阈值，形成检测规则的集合；等等。一个全面的数据挖掘系统应该提供多种或集成的数据挖掘功能。

数据挖掘系统还可以根据所挖掘知识的粒度或抽象层进行分类，包括：一般性知识挖掘系统，用来采集隐藏于目标数据集中的数据的一般性的、概括性的知识(高抽象层)；原始层知识挖掘系统，用来采集隐藏于原始数据层中的数据的规律性(原始数据层)；多层知识挖掘系统，用来在多个抽象层上采集知识。数据挖掘系统也可分类为挖掘数据规则性(通常出现的模式)系统和挖掘数据不规则性(如异常或孤立点)系统。一个高级的数据挖掘系统应当支持多抽象层的知识发现。

1.2.3 基于所采用技术的分类

数据挖掘系统也可以根据所采用的数据挖掘技术分类。目前，基于数据挖掘技术的分类有自动数据挖掘系统、证实驱动挖掘系统、发现驱动挖掘系统、交互式数据挖掘系统和大数据挖掘系统。

(1) 自动数据挖掘系统：数据挖掘系统自动地从大量的数据中发现未知的、有用的模式，是数据挖掘的高级阶段。

(2) 证实驱动挖掘系统：用户根据经验创建假设(或模型)，然后使用证实驱动操作测试假设(或挖掘与模型匹配的数据)，测试的过程即是数据挖掘的过程。所抽取的信息可能是事实或趋势。证实驱动数据挖掘的操作有查询和报告、多维分析和统计分析。其中，查询的目的是有效地表示一个假设；而报告是分析结果的说明；多维分析针对每一维的层次结构，利用特定的查询语言和可视化工具进行分析；统计分析是指将统计学与数据挖掘和可视化技术结合进行数据分析。

(3) 发现驱动挖掘系统：在目标数据集上利用历史数据自动创建一个模型，以预测将来的行为，模型创建的过程即是数据挖掘的过程。所挖掘的知识可能是回归或分类模型、数据库记录间的关系、误差情况等。发现驱动数据挖掘的操作有预测模型化、数据库分割、连接分析(即关联发现)和偏差检测。其中，预测模型化是基本的发现驱动数据挖掘操作。该操作利用数据库中的历史数据，根据过去的行为信息，自动产生一个模型，以预测将来的行为。数据库分割操作将数据库自动地分类为相关联的记录的集合，再汇总分类后的数据。支持数据库分割的技术是聚类。如果模型化和分割操作是建立数据的概括性描述，则连接分析就是建立数据库中记录之间的关系。换句话说，数据库中的记录之间往往隐藏着某种关系，体现了一定的相关性，连接分析便是找出这种相关性的数据挖掘操作。支持连接分析的技术是联合发现和关联发现。偏差检测的目的是设法辨别出不适合于分割的数据，然后说明这个数据是噪声还是要做详细检测的数据，该操作与数据库分割有关。支持偏差检测的主要技术是统计技术。

基于驱动技术的两种数据挖掘技术，一种用于验证模型，而另一种用于创建模型。目前 80%到 90%的数据挖掘系统都只使用了一种方法，其中 70%的数据挖掘系统使用了证实驱动数据挖掘。近年来，随着神经网络和人工智能技术的渗透，发现驱动数据挖掘也开始被广泛地应用。

(4) 交互式数据挖掘系统：利用交互式处理方式，逐渐明确数据挖掘的目标，动态改变数据聚集及搜索方式，逐步加深数据挖掘过程的一种数据挖掘系统。

(5) 大数据挖掘系统：大数据计算技术采用分布式计算框架来完成大数据的处理和分析任务的一种数据挖掘系统。作为分布式计算框架，大数据挖掘系统不仅要提供高效的计算模型、简单的编程接口，还要考虑可扩展性和容错能力。作为大数据处理的框架，大数据挖掘系统需要有高效可靠的输入/输出(I/O)，满足数据实时处理的需求。

目前，在大数据处理领域形成了以 Hadoop、Spark 等为代表的大数据生态圈。

Hadoop 是一个由 Apache 基金会开发的分布式系统基础架构。用户可以在不了解分布式底层细节的情况下，开发分布式程序，充分利用集群的威力进行高速运算和存储。Hadoop 的框架最核心的设计就是 HDFS 和 MapReduce。HDFS 为海量数据提供了存储，而 MapReduce 则为海量数据提供了计算。Hadoop 经过近十年的发展，其间形成了以 Hive、Hbase、Zookeeper 等软件为核心的 Hadoop 生态系统，并且仍然处在不断更新完善的过程中。Hadoop 从根本上改变了企业存储、处理和分析数据的方式。与传统系统的区别是，Hadoop 可以在相同的数据上同时运行不同类型的分析工作。

近年来最火的大数据平台 Spark，是一种快速、通用、可扩展的大数据分析引擎，是 2009 年伯克利大学 AMP lab 所开发的类 Hadoop MapReduce 的通用并行框架，专门用于大规模数据的迭代式计算。它于 2010 年开源，2013 年 6 月成为 Apache 孵化项目，2014 年 2 月成为 Apache 顶级项目。目前，Spark 生态系统已经发展成为一个包含多个子项目的集合，如 SparkSQL、Spark Streaming、GraphX、MLib、SparkR 等子项目。Spark 是基于内存计算的大数据并行计算框架。除了扩展了广泛使用的 MapReduce 计算模型外，Spark 还高效地支持更多计算模式，包括交互式查询和流处理。Spark 适用于各种各样原先需要多种不同的分布式平台的场景，包括批处理、迭代算法、交互式查询、流处理等。

1.2.4 基于数据挖掘方法的分类

数据挖掘将数据可视化、数据库技术、高性能计算机、统计学、机器学习、模式识别、人工智能等多个范畴的理论和技术融合在一起。根据所采用的数据分析方法的不同(如面向数据库的方法、面向数据仓库的方法、机器学习方法、统计学方法、模式识别文法、神经网络方法等)，数据挖掘也有不同的分类，例如：基于概括的挖掘系统是利用数据归纳和概括工具，对指定的目标数据的一般特征和高层知识进行概括归纳的系统；基于模型的挖掘系统是根据预测模型挖掘与模型相匹配的数据的系统；基于统计学的挖掘系统是指针对目标数据，根据统计学原理进行挖掘的系统；基于数学理论的挖掘系统，顾名思义，其对目标数据的挖掘基于相应的数学理论；集成化挖掘系统，综合多种数据挖掘方法对目标数据进行挖掘。解决实际问题时，如果能将已知的数据库蕴含的复杂信息转换成数学语言，建立数学模型，则运用相应的处理方法，会得到更加有效的结果。

基于模型的挖掘是数据挖掘主要方法中分支较为复杂的一类，包括神经网络与决策树等有关人工智能算法、进化算法及支持向量机等算法。在预测模型方法中，神经网络算法、决策树算法、贝叶斯分类算法、基于关联规则分类算法等都是经典的人工智能算法。

近年来，深度学习尝试解决抽象认知的问题，而且取得了巨大的突破。深度学习将人工智能带上一个新台阶，不仅在学术上产生了巨大的影响，而且在实用性上也取得了进展。在语音识别、图像识别、自然语言处理等方面利用数据挖掘方法取得了一定的研究进展。在相当的条件下与其他方法相比，如果采用深度学习框架，能免去繁琐的提取特征的步骤。从某种程度上说，深度学习是特别接近人的大脑的智能学习方法，在挖掘数据的过程中非常适用。因为深度学习能自动对数据进行快速处理，而且准确度较高，所以目前采用深度学习对数据进行挖掘是比较热门的方法。

1.2.5 基于数据挖掘应用的分类

数据挖掘系统还可以根据其应用来分类，从而产生了金融数据的数据挖掘系统、电信行业的数据挖掘系统、DNA序列数据挖掘系统、股票市场数据挖掘系统、WWW数据挖掘系统等。不同的应用通常需要集成对于该应用特别有效的方法。因此，普通的、全功能的数据挖掘系统并不一定适合特定领域的数据挖掘任务。

在大数据时代下，数据挖掘已经广泛地应用到生活中的多个领域中，成为当今高科技发展的热点问题。无论在软件开发、医疗卫生方面，还是在金融、教育等方面都可以随处看到数据挖掘的影子，可以使用数据挖掘技术发现大数据内在的巨大价值。将数据挖掘技术引入图像处理可以在一定程度上解决目前图像内容的表示、存储和检索方面存在的很多难点。视频、音频、图像等都属于多媒体的范畴，图像挖掘是多媒体挖掘的一个分支，指的是在图像数据库中抽取出隐含的、未知而潜在的有用知识和图像数据关系的非平凡过程，它是计算机视觉、图像处理、图像检索、数据挖掘、模式识别、数据库和人工智能等多学科交叉的研究领域。图像挖掘可以广泛地应用于图像检索、医学影像诊断分析、卫星图片分析、地下矿藏预测等各种领域。

随着时代的发展，海量的数据结构变得复杂化和动态化，通过单独的传统数学方法去管理现实生活中的问题，得到的效果往往不能达到人们的预期。无人机和无人车的实际应用、公安天网工程的展开、智慧医疗项目的全面发展都会要求对多媒体数据进行快速处理，为了得到更理想的效果，使得到的效果变得最优化，需要开发和设计数据挖掘的新智能算法。

1.3 数据挖掘研究的公开问题

数据类型的不同和数据挖掘目标的不同，产生了不同的数据挖掘系统和数据挖掘技术。一般的，KDD由数据选择、数据转换、数据挖掘和结果分析等阶段组成。一个数据库或数据仓库中包含了各种数据，并非所有数据都是数据挖掘的目标，所以数据挖掘的第一步是选择目标数据。对目标数据的选择基于相同性质的数据，并考虑数据在一段时间内的变化和动态，数据的层次性、充分性、自由度等。数据转换是指在选择了目标数据后，要对数据进行一定的转换或降维。转换的方法包括把一种类型的数据转换为另一种类型、把数据的有关属性转换为新的属性、尽可能降低数据的维数等。数据挖掘是指利用一种技术或某些技术的集成，挖掘已经转换和降维的数据，获取期望的信息，完成模型创建或模型匹配的任务。而结果分析则说明了用户按照其决策支持任务和数据挖掘目标分析所挖掘的信息，即知识。在结果分析期间，要评价模型的健壮性、有效性等。

鉴于数据的多样性、数据挖掘方法的多样性，数据挖掘面对着许多具有挑战性的课题。数据挖掘语言的设计、高效而有用的数据挖掘方法和系统的开发、交互和集成的数据挖掘环境的建立、数据挖掘与数据库/数据仓库的无缝连接以及应用数据挖掘技术解决大型应用问题，都是目前数据挖掘研究人员和应用系统开发人员所面临的主要问题。

1. 数据库类型的多样性问题

许多数据集中包含着复杂数据类型，如关系型数据、半结构化数据、非结构化数据、复杂数据对象、超文本数据和多媒体数据、空间和时间数据、视频数据、声音数据等，局域网和广域网(Internet)上更是连接了许多数据源并形成了巨大的、分布式的、分层的和异构的数据库。从不同的格式或非格式的具有不同数据语义的数据源而来的数据集，对数据挖掘提出了新的挑战。所以，一个强有力的数据挖掘系统应该能够有效地处理这些复杂的数据类型。然而，数据种类的繁多，以及数据挖掘的不同目标，使得采用一个数据挖掘系统处理所有类型的数据是不现实的。目前，数据挖掘主要处理的是数值型数据和分类数据，针对非结构化数据、时空数据、多媒体数据的数据挖掘是迫切需要解决的问题。

2. 性能问题

数据挖掘的性能包括数据挖掘算法的有效性、可伸缩性和并行处理能力。数据挖掘算法的有效性和可伸缩性是指为了有效地从数据库中的大量数据中抽取出有用的知识，知识发现算法必须是有效的和可伸缩的，也就是说，一个数据挖掘算法在大型数据库中的运行时间必须是可预计的和可接受的。许多现有的数据挖掘算法往往适合于常驻内存的、小数据集的数据挖掘，而大型数据库中存放了太字节(TB)级的数据，所有数据无法同时导入内存，所以从数据库的观点看，有效性和可伸缩性是数据挖掘系统实现时的关键问题。

3. 数据不断改变的问题

许多实际的数据库系统中的数据不是稳定不变的，而是不断递增和变化的，这种改变可能使先前发现的模式无效。为了随时获得一个与数据相关的有效模式，需要以一定的时间间隔不断重复同样的数据分析过程。某些数据挖掘过程的高成本，导致了对增量式数据挖掘算法的研究需求。开发增量式数据挖掘算法并将其与数据库的更新操作相结合，可以提高数据挖掘的效率，不必在数据变更时重新挖掘整个数据库。

4. 数据挖掘结果的有用性、确定性和可表示性

数据挖掘所发现的知识应准确地反映数据库的内容，而且对用户是有用的。对所发现知识有用性的定性的系统化研究，包括关注点和可靠性等，可借助统计学、分析和模拟模型及工具来实现。

存放在数据库中的数据含有噪声、异常数据或不完全的遗漏的数据对象。这类数据对象有可能影响分析过程，导致数据与所构造的知识模型过分适应，从而使所发现的模式的准确性降低。有关数据噪声处理的算法和数据分析方法及发现和分析异常的数据挖掘方法也是一个关键的研究方向。

数据挖掘算法可能会发现数以千计的模式。对于给定的用户，许多模式未必是其感兴趣的，因为这些模式也许表示了公共的知识，但可能缺乏新颖的知识。为了评价所发现的知识的优劣，有必要研究所发现的模式的兴趣度的评估技术。对于给定的用户类，基于用户的期望和依赖，评估模式价值的主观度量仍然是一个具有挑战性的问题。使用兴趣度度量指导发现过程、压缩搜索空间、提供可视化的表示，仍是一个活跃的研究领域。

5. 挖掘方法和用户交互问题

数据挖掘方法反映了所挖掘的知识的类型、多粒度下挖掘知识的能力、领域知识的使用、特定的挖掘等。

在实际使用数据挖掘方法发现知识时，通常会希望所采用的挖掘方法能够从不同类型的数据中挖掘不同种类的知识。例如，这些数据包括生物信息数据、流数据和 Web 数据等。然而，在现实生活中所采用的数据挖掘方法往往只针对特定类型的数据和有限种类的知识开展挖掘工作，所以对挖掘方法的泛化能力的研究是数据挖掘所面临的一个重要挑战。

数据挖掘的对象往往是大规模海量数据，挖掘算法的性能也是数据挖掘过程中常常引起关注的重要问题之一。挖掘算法的性能主要包括算法效率和扩张能力。如何使挖掘算法的性能得到提升，以适应实际应用工作是数据挖掘算法在实用性方面面临的重要问题之一。

描述性数据挖掘任务中需要对所分析的频繁模式或者规律进行相应的模式评估。而在实际应用问题中，模式评估需要依赖于不同专业领域用户对模式的兴趣度。如何根据用户兴趣度对所挖掘的模式进行有效的评估也是数据挖掘方法研究中的一个重要问题。

数据挖掘工作服务的对象往往是具有不同专业背景的用户。在挖掘方法中如何融合相关的背景知识使挖掘工作更有针对性，也是挖掘方法研究的一个重要问题。

在数据挖掘过程中，往往被挖掘对象都是带有噪声和不完全的数据，如何根据不同应用领域的知识，使挖掘方法依然能够对噪声和不完全的数据进行挖掘也是当前研究的一个热点。

近年来，随着并行计算技术的成熟和云计算技术平台的构建，未来对于海量数据的挖掘算法往往要求能够具有并行化、分布式和增量化的特点。并行化要求挖掘算法能够并行运行；分布式要求挖掘算法能够物理地分布在不同计算机上运行；增量化要求挖掘算法能够在已有的挖掘分析结果之上增量式地运行。同时，挖掘算法要能够主动集成所发现的知识，即实现知识的融合。

由于不同的用户可能对不同类型的知识感兴趣，数据挖掘系统应该覆盖范围很广的数据分析和知识发现任务，在相同的数据上发现不同的知识，提供必要的交互式手段，开发不同的数据挖掘技术。

在用户交互性问题上，需要提出一种面向数据挖掘的查询语言以实现即时数据挖掘，还需要针对用户的数据挖掘结果的表示和可视化呈现技术，以便以一种直观方式呈现挖掘的结果，即需要开展面向数据挖掘技术的计算可视化方法研究。用户往往需要在多个抽象层次实现交互式挖掘，即要求整个数据挖掘过程具有可交互性。

可以使用背景知识或关于所研究领域的信息来指导模式发现过程，并使所发现的模式以简洁的形式在不同的抽象层表示。数据库的领域知识可以帮助聚焦和加快数据挖掘的过程，或评估数据挖掘所发现模式的兴趣度。

6. 与数据库的无缝链接

关系查询语言如SQL允许用户提出特定的数据检索和查询要求，但这类查询语言并不适合于数据挖掘的数据查询，为此需要开发高级的数据挖掘查询语言，使用户通过分析任务的相关数据集、领域知识、所挖掘的数据类型、所发现的模式必须满足的条件和约束，来描述特定的数据挖掘任务。数据挖掘的查询语言与数据库和数据仓库查询语言的集成和无缝链接，可以提高数据挖掘的有效性和灵活性。

7. 不同技术的集成

大多数数据挖掘系统采用一种技术或有限的几种技术执行数据分析任务，由于众所周知的原因，数据挖掘中没有所谓最好的技术。不同的问题、不同的数据挖掘目标，需要使用不同的数据挖掘方法和技术。所以，开发和研究基于多种不同技术集成的数据挖掘系统是未来的研究方向。

8. 隐私权与数据挖掘问题

知识发现可能导致对于隐私权的入侵，所以研究采取哪些措施可以防止暴露敏感信息是十分重要的。当从不同角度和不同抽象级上观察数据时，数据安全性将受到严重威胁。这时，数据保护和数据挖掘可能会造成一些相互矛盾的结果。例如，数据安全性保护的目标可能与从不同角度挖掘多层知识的需求相矛盾。在数据挖掘的应用过程中还需要加强对数据安全性、完整性和隐私性的保护。

在数据挖掘中直接使用机器学习、统计学和数据库系统中已开发的相关技术和方法有时并不能解决问题，有必要进行细致的研究，开发一些新的数据挖掘方法或集成技术，并将其有效地应用于数据挖掘，从而使数据挖掘本身形成一个独立的新的领域。

1.4 国内外数据挖掘研究现状

数据挖掘和知识发现(KDDM)是近年来一个十分活跃的研究领域。数据库中的知识发现(KDD)一词首先出现在1989年举行的第十一届国际联合人工智能学术会议(IJCAI)上。从1989年到1994年举行了四次KDD的国际研讨会。在此基础上，1995年召开了第一届知识发现与数据挖掘的国际学术会议，1998年建立了新的学术组织ACM-SIGMOD，即ACM(国际计算机学会)下的数据库中的知识发现专业组(Special Interested Group on Knowledge Discovery in Database)。1999年ACM-SIGMOD组织了第五届知识发现与数据挖掘国际学术会议(KDD'99)，专题杂志*Data Mining and Knowledge Discovery*自1997

年起由 Kluwers 出版社出版。此外，还有一些国际和地区性数据挖掘会议，如知识发现与数据挖掘太平洋亚洲会议(PAKDD)、数据库中的知识发现原理与实践欧洲会议(PKDD)、数据仓库与知识发现国际会议(DaWaK)、ACM-SIGMOD 数据管理国际会议(SIGMOD)、超大型数据库国际会议(VLDB)、ACM-SIGMOD-SIGART 数据库原理研讨会(PODS)、数据工程国际会议(ICDT)、扩展数据库技术国际会议(EDBT)、数据库理论国际会议(ICDT)、信息与知识管理国际会议(CIKM)、数据库与专家系统应用国际研讨会(DEXA)、数据库系统高级应用国际会议(DASFAA)、人工智能国际联合会议(IJCAI)、美国人工智能学会会议(AAAI)等。到目前为止，由美国人工智能协会主办的 KDD 国际研讨会已召开了多次，规模由原来的专题讨论会发展到现在的国际学术大会。以 KDD 国际会议为例，1995 年与会代表 350 人，展示软件 6 套；1996 年与会代表 457 人，展示软件 18 套；1997 年到会 577 人，展示软件 26 套；1998 年 773 人到会，展示软件 39 套。平均会议代表年增长率为 40%。另外，仅以 1999 年为例，就有近 20 个国际会议列有 KDDM 的专题，如 CF99、CIMCA99、DaWaK99、Discovery Science1999、Euro-Par99、Ida-99、ISSMIS99、JSM99、KDD99、PKDD99、RSFDGrc99、DS99、VLDB99、IJCAI-99、SIGMOD99、PADD99、CIMCA99、PAKDD99 等。近几年，从事数据挖掘研发的人员遍布世界 80 多个国家，数据挖掘的研究重点也已从算法研究向具体应用过渡，从实验室原型走向商品化阶段。1999 年，国际上从事数据挖掘产品研发的软件公司已从 1989 年的几个公司，猛增为上百家公司，每年都有若干软件产品推出。国内这两年也有相当多的数据挖掘和知识发现方面的研究成果，许多学术会议上都设有数据挖掘专题以进行学术交流。

目前，几种典型的数据挖掘研究是关联规则挖掘、分类规则挖掘、聚类规则挖掘、Internet/Web 数据挖掘等。

1.4.1 关联规则挖掘

关联规则挖掘给出了数据集中实体之间有趣的联系，是 KDD 研究中的一个重要分支。自从 Agrawal 等人在 SIGMOD93 第一次提出这个概念以来，关联规则一直是众多学者研究的热点。现已发表的研究论文包括确定性关联规则的挖掘、量化关联规则的挖掘、增量式关联规则的挖掘、模糊关联规则的挖掘、广义关联规则的挖掘等。关联规则挖掘的目的是在交易数据库中发现各实体之间的关联关系。著名的关联规则发现算法是 Apriori，它通过多次迭代找出所有的频繁项目集。由于关联规则的数目可能是相当大的，人们在探索发现关联规则的同时，对于提高挖掘过程的效率也做了不少研究。常见的方法包括：减少对于数据库的搜索次数；适当放松对精确度的限制；当数据库经常变动时，采用增量更新技术来避免对于整个数据库的重新挖掘；并行化数据挖掘等。为了改善算法的性能，人们提出了大量对 Apriori 改进的算法，如 Agrawal 等人在 VLDB94 提出的快速算法，Park 等人在 SIGMOD95 提出的利用 Hash 表的 DHP 算法，Toivonen 提出的基于采样的算法，

Agrawal 等人提出的并行关联规则挖掘算法，Han 等人提出的分布式关联规则算法、多层关联规则挖掘算法，Srikant 和 Agrawal 提出的数值扩展的关联规则算法，Liu、Hsu 和 Ma 提出的利用关联规则进行分类的思想等。还有一些研究采用了不同的数据结构进行关联规则的挖掘，例如：Agrawal 等人提出了形象规则的发现算法，用于解决用户外在信息和行为模式的关联规则的挖掘，这种方法主要用于在线挖掘，采用了多维索引结构；Brigham Anderson 等人利用 ADtree 快速计算，从大型数据集中发现复杂的关联规则，并提出了对关联规则进行快速学习的方法；Wang 等人给出了基于兴趣度进行数值型关联规则合并的算法，通过合并相邻的数值，从底向上，利用 B 树从关系表中挖掘关联规则；Amir、Feldman、Kashi 采用 trie 树进行关联规则的挖掘；Pasquier、Bastide 等人采用项目格进行关联规则的挖掘；Zaki 也采用了类似的格进行关联规则的挖掘；Hu、Lu、Shi 等人利用概念格进行关联规则的挖掘；Borges 和 Levene 总结了关联规则的概念，提出了结构化有向图的概念，重新定义了确信度和支持度的概念，给出了在超文本数据库中挖掘关联规则的两个算法。国内第十六届数据库年会上有关关联规则挖掘的论文有近十篇，内容包括前兆关联规则的挖掘、包含正负属性的关联规则的挖掘、模糊关联规则的挖掘、关联规则挖掘的并行算法、关联规则挖掘的新抽样算法、广义关联规则的挖掘等。不难看出，关联规则的挖掘一直是 KDD 的研究热点，从超市货篮分析、数据仓库中的关联规则发现到 Internet 上数据的关联规则的挖掘等，充分说明近年来的研究正逐步走向深入和成熟。

1.4.2 分类规则挖掘

数据挖掘的另一个重要应用是对大量数据的分类能力，又定义为分类规则挖掘。分类和预测这两种数据分析方法，可以用于提取描述重要数据类的数据模型或预测未来的趋势。分类用于分类标号(离散值)，而预测则用于建立连续值函数模型。分类问题也是机器学习、模式识别、专家系统、统计学和神经生物学的研究领域，并已开发出许多相应的算法，如决策树算法、统计学方法、贝叶斯网络、神经网络、粗糙集、基于数据库的方法及其他的分类方法等。

决策树算法是数据挖掘领域研究分类问题最常采用的方法，其原因有三：一是决策树构造的分类器易于理解；二是采用决策树分类，其速度快于其他分类方法；三是采用决策树的分类方法得到的分类准确性好于其他方法。利用决策树分类通常分为两步，即树的生成和剪枝。树的生成采用自上而下的递归分治法，而剪枝则是剪去那些可能增大树的错误预测率的分枝。生成最优决策树的问题是 NP(Non-deterministic Polynomial-time)难的。目前，决策树算法通过启发式属性选择策略来实现。决策树算法中最为著名的算法是 Quinlan 提出的 ID3 算法，该算法按照信息熵的增益及其改进效率进行属性选择。分类回归树(CART)算法则采用基于最小距离的基尼系数(Gini index)标准和为了克服基尼系数在处理多类问题上的困难而进行的改进。ID3 及后续版本 C4.5、C5 是被广泛使用的决策树算法，还有许多其他选择属性的方法，如 χ^2 统计、C-sep、MDL 等。决策树归纳的其他算法还有 FACT、QUEST、CHAID 及 ID3 的增量版本 ID4 和 ID5 等。

一些研究者对决策树在超大规模数据集中的应用做了研究，提出了一些可扩展性的算法，如 SLIQ 算法采用预排序技术来避免将所有数据放入内存，方便了对大数据集的处理，同时采用的最小描述长度(MDL)剪枝算法，可以提高树的精度和有效性。SPRINT 算法中引入了并行性，具有良好的可扩展性和效率。

传统的决策树算法一般只对一个属性进行分类，而 Brodley 和 Utgoff 研究了构造多元决策树的问题，提出了一些构造多元决策树的方法。

PUBLIC 算法是由 Bell 实验室的 Rajeev Restogi 和 Kyuseok Shim 提出的，该算法改进了决策树分类器，将剪枝过程和树的生成过程集成——如果一个结点将会在剪枝时被剪去，则不扩展该结点。该算法改善了决策树分类器的性能。Catlett 提出了在分类树的每个结点上样本化的算法，但这样的算法必须将数据库中的数据全部装入内存。由于现有数据库中的大量数据无法一次性地放入内存，Chan 和 Stolfo 提出了将数据集划分为子集，只需将子集放入内存即可。该算法虽然适合于对大数据集进行分类，但其分类质量比将数据库一次性放入内存，用一个分类器进行分类的质量差。Rain Forest 是一种快速构造决策树的算法，该算法研究了 C4.5、CART、CHAID、FACT、ID3 及其扩展算法、SLIQ、SPRINT 和 QUEST 等算法，提出了一种快速构造决策树的框架。Rain Forest 算法比 SPRINT 算法的速度快，且具有良好的可伸缩性。

贝叶斯分类是一种基于统计学的分类方法，可以预测一个类成员关系的可能性，即给定样本属于一个特定类的概率。数据挖掘领域主要使用两种贝叶斯方法，即朴素贝叶斯方法和贝叶斯网络方法。前者使用贝叶斯公式进行预测，把从训练样本中计算出的各个属性值和类别频率比作为先验概率，并假定各个属性之间是独立的，然后利用贝叶斯公式及有关概率公式计算各实例的条件概率值，并选取其中概率值最大的类别作为预测值。此方法简单易行且精度较好。后者是一个带有注释的有向无环图，可以有效表示大的变量集的联合概率分布，适合用来分析大量变量之间的相互关系，并利用贝叶斯公式的学习和推理能力，实现预测、分类等数据挖掘任务。事实上，贝叶斯网络也是一种适合表示不确定性知识的方法。贝叶斯网络的构造涉及网络结构和网络参数两部分的学习，但是获得最优结构和参数都是 NP 难的，因此出现了许多启发式的方法。

Duda 和 Hart 给出了关于贝叶斯分类的全面介绍。朴素贝叶斯分类器(NB)是一种成功的分类方法，已用于许多领域的分类问题。还有一些对朴素贝叶斯分类方法扩展的算法，其中大多数算法放松了对类条件独立的假设。KDB 算法利用参数 K 构造一个贝叶斯分类器，其中每个属性最多依赖 K 个其他的属性。选择贝叶斯分类器预处理数据集，通过删除冗余属性来选择特征子集。可调节概率的 NB 算法为每个分类给出一个权值，利用可调节的概率估计进行分类。NBTree算法则是一种混合的算法，它将贝叶斯分类器与决策树方法结合，利用决策树将实例空间划分成区域，再利用贝叶斯分类器处理每个区域。NBTree算法的分类准确性好于单纯的NB算法和决策树算法。后来，Boutilier等人提出了一种基于特定上下文的独立性假设，即变量间的独立性关系只在一定的上下文中成立。Meretakis等人提出了一种算法，利用长项集扩展贝叶斯分类器，并将其称为LB(Large Bayes)算法，该算法性能优于朴素贝叶斯分类器。Liu等人提出了一种类似于LB的算法，它将关联规则挖掘和分类挖掘集成，利用关联规则产生一个分类器及分类规则集，使用启发式方法进行修剪。此外，Heckerman给出了贝叶斯信念网络的介绍，Russell和Norvig给出了利用信念网络进行推理归纳的方法。KDD'99会议上，Davies和Moore提出了利用贝叶斯网络处理具有分类属性的大项集，进行无损的数据压缩。贝叶斯理论已用于文档分类、医疗诊断、预测、推理和归纳等数据挖掘应用中。

神经网络的研究已经取得了许多方面的进展和成果，提出了大量的网络模型，发现了许多学习算法。人工神经网络在模式分类、机器视觉、机器听觉、智能计算、机器人控制、信号处理、组合优化求解、医学诊断、数据挖掘等领域都有很好的应用。

神经网络可分为四种类型，即前向型、反馈型、随机型和自组织型。前向神经网络是数据挖掘中广为应用的一类网络，其原理和算法也是其他一些网络的基础。神经网络具有对噪声数据的承受能力，尤其是具有对未经训练的数据的分类能力。实验表明，神经网络在某些分类问题上具有比符号方法更好的表现，但是神经网络没有很好地用于数据挖掘的原因在于它无法获得显式的规则。最近已经出现了一些由训练过的神经网络提取规则的一些算法，如KBANN等。

近年来，神经网络用于数据挖掘——分类的研究逐渐增多。Lam和Lee讨论了利用人工神经网络构造文本分类器及维数削减的方法。Gupta等人分析了现有神经网络算法用于分类等问题的现状，认为尽管神经网络在预测精度、鲁棒性、无需数据分布的假设等方面具有优势，但是在决定合适的网络结构、训练参数、结果解释及训练时长等方面仍有许多困难，因而提出了一种规则抽取框架，以解决神经网络提取的规则缺乏可解释性的问题。Fu则提出了一种新的神经网络模型用于从经验数据中归纳符号知识，该模型通过基于事实的激活函数，改善网络的泛化能力的算法。Hatan等人提出了一种应用于超文本数据的分类视图机制，通过自组织映射(SOM)和搜索引擎交互式地进行Web文档的分类。目前，神经网络作为一种自适应、自学习的算法模型在数据挖掘中已经有一些成功的应用。

支持向量机(Support Vector Machine，SVM)是Vapnik根据统计学习理论提出的一种新的学习方法，近来受到国际学术界的重视。SVM建立在计算学习理论的结构风险最小化的原则之上，可以提高学习机的泛化能力。SVM的复杂度与实例集的维数无关，适合于两分类问题和线性不可分问题，因为它可将样本空间映射到一个高维空间，使原来线性不可分的情况在高维空间中解决。在数据挖掘领域已经开始使用SVM原理构造一些数据预处理算法及挖掘算法，如 Syed、Liu 和 Sung 提出了两种增量学习方法，给出了三种评价增量学习算法的鲁棒性和可行性的标准，并使用 SVM 的增量学习算法进行概念提升，证明了得到的支持向量可以形成一个简洁而充分的集合。由于 SVM 可以选择和保存有用的训练数据即支持矢量，取自大型数据库中的小样本的训练数据可使计算的复杂度降低，所以，SVM 方法可用于数据预处理、样本化等 KDD 的过程，也可用于其他的数据挖掘应用。研究表明，对同一数据库，使用不同核函数训练的 SVM，在测试数据上均具有较高的预测准确率。

除了上述方法外，分类还可以使用 K 最邻近分类、基于案例的推理、遗传算法、粗糙集和模糊逻辑等方法。但商品化的数据挖掘软件中很少使用这些方法，因为 K 最邻近分类法要求存储所有的样本，数据集较大时无法使用该方法，而基于案例的推理、粗糙集方法和遗传算法尚处于原型阶段，还有许多值得研究的问题。

给定一个样本，K 最邻近分类法搜索模式空间，找出最接近未知样本的 K 个训练样本，即 K 个近邻。邻近性可以由欧几里得距离定义。未知样本可以被分配到 K 个最邻近者中最公共的类。最邻近分类法是基于要求的或懒散的学习方法，即它先存放所有的训练样本，直到新的样本需要分类时才建立分类。有关 K 最邻近分类法用于数据挖掘的研究已有许多报道。

基于案例的推理(CBR)分类法是基于要求的方法。CBR 存放的样本或案例是复杂的符号描述。给定一个待分类的新案例时，基于案例的推理首先检查是否存在一个同样的训练案例。如果有，则返回附在该案例上的解；如果没有，则基于案例推理搜索具有类似于新案例成分的训练案例，即视为新案例的邻近者。基于案例的推理研究方向为寻找一种好的相似性度量，探索了训练案例索引的有效技术和组合解的方法。这种方法也可与知识库系统集成，如杨炳儒等人研究了 KDD 与双库协同的机理。

遗传算法和进化计算是基于生物学优胜劣汰、自然进化机理的研究领域，适用于并行优化问题和数据分类。将免疫机制与遗传算法和进化计算集成，用于数据挖掘问题是一个新的挑战。例如，王磊等人利用免疫算法解决了 TSP 问题等。

粗糙集方法可以用于分类问题，尤其适合于发现不准确数据或噪声数据内在的结构和联系。它主要用于离散值属性的数据，对于连续型属性的数据，一般应在处理前离散化。在数据挖掘中也可以使用粗糙集，如 Ziarko W. 等人讨论了利用粗糙集理论实现特征归约和知识库系统的问题，Skowron A. 等人提出了降低归约的计算强度的算法。

模糊逻辑也是进行数据挖掘的理论和工具之一。由于模糊逻辑可以处理不精确的知识，进行不精确的推理，所以模糊逻辑可与神经网络、遗传算法等集成，用于数据挖掘，这也是未来的研究方向。

1.4.3 聚类规则挖掘

聚类与分类不同，对于聚类来说，需要划分的类是未知的。聚类将数据对象分组为多个类或簇，使同一个簇中的对象之间的相似度最高，而不同簇中的对象之间的相似度最低。由于大型数据库中存放了大量的数据，聚类分析已经成为数据挖掘研究领域一个非常活跃的研究课题。常用的聚类方法有统计学方法、模式识别、机器学习和数据库的方法。作为统计学的一个分支，聚类分析已被研究了许多年，主要集中于基于距离的聚类分析，基于 K 均值、K 中心点和其他方法的聚类分析工具已在许多聚类分析应用中实现。在机器学习领域，聚类是无监督的学习，是观察式学习，不是示例性学习。在概念聚类中，一组对象可以被一个概念描述时才形成一个聚类。概念聚类由发现簇和描述簇两个部分组成。数据挖掘中的聚类研究主要集中于大型数据库中的聚类分析方法的构成。活跃的研究方向是聚类算法可伸缩性的研究、各种聚类方法对聚类复杂形状和复杂类型数据的有效性的研究、高维的聚类分析技术的研究、大型数据库中混合了数值数据和分类数据的聚类算法研究。

数据挖掘中的聚类方法一般有基于模型的方法、基于密度的方法、基于划分的方法、基于层次的方法、基于网格的方法及混合方法。

基于模型的方法为每个簇假定一个模型，寻找数据对给定模型的最佳拟合。实现基于模型的聚类方法有两种：一种是统计学方法，如考虑数据潜在的概率分布，Fisher 提出了 COBWEB，Gennari 等人提出了 CLASSIT，Cheeseman 等人提出了 Autoclass；另一种是神经网络的方法，其中两个著名的方法是竞争学习方法和自组织特征映射方法。

基于密度的聚类方法也是近来一个活跃的研究方向。基于密度的方法规定，在一个给定范围的区域中必须至少包含一定的数据点。DBSCAN 是一个典型的基于高密度连接区域的密度聚类算法，它将具有足够高密度的区域划分成簇，定义簇为密度相连的最大集合，根据一个阈值来控制簇的增长。另一个著名的算法为 OPTICS，它通过对象排序识别聚类结构，并未显式地产生一个数据集合簇，而是为自动和交互的聚类分析计算一个簇次序，该次序代表了数据的基于密度的聚类结构。DENCLUE 是一个基于密度分布函数的聚类算法，它通过影响函数描述一个数据点在邻域内的影响，而数据空间的整体密度模型为所有数据点的影响函数的总和，聚类则可以通过确定密度吸引点来得到。其中，密度吸引点是全局密度函数的局部最大。

基于划分的方法中最著名的是 K 均值算法、K 中心点算法及其扩展算法。K 均值算法又称基于质心的技术，它以 K 为参数，把对象分为 K 个簇，使簇内具有较高的相似度，而簇间的相似度较低。相似度根据簇中对象的平均值计算。K 均值算法有许多改进算法，如修改相似度的计算，利用不同的方法选择 K 平均值，采用不同的计算聚类平均值的策略等。改进算法有效性的策略有层次聚类算法等。K 模方法和 EM 算法都是对 K 均值算法的扩展。K 中心点算法又称基于有代表性的对象的技术。该算法首先为每个簇随意选择一个代表对象，其余对象按其与代表对象的距离分配给最近的一个簇，然后反复用非代表对象来替代代表对象，以改进聚类质量。最早提出的 K 中心点算法之一为 PAM 算法，但该算法的代价较高。大型数据库中基于划分的聚类算法是一个基于选择的方法 CLARA

(Clustering LARge Application)，它不考虑整个数据库，而是只从数据库中选择一部分样本数据，然后用 PAM 算法进行聚类。为改进 CLARA 算法的效率和可伸缩性，产生了另一种 K 中心点算法 CLARANS(Clustering LARge Application based upon RANdom Search)，它将采样技术和 PAM 算法结合，比 CLARA 和 PAM 算法更有效。而 CLARANS 算法的聚类质量取决于所用的抽样方法。为改善 CLARANS 算法的性能，出现了 R^* 树及一些聚集技术。针对大型数据库基于磁盘存储的情况，人们通过 CLARNAS 与有效的空间存取方法综合，提出了 R^* 树。R^* 树支持聚焦技术。该技术由 Ester 等人提出，减少了实现 CLARNAS 的开销。Zhang 等人提出了另一种算法——BIRCH(平衡项减少和聚类)，用以聚类大型的点集。该方法是一种递增的方法，内存需求调节的可能性随着内存可用空间的增大而递增。

基于层次的方法将数据对象组成一棵聚类的树。层次聚类方法分为凝聚(agglomerative)的和分裂(divisive)的层次聚类。近来的研究集中于凝聚的层次聚类和迭代重定位方法的集成。层次聚类的基本算法有 AGNES 和 DIANA 等。改进层次聚类质量的基本方法是将层次聚类与其他的聚类技术集成，形成多阶段聚类。BIRCH、CURE、ROCK、CHAMELEON 算法等都是较为成功的例子。

基于网格的方法采用一个多分辨率的网格数据结构，将空间量化为有限数目的单元，由此形成网格结构。基于网格的聚类处理速度快，处理时间独立于数据对象的数目。STING 是一种基于统计信息网格的算法，采用了多分辨聚类技术，将空间划分为矩形单元，根据不同级别的分辨率，形成一个层次结构。CLIQUE 综合了基于密度和基于网格的聚类方法，可有效聚集大型数据库中的高维数据。子波变换是一种信号处理技术，它的多分辨特性也可用来实现对不同层次的聚类。WaveCluster 是一个基于网格密度的算法，也是一种通过子波变换进行多分辨聚类的算法。该算法能有效聚类大的数据集，发现任意形状的聚类，对输入顺序不敏感，不要求输入参数。其聚类性能好于 BIRCH、CLARANS 和 DBSCAN，并能处理高达 20 维的数据。

近来，改善聚类算法性能大多采用的是层次技术和样本化的技术，用于提高聚类算法效率的技术主要集中在样本化技术、聚集的优化技术、多维索引技术和基于压缩的技术等方面。

目前，聚类技术也已广泛地用于 Web 数据的处理和挖掘上，如对顾客行为的聚类、Web 访问路径的聚类、文档聚类等。

1.4.4 Internet/Web 数据挖掘

近来，另一个引人注目的研究焦点是 Internet/WWW 上的数据挖掘。Internet 上存储了许多复杂数据类型的数据，用户有充分的自由，可以随意链接到 Internet 的任意站点上。全球信息网大约有数亿个工作站，其用户具有不同的背景、不同的兴趣和目的，要支持用户有效地发现和利用全球信息网络上的资源，这就对信息系统的研究者提出了新的挑战。对于大量存储的非结构化数据，网络搜索的性能、效率及最优的信息获取(即知识获取)是影响 Internet 成功应用的瓶颈。在庞大的 Internet 信息源上，发现知识，进行数据挖掘，是快速获取有用信息的一种有效方法。

Web 挖掘分为 Web 内容挖掘、结构挖掘和用法挖掘。

大多数基于数据库的数据挖掘方法均可作用于 Web 挖掘。目前，一些搜索引擎也已具备了数据挖掘的功能。

基于机器学习技术的文本搜索引擎有两种常用的方法，即基于内容的方法和协同的方法。

基于内容的方法较广泛地用于 Web 文档或新闻的挖掘中。这方面的系统很多，如 Armstrong 等人开发的系统 Webwatcher，该系统可以通过用户提供的关键字，帮助用户在 Web 上定位信息，并给用户超级链接的提示，提供获取相似文档的可能性。Balabanović和 Shoham 开发的系统可以代表一个用户学习浏览 Internet，选择最好的 Web 页，用户反馈的评价信息可用于更新搜索方式并用于选择相应的启发式方法。Goldman 等人开发的 Musag，可以接收从用户处获取的关键字，然后搜索 Web 上有关的文档，产生语义相似的相关概念的辞典。而 Lieberman 开发的 Letizia 系统不需任何关键字，也无需强加对用户的任何限制，就可以从用户的浏览行为中推断用户的兴趣。Pazzani、Ackerman 等人开发的系统 Syskill&Webert，可以收集用户访问的 Web 页的申请并从中学习用户的信息。Lang 开发的 Newsweeder，用于电子新闻过滤，利用文本学习产生用户的兴趣模型。Hammond 和 Burke 等人开发的 FAQFinder，利用基于问题的自然语言界面存取分布式的文本信息源，帮助用户在数据库中发现对其问题的回答。Kamba 等人开发的 Antagonomy，可以在 Web 上组成个性化的报纸。LaMacchia 提出了 Internet Fish(是一类资源发现工具)，可帮助用户从 Internet 上抽取有用的信息，允许使用现有的搜索引擎帮助用户浏览。Marko Grobelnik 等提出了基于 Yahoo，利用贝叶斯分类器进行 Internet/Web 上的文本分类的方法，可以收集若干具有较高概率的特征字，快速地分类文本。Dunja Mladenić在 IJS-DP-7948 的技术报告中介绍了他们开发的系统 Personal Web Watcher，该系统可以看成一个基于内容的个性化代理，可帮助用户浏览 Web。Mitchell 等人提出的 Calender Apprentice，可以帮助用户进行会议时序安排(因为系统与一个电子日历相连接)，并能产生一个规则的集合，该集合收集了用户时序安排的喜好情况和有关出席会议的人员的个人信息。在 DASFAA99 会议上，日本学者提交了 Web 文档交互分类方面的文章，提出了利用自组织映射和搜索引擎，通过 Web 与数据库、人工智能的集成进行 Web 文档分类的方法。

协同式方法一般用于非文本化的数据，如电影、音乐等，但是也有系统将其用于文本数据的挖掘，如新闻过滤等。娱乐推荐一般完全采用协同过滤，而其他系统可以采用基于内容的方法或采用信息获取的方法。Maes 等人提出了一个音乐推荐系统 Ringo，所推荐的音乐具有高的得分，这些得分是由具有相似音乐尝试的用户给出的。该小组还开发了用于音乐、电影和书籍推荐的系统 Firefly，该系统需要用户首先给出一些预定义的项的级别，以保证任意两个用户比较的可能性(两个用户可被比较仅当他们具有相同的分类项)。Terveen 等人提出了 PHOAKS，它可以自动地识别和重新分配所挖掘的 Web 资源，这些资源是来自 Usenet 的新闻信息。该系统包含分类规则，这些规则可以用来区分不同目标的 Web 资源。Dan L. Grecu 等人提出了一种在分布式环境下进行数据挖掘的强制学习算法，该算法也体现了协同式的思想。强制学习是一种新的分布式学习模型，它强调合作，即个体之间信息的交流。不同于其他的协同式方法，这种信息交流是某个体样本向其他个体的传递，该个体根据其他个体对样本的响应信息，选择其后的学习算子。强制学习可用于分类或预测，自然也可用于分布式的 Web 文档的分类。

从传统的个性化、小型而友好的零售业，到通过电话、Internet 的 Web 站点查询、信用卡支付的电子商务系统，其中包含了太多的数据，而信息及知识太少。利用数据仓库来存储数据，从顾客过去的喜好中进行学习，挖掘知识，可以突破市场竞争的压力，创造更大的效益。Charles X. Ling 等人在 KDD98 中提出了一种思想，将数据挖掘直接用于销售，给出了修改的 Naive Bayes 算法和基于 CF 的 C4.5 学习算法。该算法针对一般公众广告(如 TV、广播、报纸等)推销产品时所获取的 $X\%$的响应率，在存放了大量顾客数据的数据库中进行数据挖掘，发现顾客的购买规律和模式，对$(100-X)\%$中的顾客有针对性地进行广告宣传(直接 Mail 战略)，提高销售率。这样的思想直接用于电子商务中的广告宣传，针对商务数据库的销售情况进行产品直销。

目前，以电子商务应用为背景的数据挖掘和知识发现的研究，主要是根据商业中对条码机数据的分析，发现顾客的购物规律，采用的数据主要是 Web 日志。基于 Web 服务器的日志数据的研究大致分为三类：以分析系统性能为目标；以改进系统设计为目标；以理解用户意图为目标。由于目标的不同，所采用的技术也有所不同。如采用统计学方法，分析频繁访问页、单位时间访问的次数、访问时间分布图等(如 web log analyzer 工具)；另外还有路径遍历模式的发现算法等。近来周等人还提出了基于 E-OEM 的数据模型及算法，以便从数据中挖掘出更有意义的知识。该算法克服了以往算法的缺点，如发现模式不太理想及规则的可用性不理想等，提供了从大量顾客数据及日志数据中挖掘有意义的用户访问模式及潜在用户群的数据模型，以便于商家制定促销策略。

近来 Google 智能搜索引擎也具有了数据挖掘的功能，它改变了以往搜索引擎的链接方式，通过站点访问频率和链接方式进行数据挖掘，向用户迅速而准确地提供 Web 信息，同时用一种新的广告方式提供电子商务服务。

目前，KDDM 的研究重点逐渐从发现方法的研究转向实际的系统应用，国外各大软件公司每年都有新的基于某种挖掘目标的数据挖掘产品问世。国际上有影响的典型数据挖掘系统有 SAS 公司的 Enterprise Miner，IBM 公司的 Intelligent Miner，SGI 公司的

SetMiner，SPSS 公司的 Clementine，Sybase 公司的 Warehouse Studio、RuleQuest 等。KDDM 型的公司极力主张所谓“DW(数据仓库)＋DM(数据挖掘)＝$aving”的口号，更加说明了 KDDM 的价值所在。

1.4.5 图像数据挖掘

现在，每天都会产生海量的图像。这些海量的图像资料，使其中包含的信息无法被有效地发现和利用。特别是图像中还隐藏着丰富的关联信息，如图像之间的关联模式和图像与文本之间的关联规则，这些信息对图像理解、图像分析和图像检索都有很重要的意义。这就要求有一种能快速挖掘海量图像中隐含的有用信息的技术，也就是所谓的图像挖掘技术。图像处理技术与数据库技术和数据挖掘技术结合起来，称为图像挖掘。

在图像挖掘的过程中，图像数据立方体的建立有助于图像数据的基于视觉内容的分析和多种知识的挖掘，包括汇总、分类、比较、关联和聚类。图像立方体对于图像分析是很有用的模型。然而，实现一个维数很大的图像立方体是很困难的。在图像立方体中，要考虑灰度、纹理、位置等多维属性，而且其中很多属性是集合值而不是单值，这就导致维数过多。但若不如此，则会使图像的建模范围过于粗糙，受到限制和不精确的扩展。因此，如何设计出既能满足效率要求，又能有足够的表达能力的图像立方体，是个亟待解决的问题。

图像挖掘不同于低维的计算机视觉和图像处理技术。计算机视觉和图像处理技术的目的是理解和从单个图像中发现特定的特征，而图像挖掘是指从大型图像集中发现隐含的有用模式。图像挖掘也不同于基于内容的图像检索，虽然图像检索也是针对大的图像集，但图像挖掘要超出检索相关图像的问题。图像挖掘的目的是发现图像模式，图像检索的目的只是检索相关图像。

现有的图像挖掘系统和算法有：Simon 大学开发的 MultiediaMiner，可以进行图像集的相关规则的挖掘；Mihai Datcu 和 Klaus Seidel 开发的一个智能卫星挖掘系统；Michael C. Burl 等人用图像挖掘技术对 NASA 的目标进行分析，获取信息；Mihai Datcu 等人用贝叶斯方法进行信息聚合和图像数据挖掘；Michael C. Burl 等人讨论了图像数据挖掘的分布式结构；P. Stanchev 等人讨论了用图像挖掘技术进行语义特征的抽取，提出了图像检索的新方法。可以看到，人们对图像挖掘研究的问题主要集中于挖掘系统的建立和挖掘算法的研究。

为了得到新的图像模式的挖掘算法，还有一系列其他相关的研究主题需要解决。例如，为了使发现的图像模式有意义，它们必须对用户可视。这个可以解释为下列主题：

(1) 图像模式的表达，即如何将上下文信息、空间信息和重要的图像特征包含在表达机制中；

(2) 图像特征的选择，即哪一个重要的图像特征被用于图像处理过程，这样发现的模式是有可视意义的；

(3) 图像模式可视化问题，即在视觉丰富的环境里如何将表达挖掘的模式提供给用户。

图像挖掘早期的工作集中于如何构建一个合适的框架来自行完成图像挖掘的任务。一个包含原始图像数据的图像数据库不能被直接用于挖掘目的。原始图像必须首先被处理从而产生对高级挖掘模型有用的信息。一个图像挖掘系统经常是复杂的，因为它需要应用多种技术的集合——从图像检索和索引到数据挖掘和模式识别。一个好的图像挖掘系统可以为用户提供进入图像仓库的有效接入，并且产生图像的知识和模式。为此目的，这样一个系统通常包含下列功能：图像存储、图像预处理、特征提取、图像索引和检索、模式和知识发现。

现有两种图像挖掘系统的框架：功能驱动和信息驱动的图像挖掘系统的框架。现有的图像挖掘系统大多数都归于功能驱动的框架下。这些系统都是专门的、面向应用的，并且框架是根据模型的功能组织的。Mihai Datcu 和 Klaus Seidel 提出的智能卫星挖掘系统，以及加利福尼亚大学的电子计算机工程系的视觉研究实验室开发的 MultimediaMiner，可以进行图像集的相关规则的挖掘。功能驱动的图像挖掘系统的框架的重点在于组织图像挖掘系统的不同元件模型在图像挖掘中执行的角色和任务不同。例如，Zhang 等人提出的一个信息驱动的框架，目的在于强调信息在各级所表达的作用，它被设计成层次结构，特别重视层次中各级需要的信息。不同的图像挖掘的框架是基于不同挖掘目的的。这个是很重要的，因为不同的应用目的使得挖掘框架中的功能部件的表达和实现都不相同。比如图像分割，期望得到图像中目标之间及目标和背景之间的潜在关系，得到的潜在关系可以用于后续目标识别的任务，并获得图像中隐含的新模式，以及动态的图像结构。

1.4.6 数据挖掘过程中的计算智能方法

1994 年，关于神经网络、进化程序设计、模糊系统的三个 IEEE 国际学术会议联合在美国佛罗里达州奥兰多市举行了“首届计算智能世界大会”(The First IEEE World Congress on Computational Intelligence，WCCI94)，把不同学科领域的专家们聚在一起，进行了题为“计算智能：模仿生命(Computational Intelligence：Imitating the Life)”的主题讨论会，取得了关于计算智能的共识。继人工智能之后，计算智能异军突起，吸引着众多研究开发者投身于这一新领域的开拓。尽管关于模糊逻辑、神经网络、进化程序设计的研究开发历史可以追溯到 20 世纪五六十年代，但它们却在计算智能共识的启示下获得了新的内涵。人们所使用的计算智能方法大体上包括以下几类。

1. 神经计算(NC)

神经计算在微观层次上模仿脑神经网络的功能，其实质在于对外界刺激/信号的自适应反应能力。但是在进行神经计算之前必须先对神经网络进行训练，使它“学会”对输入刺激模式做出期望反应而具备这种自适应反应能力。神经网络的学习过程就是一种自适应调节过程，主要是根据实际输出反应与期望反应之间的偏差 δ，按照给定的学习/训练算法，对神经网络的参数 w(连接“权重”)和/或 θ(阈值)进行反复的自适应调节，直到对给定输入刺激模式集中每一个模式的输出反应偏差 δ 都在允许范围以内。只有通过这样训练的神经网络，才能作为系统中的一个功能模块发挥“神经计算”的作用。

2. 进化计算(EC)

进化计算是在微观或宏观两个不同层次上模仿生物演(进)化过程的，例如遗传算法(GA)模仿生物通过染色体的交配及其基因的遗传变异机制来达到自适应优化的过程。进化程序设计(EP)或进化策略(ES)受到达尔文进化论的启发，模仿自然界“物竞天择”的物种自适应进化过程。EP 和 ES 在算法上可谓大同小异，只是前者发源于美国，着眼于不同种群间的竞争；而后者则发源于德国，着眼于种群内个体的竞争。

进化计算所对应的生态学仿生原形如图 1.3 所示。其中组成群体的“染色体”“种群”“个体”，实际上是一些代表给定问题可能解的数据结构；进化计算的一般算法，就是关于如何按照优生法则选配“染色体”“种群”“个体”进行“繁殖”，如何进行自适应变异，如何评价个体的适应性，如何保持整体优势，如何最终求得可接受的优化解等的策略及其实施步骤的描述。

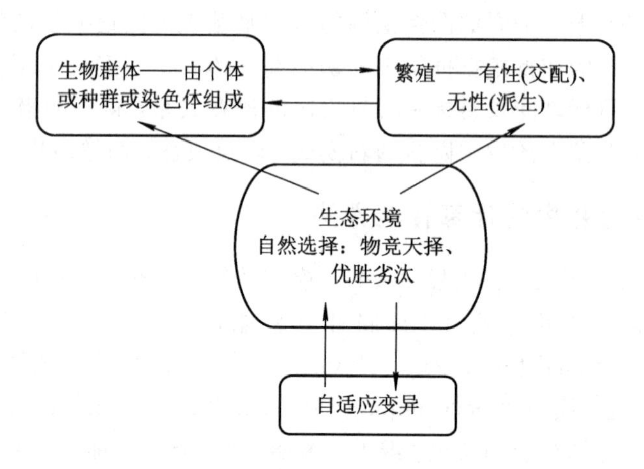

图 1.3 进化计算对应的生态学仿生原形

3. 免疫克隆计算(ICC)

免疫克隆是指将细胞克隆选择学说的概念及其理论应用于进化策略，进一步可以认为，免疫克隆是将一个低维空间(n 维)的问题转化到更高维(N 维)的空间中去解决，然后将结果投影到低维空间(n 维)中，从而获得对问题更全面的认识。免疫克隆选择算法与普通进化算法相比，区别在于：首先，免疫克隆选择规划算法在记忆单元基础上运行，确保了能够快速收敛于全局最优解，而进化算法则是基于父代群体；其次，免疫克隆算法通过促进或抑制抗体的产生，来体现免疫反应的自我调节功能，保证了个体的多样性，而进化算法只是根据适应度选择父代个体，并没有对个体多样性进行调节，这也是免疫策略用于改进进化算法的切入点；此外，虽然交叉、变异等固有的遗传操作在免疫算法中被广泛应用，但是免疫克隆算法新抗体的产生借助了克隆选择等传统进化算法中没有的机理。抗体克隆选择学说认为，当抗原侵入机体时，克隆选择机制能在机体内选择出能识别和消灭相应抗原的免疫细胞，使之激活、分化和增殖，进行免疫应答以最终清除抗原。在这一过程中，克隆这一无性繁殖过程中父代与子代间只有信息的简单复制，而没有不同信息的交流，无法促使抗体种群进化。因此在人工智能中为了借鉴这一机理，需要对克隆后的子代进行进一步处理。

在人工智能计算中，抗原、抗体一般分别对应于求解问题及其约束条件和优化解。因此，抗原与抗体的亲和度(即匹配程度)描述了解和问题的适应程度，而抗体与抗体间的亲和度反映了不同解在解空间中的距离。如果说亲和度就是匹配程度，那么克隆算子就是依据抗体与抗原的亲和度函数 $f(\cdot)$，它将解空间中的一个点$a_i(k)\in A(k)$分裂成了q_i个相同的点$a_i'(k)\in A'(k)$，并经过克隆变异和克隆选择变换后获得新的抗体群。免疫克隆算法的核心在于克隆算子的构造。在实际的操作过程中，通过用克隆算子代替原进化算法中的变异和选择算子，来增加种群的多样性。在此，克隆算子具体可以描述为克隆算子、克隆变异算子和克隆选择算子。

(1) 克隆算子：可以直接对原有的抗体不加选择地进行克隆，也可以按照一定的比例先选出一些比较好的解进行克隆。本书选择后者。克隆规模的设定要合适，如果太大则比较耗时，太小又起不到克隆应有的作用。克隆规模改变的同时种群的规模也随着改变。

(2) 克隆变异算子：本书采用高斯变异方法，为了保留抗体原始种群的信息，克隆变异并不作用到保留的原始种群上，只作用到克隆的抗体上。

(3) 克隆选择算子：根据亲和度的大小，去除抗体群中与抗原亲和度小的抗体，从而更新抗体群，实现信息交换。

4. 模糊计算和模糊推理

模糊计算和模糊推理可以说是在计算语义变量的隶属度数值的基础上，进行概念聚类，是对人类在日常生活中进行近似或非精确推断、决策能力的模拟。

从理论上讲，计算智能(CI)和传统的人工智能(AI)相比，CI 的最大特点、也是它的潜力所在是：它不需要建立问题本身的精确(数学或逻辑)模型，也不依赖于知识表示，而是直接对输入数据进行处理得出结果。以神经网络为例，只要把数据输入到一个已经训练好的神经网络输入端(相当于刺激模式)，就可以从输出端直接得到预期的结果(反应)。这个神经网络本身是一个“黑箱”，问题是如何训练神经网络。但这类训练算法并非是求解问题本身的算法，而是使神经网络“学会”怎样解决问题的算法，可以说是一种准元算法；类似地，进化算法，无论是模仿生物通过遗传还是“物竞天择”的自然进化机制来达到优化的目的，都是模仿生物进化的算法而不是根据问题本身的数学/逻辑模型来制定的算法，所以也是一类准元算法。

上述神经网络的训练算法或进化算法，作为一类准元算法，有一个重要的特点，就是尽管它们要解决的问题可能是NP难的，但它们的计算复杂度不是NP完全的。具体来说，多层前馈神经网络的学习算法，其复杂度上界为$O(n^2)$，其中n为输入单元数或某一隐层神经元数中的较大者；对于进化算法，其复杂度则为$O(m\times n)$，其中m为组成群体的个体数，n为个体中可参与变异的变量数。

正是CI的上述特点，使它适用于解决那些用传统AI技术难以有效处理、甚至无法处理的问题，特别是对高维非线性随机、动态或混沌系统行为的分析、预测尤其如此，例如从反映市场价格变动及其相关诸因素的大量数据记录中发现预测模型。

习　题

1. 什么是数据挖掘？请针对以下问题回答。

定义下列数据挖掘功能：特征化、区分、关联和相关分析、预测、聚类和演变分析。请使用你熟悉的现实生活中的数据库，给出每种数据挖掘功能的例子。

2. 请判断并解释以下任务是否为数据挖掘任务。

(1) 根据性别划分一个公司的客户；

(2) 根据收益划分一个公司的客户；

(3) 计算一个公司的总销售额；

(4) 根据学生的学号对学生数据库进行排序；

(5) 估计掷骰子的结果；

(6) 根据历史记录估计某公司未来的股票价格；

(7) 监控病人的心律有无异常；

(8) 监控地震波以预测地震活动；

(9) 提取声波的频率。

3. 假如你是某网络搜索引擎公司的数据挖掘顾问。请通过给出具体事例来解释数据挖掘技术如何为公司效力，例如聚类、分类、关联规则挖掘和异常检测。

4. 对于以下数据集，请解释数据保密是否是重要的问题。

(1) 1900—1950年收集的人口调查资料；

(2) 访问某网站的网络用户的IP地址和访问时间；

(3) 地球轨道卫星获取的图片；

(4) 电话本上的人名和地址；

(5) 从某网站上获取的用户姓名和 email 地址。

延伸阅读

[1] USAMA, PIATESKY-SHAPIRO G, SMYTH P. The KDD process for extracting useful knowledge form volumes of data. Communications of the ACM, 1996, 39(11): 27-35.

[2] FAYYAD U. Mining Databases: Towards Algorithm for Knowledge Discovery. IEEE Bulletin of the Technical Committee on Data Enginneering, 1998, 21(1): 39-48.

[3] JEF W. Treads in Databases: Reasoning and Mining. IEEE Trans. on Knowledge and Data Engineering, 2001, 13(3): 426-438.

[4] 陈莉，焦李成. Internet 数据挖掘研究现状. 西安电子科技大学学报，2001，(1): 114-119.

[5] 陈莉. 数据库中的知识发现. 西北大学学报，1999，29(1):5-7.

[6] DUNJA M. Text-learning and intelligent agents, Technical Report IJS-DP-7948. J. Stefan Institute, 1998.

[7] BALABANOVIC M, Shoham Y. Fab: Content-Based, Collaborative Recommendation. Communication of the ACM, 1997, 40(3): 66-70.

本章参考文献

[1] AGRAWAL R, IMICLINSKI T, SWAMI A. Mining Association Rules Between Sets of Items in Large Databases. Proceedings of the 1993 ACM SIGMOD Conference, Washington, DC, 1993: 207-216.

[2] AGRAWAL R, SRIKANT R. Fast Algorithm for Mining Association Rules in Large Databases. In Research Report RJ9839, IBM Almaden Research Center, San Jose, CA, 1994.

[3] PARK J, CHEN M, YU P. An Effective Hash based Algorithm for Mining Association Rules. IEEE Trans. On Knowledge and Data Engineering, 1997, 9(5): 813-825.

[4] TOIVONEN H. Sampling Large Databases for Association Rules. In Proceeding 1996 International Conference Very Large Data Bases (VLDB96), Bombay, India, 1996: 134-145.

[5] AGRAWAL R, SHAFER J C. Parallel Mining of Association Rules: Design, Implementation, and Experience. IEEE Trans. Knowledge and Data Engineering, 1996, 8: 962-969.

[6] CHEUNG D W, HAN J, NG V, et al. Maintenance of Discovered Association Rules in Large Databases: An Incremental Updating Technique. In Proceeding 1996 International Conference Data Engineering(ICDE96) New Orleans, La., 1996: 106-114.

[7] HAN J, FU Y. Discovery of Multiple-level Association Rules from Large Databases. Proceeding of

the 21th Very Large Databases, 1995: 420-431.

[8] LIU B, HSU W, MA Y. Integrating classification and association rule mining. In Proceedings of the 4th conference on knowledge discovery and data mining. Menlo Park, CA. AAAI Press, 1998: 80-86.

[9] AGGARWAL C C, SUN Z, YU P S. Fast Algorithm for Online Generation of Profile association rules. IEEE Trans. On Knowledge and Data Engineering, 2002, 14(5): 1017-1028.

[10] ANDERSON B, MOORE A. ADtrees for Fast Counting and for Fast Learning of Association Rules, KDD98.

[11] WANG K, HOCK S, TAY W, et al. Interesting-based Interval Merger for Numberic Association Rules. KDD98.

[12] KLEMTTINEN M, MANNILA H, et al, Finding Interesting Rule from Large Sets of Discovered Association Rules. Proceedings of the 3rd International Conference on Information and Knowledge Management, 1994.

[13] PASQUIER N, BASTIDE Y, TAOUIL R, et al. Discovering frequent closed itemsets for association rules. In proceedings 7th International Conference Database Theory (ICDT99), Jerusalem, Israel, 1999: 398-416.

[14] ZAKI M J, PARTHASARATHY S, OGIHARA M, et al. Parallel Algorithm for Discovery of Association Rules. Data Mining and Knowledge Discovery, 1997(1): 343-374.

[15] JOSÉ B, MARK L. Mining Association Rules in Hypertext Databases. KDD98.

[16] QUINLAN J R. Induction of Decision Trees. Machine Learning, 1986: 1. 81-106.

[17] MEHAT M, AGRAWAL R, RISSANEN J. SLIQ: A Fast Scalable Classifier for Data Mining. In Proceeding 1996 International Conference Extending Database Technology (EDBT96), Avignon, France, 1996.

[18] SHAFER J, AGRAWAL R, MEHTA M. SPRINT: A Scalable Parallel Classifier for Data Mining. In Proceeding 1996 Internatioanl Conference Very Large Data Bases (VLDB96), Bombay, India, 1996: 544-555.

[19] BRODLEY C E, UTGOFF P E. Multivariate Decision Trees. Machine Learning, 1995, 19: 45-77.

[20] RASTOGI R, SHIM K. PUBLIC: Adecision Tree Classifier that Integrated Building and Pruning. In Proceeding 1998 International Conference Very Large Data Base(VLDB98), New York, 1998: 404-415.

[21] CATLETT J. Megainduction: Machine Learning on Very Large Databases. Ph. D. Thesis University of Sydney, 1991.

[22] CHAN P K, STOLFO S J. Experiments on Multistrategy Learning by Metalearning. In Proceeding 2nd. International Conferences Information and Knowledge Management, 1993: 314-323.

[23] GEHRKE J, RAMAKRISHNAN R, GANTI V. Rainforest: Aframework for Fast Decision Tree Construction of Large Datasets. In Proceeding 1998 International Conference Very Laege Data Bases

(VLDB98), New York, 1998: 416-427.

[24] DUDA R, HART P. Pattern Classification and Scene Analysis. New York: John Wiley & Sons, 1973.

[25] MERETAKIS D, WÜTHRICH B. Extending Naïve Bayes Classifiers Using Long Itemsets. In Proceeding 1999 International Conference Knowledge Discovery and Data Mining (KDD99), San Diego, 1999: 165-174.

[26] LIU B, HSU W, MA Y. Integrating Classification and Association Rule Mining. In Proceeding 1998 International Conference Knowledge Discovery and Data Mining (KDD98), New York, 1998: 80-86.

[27] HECKERMAN D, GEIGER D, CHICKERING D M. Learning Bayesian Networks: The Combination of Knowledge and Statistical Data. Machine Learning, 1995(20): 197-243.

[28] RUSSELL S, NORVIG P. Artificial Intelligence: A Morden Approach. Englewood Cliffs, NJ. Prentice-Hall, 1995.

[29] DAVIES S, MOORE A. Bayesian Networks for Lossless Dataset Compression. In Proceeding 1999 International Conference Knowledge Discovery and Data Mining (KDD99), San Diego, CA, 1999: 387-391.

[30] LAM S L Y, LEE D L. Feature Reduction for Neural Network Based Text Categorization. Digital Symposium Collection of 6th International Conference on Database System for Advanced Application, 1999.

[31] HATANO K, SANO R, DUAN Y W, et al, An Interactive Classification of Web Documents by Self-Organizing Maps and Search Engines. DASFAA99.

[32] AHMED S N, LIU H, SUNG K K. Handling Concept Drifts in Incremental Learning with Support Vector Machnine. In Proceeding 1999 International Conference Knowledge Discovery and Data Mining (KDD99), San Diego, CA, 1999: 437-442.

[33] 王磊，潘进，焦李成.免疫算法. 电子学报，2000: 28(7): 74-78.

[34] ZIARKO W. The Discovery, Analysis, and Representation of Data Dependencies in Databases. Knowledge Discovery in Databases, Menlo Park. AAAI Press, 1991: 195-209.

[35] SWINIARSKI R. Rough Sets and Principle Component Analysis and Their Applications in Feature Extraction and Selection, Data Model Building and Classification. New York: Fuzzy Sets, Rough Sets and Decision Making Processs, Springer-Verlag, 1998.

[36] SKOWRON A, RAUSZER C. The Discernibility Matrices and Functions in Information System. Intelligient Decision Support, Handbook of Application and Advances of the Rough Set Theory, Boston, Kluwer Academic Publishers, 1992: 331-362.

[37] 周斌，吴泉源，高洪奎.用户访问模式数据挖掘的模型与算法研究.计算机研究与发展，1999，36(7): 870-875.

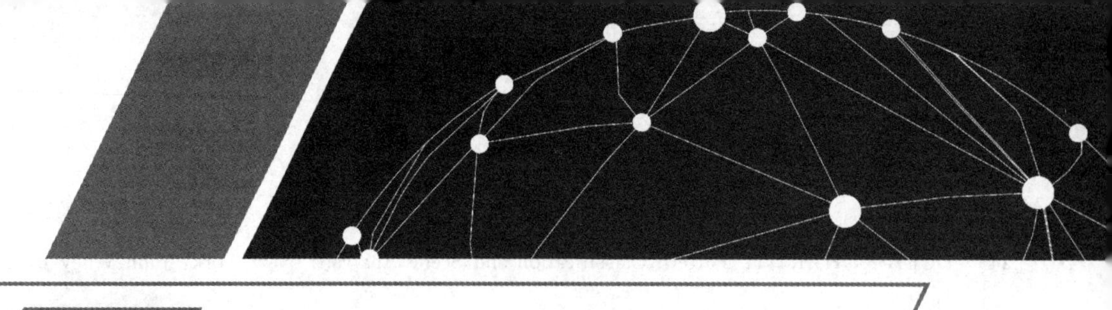

第2章 KDD的理论基础

对数据挖掘和数据库中的知识发现的研究，着重于开发针对各种数据挖掘任务的性能优异的算法。也有一些研究者致力于数据挖掘过程、用户界面、数据库主题或可视化的研究。几乎没有文献详细讨论过 KDD 实现的理论基础。本章给出了 KDD 和数据挖掘可能的理论框架。

KDD 和数据挖掘是应用驱动的研究领域，探求其理论框架有不可低估的价值。纵观数据库技术的发展足以说明理论研究在整个计算机科学中的地位和作用。数据库理论始于 20 世纪 60 年代，由于没有清晰的结构及其相应的理论框架，面对不同的应用，数据的管理与存储无章可循，复杂的数据层次、呈网状类型的原始数据及其管理方法，严重制约了数据库技术的发展。Codd's 的关系模型用一种简洁而又精良的理论框架说明了数据的结构及其操作。关系模型数学上的精美，使其成为查询优化和事务处理的先进方法，而其中的交互作用也使数据库管理系统更为有效。关系模型是一个清楚的例证，它充分说明了计算机科学和理论如何将无关的大杂烩式的数据转变为一个简洁而又易于理解的整体，同时，也确保了该领域的工业化过程的实施。

同样，数据挖掘理论应具备简洁、易用的特性，应能获得数据挖掘算法的结果，应具备模型化典型的数据挖掘任务(如聚类、规则发现、分类等)的功能，应易于讨论所发现的模式或模型的概率特征与数据及其归纳、概化的特性，并能接受不同形式的数据(关系数据、序列数据、文本数据、Web 数据)等。由于数据挖掘是一个交互而重复的过程，关于所挖掘的知识的判断并没有唯一的标准，所以，数据挖掘的理论框架应充分保证满足这些条件。

由于 KDD 是一个融合了统计学、机器学习、人工智能、数据库等理论的交叉领域，所以，其理论框架主要有数学理论、机器学习理论、数据库与数据仓库理论、可视化理论等。

2.1 数学理论 1

KDD 研究，具有良好理论基础的是数学理论。本节讨论第一部分，即统计学理论、支持向量机理论、模糊集理论、粗糙集理论。数学理论的第二部分见下节。

2.1.1 统计学理论

统计方法从事物的外在数量上的表现去推断该事物内在可能的规律性。统计学可以定义为一组概念、原则和方法，用于收集数据、分析数据和通过数据得出结论。随机性和规律性是统计学的两个重要概念。随机性是指不能够预测某一特定事件的结果；而规律性是指从许多事件中收集数据时发现的模式。规律性本身包含随机性。统计可被定义为在随机性中找出规律性。概率则为从数据中得出结论提供了基础，统计学往往使用概率方法判断数据间的差别是否超出了随机性本身的影响。

统计学的研究内容及方法无疑也适合于解决 KDD 中的问题，并且统计学在 KDD 中起着基础性和理论性的作用——统计学已形成的理论体系可以作为 KDD 的理论框架之一。在统计学理论基础上发展起来的支持向量机，在分类、聚类等方面也表现出相当的优势，从而构成了 KDD 的理论体系。

进入 20 世纪以来，统计学的发展经历了数据描述、统计模型、数理统计、随机模型假设、松弛结构模型假设、建模复杂的数据结构等几个阶段。其中标志性的成果是从观测数据产生对依赖关系的估计。这一成果的取得源于四项发现，即 Tikhonov、Ivanov 和 Philips 发现的关于解决不适定问题的正则化原则，Parzen、Rosenblettt 和 Chentsov 发现的非参数统计学，Vapnik 和 Chervonenkis 发现的在泛函数空间的大数定理以及它与学习过程的关系，Kolmogorov、Solomonoff 和 Chaitin 发现的算法复杂性及其与归纳推理的关系。这四项研究是研究统计学过程的重要基础。

传统的统计学主要研究渐进理论，即当样本趋向于无穷多时的统计性质。统计方法主要考虑测试预想的假设是否与数据模型拟合。长期以来，统计学是用于数据分析的一个重要工具。统计学通过统计观察数据，建立概率统计模型，推导出统计量，求出统计量的概率分布。统计方法的处理过程一般可以由三个步骤组成：采样、实验设计；建模、数据挖掘和知识发现、可视化；推理及预测、分类。

统计学中的变量可以定义为一个特征或属性。变量的值可用于描述某一特定个体。变量分为理论变量和经验变量。理论变量可以由数学公式推导，常用的理论变量是 z 变量、t 变量、χ^2 变量和 F 变量。而经验变量是指用于描述周围可以观察到的事物的变量。统计学主要关注某变量是否影响了另一个变量，具体来讲，即关注在数据中变量之间是否有关系，变量之间的关系有多强，总体中是否有关系，这样的关系是否是一种因果关系。显然在统计理论指导下，可以执行特征选择、样本化、关联分析、分类、聚类、预测等数据挖掘任务。

变量定义是统计的第一步，相当于在 KDD 中确定挖掘的目标。观测数据是通过观察得到的数据。一个可被推广到整个数据集的统计样本叫作随机样本。随机样本中，整个数据集中的每个个体都有相同的被选中的机会。抽样误差的大小依赖于观测样本的个数和抽样方式。未响应误差是指样本中有缺失数据时导致出现的误差。实验是研究变量间因果关系的一种方法。数据收集也可以在实验中通过控制一个或多个变量，测量每次控制的结果来得到。

为寻找数据集中数据的规律，需要对观察值进行汇总。图表和汇总的结果可以简化数据，但会丢失一部分数据。统计学中使用各种平均数来获得统计数据。三种常用的平均数是众数、中位数和均值。当变量是分类变量时，有必要使用众数。中位数将观察值分成相同数目的两部分，当统计结果为非对称分布时，常常使用中位数。均值是所有观察值的平均，是最常用的一种平均值方法。统计学中测量数据分散度的统计量是标准差，这是一种从数据中心求解数据散布的方法。标准差表明了在平均意义上，观察值与均值的偏离值。标准差的平方是方差。均值的标准差是多个样本的均值的标准差。

使用概率验证假设是数据挖掘的主要理论之一，如关联规则挖掘、分类和聚类就常常使用这一方法。概率是 0 到 1 之间的一个数，说明了某事件发生的可能性。可以通过等可能事件、相对频率和个人评价得到概率值。当事件是等可能的时，把感兴趣的事件结果除以结果总数，可获得感兴趣事件的概率。当一个记录或事件覆盖了很长时间或有很大的样本时，一个事件出现的次数的比例是该事件概率的估计值。对于独立的事件，在所有可能获得的信息的基础上，对事件发生的可能性的估计可作为概率值。当两个事件不可能同时发生时，一个事件或另一个事件发生的概率是两事件的概率和。当两个事件是独立事件时，一个事件和另一个事件同时发生的概率是两个事件概率的乘积。对于离散变量，求其概率分布一般采用二项分布。对于连续变量，求其概率分布一般采用正态分布，并可用四种理论变量来求解。

样本统计量是从样本中计算出来的，其值是可知的，如样本均值、样本百分比及样本标准差等。总体参数是从总体中计算得到的，如总体均值、总体百分比以及总体标准差。统计推断用来从样本数据中得到关于总体参数值的结论，它由两部分组成，即估计假设和假设检验。参数估计的目的是找出其真实值。假设检验就是验证某参数是否等于估计的值。一个问题的假设有零假设和备择假设。所谓零假设，就是参数值与估计值相等，也就是说参数没有改变。而备择假设是零假设的相反情况，它常用来描述参数值改变或两个参数间存在差别等信息。

点估计和区间估计是参数估计常用的两种方法。点估计从一个总体中抽出大量不同的随机样本并在每个样本上计算统计量，统计量有总体参数的无偏估计和有偏估计，一般计算样本统计量采用样本均值。区间估计是参数估计值的一个范围，常采用总体参数的置信区间进行区间估计。区间估计比点估计能提供更多的信息。不同样本的多个置信区间中包含未知的总体参数的区间所占的百分比称为置信水平。短的置信区间包含的信息多于长的置信区间，可以通过增加样本容量或降低置信水平的方法获得较短的置信区间。置信区间可以通过总体百分数、总体均值等方法来构造，也可以通过两个参数的差值来构造。

发现关联和预测是数据挖掘中重要的应用问题。无论哪种应用，使用统计学中关于两个变量间关系的理论均可求解。实际上，关联和预测就是用一个变量的某一个体的观察值去预测另一个变量相应个体的观察值，其强度值则表明了用一个变量去预测另一个变量的可行性的大小。

对不同类型的变量组合有不同的统计分析方法。如果是两个分类变量的组合，可以用频率、百分比描述数据的整体趋势。两个变量间是否有关系及关系的强度可通过不同的百分比及其强度系数来表示。要验证产生样本的总体的变量间是否存在一种关系，可用统计假设来检验。如果是两个数值型变量，可以用相关分析和回归分析这两个互为补充的方法进行分析。相关分析描述了两个变量的相关程度，即用相关系数度量两个数值变量之间关系的强度。回归分析则描述了因变量是如何受一个或多个自变量的影响的。简单的回归分析是只有一个自变量的回归分析。回归系数可以用于预测一个变量的变化。统计学中提供了回归系数和相关系数的计算方法，并可由回归系数和相关系数计算假设检验的结果；也可以通过构造总体的回归系数 β 的置信区间或检验认为两变量间无关的零假设来说明两变量间是否存在一定的关系。

对于一个数值变量和一个包含两类的分类变量，可以采用简单的回归分析和相关分析。虚拟变量代表了分类变量的值，如果因变量是分类变量，则可用 S 形的曲线来拟合这些数据。这样的分析方法称为 logistic 回归。当研究一个或多个分类型自变量对一个数值变量的影响时，可以使用方差分析的统计方法(ANOVA)。

当一组元素根据某种比较进行排序时，生成顺序变量。顺序变量的值可以取数值或词。取值为数值的顺序变量在一个数值刻度上进行排序；而取值为词的顺序变量在一个词语程度的刻度上进行排序，通常定义的是模糊词，如“非常”“适中”“稍微”“一点也不”等。顺序变量含有的信息量比分类变量多而少于数值变量，所以，其分析方法也不同于数值变量和分类变量。

多元分析可以用来同时分析几个自变量对一个因变量的影响。作为分析结果，自变量可以按照对因变量的影响的大小排序。多元回归分析中因变量的预测值与实际值之间关系的强度用多重相关系数衡量。在多元回归分析中，用假设检验的方法判断是否统计显著，可以对每个自变量的回归系数分别进行假设检验。对于数值变量，多元分析计算偏回归系数和偏相关系数。偏回归系数可以组合成一个回归方程来估计所有自变量对因变量的联合效应。偏相关系数会随着分析中变量的不同而改变。当自变量之间具有和自变量与因变量间类似的相互关系时，偏相关系数的值会发生变化。自变量之间的相关性称为共线性。对于分类变量，可以通过将类转化为哑元(如对两分类，可用 0 或 1 作为哑元的值)，把分类自变量用于回归分析。要研究两个分类自变量对一个数值因变量的效应，一般采用双因子方差分析的方法。两个自变量对因变量的联合作用称为交互效应。

统计数据分析和推理已研究出许多面向预测问题的有参和无参的方法。统计线性回归分析提供了用于连续属性预测的一种手段，它通过将解释属性的新值插入合适的回归方程来实现。统计学也是判别分析最常采用的方法和工具，用于划分不同的对象集，并将新的对象安排到事先定义的组中。这种技术的性能通过预测准确性和有效性来定义，依赖类中数据的同质分布，使用线性的或二次型的判别函数来分类。这种方法结合判别器(分类器)的选择逐步地执行判别分析。常见的统计方法有回归分析(如多元回归、自回归)、判别分析(如贝叶斯判别、费歇尔判别、非参数判别)、聚类分析(如系统聚类、动态聚类)以及探索性分析(如主元分析、相关分析)等。目前，已有一些商业化的软件用于判别分析，例如SAS、SPSS、BMDP、SYSTAT、EPINFO等。

KDD中数据预处理、数据选择、数据分类、预测、聚类、关联等都可在统计的基础上进行，并已有许多研究及应用成果。而KDD和数据挖掘过程的大部分操作是基于统计数据进行的。

2.1.2 支持向量机理论

统计学习理论和支持向量机(Support Vector Machine，SVM)方法从20世纪90年代起受到极大的重视，主要原因是它们对有限样本情况下的一些根本问题进行了系统的理论研究，并在此基础上建立了一套较好的通用的学习算法。支持向量机建立在计算学习理论的结构风险最小化原则之上，是近几年发展起来的新型的通用知识发现方法，在分类方面具有良好的性能。

1. 最优分类面

SVM是由线性可分情况下的最优分类面提出的。例如对于二维两类线性可分的情况，图2.1中实心点和空心点分别表示两类的训练样本，H 为把两类正确分开的分类线，H_1、H_2 分别为各类样本中离分类线最近的点连成的平行于分类线的直线，H_1 和 H_2 之间的距离称为分类间隙。所谓最优分类线，就是要求分类线不仅能将两类无错误地分开，而且使

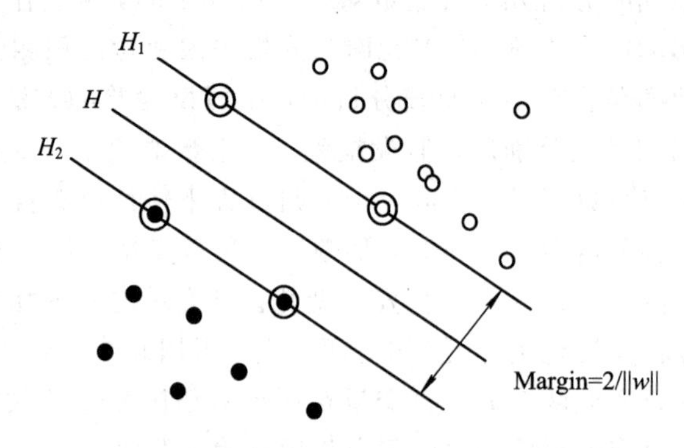

图2.1 最优分类线示意图

两类之间的分类间隙最大。前者用来保证经验风险最小，后者使推广性的界中的置信范围最小，从而使真实风险最小。推广到高维空间，最优分类线就是最优分类面。

假设存在训练样本(x_1, y_1)，(x_2, y_2)，…，(x_l, y_l)，$x\in \mathbf{R}^n$，$y\in\{+l, -l\}$，l 为样本数，n 为输入维数，在线性可分的情况下，线性判别函数的一般形式为 $g(x)= w\cdot x+b$，即有一个超平面使这两类样本完全分开。超平面方程为

$$w\cdot x+b=0 \tag{2-1}$$

其中，“·”是向量点积。

将函数归一化，使两类所有样本都满足$|g(x)|\geqslant 1$，即使离分类面最近的样本的$|g(x)|=1$，而分类间隔就等于 $2/\|w\|$，这样，使分类间隙最大等价于使 $\|w\|$（或 $\|w\|^2$）最小，并要求分类线对所有样本正确分类，也就是满足

$$y_i[(w\cdot x_i)+b]-1\geqslant 0,\quad i=1, 2, \cdots, l \tag{2-2}$$

从而，满足上述条件且使$\|w\|^2$ 最小的分类面就是最优分类面。过两类样本中离分类面最近的点且平行于最优分类面的超平面 H_1、H_2 上的训练样本就是支持向量(Support Vector，SV)。支持向量支持了最优分类面。最优分类面问题可以表示为如下的约束优化问题，即二次规划问题。在条件式(2-2)的约束下，最小化泛函

$$\varphi(w)=\frac{1}{2}\|w\|^2=\frac{1}{2}(w\cdot w) \tag{2-3}$$

为函数的最小值。定义 Lagrange 函数如下：

$$L(w, b, \alpha)=\frac{1}{2}(w\cdot w)-\sum_{i=1}^{n}\alpha_i\{y_i[(w\cdot x_i)+b]-1\} \tag{2-4}$$

其中，$\alpha_i>0$ 为 Lagrange 系数，目标是对 w 和 b 求 Lagrange 函数的极小值和关于 $\alpha_i>0$ 求其最大值。所以优化问题的解是由 Lagrange 泛函的鞍点给出的。

分别对式(2-4)中的 w 和 b 求偏微分并令其为 0，可把问题转化为在约束条件

$$\sum_{i=1}^{l}y_i\alpha_i=0,\quad \alpha_i\geqslant 0, i=1, 2, \cdots, l \tag{2-5}$$

之下对α_i求解下列函数的最大值：

$$Q(\alpha)=\sum_{i=}^{l}\alpha_i-\frac{1}{2}\sum_{i, j=1}^{i}\alpha_i\alpha_j y_i y_j(x_i\cdot x_j) \tag{2-6}$$

若α_i^* 为最优解，则

$$w^*=\sum_{i=1}^{l}\alpha_i^* y_i x_i \tag{2-7}$$

即最优分类面的权系数向量是训练样本向量的线性组合。

根据 Kühn-Tucker 条件，该优化问题的解必须满足

$$\alpha_i(y_i(w\cdot x_i+b)-1)=0,\qquad i=1, 2, \cdots, l \tag{2-8}$$

因此，对于多数样本 α_i^* 将为零，取值不为 0 的 α_i^* 对应于使式(2-2)等号成立的样本，即为支持向量。通常支持向量只是所有样本中的很少一部分。

求解上述问题后的最优分类函数是

$$f(x) = \mathrm{sgn}((w^* \cdot x) + b^*) = \mathrm{sgn}\left(\sum_{i=1}^{l} \alpha_i^* y_i (x_i \cdot x) + b^*\right) \tag{2-9}$$

其中，sgn( )为符号函数。

2. 广义最优分类面

最优分类面是在线性可分的情况下讨论的。在线性不可分的情况下，某些训练样本不能满足式(2-2)的条件。因此，在条件中增加一个松弛项 ξ_i 如下：

$$y_i[(w \cdot x_i) + b] - 1 + \xi_i \geqslant 0 \tag{2-10}$$

对于足够小的 $\sigma>0$，只要使

$$F_\sigma(\xi) = \sum_{i=1}^{l} \xi_i^\sigma \tag{2-11}$$

最小，就可使错分样本数最小。对应线性可分情况下的分类间隙最大，在线性不可分情况下引入约束

$$\|w\|^2 \leqslant C_k \tag{2-12}$$

其中，C_k 为某个指定的常数。在式(2-10)和式(2-12)下对式(2-11)求极小，得到线性不可分情况下的最优分类面，称作广义最优分类面。

广义最优分类面可演化为在式(2-10)下，求下列函数的极小值：

$$\phi(w, \xi) = \frac{1}{2}(w \cdot w) + C\left(\sum_{i=1}^{l} \xi_i\right) \tag{2-13}$$

其中，C 为某个指定的常数。

3. 高维空间中的最优分类面

要解决一个非线性问题，可以设法将它通过非线性变换转化为另一个空间中的线性问题。一般转换后的空间要比原空间的维数增加，但却可以用线性判别函数实现原空间中的非线性判别函数，在变换后的空间上求最优的或广义的分类面。实际上，只需要定义变换后的内积运算，而不必真正地进行变换。统计学习理论认为，根据 Hibert-Schmidt 原理，只要一种运算满足 Mercer 条件，就可作为内积来使用。

Mercer 条件是指对于任意的对称函数 $K(x, x')$，它是某个特征空间中的内积运算的充分必要条件为：对于任意的 $\varphi(x) \neq 0$ 且 $\int \varphi^2(x)\mathrm{d}x < \infty$，有

$$\iint K(x, x')\varphi(x)\varphi(x')\mathrm{d}x\mathrm{d}x' > 0 \tag{2-14}$$

4. 支持向量机

如果用内积 $K(x, x')$代替最优分类面中的点积，相当于把原来的特征空间变换到了某一个新的特征空间，此时的优化函数变为

$$Q(\alpha) = \sum_{i=1}^{l} \alpha_i - \frac{1}{2}\sum_{i, j=1}^{l} \alpha_i \alpha_j y_i y_j K(x_i, x_j) \tag{2-15}$$

而相应的判别函数变为

$$f(x) = \mathrm{sgn}\left(\sum_{i=1}^{l} \alpha_i^* y_i K(x_i, x) - b^*\right) \tag{2-16}$$

算法的其他条件不变，就构成支持向量机。

所以，支持向量机的基本思想是通过非线性变换将输入空间变换到一个高维空间，然后在新空间中求取最优线性分类面的。非线性变换是通过定义适当的内积函数实现的。在最优分类面中采用适当的内积函数 $K(x_i \cdot x_j)$就可实现某一非线性变换后的线性分类，而计算复杂度却没有增加。

构造形如式(2-16)类型的决策函数的学习机器叫作支持向量机。在支持向量机中，构造的复杂度取决于支持向量的数目，与特征空间的维数无关。这种分类函数形式上类似于神经网络，其输出层是若干中间结点对应于输入样本与一个支持向量的内积，所以，也称其为支持向量网络，见图 2.2。

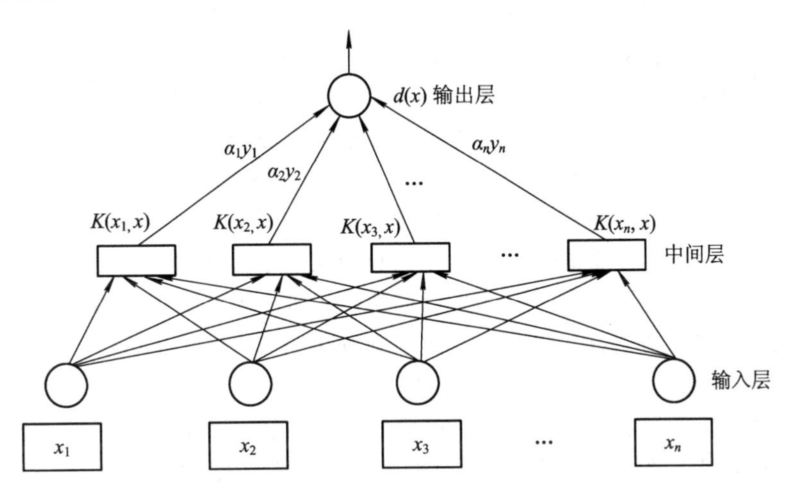

图 2.2　支持向量机图

研究表明，支持向量机的推广性与变换空间的维数无关。只要适当选择一种内积函数，构造一个支持向量相对较少的最优或广义的最优分类面，就可得到较好的推广性。支持向量机中不同的内积函数将形成不同的算法。目前，常用的核函数主要有多项式核函数、径

向基核函数、多层感知器和动态核函数等。由于将非线性问题变换到高维空间是为了线性可分，升维只是改变了内积运算，并没有使算法的复杂度随着维数的增加而增加，而且在高维空间的推广能力并不受维数影响，因此算法具有可行性。

统计学习理论是关于小样本进行归纳学习的理论，用于大型数据库中的数据挖掘和知识发现是一种新的途径和好的方法，也已有一些研究成果出现，但还有许多值得研究和讨论的问题。

2.1.3 模糊集理论

由于模糊现象和模糊概念在现实世界中大量存在，所以，用数量化方法来研究模糊概念和模糊现象是一种趋势。1965 年，美国控制论专家扎德在 *Information and Control* 杂志发表了一篇开创性的论文——“Fuzzy Sets”，标志着模糊数学的诞生。

传统的经典数学是以精确性为特征的，而与精确性相悖的模糊性并不完全是消极的。模糊数学并不是把数学变成模模糊糊的东西，它同样具有数学的特性——条理分明、一丝不苟。模糊数学是继经典数学、统计数学之后数学的一个新发展。统计数学将数学的应用范围从必然现象领域扩大到偶然现象领域，模糊数学则把数学从精确现象领域扩大到模糊现象领域，它提供了定性与定量、主观与客观、模糊与清晰之间的一个折中。模糊数学既不同于确定性，也不同于偶然性和随机性。在科学技术领域和现实世界中，人们所遇到的各种量大体上可分为两大类：确定性的与不确定性的，而不确定性的量又分为随机性的与模糊性的。人们正是用三种数学来分别刻画客观世界中的不同的量。

随机性的不确定性，就是概率的不确定性，主要与事件的发生有关，即事件本身是确定的，而事件的发生是一种偶然现象，具有不确定性。而模糊性的不确定性则不同，原因是事件本身是不确定的，具有模糊性，是由概念、语言等的模糊性产生的。

模糊数学又称模糊集、模糊逻辑。其中模糊集是相对于经典的集合理论而言的，模糊逻辑则是相对于传统的二值逻辑而言的。模糊数学从数学角度对模糊集和模糊逻辑进行研究。从应用的角度看，模糊数学一般称为模糊系统，即采用了模糊数学的思想和理论的系统，其中采用的技术或方法称为模糊技术或模糊方法。

模糊集是表示和处理不确定性数据的重要方法。模糊集不仅可以处理不完全数据、噪声或不精确的数据，而且在开发数据的不确定性模型方面是有用的，能提供比传统方法更灵巧、更平滑的性能。通过定义隶属度，模糊集能表示某种人为定义的概念，即采用数学公式形式表达语言变量。

模糊集和模糊逻辑的研究已经进行了许多年，对模糊集的运算、模糊关系运算已进行了大量研究，模糊推理、模糊分类、模糊聚类等应用更是日益增多。数据库中一般的数据类型有数值型、字符型、逻辑型、日期型和备注型。复杂类型可能有视频数据、图形/图像数据等。为开发可伸缩性的用于 KDD 的算法，数据预处理是十分关键的。对于大量的数值型、字符型数据，可以引入模糊分类值，通过概念提升，压缩数据。运用模糊方法和模糊技术处理不确定的知识，也是 KDD 的研究领域之一。

模糊理论的关键问题之一是隶属度的确定。隶属度是客观存在的，一般可以通过模糊统计、人为指派等方法确定。模糊统计方法即通过模糊统计实验确定隶属度。指派方法就是根据问题的性质和经验选用现成的某些形式的模糊分布，然后根据测量数据确定分布中所含的参数。常用的模糊分布有矩形分布、梯形分布、k 次抛物型分布、r 型分布、正态分布、柯西分布和岭型分布等。

模糊理论可用于模糊分类、模糊聚类、模糊关联规则挖掘和模糊预测等。对于模糊分类和聚类这样的识别问题可以用最大隶属原则判别，也可通过模糊集的内积、外积和择优原则识别两个模糊集是否贴近。模糊集的内积越大，模糊集越贴近，外积越小，模糊集也越贴近。一般采用贴近度，即内积、外积结合来刻画两个模糊集的贴近程度。目前，关于贴近度的计算已经有了许多改进的方法。

与模糊集是经典集合的推广一样，模糊关系也是普通关系的推广。可以通过隶属函数的映射定义模糊关系，隶属度则表明了模糊关系的相关程度。用模糊关系矩阵表示模糊关系，并将普通关系的运算及等价关系等概念推广到模糊关系上，可以用模糊等价关系或经修改的模糊相似矩阵(模糊相似矩阵的传递闭包)的 λ 截矩阵决定模糊分类。

许多实际问题中，不同的数据往往会有不同的量纲。为了对不同量纲的量进行比较，需要对数据作适当的变换，并将数据压缩在区间[0，1]上，这可以通过平移标准差和平移极差变换的方式进行。在此基础上，为了定量地进行分类，必须确定一些分类的数量指标，即引进一些能表示样本(或变量)间相似程度的数量指标，如聚类统计量。确定聚类统计量主要采用相似系数法(如夹角余弦法、相关系数法、指数相似系数法)和距离法(如海明距离、欧氏距离、切比雪夫距离)，然后采用多种模糊聚类方法中的一种进行聚类。

使用模糊模型的另一类重要的应用是模糊决策，其中模糊意见集中决策、模糊二元对比决策和模糊综合评判决策已形成了较为成熟的理论和方法，例如：在模糊意见集中决策中使用 Borda 数进行加权排序；在模糊二元对比决策中建立模糊优先关系矩阵，并可通过取小法、平均法、加权平均法等求得隶属函数；在模糊综合评判决策中按照给定的条件，用多个指标或多个因素，对事务的优劣、好坏进行评比、判别。目前，综合评判的方法较多，常用的有评总分法和加权评分法等。

在 KDD 中，使用模糊方法可对已挖掘的大量关联规则的有用性、兴趣度等进行评判，也可用于分类、聚类等数据挖掘任务。

2.1.4 粗糙集理论

经典逻辑中，只有真、假值之分，但在现实生活中有许多含糊现象并不能简单地用真、假值来表示，如何表示和处理这些现象就成为一个研究领域。1965 年，Zadeh 提出模糊集，不少理论计算机科学家和逻辑学家试图通过这一理论处理含糊概念，但由于模糊集是不可计算的，没有给出数学公式描述有关含糊的概念，因此无法计算出模糊集中具体的含糊元素的数目，如模糊集中的隶属函数和模糊逻辑中的算子等都是如此。粗糙集理论是 Pawlak 在 1982 年提出的，它是一种新的数学工具，用于处理含糊性和不确定性。它把无法确认的个体都归于边界区域，而这种边界区域被定义为上近似集和下近似集之差集。由于粗糙集有确定的数学公式描述，所以含糊元素的数目是可以计算的，即可计算真、假值之间的含糊度。粗糙集的主要特点在于它恰好反映了人们处理不分明问题的常规性，即以不完全信息或知识去处理一些不分明现象的能力，或依据观察、度量到的某些不精确的结果来进行数据分类的能力。目前，粗糙集已从理论上逐步完善，在数据挖掘和知识发现等领域得到了成功的应用，并受到国际上的广泛关注。相对于其他处理不确定性和模糊性的理论工具而言，粗糙集理论有着许多不可替代的优越性，如粗糙集不需要任何额外的有关数据信息，比如统计学中的概率分布、模糊集中的隶属度或概率值。经过近年来的研究，粗糙集已经在信息系统分析、人工智能及应用、决策支持系统、知识与数据发现、模式识别与分类、故障检测等方面取得了较为成功的应用。

在 KDD 中，以数据库为基础进行数据挖掘和知识发现，会遇到信息的不确定性和含糊性的困难。这是由于数据库中的数据随时间动态变化是大多数数据库系统的一个主要特征；同时，由于手工录入以及主观选取等操作，可能使数据库中包含错误数据，即噪声；另外，数据库中某些个别的记录，其属性域有可能存在空值现象，造成数据的不完整；数据库中的某些记录多处存储，造成冗余；有时，数据库的数学模型通常对应很大的信息空间，相对于发现空间，数据库中实际包含的数据往往显得非常稀疏。

而粗糙集认为知识就是人类和其他物种所固有的分类能力，而知识的粒度性是造成使用已有知识不能精确地表示某些概念的原因。粗糙集通过引入不可区分关系作为其理论基础，并在此基础上定义了集合的下近似、上近似等概念。下近似中的每一个成员都是该集合的确定成员，而不是上近似中的成员肯定不是该集合的成员。粗糙集的上近似是下近似和边界的并。边界区的成员可能是该集合的成员，但不是确定的成员。粗糙集其实也是一种三值逻辑：真、假、也许。所以，粗糙集能够有效地逼近这些概念。

与模糊集需要指定成员隶属度不同，粗糙集的成员是客观计算的，只和已知数据有关，从而避免了主观因素的影响。粗糙集将知识定义为不可区分关系的一个族集，使知识具有了一种清晰的数学意义，并可使用数学方法进行处理，也能够分析隐藏在数据中的事实而不需要关于数据的任何附加信息。

粗糙集作为一种处理含糊性和不确定性的数学工具，可以与其他智能信息处理方法集成，进行规则归纳、数据分类和聚类等。目前，粗糙集用于知识发现的代表性应用有数据削减与规则生成、信息检索、决策支持、分类、聚类、市场预测等。

2.2 数学理论 2

概率论是研究随机现象规律性的数学。随机现象是指在相同条件下，其出现的结果是不确定的现象。随机现象又可分为个别现象和大量随机现象。对大量随机现象进行观察所得到的规律性，被人们称为统计规律性。

2.2.1 概率论基础

统计学中，习惯于把对对象的一次观察、登记或实验叫作一次试验。随机试验即是对随机现象的观察。随机试验在完全相同的条件下，可能出现不同的结果，但所有可能的结果的范围是可以估计的，即随机试验的结果具有不确定性和可预计性。统计学中，一般把随机试验的结果，即随机现象的具体表现叫作随机事件或事件。

随机事件是指试验中可能出现、也可能不出现的结果。随机现象中，某标志表现的频数是指全部样本中拥有该标志表现的单位总数。

定义 2.1 （统计概率）若在大量重复试验中，事件 A 发生的频率稳定地接近于一个固定的常数 p，它表明事件 A 出现的可能性大小，则称此常数 p 为事件 A 发生的概率，记为 $P(A)$，即 $P(A)=p$。

可见，概率就是频率的稳定中心。任何事件 A 的概率为不大于 1 的非负整数，即 $0<P(A)<1$。

概率的统计意义与频率联系紧密且易于理解，但是用试验的方法来求解概率是复杂的，有时甚至是不可能的。因此，常用古典概率和几何概率来求解计算问题。

定义 2.2 （古典概率）设一种试验有且仅有有限的 N 个等可能的结果，即 N 个基本事件，而 A 事件包含着其中的 K 个可能结果，则称 K/N 为事件 A 的概率，记为 $P(A)$，即

$$P(A)=\frac{K}{N}$$

古典概率的计算要知道全部的基本事件数目，它局限于离散的有限总体。而在无限总体或全部基本事件未知的情况之下，求解概率需采用几何模型，同时，模型也提供了概率的一般性定义。

定义 2.3 （几何概率）假设 Ω 是几何型随机试验的基本事件空间，F 是 Ω 中可测集的集合，则对于 F 中的任意事件 A 的概率 $P(A)$ 为 A 与 Ω 的体积之比，即

$$P(A)=\frac{V(A)}{V(\Omega)}$$

定义 2.4 （条件概率）把事件 B 已经出现的条件下，事件 A 发生的概率记作 $P(A|B)$，并称之为在 B 出现的条件下 A 出现的条件概率，而称 $P(A)$ 为无条件概率。

若事件 A 与 B 中的任一个出现，并不影响另一事件出现的概率，即当 $P(A)=P(A\cdot B)$ 或 $P(B)=P(B\cdot A)$时，称 A 与 B 是相互独立的事件。

定理 2.1 （加法定理）两个不相容（互斥）事件之和的概率，等于两个事件概率之和，即

$$P(A+B)=P(A)+P(B)$$

两个互逆事件 A 和 A^{-1} 的概率之和为 1。即若 $A+A^{-1}=\Omega$，且 A 与 A^{-1} 互斥，则 $P(A)+P(A^{-1})=1$，或常有 $P(A)=1-P(A^{-1})$。

若 A、B 为两任意事件，则 $P(A+B)=P(A)+P(B)-P(AB)$成立。此定理可推广到三个及以上的事件，如：

$$P(A+B+C)=P(A)+P(B)+P(C)-P(AB)-P(BC)-P(AC)+P(ABC)$$

定理 2.2 （乘法定理）设 A、B 为两个不相容（互斥）的非零事件，则其乘积的概率等于 A 和 B 的概率的乘积，即

$$P(A\cdot B)=P(A)\cdot P(B)$$

或

$$P(A\cdot B)=P(B)\cdot P(A)$$

设 A、B 为两个任意的非零事件，则其乘积的概率等于 A（或 B）的概率与 A（或 B）出现的条件下 B（或 A）出现的条件概率的乘积，即

$$P(A\cdot B)=P(A)\cdot P(B|A)$$

或

$$P(A\cdot B)=P(B)\cdot P(A|B)$$

此定理可以推广到三个以上事件的乘积的情形，即当 n 个事件的乘积的概率 $P(A_1A_2\cdots A_{n-1})>0$ 时，则乘积的概率为

$$P(A_1A_2\cdots A_n)=P(A_1)\cdot P(A_2|A_1)P(A_3|A_2A_1)\cdots P(A_n|A_1A_2\cdots A_{n-1})$$

当事件两两独立时，则有

$$P(A_1A_2\cdots A_n)=P(A_1)\cdot P(A_2)\cdot P(A_3)\cdots P(A_n)$$

2.2.2 贝叶斯概率

先验概率是指根据历史资料或主观判断所确定的各事件发生的概率。该类概率没有经过实验验证，属于检验前的概率，所以称为先验概率。先验概率一般分为两类：一是客观先验概率，是指利用过去的历史资料计算得到的概率；二是主观先验概率，是指在无历史资料或历史资料不全的时候，只能凭借人们的主观经验来判断取得的概率。

后验概率一般是指利用贝叶斯公式，结合调查等方式获取了新的附加信息，对先验概率进行修正后得到的更符合实际的概率。

联合概率也称乘法公式，是指两个任意事件的乘积的概率，或称为交事件的概率。

如果影响事件 A 的所有因素B_1，B_2，$\cdots$满足：$B_i\cdot B_j=\varnothing$，$i\neq j$，且 $P(B_i)>0$，$i=1$，

2，…，则必有

$$P(A)=\sum P(B_i)P(A\mid B_i)$$

此公式称为贝叶斯概率公式，也称为后验概率公式或逆概率公式。设先验为 $P(B_i)$，新附加信息为 $P(A_j|B_i)$，其中 $i=1, 2, \cdots, n$，$j=1, 2, \cdots, m$，则贝叶斯公式计算的后验概率为

$$P(B_i\mid A_j)=\frac{P(B_i)P(A_j\mid B_i)}{\sum_{k=1}^{m}P(B_i)P(A_k\mid B_i)}$$

显然贝叶斯概率适合于实现 KDD 和数据挖掘。

2.2.3 贝叶斯学习理论

贝叶斯学习理论利用先验信息和样本数据来获得对未知样本的估计，而概率(联合概率和条件概率)是先验信息和样本数据信息在贝叶斯学习理论中的表现形式。如何获得这些概率即密度估计，是贝叶斯学习理论的焦点。贝叶斯密度估计着重研究根据样本的数据信息和人类专家的先验知识获得对未知变量的分布及其参数的估计。它包括两个过程，一是确定未知变量的先验分布，二是获得相应分布的参数估计。对于以前的信息一无所知，则这种分布称为无信息先验分布；如果已知其分布求其分布参数，则这种分布称为有信息先验分布。在数据挖掘中，从数据中学习是数据挖掘的基本特征，所以，无信息先验分布是数据挖掘的主要研究对象。选取贝叶斯先验概率是用贝叶斯模型求解的第一步。常用的选取先验概率的方法有主观和客观两种。主观的方法是借助人的经验、专家的知识等来指定其先验概率。而客观的方法是通过直接分析数据的特点，来观察数据变化的统计特征，这时需要足够多的数据才能真正体现数据的真实分布。贝叶斯学习理论由于具有稳固的理论基础和鲁棒性，所以适用于数据挖掘。

几种常用的先验分布的选取方法为共轭分布族方法、最大熵原则、杰佛莱原则等。

贝叶斯方法求解的基本步骤可以概括如下：

(1) 定义随机变量。将未知参数看成随机变量，将样本的联合分布密度看成样本对随机变量的条件分布密度。

(2) 确定先验分布密度，采用共轭先验分布。如果没有先验分布的任何信息，则采用无信息先验分布的贝叶斯假设。

(3) 利用贝叶斯定理计算后验分布密度。

(4) 利用计算得到的后验分布密度对所求问题作出推断。

贝叶斯定理的计算学习机制是将先验分布中的期望值与样本均值按各自的精度进行加权平均，精度越高者其权值越大。在先验分布为共轭分布的前提下，可以将后验信息作为新的计算的先验，用贝叶斯定理与进一步得到的样本信息进行综合。循环往复该过程后，

样本信息的影响越来越明显。贝叶斯方法由于可以综合先验信息和后验信息，既可避免使用先验信息可能带来的主观偏见以及缺乏样本信息时的大量盲目搜索与计算，也可避免只使用后验信息带来的噪声的影响，因此适用于具有概率统计特征的数据挖掘和知识发现的问题，尤其是样本难以取得或样本代价昂贵的问题。合理准确地确定先验知识，是贝叶斯方法有效学习的关键。

简单贝叶斯学习模型将训练实例 $\boldsymbol{I}$ 分解成特征向量 $\boldsymbol{X}$ 和决策类别变量 $\boldsymbol{C}$。简单贝叶斯模型假定特征向量的各分量相对于决策变量是相互独立的，也就是说各分量独立地作用于决策变量。这一假定以指数级降低了贝叶斯网络的复杂性，并且在许多领域，简单贝叶斯网络表现出相当的健壮性和高效性，已成功地用于分类、聚类、模型选择等数据挖掘算法中。目前的研究主要集中于改善特征向量间的独立性的限制，以提高其适用范围。

2.3 机器学习理论

学习能力是人类智能的重要一环。机器学习的目的就是将数据库和信息系统中的信息自动提炼并转换成知识，然后自动地加入到知识库中。即机器学习的目的是自动获取知识。

机器学习的一般过程是建立理论、形成假设和进行归纳推理。学习过程总是与环境和知识库有关。环境和知识库是某种形式的信息的集合，分别代表外界信息源和系统具有(获得)的知识。机器学习通过学习环节处理外界环境提供的信息，以改进知识库中的知识。一个简单的学习系统的模型见图 2.3。

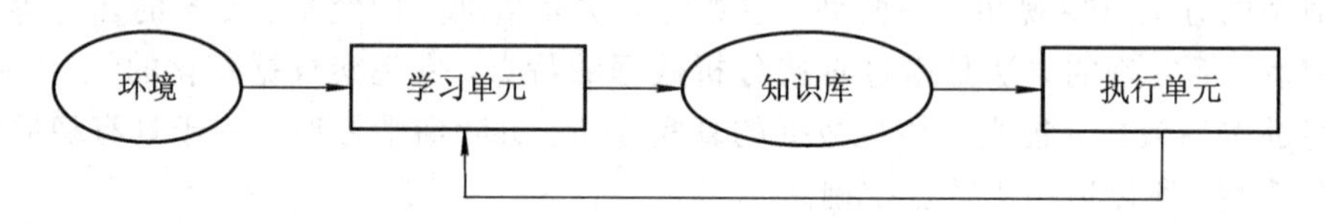

图 2.3　简单学习系统的模型

在机器学习中，学习环节的任务就是解决环境提供的信息水平和实际应用中所需的信息水平之间的差距问题。如果环境提供了较抽象的高水平信息，则应补充细节信息；否则，则要进行规则归纳，获取抽象知识。

20 世纪 50 年代，机器学习采用了两种不同的研究方法。在控制理论中，使用多项式等作为基函数，利用优化的方法建立模型，刻画对象的行为，称为辨识或参数估计或建模；而以 Rosenblatt 的感知机为代表的研究，则是从神经元模型(MP)出发，将扩展为多个神经元的 MP 模型作为优化算法的数学基函数。二者的区别仅仅是采用了不同的基函数。

从 20 世纪 50 年代末到 80 年代，在人工智能中，机器学习的研究完全脱离了以基于统计的传统优化理论为基础的研究方法，而提出了一种以符号运算为基础的机器学习。

以符号运算为基础的机器学习，代替了以统计为基础的机器学习，成为人工智能研究的主流。归纳学习（著名的算法有 AQ11 与 ID3）、基于解释的学习、类比学习引起了人们极大的兴趣。与类比学习相似的基于案例的学习，解决问题的能力较强。这些研究丰富了机器学习的研究内容。

1995 年 Vapnik 在统计学习理论研究的基础上，指出了经验风险最小的问题，提出了结构风险最小化。在这一理论框架下产生了支持向量机的学习方法，它也是一种构造性的学习方法。

自然进化的原则是适者生存、优胜劣汰。达尔文进化论是一种稳健的搜索和优化机制。受达尔文进化论的影响，美国 Michigan 大学的 Holland 开展了建立机器学习的研究。Holland 逐渐认识到在机器学习中为获得一个好的学习算法，仅靠单个策略的建立和改进是不够的，还要依赖于一个包含许多候选策略的群体的繁殖。Holland 将该研究领域取名为遗传算法（genetic algorithm）。1975 年 Holland 出版了极有影响的专著 *Adaptation in Natural and Artificial Systems*，遗传算法才逐渐为人所知。遗传算法是按照自然进化原理提出的一种优化策略。在求解过程中，通过最优解的选择和彼此组合，期望解的集合会愈来愈好。与遗传算法同时提出的还有进化规划和进化策略。

20 世纪 80 年代，基于试错的方法，动态规划和误差方法形成了强化学习（reinforcement learning）。1984 年 Sutton 提出了一种 Markov 过程的强化学习。1996 年，Kaelbling 在总结强化学习的研究时指出，实现这种学习的手段就是自适应机制。1998 年，MIT 出版了 Sutton 和 Barto 的著作 *Reinforcement Learning：An Introduction*。这些研究统称为适应性计算。Simon 认为，适应性计算也是一种学习，但在机制上，适应性学习理论不同于人工智能下的机器学习，其主要区别是，适应性学习强调对变化环境的适应，也就是说，需要建立一种基于反馈机制的学习理论。

常用的机器学习方法有规则归纳、决策树、案例推理、贝叶斯信念网络、科学发现、神经网络等。规则归纳反映数据集中某些数据项之间的统计相关性。决策树也是一种特定形式的规则集，以规则的层次组织为特征。案例推理是直接使用过去的经验或解法来求解给定的问题。目前案例推理已与最近相邻原理、格子机结合，以求解一些新问题。贝叶斯信念网络是概率分布的图表示，它是一种有向无环图，结点表示属性变量，边表示属性变量之间的概率依赖关系。与每个结点相关的是条件概率分布，用以描述该结点与其父结点之间的关系。科学发现是在实验环境下发现科学定律。神经网络是一种新的计算模型，它模仿人脑神经网络系统的结构和某些工作机制建立起一种计算模型。这种计算模型的特点是，利用大量的简单计算单元连成网络，实现大规模并行计算。神经网络的工作机理是通过学习，改变神经元之间的联结强度。

人具有自适应、自学习等创新知识的能力，这是当代计算机所无法比拟的。所以，人们期望在对人脑神经系统的结构、信息加工、记忆、学习机制等进行分析和探索的基础上，提出解决上述差距的新思想、新方法。目前，关于复杂巨系统的研究取得了许多进展，产生了非平衡系统的自组织理论(即耗散结构理论)、协同理论、混沌动力学和奇怪吸引子理论等。这些理论主要研究复杂行为系统如何通过元件之间的相互作用，使系统的结构由无序到有序、由简单到复杂，类似于生物系统的进化和自组织的过程，也类似于认知系统的学习过程。与此同时，神经科学和脑科学日益受到人们的重视，在感觉系统，特别是视觉系统研究中发现的侧抑制原理、皮层结构，以及信息处理的并行、层次的概念，已证明是神经系统处理信息的普遍原则。Kohonen 提出的联想记忆理论，福岛邦彦、Grossberg 提出的感知机的共振适应理论，Amari 所做的神经网络数学理论的研究，推动了神经网络的研究进展。20 世纪 80 年代以来，有关神经网络的研究进展迅速，具有突破性的工作当属 Hopfield 的工作，他提出的离散的神经网络模型，有力推动了神经计算的研究。Hopfield 引入 Lyapunov 函数，给出了网络的稳定性判据。1984 年 Hopfield 又提出了连续神经网络模型，使神经网络可以用电子线路来仿真。

1. 归纳学习

归纳学习是符号学习中广泛研究的一种方法。给定关于某个概念的一系列已知的正例或反例，归纳的任务是从中归纳出一个通用的概念描述。归纳学习可以获得新的概念，创立新的规则，发现新的理论。归纳学习的操作有概化(generalization)和特化(specialization)。概化用来扩展假设的语义信息，以使其能包含更多的正例。特化则恰好相反，用于限制概念描述的应用范围。

单个概念的归纳学习的过程是构造全体实例形成的实例空间；用某种描述语言描述每个实例或某实例集，即给出概念；通过学习，从实例空间抽出两类实例子集，即正例集和反例集；如果能够在有限步内找到一个概念，完全包含了正例集，且与反例集的交为空，则该概念的学习是成功的，否则，是失败的；如果存在一个确定的算法，使得对于任意的正例集和反例集，学习成功，则称该实例空间在该语言表示下是可学习的。

归纳原理的基本思想实际上是在大量观察的基础上，通过假设形成一个科学理论。归纳推理就是由特殊到一般的推理。进行归纳推理时搜索规则空间的方法分为数据驱动和模型驱动两类。其中，数据驱动可以逐步学习，通过检查所有实例测试和放弃假设，在新的实例使用时，必须回溯或重新搜索规则空间；模型驱动则使用整个实例空间，系统地对假设进行统计测量，所以模型驱动的抗干扰性较强。

2. 决策树

决策树学习是以实例为基础的归纳学习算法。算法从一组无序的、无规则的事例中推理出决策树表示形式的分类规则。一般在决策树中采用自顶向下的递归方式，在决策树的内部结点进行属性值的比较并根据不同的属性值判断从该结点向下的分支，在树的叶结点得到结论。数据挖掘中的分类常用决策树来实现。

3. 类比学习

类比是人类重要的认知方法，也是经验决策过程中常用的推理方式，它允许知识在具有相似性质的领域进行转换。类比学习和基于案例的学习是同一思维的两个方面，两者都依靠记忆的背景知识指导复杂的问题求解。类比学习强调对过去情况的修改、改写和验证过程，而基于案例的学习则注重案例的组织、层次索引和检索。

所谓类比学习，是把两个或两类事物进行比较，找出它们在某一抽象层次上的相似关系，并以这种关系为依据，把某一事物的有关知识加以适当的整理并对应到另一事物，从而获得求解另一事物的知识。其核心是相似性的定义和度量。类比推理是根据已知域的情况，用类比的方法回答关于另一域的问题。类比推理的基础是事物、状态或关系之间的相似性。

类比学习和推理是任何类比学习系统不可分割的部分。类比学习是一种获取新概念或新技巧的方法，它通过联想搜索匹配，检验其相似程度，找到类似的概念或技巧，然后修正变换求解，更新知识库。

4. 计算智能

计算智能(Computational Intelligence，CI)主要是指模仿人脑功能的神经计算和模仿生物进化过程的进化计算(EC)。EC又包括在微观层次上模仿生物遗传变异机制的遗传算法(GA)和在宏观层次上模仿自然界“物竞天择”进化规律的进化规划(EP)或进化策略(ES)。EP和ES在算法上可谓大同小异，只是EP最早由美国的Fogel、Owens和Walsh提出，着眼于不同种群之间的竞争；ES则由德国的Rechenberg和Schwefel建立，着眼于种群内个体之间的竞争。

1）神经网络

神经网络(即人工神经网络)是由大量的简单处理单元(即神经元)所构成的非线性动力学系统，它具有巨量并行性、存储分布性、结构可变性、高度非线性、自学习性及自组织性等特点。所以，它能解决常规信息处理方法难以解决或无法解决的问题，尤其是那些属于思维(形象思维)和推理及意识方面的问题。由于其具有巨量并行性和存储分布性，因此神经网络计算机具有很强的自学习性、自组织性、容错能力、高的鲁棒性和联想记忆功能，并且能从部分信息中获得全部信息。这种新的计算结构模型是模仿人脑形象思维、联想记忆等高级精神活动的人工智能信息处理系统，它可以处理不完善的、不准确的，甚至是非常模糊的信息。

神经网络是一种模仿并延伸人脑认知功能的新型信息处理系统，以网状连接形式进行并行计算，它从环境及输入中自学习，以获取信息来自动修改系统网络结构及其连接强度，以适应知识推广和知识分类。神经网络的学习算法可分为有教师学习和无教师学习两类。有教师学习可以让网络记忆若干特定的模式，一旦向网络输入有关模式的某些必要信息，这些模式就会被回忆起来，Hopfield 网络就是如此。如果事先给网络提供一个输入模式，网络通过期望的最佳估计给出输出，并与教师提供的输出比较，必要时调整网络联结强度。这种网络的典型代表是感知器。无教师学习的典型例子是竞争学习，其基本思想是给系统提供动态的输入信息流，使各种单元成为具有不同输入特性的特征检测器，从而将事件空间分为多个有用的区域。显然，神经网络理论是适用于 KDD 和数据挖掘的，且已有了许多的应用。

2）进化算法

目前研究的典型的进化算法主要有三种：进化规划、进化策略和遗传算法。尽管这三种算法很相似，但是它们却是独立发展起来的。进化算法本质上通过选择和复制过程来模仿个体结构的进化。这些过程取决于由环境所定义的个体结构的感知性能，即适应度。

进化算法保持了一个群体结构，进化则是根据选择及其他算子（比如重组和变异）的作用进行，并用环境中的适应度来对群体中的每个个体进行评估，选择适应度高的个体。重组和变异使这些个体产生扰动，为搜索提供一般的启发信息。一个典型的进化算法描述如下：

```
t=0;
initialize_ population(t);
evaluate(t);
do{
    t=t+1;
    select_ parents(t);
    recombine(t);
    mutate(t);
    evaluate(t);
    select_ survious(t);
} until
for j=1 to n
if a_j >=t then 输出 1-大项集{j}
```

初始化个体为 P 的群体，然后通过反复利用适应度评估、选择、重组和变异，从 t 代进化到 $t+1$ 代。一般来说，群体规模 P 在进化算法中是一个常量。

通常，进化算法随机地初始化它的群体，通过评估度量每个个体的适应度来决定它是否适应于某些环境。选择一般分为两步：父代选择和生存选择。父代选择决定谁成为父代以及父代有多少子代。子代是通过重组和变异得到的。重组就是交换父代之间的信息；变异就是进一步扰动子代，则子代就有可能被进化了。最后，生存选择决定哪些个体在群体中生存。

(1) 进化规划。

进化规划(EP)由 Fogel 等提出。EP 初始化后，所有的 P 个个体被选择为父代，变异后产生 P 个子代。利用概率竞争评估这些子代，从 $2P$ 个个体中选择 P 个生存者。最好的个体总能得到存活，保证最优值一旦被搜索到，就不会丢失(即保留最佳个体)。变异的形式基于所用的编码，而且它通常是自适应的。例如，采用实值矢量时，在一个个体中的每个变量可能有一个自适应的具有零期望值的变异率。一般来说，EP 不进行重组，因为所使用的变异形式是非常灵活的，如果理想的话，能够产生与重组相似的摄动。

(2) 进化策略。

进化策略(ES)是由 Rechenberg 提出来的，采用了选择、变异和规模为 1 的群体。在初始化和评估之后，ES 均匀随机地选择个体作为父代。ES 在标准的重组中，父代通过重组产生子代，子代进一步受到变异的摄动，得到的子代个数要大于父代个数 P。其生存是确定性的，它可以通过两种方法来实现。第一种方法允许 P 个最佳的子代存活，用这些子代代替它们的父代。这被称为是(P, λ)生存，其中 P 对应于群体规模，λ 是产生的子代的个数。第二种方法被称为$(P+\lambda)$生存，它允许 P 个最佳的子代和父代生存，即$(P+\lambda)$生存方法保留了最佳个体，而(P, λ)生存方法不保留最佳个体。和 EP 一样，变异应该适应算法的运行，即允许个体中的每个变量具有自适应的零期望的变异率。其中，重组在进化策略中起到了很大的作用，尤其是在采用变异的时候。

大多数 ES 的理论关注的是收敛速度，即试着用最快的速度使 ES 收敛到最优解。保留最佳个体的$(P+\lambda)$ES 是全局收敛的(以概率 1)，但是(P, λ)ES 是不收敛的。

(3) 遗传算法。

遗传算法(GA)是由 Holland 提出的，它以繁殖许多候选策略、优胜劣汰为基础，进行策略的不断改良和优化。通过对自然进化的抽象，人们发现许多复杂的结构可以用简单的位串来表示，并且通过一些简单的变换就能逐步改进这些位串的结构，使之趋于目标。而对环境的自适应过程，可以看作是在变化的结构空间中搜索最佳结构的过程。遗传算法将结构用字符串表示，每个字符串是一个个体(染色体，单个位为基因)对一组字符串(群体)进行循环操作。每一次循环都包括一个保存较优字符串的过程和一个字符串间交换信息的过程。完成一次循环，就产生一代进化的结果。初始种群是随机产生的，根据评价标准计算每个个体的适应度值，始终保留适应度高的个体，并继续进行复制、杂交、变异和反转等遗传操作。

遗传算法利用简单的编码技术和繁殖机制表现复杂的现象，不受搜索空间的限制性假设的约束，不要求连续性、单峰等假设，以很大的概率从离散的、多极值的、含有噪声的高维问题中找到全局最优解。遗传算法具有并行性，适合于大规模并行计算。遗传算法的这些优势，可以充分地结合到 KDD 和数据挖掘领域。

5. 深度学习

深度学习是指多层神经网络上运用各种机器学习算法解决图像、文本等各种问题的算法集合。深度学习从大类上可以归入神经网络，不过在具体实现上有许多变化。深度学习的核心是特征学习，旨在通过分层网络获取分层次的特征信息，从而解决以往需要人工设计特征的重要难题。深度学习是一个框架，包含以下多个重要算法：

- Convolutional Neural Networks(CNN)：卷积神经网络；
- AutoEncoder：自动编码器；
- Sparse Coding：稀疏编码；
- Restricted Boltzmann Machine(RBM)：限制玻尔兹曼机；
- Deep Belief Networks(DBN)：深信度网络；
- Recurrent neural Network(RNN)：多层反馈循环神经网络。

神经网络曾是机器学习领域一个特别火的研究方向，但由于其容易过拟合且参数训练速度慢，后来又慢慢淡出了人们的视线。传统的人工神经网络相比生物神经网络来说就是一个浅层的结构，这也是为什么人工神经网络不能像人脑一样智能的原因之一。随着计算机处理速度和存储能力的提高，深层神经网络的设计和实现已逐渐成为可能。2006 年，加拿大多伦多大学的教授、机器学习界的泰斗 Geoffrey Hinton 和他的学生 Ruslan Salakhutdinov 在《科学》上发表了一篇文章，掀起了深度学习(Deep Learning，DL)在学术界和工业界的研究热潮。这篇文章有两个主要的观点：一是多隐层的神经网络具有优异的特征学习能力，学习到的特征对于数据有本质的刻画，从而有利于可视化或分类；二是深度神经网络在训练上的难度可以通过"逐层初始化"来有效克服，而逐层初始化可以通过无监督学习实现。正如之前提到的，神经网络的训练算法一直是制约其发展的一个瓶颈，网络层数的增加对参数学习算法提出了更严峻的挑战。传统的反向传播算法实际上对于仅含几层的网络训练效果就已经很不理想了，更不可能完成对深层网络的学习任务。基于此，Hinton 等人提出了基于"逐层预训练"和"精调"的两阶段策略，解决了深度学习中网络参数训练的难题。继 Hinton 之后，纽约大学的 Yann LeCun、蒙特利尔大学的 Yoshua Bengio 和斯坦福大学的 Andrew Ng 等人分别在深度学习领域展开了研究，并提出了自动编码器、深信度网络、卷积神经网络等深度模型，这些模型在多个领域得到了应用。2015 年 CVPR 收录的论文中与深度学习有关的就有接近百篇，应用遍及计算机视觉的各个方向。

卷积神经网络属于神经网络的一种，它的不同之处在于通过由卷积核构成的卷积层来对上一层进行特征提取。卷积层中采用权重共享的机制降低了参数的数量，使得网络得以训练下去。卷积神经网络采用类似堆积木的形式将若干具有不同作用的层堆积连接起来，其中包括输入层、卷积层、激活层、池化层、Dropout 层等。下面将一一介绍这些层的基本结构和原理。网络结构设计完成之后，网络的训练过程也有多种方式；同时，针对不同问题，损失函数的选择至关重要。因此，我们也将整理学习目前比较流行的一些损失函数。

1）卷积层

卷积是分析数学中的一种运算。设 $f(x)$、$g(x)$ 是可行域上两个可积函数，做以下运算：

$$\int_{-\infty}^{+\infty} f(\tau) \cdot g(x-\tau)\mathrm{d}\tau \tag{2-17}$$

这个积分定义为函数 $f(x)$ 和 $g(x)$ 的卷积。卷积的重要物理意义是：一个函数在另一个函数上的加权叠加。

卷积层是卷积神经网络中最关键也是最基础的组成部分，它的作用是对图像特征进行不断的组合抽象，从而得到更加高级的特征。卷积操作的定义如下：

$$z_j^l = \sum_{i=1}^{M} x_i^{i-1} * k_{ij}^l + b_j^l \tag{2-18}$$

其中，x_i^{l-1} 表示的是第 $l-1$ 层的第 i 个特征图，z_j^i 表示的是第 l 层的第 j 个特征图，M 表示的是当前层特征图的数量，k_{ij}^l 和 b_j^l 分别表示卷积层可以训练的权重和偏差。

图像的卷积计算过程如图 2.4 所示。每一个卷积层的输入都是上一层的输出，上一层可以是输入层，即图像，也可以是其他层。2×2 大小的卷积核在 4×4 大小的特征图上按照固定的步长和顺序遍历，计算得到 3×3 的特征图。卷积核按照步长每移动一次，其模板中的元素就和输入特征图中的元素进行一次卷积，得到输出层对应位置上的一个元素。图像的卷积计算可以有效地降低参数数目，使得参数训练成为可能。

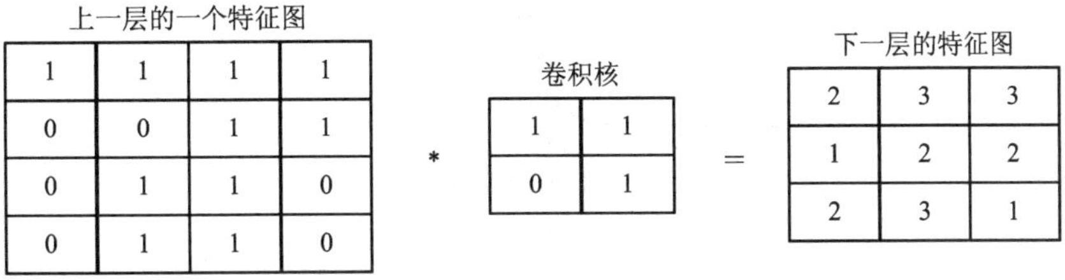

上一层的一个特征图

1	1	1	1
0	0	1	1
0	1	1	0
0	1	1	0

*

卷积核

1	1
0	1

=

下一层的特征图

2	3	3
1	2	2
2	3	1

图 2.4　图像的卷积计算

2）激活层

激活层是卷积神经网络中的重要组成部分，它为网络加入了非线性因素，使得网络能够拟合各种复杂数据分布。激活层主要包括一个激活函数。常用的激活函数有 sigmoid 函数、tanh 函数、softmax 函数以及 relu 函数等。

（1）sigmoid 函数是常用的非线性激活函数，它的数学形式如下：

$$f(z) = \frac{1}{1+\mathrm{e}^{-z}} \tag{2-19}$$

如图 2.5(a)所示，sigmoid 函数能够把输入的连续实数值映射到 0 到 1 之间。特别地，如果输入值是非常大的负数，那么输出就是 0；如果输入值是非常大的正数，输出就是 1。sigmoid 函数曾经被广泛使用，但是近年来，sigmoid 函数的使用频率有所下降，主要是因为 sigmoid 函数具有如下缺点：当输入非常大或者非常小时，梯度接近于 0，导致反向传播时梯度消失。sigmoid 函数的输出不是零均值，所以下一层神经元的输入就是非零均值，造成下一层神经元的梯度始终为正或为负。

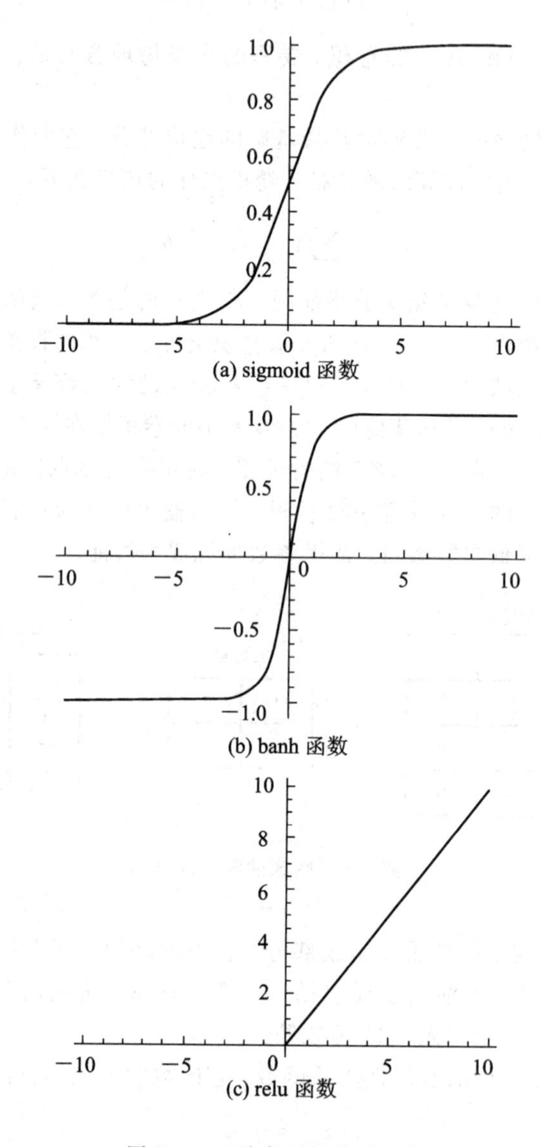

图 2.5　三种常用的激活函数

(2) tanh 函数的数学形式如下：

$$\tanh(x) = 2\mathrm{sigmoid}(2x) - 1 \tag{2-20}$$

如图 2.5(b)所示，与 sigmoid 函数不同的是，tanh 函数是零均值的。因此，实际应用中，tanh 函数会比 sigmoid 函数更好。

(3) softmax 函数的数学形式如下：

$$\mathrm{softmax}(z) = \frac{e^{zj}}{\sum_j e^{zj}} \tag{2-21}$$

它保证所有输出神经元之和为 1，相当于对所有输入数据进行归一化。

(4) relu 函数变得越来越受欢迎。relu 函数的数学表达式如下：

$$f(z) = \max(0, z) \tag{2-22}$$

如图 2.5(c)所示，很显然，当输入信号<0 时，输出都是 0；当输入信号>0 时，输出等于输入。relu 函数之所以使用得越来越广泛，是因为 relu 函数具有如下优点：relu 函数计算简单，只需要一个阈值就可以得到激活值，不像 sigmoid 函数、tanh 函数、softmax 函数等需要复杂的运算。此外，relu 函数的导数为

$$f'(x) = \begin{cases} 0, & x < 0 \\ 1, & x \geqslant 0 \end{cases} \tag{2-23}$$

即反向传播时梯度要么为 0，要么不变，所以梯度的衰减很小，即使网络层数很深，收敛速度也不会很慢。

此外，relu 函数的缺点是可能出现部分神经元停止更新的情况，因为这时神经元的输入始终为零，导致梯度为零，神经元停止更新。一般地，我们通过将学习率设置为较小的值来避免这种情况的发生。为了解决上述问题，后来又陆续提出很多修正过的模型，比如 leaky-relu 函数、p-relu 函数以及 r-relu 函数等。

以上分析了各种激活函数的优缺点，在选择激活函数时，需要根据实际问题具体对待。当使用 relu 函数时，注意学习率的设置，设置较小的学习率会比较好；如果出现很多神经元停止更新的情况，可以考虑使用 leaky-relu 函数、p-relu 函数、r-relu 函数和 Maxout 函数。通常来说，sigmoid 函数已经很少被使用了。

3) 池化层

池化就是一种下采样。池化可以对特征图进行降维并增加网络的鲁棒性。当像素点发生微小位移时，池化后的输出是不变的，因此池化增加了网络的平移不变性。常见的池化方式有均值池化和最大池化。这两种池化可以看成特殊的卷积过程，如图 2.6 所示。

(1) 均值池化中，卷积核中权重都是相同的，相当于取卷积核覆盖区域的均值；

(2) 最大池化中，卷积核权重中只有一个为 1，其余均为 0，相当于取卷积核覆盖区域中的最大值。

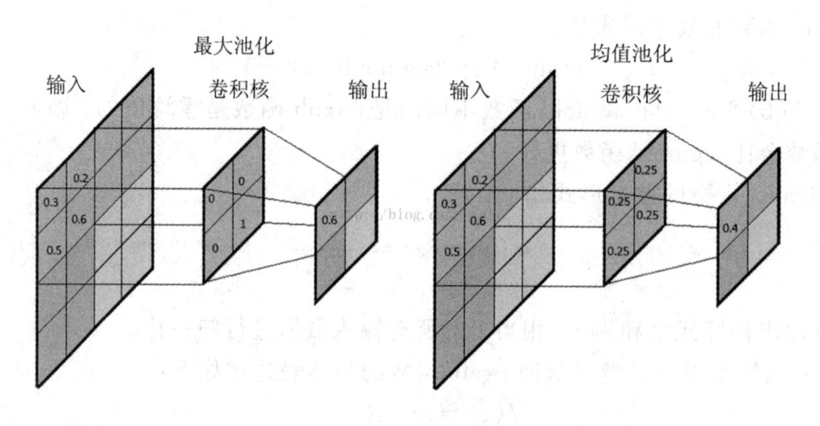

图 2.6　池化方式

4) Dropout

对于一个神经网络模型来说，当模型在训练数据上损失值较小、准确率较高，而在测试数据上损失值较大、准确率较低时，我们称模型出现过拟合现象。Dropout 是一种防止过拟合的策略。在训练网络阶段，Dropout 按照一定的比例随机地使一部分神经元结点失效，因此所有参数都要乘以比例的倒数。在测试阶段，由于在训练阶段参数训练已经完成，此时就不再按照比例使神经元结点失效了，但会对神经元输出做一个缩减。

防止过拟合的方法除了 Dropout 策略，还有获取更多数据、重新设计网络结构、使用 L1 或者 L2 正则化以及提前终止等方法。批正则化(batch normalization)也是一种用于减轻过拟合风险的方法，该方法可以有效加快模型的收敛速度，提高模型的泛化能力。批正则化就是在某一层输入数据到神经元之前，对该输入数据做归一化处理，将数据归一化为均值为 0、方差为 1 的数据。在卷积神经网络中，使用批正则化就是求取所有样本所对应的一个特征图中所有神经元的均值和方差，然后对这个特征图神经元做归一化。

2.4　数据库与数据仓库理论

数据库技术的萌芽从 20 世纪 60 年代中期开始，60 年代末 70 年代初商品化软件 MIS (Management Information System)的推出以及 DBTG 报告的发布和 E. F. Codd 的《大型数据库数据的关系模型》论文的发表，开创了数据库和关系数据理论的研究，标志着数据库技术的成熟，并有了坚实的理论基础。

20 世纪 70 年代后，数据库技术有了很大发展。基于关系模型的数据库管理系统(DBMS)越来越丰富，性能越来越好，功能越来越强，其应用遍及各个领域。

数据库就是按照一定的组织结构在计算机存储介质上存储的相关数据，它具有数据结构化、数据独立和数据共享的特点。数据库管理系统是用来帮助用户在计算机上建立、使用和管理数据库的软件系统。所以，数据库是数据的综合，它不仅反映了数据本身的内容，而且反映了数据之间的联系。在数据库系统的形式化结构中采用数据模型来抽象、表示和处理现实世界中的数据和信息。

不同的数据模型，提供了不同的数据和信息的模型化工具。根据模型应用的不同目的，可以将模型分为两个层次，一是概念模型(或信息模型)，二是数据模型(如网状模型、层次模型、关系模型)。概念模型按用户的观点来对数据和信息进行建模，数据模型按计算机系统的观点对数据进行建模。

数据模型指可以用来描述数据的结构和操纵数据的各种运算。一般来讲，数据模型是严格定义的概念的集合。这些概念精确地描述了系统的静态特性、动态特性和完整性约束条件。因此，数据模型常由数据结构、数据操作和完整性约束三部分组成。数据库系统中常按数据结构的类型来命名数据模型。如层次结构、网状结构和关系结构的类型分别为层次模型、网状模型和关系模型。数据操作是指对数据库中的各种对象的实例(值)允许的操作的集合，包括操作及有关的操作规则。数据类型要定义这些操作的确切含义、操作符号、操作规则以及实现这些操作的语言。也就是说，数据结构是对系统静态特性的描述，而数据操作是对系统动态特性的描述。数据的约束条件是完整性规则的集合，完整性规则是给定的数据模型中数据及联系所具有的制约和依存规则，用以限定符合数据模型的数据库状态以及状态的变化，以保证数据的正确、有效、相容。

在数据库理论中提供了结构描述语言(模式 DDL)、外模式描述语言(DDL)、内模式数据描述语言来严格地定义有关对象。

在关系模型中，无论是实体还是实体之间的联系均由单一的结构类型即关系来表示。关系的描述称为关系模型。它包括关系名、组成该关系的诸属性名、属性到域的映像、属性间的依赖关系等。某一时刻对应某个关系模式的内容称为相应模式的状态，它是元组的集合，称为关系。关系模式是稳定的，而关系是随时间不断变化的，因为数据库的数据在不断地更新。

关系数据库是应用数学方法来处理数据库数据的。关系模型是建立在集合代数的基础上的。一个关系模型应当是一个元组 R(U，D，DOM，F)，其中 R 是关系名，它是符号化的元组语义；U 是一组属性；U 中的属性来自的域用 D 表示；属性到域的映射用 DOM 表示；F 是属性组 U 上的一组数据依赖。由于域 D 和映射 DOM 对模型设计的影响不大，所以可将关系看成三元组，当且仅当 U 上的一个关系 r 满足 F 时，r 称为关系模式 R(U，F)的一个关系。在关系数据库中，要求关系的每一分量是不可分的数据项，并把这样的关系称为规范化的关系，简称为范式。

关系模型给出了关系操作的能力和特点。关系语言的特点是高度非过程化。早期的关系操作用代数方式和逻辑方式表示，即关系代数和关系演算，两种方式的功能是等价的。用关系的运算来表达查询的方式称为关系代数，用谓词来表达查询要求的方式称为关系演算。关系演算又按谓词变元的对象是元组变量还是域变量分为元组关系演算和域关系演算。

关系代数的运算可分为两类：传统的集合运算和专门的关系运算。传统的集合运算包括并、交、差、广义笛卡尔积，这类运算将关系看成元组的集合，其运算是从关系的“水平”方向即行的角度来进行的。而专门的关系运算如选择、投影、连接，这一类运算不仅涉及行而且涉及列。关系代数的几种运算中只有并、差、笛卡尔积、投影和连接是基本运算，其余的运算可以用这五种运算来表达。引入另外的运算，并不增加语言的能力，而仅仅是简化了表达。

关系演算是以数理逻辑中的谓词演算为基础的。关系数据库的标准语言是结构化查询语言(Structured Query Language，SQL)。SQL 因功能丰富、使用灵活方便、简洁易学等特点突出，在计算机工业界和计算机用户中备受欢迎。SQL 的功能包括查询、操纵、定义和控制。它是一个综合的、通用的、功能极强的关系数据库语言。SQL 具有一体化的特点，可以用于实现数据库生命期中的全部活动。其次，由于关系模型中实体以及实体之间的联系用关系来表示，其数据结构的单一性带来了数据操纵符的统一性，因为信息仅仅以一种方式表示。SQL 有两种使用方式，一种是联机交互方式的表示，另一种是嵌入某种高级语言的程序中，以实现数据库操作。也就是说 SQL 既可作为自含式语言独立使用，又可作为嵌入式语言依附于主语言而存在。

SQL 的数据操纵功能有 SELECT、INSERT、DELETE 和 UPDATA。SQL 提供了查询优化的机制。

SQL 语句是为传统数据库应用而开发的，可以生成报表、并发访问、实时更新等，但是 SQL 并没有为数据挖掘算法的实现提供相应的平台，主要是因为它缺乏合适的原语，不能满足相应的效率要求这两个原因。传统 SQL 只能完成计数和聚合功能，无法实现统计、奇异值分解等操作。所以，拟合复杂的数据模型与数据库只能是松散耦合的方式，即将数据库中的数据下载到相应的算法中。

数据库中的数据和对象通常包含原始概念层的细节信息。数据概化就是将数据库中与任务相关的数据集从较低概念层抽象到较高概念层的过程。用于大型数据库的有效而灵活的数据概化方法有数据立方体(或 OLAP)方法与面向属性的归纳(Attribute-Oriented Induction，AOI)方法。Han 等人提出了一种面向属性的归纳方法，用于数据的概化和基于汇总的特征化。该方法使用数据聚集和基于概念分层的概化方法，从关系数据库中发现高层的规则。AOI 方法的基本思想是使用关系数据库查询并收集与任务相关的数据，通过考察任务相关的数据中每个属性的不同值的个数以及属性概化或属性删除的方法进行概化。而聚集则是通过合并相等的广义元组，累积其对应的计数值进行概化。通过这些方法可以压缩概化后的数据集合，将概化结果的广义关系映射为不同的形式，如图表、规则等。

数据聚集：基于挖掘请求，从数据库中收集与任务相关的数据，形成 SQL 查询并送给

DBMS。

属性概化：如果某属性有大量不同的值，并且该属性上存在概念分层，则可通过概念提升进行概化，即将属性的低层概念用相应的高层概念来代替。

属性删除：如果一个属性有大量的不同值，而若该属性不能概化或属性的较高层的概念是用其他的属性表示的，则该属性应该删除。

在许多面向数据库的归纳过程中，用户感兴趣的是在不同的抽象层得到数据的量化信息或统计信息。所以，在归纳过程中累积计数和其他聚集值的获得是非常重要的。聚集函数 Count 统计在概化期间合并相等的元组时，与每个数据库元组相关联的新属性的个数，这个个数是归纳过程中的累积计数。还有一些聚集函数如 sum 和 average 等，也可通过 SQL 来实现。

属性概化控制的目标是把握概化的尺度。属性概化控制方法通常有两种。一种是按属性概化阈值控制，即通过对所有属性设置一个概化阈值或对每个属性设置一个阈值来控制。若属性的不同值的个数大于属性概化的阈值，则应做进一步的属性删除或属性概化。阈值的设置可以由用户或专家确定。若对于一个特定的属性，概化的程度太高，可加大阈值，即属性下钻操作；反之可减小阈值，即属性上卷操作。第二种方法是概化关系阈值控制，即为概化关系设置一个阈值，如果概化关系中不同元组的个数超过该阈值，则再做概化；否则，不再概化。阈值可以由专家或用户事先设定，并可调整。

AOI 方法对于大型数据库是极为有效的，它从数据库中发现高层的、概化的知识，而丢弃了有关的细节信息。当然，概念分层需要领域专家的知识。

而数据立方体方法是基于数据仓库的、面向预计算的物化视图的方法。它需要事先计算聚集。数据立方体方法主要有两种，一种是按给定的数据挖掘查询临时构造数据立方体，另一种是使用预定义的数据立方体。前者根据任务相关的数据集，动态地构造数据立方体，这种数据立方体仅当查询提交之后才计算。后者在数据挖掘查询提交系统之前构造数据立方体，并对其后的数据挖掘使用预定义的数据立方体，这一数据立方体是预计算的。所以，数据立方体方法适合于属性相关的分析、面向属性的归纳、切片和切块、上卷和下钻。但数据立方体计算和存储的开销较大。

所以，一个数据挖掘系统应该和数据库或数据仓库系统结合，以各种形式无缝地集成到一个信息系统中来，其结合方式有无耦合的、松耦合的、半松耦合的和紧密耦合的。大型数据库中要发现知识，数据的归纳、查询、分类和统计是进行挖掘的基础，SQL 提供的排序、索引、统计、汇总、统计值的预计算等是数据挖掘的有效实现及准备。目标数据集的选择、样本化、关联、分类和聚类等可以在一定程度上运用 SQL 来实现。一般的数据挖掘过程也是由查询启动的，即由查询指定和任务相关的数据、待挖掘的知识类型、关联限制、阈值等。KDD 中的数据挖掘可能具有两种类型：数据查询和知识查询。数据查询用来发现存储在数据库系统中的具体数据，与数据库系统中的一条 SQL 语句对应。知识查询用来发现规则、模式和知识，它对应于数据库知识的查询。知识查询往往对应一个数据查询基础上的数据挖掘过程。实现知识查询要开发相应的数据挖掘原语。

面向数据库的方法用于大型数据库的数据挖掘是有效的和可伸缩的，其目标是搜索经验模式而不是模型或理论，因而是鲁棒性的和客观的。然而，面向数据库的方法可能以数据模型为基础，从而限制了某些以一般发现为目的的应用。所以，有时需要在有效性和一般性之间进行权衡。

随着数据库技术的发展，出现了各种高级数据库系统，以适应新的数据库应用的需要。新的数据库应用包括处理空间数据、工程设计数据、超文本数据和多媒体数据、时间相关数据和 WWW 数据。这些应用需要采用有效的数据结构和可伸缩的方法，处理复杂的对象结构、变长记录、半结构化或无结构的数据以及文本数据和多媒体数据，并具有复杂结构和变化的数据库模式。

空间数据库包含空间信息，其数据可能以光栅格式提供，由 n 位位图或像素图构成。空间数据挖掘可以发现特定地区的特征数据，可以构造空间立方体，将数据组织到多维结构和层次中，进行有关的 OLAP 操作。

时间数据库和时间序列数据库都存放与时间有关的数据。时间数据库通常存放包含时间相关属性的数据，这些数据均具有不同的语义。时间序列数据库存放随时间变化的值序列，如股票的交易数据等。

文本数据库是包含对象文字描述的数据库。通常，这些文字描述的不是简单的关键词，而是长句子或短文。文本数据库可能是高度非结构化的，也可能是半结构化的，还可能是良结构化的。通常，具有很好结构的文本数据库可以使用关系数据库系统实现。文本数据库可以从中发现对象类的一般描述，以及关键词或内容的关联及文本对象的聚类行为。目前的技术是将标准的数据挖掘技术与信息检索技术和文本数据特有的层次构造，以及面向学科的术语分类系统集成在一起。

多媒体数据库存放图像、音频和视频数据，用于基于图像内容的检索、声音的传递、视频点播、WWW 和基于语音用户界面的识别口令等问题。多媒体数据库必须支持大对象，因为像视频这样的数据对象可能需要兆字节级的存储，还需要特殊的存储和搜索技术。因为视频和音频数据需要以稳定的、预先确定的速率实时检索，防止图像或声音间断和系统缓冲区溢出，因此这种数据称为连续媒体数据。对于多媒体数据库的数据挖掘，需要将存储和搜索技术与标准的数据挖掘方法集成在一起。目前好的方法有多媒体数据立方体、多媒体数据的特征提取和基于相似性的模式匹配。

异种数据库由一组互连的、自治的成员数据库组成。这些成员相互通信，以便交换信息和回答查询。一个成员数据库中的对象可能与其他成员数据库中的对象不相同，因而很难将它们的语义吸收进一个整体的异种的数据库中。许多企业需要遗产数据库。遗产数据库是一组异种数据库，它将不同的数据系统组合在一起。遗产数据库中的异种数据库可以通过内部计算机网或互联网连接。

2.5 可视化理论

科学计算可视化(Visualization in Scientific Computation, ViSC)对计算及数据进行探索，以获得对数据的理解与洞察。也就是说，科学计算可视化能够把计算中所涉及的和所产生的数字信息，转变为直观的、以图像或图形信息表示的、随时间和空间变化的物理现象或物理量，并呈现在研究者面前，使他们能够观察到对现象的模拟和计算，即看到传统意义上不可见的事物或现象；同时还提供与模拟和计算相关的视觉交互手段。通常，科学计算可视化也称为科学可视化或简称可视化。所以，科学计算可视化的目的就是依靠人类强大的视觉能力，促进对所考察数据更深一层的理解，培养出对新的潜在过程的洞察力。

科学计算可视化综合利用了计算机图形学、用户界面方法学、图像处理、系统设计以及信号处理等领域的各种知识，并把这些被认为是相互独立的领域，通过可视化工具与技术的集成进行统一研究和分析。这种统一的研究和分析反过来又推动着当前科学计算可视化的新发展，使科学计算可视化工具与技术向着对用户更加友好、对各应用领域更加适应的方向发展，从而增强它的潜力和可用性。

科学计算可视化可在三个层次上实现，这三个层次对应于三种处理方式，即事后处理(post-processing)、跟踪处理(tracking)和驾驭处理(steering)。事后处理把计算与计算结果的可视化分成两个阶段进行，二者之间不发生交叉作用。目前事后处理比较普遍的做法是采用分布处理方案，即在超级计算机上进行计算，产生的计算结果经网络传至工作站，可视化任务由工作站承担。跟踪处理要求实时地显示计算中产生的结果，以便使研究人员能了解当前的计算情况，在发现错误或认为无必要继续往下计算时，可停止当前的计算并开始下一个新的计算。驾驭处理则不仅能使研究人员实时地观察到当前计算的状态，而且要能对计算进行实时干预，如增加或减少网络点、修改某些网络中的参数等，并使计算继续下去

在计算过程中，人们常常希望能将任意的中间结果显示出来，以决定计算是否继续下去，以及计算方法和程序是否需要修改。当计算完成后，可视化技术的作用更大，它利用计算机图形学提供的各种方法描绘信号的各种物理量分布，提供便于利用和分析的各种画面。研制自动识别与抽取关键特征数据和关键现象的可视化专家系统进行智能显示，是可视化研究的最高阶段。

可视化数据挖掘用数据或知识的可视化技术从大的数据集中发现隐含的和有用的知识。人的视觉系统是由眼睛和人脑控制的。人脑是一个强有力的高度并行的处理机和推理机，并且自带了一个巨大的知识库。可视化数据挖掘把这些强大的组件有效组合起来，使它成为一个吸引人的有效的工具，可以对数据的属性、模式、簇和孤立点进行综合分析。

可视化数据挖掘可看作是数据可视化和数据挖掘两个学科的融合，可以实现数据的可视化、数据挖掘结果的可视化、数据挖掘过程的可视化和交互式的可视化数据挖掘。其中，数据的可视化是指数据库和数据仓库中的数据可看作具有不同的粒度或不同的抽象级别，也可以看作是由不同属性和维组合起来的。数据可用多种可视化方式进行描述，可视化可将数据库中数据特性的总体特征提供给用户。数据挖掘结果的可视化是指将得到的知识和结果用可视化形式表示出来。表示的形式可以是散列图、盒状图、决策树、关联规则、簇、孤立点、概化规则等。数据挖掘过程的可视化指用可视化的形式描述各种挖掘过程，用户从中可以看出数据源自的数据库或数据仓库，抽取的方式，数据清理、集成、预处理、挖掘的过程。交互式的可视化数据挖掘保证了使用可视化工具进行交互式的挖掘，帮助用户做出数据挖掘的决策。

大多数 KDD 系统都涉及一些人机的交互。Zytkow 和 Baker 提出了一种在数据库中交互式地发现规律性的算法——FORTY-MINER。该算法从整个数据库开始，搜索两个或多个属性间的规律性，并将结果表示给用户以决定是否划分数据、改变参数等。数据的可视化有助于理解数据或数据挖掘结果，可视化的形式是非常重要的。交互式的方法适合于数据探索，但对于大型数据库，其探索速度太慢，且发现的结果也可能是不完全的。所以，KDD 和数据挖掘的可视化还有许多值得研究的问题。

2.6 图像数据库理论

2.6.1 图像特征数据立方体的模式

在图像挖掘的过程中，首先要统一图像数据的描述，这个过程可以由建立数据立方体来实现。Han、Nishio、Kawano 和 Wang 提出了一种通过多维化设计和构造对象立方体，来对面向对象和对象关系数据库中的复杂数据类型进行挖掘的方法。Han、Stefanovic 和 Koperski 研究了有关空间数据立方体的设计和构造问题。对于图像数据，可抽取的信息有尺寸、颜色、形状、纹理、方位及图像中所包含对象或区域的相对位置和结构。图像的数据立方体的构造是有特殊性的。同时，基于不同的用途和目的，其数据立方体的内容也应有所不同。可借鉴普通数据立方体的构造原理，分析基于图像分割目的的图像的数据立方体的构造过程。

数据立方体(Data Cube)的定义是：允许以多维角度对数据进行建模和观察，由维表和事实表定义。对于图像，在其数据立方体中应该包含图像的多维文本信息，如图像的拍摄时间、拍摄地点、拍摄相机的有关信息等；而事实表中则包含了目标的灰度、纹理等数值信息。

图像的文本信息，提供了图像分析的目的和目标的背景知识信息；拍摄地点也提供了目标的环境背景信息；拍摄相机提供了图像的分辨率的信息；目标的灰度和纹理是进行图像分割和目标识别的基本内容。上述信息对于图像的分割和目标的识别都是最基本的和最重要的。对于更多的任务也许还需要更多的信息。下面来构造一个合成孔径雷达图像数据立方体的模式，如图 2.7 所示。

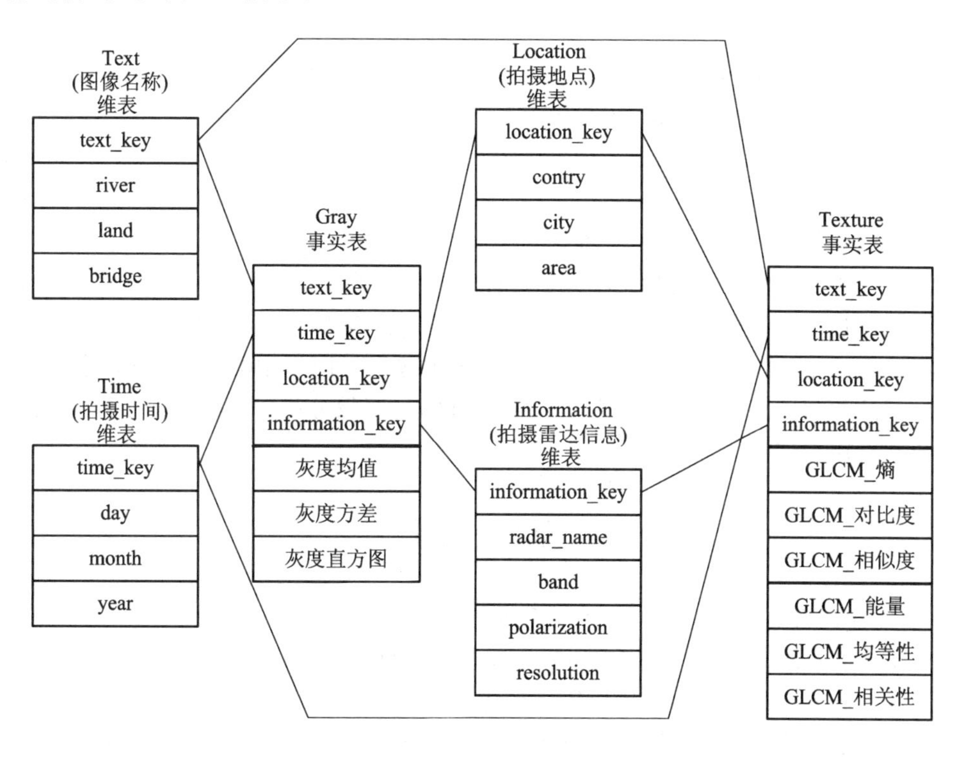

图 2.7　合成孔径雷达图像数据立方体的模式

2.6.2　数据立方体的原语定义

在数据库里，使用两种原语定义：一种是立方体定义，一种是维定义。

立方体定义语句的形式是：

define cube <cube name>[<dimention_list>]：<measure_list>

维定义语句的形式是：

define dimention <dimention_name>as(<attribute_or_subdimention_list>)

下面使用 DMQL 定义图像的立方体和维。

define cube SAR_image [text，time，location，information]：

gray = (gary _ mean，gray _ diveation，gray _ histogram)，texture = (entropy，contrast，dissimility，angular second moment，homogeneity，correlation) difine cube 语句定义了一个立方体，叫作 SAR_image，它对应于图 2.7 中的两个事实表。该定义说明了维表的关键字和 9 个度量。该数据立方体有四个维，分别是 Text、Time、Location 和 Information。

define dimention text as (text_key，bridge，land，river)(*the name of object in this image*)

define dimention time as (time_key，day，month，year)

define dimention location as (location_key，contry，city，area)

define dimention information as (information_key，radar_name，band，polarization，resolution)

一个 difine dimention 定义一个维。

在对图像进行区域聚类之后，对每个目标进行度量的计算。由此我们得到了一个简单的合成孔径雷达图像的数据立方体的模式。度量的计算有现成的计算公式。

值得注意的是，在这个立方体中，Text 维表中包含了图像中的目标名称，同时还隐含了这些目标的相邻关系。不同目标之间的相邻概率是图像分析、分类、恢复和检索过程中的一个非常有用的信息。

习　　题

1. 请描述你将如何可视化以下类型系统的信息：

(1) 计算机网络，同时包括网络的静态和动态信息。

(2) 地球上某一时刻某些动植物的分布情况。

(3) 一组基准数据库的计算机资源使用情况，例如处理器时间和内存占用。

(4) 过去三十年内，某国家工人职业变化情况。

请在描述过程中解决以下问题：

▶ 表征。如何将目标、属相和关系与可视化单元进行映射？

▶ 安排。针对如何展示可视化单元，有哪些问题需要考虑？

▶ 选择。怎样处理大量的数据和属性？

2. 如下规范化方法的值域是什么？

(1) min-max 规范化；

(2) z-score 规范胡；

(3)小数定标规范化。

3. 假设给定的数据集的值已经分组为区间。区间和对应的频率如表 2.1 所示。

表 2.1　区间和对应的频率

年龄/岁	频率/Hz	年龄/岁	频率/Hz
1～5	200	20～50	1500
5～15	450	50～80	700
15～20	300	80～110	44

计算数据的近似中位数值。

4. 假定用于分析的数据包含属性 age。数据元组的 age 值(以递增序)是：14，15，16，16，19，20，20，21，22，22，25，25，25，25，30，33，33，35，35，35，35，36，40，45，46，52，70。

(1) 该数据的均值是什么？中位数是什么？

(2) 该数据的众数是什么？简述数据的峰(即双峰、三峰等)。

(3) 数据的中列数是什么？

(4) 找出数据的第一个四分位数(Q_1)和第三个四分位数(Q_3)。

(5) 给出数据的五数概括。

(6) 画出数据的盒图。

(7) 分位数—分位数图与分位数图的不同之处是什么？

5. 请简述数据仓库和数据库有何不同，它们有哪些相似之处。

6. 有哪几种典型的立方体计算方法？

7. 假定 BigUniversity 的数据仓库包含如下 4 个维：student(student_name，area_id，major，status，university)，course(course_name，department)，semester(semester，year)，instructor(dept，rank)；两个度量：count 和 ave_grade。在最低概念层，度量 ave_grade 存放学生的实际课程成绩。在较高概念层，ave_grade 存放给定组合的平均成绩。

(1) 为该数据仓库画出雪花形模式图。

(2) 由基本方体[student，course，semester，instructor]开始，为列出 BigUniversity 每个学生的 CS 课程的平均成绩，应当使用哪些特殊的 OLAP 操作？

(3) 如果每维有 5 层(包括 all)，如“student<major<status<university<all”，该立方体包含多少方体？

8. 考虑某一销售数据库多特征立方体查询：按{item，region，month}的所有子集分组，找出每组某年最小货架寿命，并找出价格低于某一售价、货架寿命在最小货架寿命的 1.25～1.5 倍之间的元组的总销售额部分。

(1) 画出该查询的多特征立方体。

(2) 用扩充的 SQL 表示该查询。

(3) 这是一个分布式多特征立方体吗？为什么？

9. 为地区气象局设计一个数据仓库。气象局大约有 1000 个观察点，散布在该地区的陆地、海洋，用于收集基本气象数据，包括每小时的气压、温度、降雨量。所有的数据都送到中心站，那里已收集了这种数据长达十年。你的设计应当有利于有效地查询和联机分析处理，有利于有效地导出多维空间的一半天气模式。

延伸阅读

[1] CARDOSO J. Blind signal Separation：statistical Principle. Proc. IEEE，1998，86：2009-2025.

[2] CORTES C，Vapnik V N. Support vector networks. Machine Learning，1995，20：273-297.

[3] SYED N A，LIU H，SUNG K K. Handling Concepts Drifts in Incremental Learning with Support Vector Machine. In Proceeding 1999 International Conference Knowledge Discovery in Large Databases，San Diego，CA.

[4] VASSILIOS P，VASSILLIS G，KABURLASO S. Clustering and Classification in Structured Data Domains Using Fuzzy Lattice Neurocomputering (FLN). IEEE Trans. On Knowledge and Data Engineeding，2001，13(2)：245-260.

[5] HECKERMAN D. Bayesian Network for Data Mining. Data Mining and Knowledge Discovery，1997，1：79-119.

[6] FU L M. Knowledge Discovery by Inductive Neural Networks. IEEE Trans. On Knowledge and Data Engineering，1999，11(6)：992-998.

本章参考文献

[1] TIKHONOV A N. On solving ill-posed problem and method of regularization. Doklady Akademii Nauk USSR，1963，153：501-504.

[2] IVANOV V V. On linear problems which are not well-posed. Soviet Math Docl，1962，3(4)：981-983.

[3] PHILIPS D Z. A technique for numerical solution of certain integral equation of the first kind. Association Computer Math，1962，9：84-96.

[4] PARZEN E. On estimation of probability function and mode. Annals of Mathematical Statistics，1962，33(3).

[5] ROSENBLAT F. Principles of neurodinamics：Perceptron and theory of brain mechanisms. Spartan Books Washington D. C.，1962.

[6] CHENTSOV N N. Evaluation of an unknow distribution density from observations. Soviet Math，1963，4：1559-1562.

[7] VAPNIK V N，CHERVONENKIS A J. On the uniform convergerce of relative frequencies of events

to their probabilities. Theory Probability, 1971, 16: 264-280.
[8] KOLMOGOROV A N. Three approaches to the quantitative definitions of information. Problem of Information Transmission, 1965, 1(1): 1-7.
[9] SOLOMONOFF R J. A formal theory of inductive inference. (Parts1&2). Information Contr, 1964, 7.1-22.224-254.
[10] CHAITIN G J. On the length of programs for computing finite binary sequences. Association Computer Math, 1966, 13: 547-569.
[11] HINTON G E, SALAKHUTDINOV R R. Reducing the dimensionality of data with neural networks. Science, 2006, 313(5786): 504-507.
[12] ERHAN D, BENGIO Y, COURVILLE A, et al. Why does unsupervised pre-training help deep learning?. Journal of Machine Learning Research, 2010, 11: 625-660.
[13] HAN J, FU Y. Exploration of The Power of Attribute-oriented Induction in Data Mining// Advances in Knowledge Discovery and Data Mining. Cambridge, MA: AAAI/MIT Press 1996: 399-421.
[14] BURL M C, FOWLKES C, RODEN J. Mining for image content. In Proc. Conf. Systemics, Cybernetics, and Informatics/Information Systems: Analysis and Synthesis, Orlando: FL, 1999, 6.
[15] EAKINS J P, GRAHAM M E. Content-based image retrieval: a repot to the JISC technology applications program. Northumbria Image Data Research Institute, 1999.
[16] DATCU M, SEIDEL K. Bayesian methods: applications in information aggregation and image data mining. Internatinal Archivers of Photogrammetry and Remote Sensing 1999, 6, 32: 68-73.
[17] BURL M C. Mining for image content. Information Systems Analysis and Synthesis, Orlando, Florida, 2005.
[18] STANCHEV P, et al. Using image mining for image retrieval. IASTED conf. Computer Science and Technology, 2003, 3: 214-218.
[19] STEPHEN G C, et al. Intelligent mining in image databases, with applications to satellite imaging and to web search. Data Mining and Computational, 2001: 309-336.
[20] HAN J, NISHIO S, KAWANO H, et al. Generalization-based data mining in object-oriented databases using an object-cube model. Data and Knowledge Engineering, 1998, 25: 55-96.
[21] HAN J, STEFANOVIC N, KOPERSKI K. AN efficient method for spatial data cube construction. In Proc. 1998 Pacific-Asia Conf. Knowledge Discovery and Data Mining, 1998, 4.

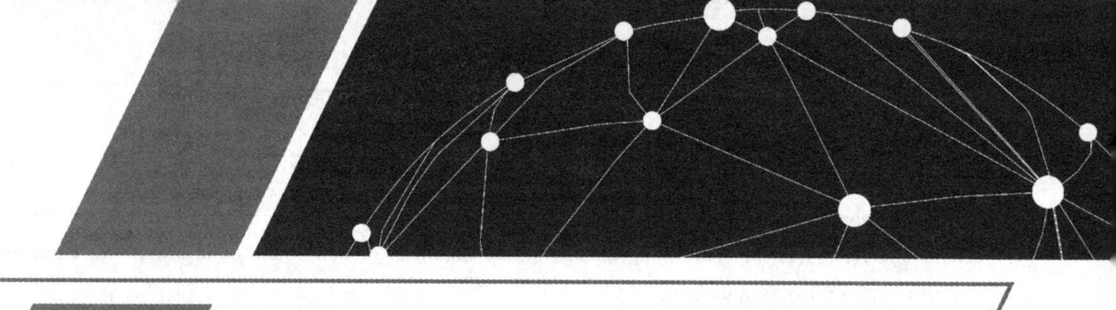

第3章　关联规则挖掘

关联规则挖掘用于寻找给定数据集中项之间的有趣的关联或相关关系。关联规则揭示了数据项间的未知的依赖关系，根据所挖掘的关联关系，可以从一个数据对象的信息来推断另一个数据对象的信息。

关联规则的一个典型例子是购物篮分析——系统通过对顾客放入其购物篮中的不同商品的分析，了解顾客的购买习惯及行为特征。例如，在一次购物消费中，如果顾客购买了牛奶，那他同时购买面包的可能性有多大？关联规则的挖掘通过规则的支持度和置信度进行兴趣度度量，这两种度量反映了所发现规则的有用性和确定性。一个关联规则是有趣的，意味着它满足最小支持度阈值和最小置信度阈值。阈值由领域专家和用户设定。一旦发现了有趣的规则，可以帮助零售商有选择地推销，从而引导消费。

事实上，关联规则的挖掘也可用于分析 Ineternet 用户的浏览习惯、关联行为等。

3.1　关联规则的基本概念

给定一个事务(交易)数据库，人们往往希望发现事务中的关联事实，即事务中一些项目的出现必定隐含着同次事务中其他项目的出现，这是关联规则的一个简单描述。

设 D 是事务数据库，$I=\{i_1, i_2, \cdots, i_m\}$是所有项目的集合，其中 i_j 是一个项目。每个事务 T_i 是项集，$T_i \subseteq I$，标识符为 TID_i。

定义 3.1　设 A，B 是项集，蕴涵式 $A \Rightarrow B$ 称为规则，其中 $A \subset I$，$B \subset I$，且 $A \cap B = \varnothing$。

定义 3.2　设 D 是事务集，A，B 为项集，且有规则 $A \Rightarrow B$。如果 D 中包含 $A \cup B$ 事务所占比例为 $s\%$，称 $A \Rightarrow B$ 有支持度(support)s，即概率 $P(A \cup B)$。

定义 3.3　设 D 是事务集，A，B 为项集，且有规则 $A \Rightarrow B$。如果 D 中 $c\%$的事务包含 A 的同时也包含 B，则称 $A \Rightarrow B$ 有置信度(confidence)c，即条件概率 $P(B|A)$。

这里，不考虑项目在事务中出现的次数。

项集的支持度也是指包含该项目集的事务在 D 中所占的比例。置信度表明了蕴涵的强度，而支持度则表明了 $A \Rightarrow B$ 模式发生的频率。

定义 3.4　设 D 是事务集，A，B 为项集，如果 D 中 $e\%$的事务包含事务 B，则称 $A \Rightarrow B$ 有期望置信度(expected confidence) e，即概率 $P(B)$。

定义 3.5 置信度与期望置信度之比称为作用度(lift)，其概率表示为 $P(B|A)/P(B)$。

显然，置信度是对关联规则的准确度的度量，而支持度则是对关联规则的重要性的度量。期望置信度说明了在有事务集 A 的作用下，对事务集 B 本身的支持度，而作用度则说明了事务集 A 对事务集 B 的影响力的大小。一般地，有用的关联规则的作用度都大于 1。置信度、支持度、期望置信度和作用度这四个参数中，常用的是置信度和支持度。下面以这两个参数为讨论的依据。

定义 3.6 设 D 是事务集，A，B 为项集，若 $A \Rightarrow B$ 满足置信度 c 和支持度 s，则称 $A \Rightarrow B$ 为关联规则。

对关联规则 $A \Rightarrow B$，若同时满足最小支持度阈值和最小置信度阈值，则称其为强规则。

一般地，由用户给定最小置信度和最小支持度，发现关联规则的任务就是从数据库中发现那些置信度和支持度都大于给定阈值的强规则，也就是说，挖掘相关规则的关键是在大型数据库中发现强规则。

定义 3.7 项的集合称为项集。包含 K 个项的项集称为 K-项集。项集的出现频率是包含项集的事务数，称为项集的频率、支持计数或计数。项集满足最小支持度是指项集的出现频率等于最小支持度与 D 中事务总数的乘积。如果项集满足最小支持度，则称它为频繁项集。

从关联规则的概念可知，关联规则挖掘的过程分成两个步骤。第一步，发现所有的大项目集，即支持度大于给定最小支持度阈值的项集；第二步，从大的项集中产生关联规则。显然，挖掘的性能主要由第一步决定，当确定了大项集后，关联规则是容易得到的。关联规则挖掘的著名算法是 Apriori，其基本流程如下。

```
Insert into C_k
Select p.item_1, p.item_2, …, p.item_{k-1}, q.item_{k-1}
From L_{k-1} p, L_{k-1} q, C_k
Where p.item_1 = q.item_1, …, p.item_{k-2} = q.item_{k-2}, p.item_{k-1} < q.item_{k-1};
for j = 1 to n
if a_j >= t then 输出 1-大项集{j}
```

以后，对于 C_k 中的任一项集 c，若 c 的任一 $k-1$ 子集在 L_{k-1} 中不存在，则将 c 从 C_k 中删除。算法的下一步是对数据库进行检索，得到 C_k 中的项集的支持度，将其与最小支持度进行比较，从而得到 L_k。它由 C_k 中的一部分项集组成，条件是它们的支持度不小于最小支持度。

在许多应用中，人们可能不仅仅只对原始数据层次上的规则感兴趣，而且对更高概念层次上的规则感兴趣。因此，研究一般抽象层次上的相关规则就显得比较重要了。这里的概念层次集合，代表了不同层次上的概念之间的关系，记录了分离属性的所有不同值或者连续属性的数值范围。关于概念层次的信息，或者由领域专家提供，或者基于数据分布统计和不同属性间的关系去自动地发现。Klemttinen M. 等人通过扩展 Apriori 算法来发现抽象层次上的相关规则，Han J. 等人采用共享多层次挖掘过程和减少事务编码表的不同方式，提出了发现多层次上的关联规则的四种算法。近来，人们还对量化的关联规则以及其他类型的关联规则的发现进行了研究。

得到关联规则后，用户并不是对所有的规则都感兴趣，有些规则可能误导人们的决策。比如，某关联规则 $X \Rightarrow Y$ 的支持度和置信度均大于要求的最小值，这条规则是一条强的规则，但当 Y 在全体事务中所占的比率比 $X \Rightarrow Y$ 的置信度还大时，该规则将起误导作用。为此，在挖掘过程中，必须将此类规则删除掉，因而引入了关联规则的兴趣度测量的概念。对于关联规则 $X \Rightarrow Y$，当 $\text{support}(X \cup Y) - \text{support}(X) \times \text{support}(Y) > k$ 时，称该规则是感兴趣的。

考虑到关联规则的数目可能是相当巨大的，人们在探索发现关联规则的同时，对于提高挖掘过程的效率也作了不少研究。常见的方法包括：减少对数据库的搜索次数，适当放松对精确度的限制，以提高挖掘效率；当数据库经常变动时，采用增量更新技术来防止对整个数据库的重新挖掘；对数据挖掘进行并行化；等等。

3.2 关联规则的类型及挖掘算法

关联规则有许多种类型，根据不同的标准，关联规则的分类如下。

根据规则所处理的值的类型将关联规则分为布尔关联规则(boolean association rule)和量化关联规则(quantitative association rule)。若所考虑的关联规则是项的在与不在，则它是布尔关联规则。布尔关联规则表明了离散(分类)对象之间的联系。如果规则所描述的是量化的项或属性之间的关联，则它是量化关联规则。在量化关联规则中，项和属性的量化值划分为区间，涉及动态离散化的数值属性，也可能涉及分类属性。

根据规则中涉及的数据维，将关联规则分为单维关联规则(single-dimensional association rule)和多维关联规则(multi-dimensional association rule)。其中单维关联规则指关联规则中的项或属性只涉及单个维或谓词(即一个属性或列)，如只涉及购买项。单维关联规则表示了属性的内联系，即同一个属性或维内的关联。若关联规则涉及两个或多个(不同的)谓词或维，则它是多维关联规则。如顾客数据库中的顾客年龄、收入和购买项为三维。多维关联规则表示了属性间的联系，即属性/维之间的关联。

根据规则所涉及的抽象层将关联规则分为单层关联规则(single-level association rule)和多层关联规则(multi-level association rule)。单层关联规则是指在给定的规则集中，规则挖掘只涉及相同抽象层的项或属性。若在给定的规则集中，所挖掘的规则涉及不同的抽象层，称所挖掘的规则为多层关联规则。

根据关联规则挖掘的不同扩充，关联规则的挖掘可以分为相关分析、最大大模式(最大模式)和大闭项集挖掘。相关分析指出相关项的存在与否。最大模式是大模式，使得 p 的任何真超集都不是大的。大闭项集是一个大的闭的项集，其中项集 c 是闭的，当且仅当不存在 c 的真超集 c'，使得每个包含 c 的事务(子模式)也包含 c'。使用最大模式和大闭项集可以显著地压缩挖掘所产生的大项集数。

关联规则的挖掘最早是由 Agrawal、Imielinski 和 Swami 提出的。Apriori 算法是由 Agrawal 和 Srikant 提出的。使用剪枝方法的算法变形由 Mannila、Toivinen 和 Verkamo 独立开发。Agrawal 和 Shafer 提出了统计分布 CD 和数据分布 DD 并行的 Apriori 算法。Agrawal 和 Srikant，Han 和 Fu，Park、Chen 和 Yu 研究了事务压缩技术，Toivonen 讨论了选样方法，Brin、Motwani、Ullman 和 Tsur 提出了动态项集计数方法。关于关联规则挖掘的许多扩充中，Han 和 Kumar 等人研究了关联规则的尺度化的并行数据挖掘算法，Agrawal 和 Srikant 提出了序列模式挖掘，Koperski 和 Han 研究了空间关联规则的挖掘，Lu、Han 和 Feng 给出了事务间的关联规则的挖掘，最大模式的挖掘是由 Bayardo 给出的，大闭项集的挖掘是由 Pasquier、Bastide、Taouil 和 Lakhal 提出的，大项集的深度优先算法由 Beyer 和 Ramakrishnan 提出，挖掘大模式而不产生候选项集的方法由 Han、Pei 和 Yin 提出。

Han 和 Fu，Srikant 和 Agrawal 研究了多层关联规则挖掘，其中 Srikant 和 Agrawal 研究的内容以概化关联规则的形式，提出了 R 兴趣度度量，以删除冗余规则。其他的有关关联规则挖掘的研究包括：根据规则聚类挖掘量化关联规则的 ARCS 系统；基于 x 单调和直线区间挖掘量化规则的技术；挖掘量化规则的非基于栅格的技术；使用部分完全性度量，挖掘区间数据上的基于距离的关联规则；使用量化属性的静态化和数据立方体，挖掘多维关联规则；强关联规则的兴趣度度量；挖掘事务数据库因果结构的问题；元规则制导的挖掘；基于约束的关联规则挖掘；挖掘关联规则的有效增量更新技术；并行和分布式的关联规则的研究等。

3.3 基于关系代数理论的关联规则挖掘

大型关系数据库或数据仓库系统中关联规则的挖掘可以与 DBMS 进行无缝集成，无论采用什么方法进行关联规则的挖掘，一个不可避免的操作是浏览数据库，统计数据库中某属性(集)出现的概率，及在该属性(集)出现的前提下，另一属性(集)出现的概率。达到一定的支持度和置信度就是关联规则。

经典的 Apriori 算法，需要扫描数据库多遍，第 K 次扫描时，得到 K-项集。如果顶层项集中元素个数最多为 K，则算法将扫描数据库至少 K 遍，也可能 $K+1$ 遍。目前，主要通过减小候选项集的个数、减小记录长度、减少记录总数的方法对算法进行修改。

本节提出的算法，基于上一章的预处理算法，即利用事务数据库或通过对数据库的查询统计操作，得到相应的汇总表或高层数据库对应的概念分层，然后利用自适应混合算法提取聚类结果，并利用遗传算法进行特征提取，形成相应的特征子集，在特征子集的基础上进行关联规则、泛化关联规则的挖掘。

3.3.1 基于关系代数理论的关联规则挖掘算法 ORAR

一般地，事务数据库的基本属性有事务标识符 TID、数据项集、顾客信息等，数据量往往是巨大的。利用第 2 章的数据预处理方法，剔除无关属性，获得相应的特征子集，这些不同的特征子集中的样本往往具有相似的模式，在不同的特征子集上进行规则挖掘可大大提高关联规则挖掘的效率和有效性。关联规则挖掘的关键是发现大项集，本部分基于关系代数理论，利用关系矩阵及相关运算给出了搜索大项集的基于关系代数理论的优化的关联规则(Optimization Relation Association Rule，ORAR)挖掘算法。该算法只需扫描数据库一次，克服了 Apriori 算法需要多次扫描数据库的缺点，同时该算法具有良好的并行性和可伸缩性。

定义 3.8 设 D 是事务集，I 是项集，$D\times I$ 称为集合 D 和 I 的笛卡尔乘积。

定义 3.9 笛卡尔乘积的任一子集都是从集合 D 到集合 I 上的一个二元关系。显然，事务数据库(TDB)是从 D 到 I 上的一个最大的二元关系。

定义 3.10 设 D 是事务数据库，$T=\{t_1, t_2, \cdots, t_s\}$ 和 $I=\{i_1, i_2, \cdots, i_l\}$ 分别为交易集和项集，矩阵 $\boldsymbol{R}$ 定义为从 T 到 I 的二元关系的关系矩阵：

$$\boldsymbol{R}=(r_{kj})=\begin{cases}1, & \text{项 } i_j \text{ 在交易 } t_k \text{ 出现}\\ 0, & \text{其他}\end{cases}$$

其中，$k=1, 2, \cdots, s$，$j=1, 2, \cdots, l$。

若有事务数据库，使用第 2 章的数据预处理得到了相关的特征子集。设某特征子集对应的集合为一个关系数据库的子集 DB_i，DB_i 由元组<TID，itemset>组成。其中，一个样本对应了 DB_i 中的一条记录，样本中的各分量构成了 DB_i 中相应的属性。删除无关属性 TID，只考虑项集对应的属性，若 DB_i 有 m 条记录和 n 个项，则通过扫描数据库一次，即可构造如下关系矩阵 $\boldsymbol{R}$，显然 $\boldsymbol{R}\subseteq D\times I$。

$$\boldsymbol{R}=\begin{bmatrix} r_{11} & r_{12} & \cdots & r_{1n}\\ r_{21} & r_{22} & \cdots & r_{2n}\\ \vdots & \vdots & & \vdots\\ r_{m1} & r_{m2} & \cdots & r_{mn}\end{bmatrix}$$

其中，r_{ij} 的值或为 1 或为 0，分别表示了第 i 个事务中包含第 j 个项或未包含第 j 个项。显然，$(\sum_{i=1}^{m} r_{ji})/m$ 为第 j 个属性作为 1-项集的支持度，$j=1, 2, \cdots, n$，若已给定了最小支持度的阈值，则大于给定阈值的 1-项集，即为 1-大项集。算法分为计算 1-项集的支持度和确定 1-大项集两个步骤。产生 1-大项集的算法如下。

算法 3.1　搜索 1-大项集。

```
输入：关系矩阵 R，最小支持度阈值 t
输出：1-大项集
for j=1 to n
    {a_j=0；
        for i=1 to m
        {a_j=a_j+r_ij}
     a_j=a_j/m
    }
```

为了获得 2-大项集，按照大项集的子集一定是大项集的性质，可在 1-大项集的基础上搜索 2-大项集。

设 A 为 1-大项集的集合，a_i 中存放了相应的 1-大项集，如第 k_i 个属性的标识为 k_i，$i=1$，…，s。即 A 有 s 个元素，$s\leqslant n$。算法 3.2 如下。

算法 3.2　搜索 2-大项集。

```
输入：关系矩阵 R，1-大项集 A 和最小支持度阈值 t
输出：2-大项集
for i=a_1 to a_{s-1}
   for j=a_i+1 to a_s
     { f=0
       for p=1 to m
         { d_p=r_{p_i} .and. r_{p_j}
           f=f+d_p
         }
       f=f/m
     }
```

为了产生 k-大项集($k>2$)，先给出两个引理。

引理 3.1　如果一个项集不是大项集，则包含该项集的任何集合也不是大项集。

引理 3.2　如果有($k-1$)-大项集$\{i_1, i_2, \cdots, i_{k-1}\}$，若存在项 v，使 r_{jik-1}.and. r_{jv} ($j=1, 2, \cdots, m$)的支持度小于最小支持度阈值 t，则$\{i_1, i_2, \cdots, i_{k-1}, v\}$不是 k-项集。

设$\{i_1, i_2, \cdots, i_{k-1}\}$是($k-1$)-大项集，若$\{i_{k-1}, v\}$不能构成 2-大项集，则项集$\{i_1, i_2, \cdots, i_{k-1}, v\}$不能构成 k-项集。这是因为由引理 3.1 可知，$\{i_1, i_2, \cdots, i_{k-1}, v\}$不是一个 k-大项集。若$\{i_{k-1}, u\}$构成 2-大项集，则$\{i_1, i_2, \cdots, i_{k-1}, u\}$可扩展为一个 k-项集，若 $\mathrm{B}v_{i_1} \wedge \mathrm{B}v_{i_2} \wedge \mathrm{B}v_{i_3} \cdots \wedge \mathrm{B}v_{i_{k-1}} \wedge \mathrm{B}v_u$ 满足最小支持度($\mathrm{B}v_i$ 是 v_i 的向量表示)，则$\{i_1, i_2, \cdots, i_{k-1}, u\}$构成 k-大项集。

设有 $k-1$ 大项集$\{i_1, i_2, \cdots, i_{k-1}\}$，第一步形成相应的 k-项集，第二步得到 k-大项集。从$(k-1)$-大项集形成 k-大项集的算法 3.3 如下。

算法 3.3 搜索 k-大项集算法。

```
输入:所有(k-1) -大项集,支持度阈值为 t
处理:对于 k>2,生成所有的 k-大项集,直至无法产生为止
输出:k-大项集
/ * 搜索所有的 k-项集 * /
for 每一个(k-1)-大项集(k>2) C_i={c_{i_1}, c_{i_2}, …, c_{i_{k-1}}}
   for h=1 to n
     {for j=1 to m
         {计算 r_{ji_{k-1}}. and. r_{jv}}
              if {i_{k-1}, h}的支持度>=t then {c_{i_1}, c_{i_2}, …, c_{i_{k-1}}, h} 是 k-项集
     }
/ * 搜索 k-大项集 * /
for 每个 k 项集 C_j={c_{j_1}, c_{j_2}, …, c_{j_k}}
     {for i=1 to m
         {计算向量 S_j:r_{ij_1}. and. r_{ij_2}. and. …. and. r_{ij_k}}
       计算 S_j 对应的k-项集 C_j 的支持度 f_j
       if f_j>=t then 输出 k-大项集 C_j
     }
```

基于混合优化预处理算法和关系代数理论基础之上的关联规则挖掘算法 ORAR，是由算法 3.1、算法 3.2 和算法 3.3 集成得到的。其最坏的算法复杂度为 $O(n \cdot n \cdot m)$，其中的 m 和 n 是特征子集所对应的数据库子集的行和列数。事实上，多数情况下，该算法的复杂度远远低于理论值，所以，ORAR 算法优于经典的 Apriori 算法，且可并行运行。

设有 TDB1 如表 3.1 所示，其中项集中的项 A，B，C，D 和 E 在算法中分别用 i 表示，$i=1, 2, 3, 4, 5$。

表 3.1 事务数据库——特征子集 TDB1

TID	项集
1001	{B, D}
1002	{A, B, C, D}
1003	{B, E, D}
1004	{B, C, E, D}
1005	{C, D}

若最小支持度阈值为 40%，由算法 3.1 得 1-项集{A}，{B}，{C}，{D}，{E}，而 1-大

项集应满足最小支持度阈值 0.4，得 1-大项集为{B}，{C}，{D}，{E}。

由算法 3.2 知，2-项集为{A, B}，{A, C}，{A, D}，{A, E}{B, C}，{B, D}，{B, E}，{C, D}，{C, E}，{D, E}，而 2-大项集为{B, C}，{B, D}，{B, E}，{C, D}，{D, E}，满足最小支持度阈值 0.4。

由算法 3.3 得 3-项集为{B, C, D}，{B, D, E}，3-大项集也为{B, C, D}，{B, D, E}，且有 4-项集为{B, C, D, E}，但它不是 4-大项集，因其支持度低于最小支持度阈值。

3.3.2 基于概念分层的泛化关联规则挖掘算法 RGAR

利用关系的矩阵表示及相应运算，也可挖掘泛化的关联规则。关联规则的泛化基于相应的概念分层。一般地，概念分层可由领域专家或先验知识确定，采用树结构定义。给定事务数据库(TDB)，每个事务由其 TID 和相应的属性集构成。原始的属性(项)构成了树叶结点，可为某些树叶结点增加其父结点及祖先结点，形成其相应的概念分层。例如某事务数据库 TDB2，其项集构成为{大衣、风衣、夹克、内衣、帽子、鞋、故事片、戏剧片、动画片、CD、MTV、游戏}，有概念分层如图 3.1 所示。

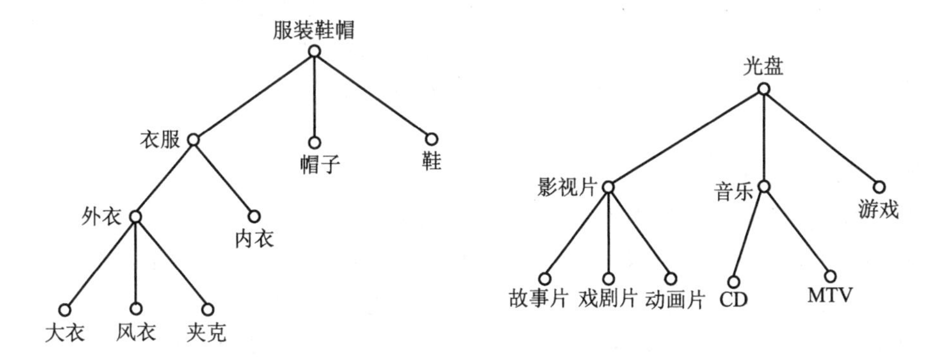

图 3.1 概念分层图例

基于概念分层的关联规则挖掘，也可利用关系代数理论，基于关系的矩阵表示及运算来实现。下面是一些相关的引理。

引理 3.3 包含项 x_i 及其父结点 χ_i 的项集 X 的支持度等于项集 $X-\chi_i$ 的支持度。

证明： 设有项集 $X=\{x_1, x_2, \cdots, x_i, \chi_i, x_{i+1}, \cdots, x_n\}$，$X$ 的支持度可由

$$\mathrm{d}x_1.\text{and}.\mathrm{d}x_2.\text{and}.\cdots.\text{and}.\mathrm{d}x_i.\text{and}.\mathrm{d}\chi_i.\text{and}.\mathrm{d}x_{i+1}.\text{and}.\cdots.\text{and}.\mathrm{d}x_n$$

得到列向量，计算列向量中 1 的个数占总行数的百分比求得。

而项集 $X-\chi_i$ 的支持度可由 $\mathrm{d}x_1.\text{and}.\mathrm{d}x_2.\text{and}.\cdots.\text{and}.\mathrm{d}x_i.\text{and}.\mathrm{d}x_{i+1}.\text{and}.\cdots.\text{and}.\mathrm{d}x_n$ 经相应的计算得出。又因为 χ_i 是包含项 x_i 的父结点，$\mathrm{d}x_i.\text{and}.\mathrm{d}\chi_i=\mathrm{d}x_i$，所以，结论成立。

这一引理说明，如果 X 是一个包含结点 i 及其祖先结点 χ_i 的项集，若 $X-\chi_i$ 是一个大项集，则 X 也是一个大项集。显然，发现泛化关联规则的过程就是发现泛化的关联模式的过程，该模式是发现那些既不包含某结点 i 也不包含其祖先结点 χ_i 的过程。

设有交易数据库 TDB 和泛化概念层次树，TDB 中的所有项构成项集，称 TDB 中的项为特定项，相应概念层次树的非树叶结点对应的项为非特定项，找出所有大项集的算法(含特定项和非特定项)见算法 3.4。

引理 3.4 设项 i_n 是特定项 i_1，i_2，…，i_m 的泛化，i_n 对应的列向量 v_{i_n} 定义为：v_{i_1}. or. v_{i_2}. or. …. or. v_{i_m}，其中，or 为逻辑或运算。

引理 3.5 设{i}和{j}为大项集，若 j 不是 i 的祖先结点，且由 v_i. and. v_j 得到的支持度大于最小支持度的阈值，则产生 2-大项集{i，j}。

引理 3.6 设有大项集{i，j}，若 i 有父结点 a_i，j 有父结点 a_j，则{i，a_j}和{a_i，j}也是大项集。

引理 3.7 设 X 是一个大项集，则对于 X 中的任一项 i，用其祖先结点 χ_i 代换 i 后得到的任意项集仍是大项集。

上述引理的正确性是不难证明的。从而，泛化的关联规则挖掘的基本算法可由产生大项集、获取关联规则两个阶段完成。其中，大项集的生成仍是关键的步骤。

定理 3.1 由上述引理按照下述算法得到的泛化关联模式中必定不会包含某项 i 及其祖先结点 χ_i。

证明：用数学归纳法。

归纳基础：算法 3.4 由 1-大项集{i}得到 2-大项集{i，j}的过程中，“j 不是 i 的祖先”是生成 2-项集的基本条件。所以，任意 2-大项集必定不包含某结点 i 及其祖先结点 χ_i。

归纳假设：设任意 k-大项集{i_1，i_2，…，i_k}不含某项 i 及其祖先结点 χ_i。

归纳证明：设从 k-大项集{i_1，i_2，…，i_k}得到了 $k+1$-大项集{i_1，i_2，…，i_k，w}，又设 ν_1，ν_2，…，ν_{k-1}分别是 i_1，i_2，…，i_{k-1}的祖先结点，且都不是 i_k 的祖先结点，由归纳假设和归纳基础知，i_k 不会和 i_1，i_2，…，i_k 的祖先结点对应的项间形成大项集。所以，w 就不是 i_1，i_2，…，i_k 的祖先。

下面是生成大项集的基本算法 3.4 和算法 3.5。

算法 3.4 生成 2-大项集的算法。

```
/* 初始化各结点，n 为树叶的个数，k 为层数 */
for i=1 to n /* 概念树的树叶结点初始化 */
  对每个项 v_i(树叶)初始化为 i
  i=n+1
for j=k-1 to 1        /* 各概念层中的结点 */
对概念层中非树叶结点 v_i，若其有子代 v_{i_1}，v_{i_2}，…，v_{i_{s_i}}
```

```
while  某层中的结点 v_i 没有初始化且 v_i 的后代均已初始化
    {对 v_i 赋以值 i; i=i+1}
/*求概念层次树中各结点的支持度、1-大项集，B_{v_i} 是 v_i 的向量表示*/
{Bv_i=(0 0 … 0)^T
    for k=1 to s_i
        Bv_i=Bv_i.or.Bv_{i_k}
v_i 的支持度 t_i=Bv_i 中 1 的个数/m
}
for 每个结点 v_i/*v_i 可以是图中的任何结点*/
    if(v_i 的支持度 t_i>=最小支持度阈值)then 输出 1-大项集{i}
    for 1-大项集{i}
      for 1-大项集{j}且 i<j
        if (j 不是 i 的祖先结点且 Bv_i.and.Bv_j 的支持度大于最小支持度) then
              输出{i,j}为 2-大项集
              for 2-大项集{i,j}
                if (i 有祖先结点 a_i 而 j 有祖先结点 a_j)
                then {i,a_j}和{a_i,j}都是 2-大项集
```

设有 $k-1$-大项集 $\{i_1, i_2, \cdots, i_{k-1}\}$，第一步形成相应 k-项集，第二步得到 k-大项集。从 $k-1$-大项集形成 k-大项集的算法如下。

算法 3.5 生成 k-大项集的算法。

```
输入:所有 k-1-大项集、支持度阈值 t
处理:对于 k>2,生成所有的 k-大项集,直至无法产生为止
输出: k-大项集
/*搜索所有的 k-项集*/
    for 每一个 k-1-大项集(k>2)C_i={c_{i_1}, c_{i_2}, …, c_{i_{k-1}}}
      for 任意项 h,且 h 不是 k-1-大项集的任一项的祖先
        {for j=1 to m
          {计算 r_{ji_{k-1}}.and.r_{jh}}
          if {i_{k-1}, h}的支持度>=t then {c_{i_1}, c_{i_2}, …, c_{i_{k-1}},h}是 k-项集}
/*搜索 k-大项集*/
for 每个 k-项集 C_j={c_{j_1},c_{j_2},…,c_{j_k}}
  {for i=1 to m {计算向量 S_j:r_{ij_1}.and.r_{ij_2}.and.….and.r_{ij_k}}
    计算 S_j 对应的 k-项集 C_j 的支持度 f_j
    if f_j>=t then 输出 k-大项集 C_j}
```

设有 TDB2 如表 3.2 所示，其概念分层图见图 3.1，设支持度为 40%。

由算法 3.4 得出的 1-大项集为：{夹克}、{内衣}、{鞋}、{外衣}、{衣服}、{服装鞋帽}、{故事片}、{影视片}、{音乐}、{光盘}；{夹克、内衣}、{夹克、鞋}、{夹克、故事片}、{夹克、影视片}、{夹克、音乐}、{夹克、光盘}、{内衣、鞋}、{内衣、外衣}、{内衣、故事片}等；得到的 2-大项集为{夹克、内衣}、{夹克、光盘}、{内衣、外衣}、{内衣、影视片}、{内衣、光盘}、{鞋、光盘}、{外衣、音乐}、{外衣、光盘}、{衣服、影视片}、{衣服、音乐}、{衣服、光盘}、{服装鞋帽、故事片}、{服装鞋帽、影视片}、{服装鞋帽、音乐}、{服装鞋帽、光盘}；得到的 3-大项集为{夹克、内衣、光盘}、{内衣、外衣、光盘}；没有 4-大项集，算法终止。

表 3.2　事务数据库 TDB2

TID	项　集
10001	{风衣，鞋，CD，帽子}
10002	{夹克，内衣，MTV}
10003	{鞋，故事片}
10004	{夹克，内衣，故事片}
10005	{内衣，游戏，动画片}

所挖掘出的泛化的关联规则为：同时购买夹克、内衣和光盘及内衣、外衣和光盘的事务满足最小支持度 40%。

3.3.3　模糊关联规则的挖掘算法

3.3.1 小节和 3.3.2 小节中的算法可用于事务数据库的关联规则的挖掘。利用模糊关系代数理论，对于次序变量(ordinal)和连续型数值变量，也可通过转换或泛化的方法，形成模糊相似矩阵，在模糊聚类的数据预处理的基础上，将 3.3.1 小节和 3.3.2 小节算法中的逻辑“与”和“或”转换为相应的 min 和 max 运算，然后使用 λ 截集的方法，也可形成相应的挖掘模糊关联规则和模糊泛化关联规则的算法，这说明了算法的鲁棒性和可移植性。

3.4　基于组织进化的关联规则挖掘

数据挖掘是数据库知识发现(KDD)的核心，是指从数据库中提取潜在的、有用的、最终可理解的知识的非平凡过程。关联规则挖掘则是数据挖掘的一个重要研究方向，它侧重于确定数据库中不同领域间的联系，找出满足给定支持度和可信度的多个域之间的依赖关系。关联规则挖掘用于发现大量数据中项集之间的关联。设 $I=\{i_1, i_2, \cdots, i_m\}$ 是数据属性集合，$D=\{t_1, t_2, \cdots, t_n\}$ 是数据的集合，其中每条数据 t_i 由若干个数据属性组成。设 A 是 I 的一个子集，如果 $A \subset t_i$，则称数据 t_i 支持 A。关联规则是如下形式的一种蕴含：$A \rightarrow B$，其中 A、B 是 I 的子集，且 $A \cap B = \varnothing$。如果 D 中有 $s\%$ 的数据同时支持数据属性集 A 和 B，则 $s\%$ 称为关联规则 $A \rightarrow B$ 的支持度。规则的支持度越大，说明规则在数据集空间所占的比例越大，规则的普遍意义越好。如果 D 中支持数据属性集 A 的数据中有 $c\%$ 的数据同时也支持 B，则 $c\%$ 称为关联规则 $A \rightarrow B$ 的置信度。规则的置信度表示由特征推出类别的正确程度，是对关联规则准确度的衡量。关联规则发现可以分为两个子问题：一是发现所有频繁项目集；二是从频繁项目集中产生关联规则。发现频繁项目集的计算量远远大于从这些频繁项目集中发现规则，因此在关联规则挖掘过程中集中讨论的是第一步。

Apriori 算法是一种基本的关联规则的挖掘算法，围绕 Apriori 算法，有一系列的改进算法，包括 AprioriTID、AprioriHybird 和 MultipleOins 等。这些算法的基本思想是根据在给定的事务数据库 D 中，任意大项集的子集都是大项集，任意弱项集的超集都是弱项集这一原理，对数据库进行多遍扫描，以进行多循环方式的关联规则挖掘。由于数据库的规模通常是非常大的，所以这些算法通过重复地扫描数据库产生频繁集是非常耗时的。针对 Apriori 系列算法的缺点，J. Han 等人提出了新的结构 FP-tree 和相应的模式增长算法 FP-growth。FP-growth 算法只需要两次扫描数据库：第 1 次扫描，得到频繁 1-项集；第 2 次扫描，利用频繁 1-项集过滤非频繁项集，同时生成 FP-tree。实验分析表明，FP-growth 算法的性能比 Apriori 的改进算法提高了很多，但它一样要耗费大量的时间和空间。Robert Cattral 等人提出了基于遗传算法的关联规则提取算法(Rule Acquisition with a Genetic Algorithm，RAGA)。在该算法中，每个属性的每一个取值用一个合适长度的二进制串来表示，每个二进制串代表一个基因，将所有属性值的二进制串连接在一起得到一个数制串，作为一个染色体。一个染色体代表一个关联规则。通过交叉、变异等算子对种群进行进化操作，并采用支持度作为适应度函数来筛选规则。由于一个规则要和其他所有的规则比较后，才能计算出该规则的支持度，因此该算法在计算规则支持度时要花费大量的时间。这些方法不同程度地出现运算速度慢、正确关联规则的提取率低等问题。针对这些不足，本节提出了基于组织进化的关联规则挖掘算法，并且把该算法应用到 Web 日志挖掘中，用来分析网站资源访问记录中隐含的相互关系。

组织进化算法(OEA)和传统遗传算法的运行机制完全不同，其进化操作作用在组织上，而不是作用在个体上。在组织进化算法中，组织就是若干个体的集合。传统遗传算法中的交叉、变异等算子都不能直接用在该算法中，所以在组织进化中定义了分裂算子、吞并算子和合作算子来引导种群进化。该算法在初始化时，每个组织只有一个成员，随着种群的进化，组织个数会有所变化，但种群内的个体数是不变的。一方面，OEA 把局部搜索和全局搜索有机地结合起来；另一方面，OEA 不从所有个体中选出用于产生下一代的父代个体，而从组织中选取，这既保证了多样性又保证了所选个体的质量，因此 OEA 有更大的概率产生更好的下一代。

3.4.1 基于组织进化的关联规则挖掘算法

1. 组织的定义

在基于组织进化的关联规则挖掘算法中，我们以表的形式表示原始数据，表的每一列表示一个属性，表的每一行表示一条数据。我们先对原始数据进行预处理，经离散化后得到每个属性的取值。我们用 $x=(x_1, x_2, \cdots, x_n)$ 表示每一条数据，其中 x_i 表示属性。为计算方便，定义了相同属性概念。相同属性即为组织中所有对象取值均相同的属性，用 same_{org} 表示相同属性集合。由于有的组织可以产生规则，有的组织不能产生规则，所以将组织分成自由态组织、异常态组织和正常态组织。自由态组织指包含对象个数为 1 的组织，其集合记为 free；异常态组织指相同属性集合为空的组织，其集合记为 abnormal；其余的组织为正常态组织，其集合记为 normal。

2. 组织适应度的计算

规则的支持度、置信度可从不同的角度表明规则的性质。规则的支持度越大，说明规则在数据集空间所占的比例越大，规则的普遍意义越好；规则的置信度表示由特征推出类别的正确程度，是对关联规则准确度的衡量。我们先用组织进化算法筛选出满足最小支持度的规则，然后再采用其他常规算法根据置信度选出满足要求的规则。取适应度函数为

$$F(X)=\begin{cases}0, & \text{org} \in \text{free} \\ -1, & \text{org} \in \text{abnormal} \\ \sup(x), & \text{org} \in \text{normal}\end{cases} \tag{3-1}$$

其中，$\sup(x)$ 为关联规则的支持度。

当组织进化结束后，可以简单地将每个组织的相同属性集转化成规则。因此，在计算组织的适应度时，把组织的相同属性集作为规则，计算该规则的支持度，然后根据公式(3-1)计算组织的适应度。因为每个规则的支持度是不变的，为了避免频繁计算支持度和提取规则方便，在这里设计了一张关联规则表，用来记录规则结构、支持度、置信度等。在计算组织的适应度时，先搜索关联规则表，如果存在，则直接读取组织的适应度；否则，计算规则的支持度，然后按公式(3-1)计算组织的适应度，并将该关联规则结构和相应的值添加到关联规则表中。组织适应度算法描述如下。

步骤 1：计算组织的相同属性。若组织相同属性的个数小于或等于 1，则令适应度为负 1，返回；否则，转步骤 2。

步骤 2：在关联规则表中查找该组织的相同属性集，若存在，则直接读取组织的适应度值，返回；否则，转步骤 3。

步骤 3：计算所得规则的支持度，并按公式(3－1)计算组织的适应度值；把该规则的结构、支持度和对应组织的适应度写入规则表中，并返回。

3. 组织进化算子

参考 OCEC 算法，同样定义了合并算子、增减算子、交换算子和组织选择算子。下面分别介绍。

合并算子：随机选择两个组织 org_{p1} 和 org_{p2} 作为父代，将其合并为一个子代组织 org_c。

增减算子：随机选择两个组织 org_{p1} 和 org_{p2} 作为父代，然后从 org_{p1} 中选择 $m\%$ 的对象加入 org_{p2} 中，形成两个子代组织 org_{c1} 和 org_{c2}。

交换算子：从一个种群中随机选择两个组织 org_{p1} 和 org_{p2} 作为父代，然后从 org_{p1} 中随机选择 $n\%$ 的对象加入 org_{p2} 中，再从 org_{p2} 中随机选择 $n\%$ 的对象加入 org_{p1} 中，形成两个子代组织 org_{c1} 和 org_{c2}。

组织选择算子：从父代组织和子代组织中选择出适应度高的组织，并把该组织标记为已进化，然后加入下一代。

4. 算法描述

步骤 1：初始化。将每个对象以自由态加入种群 P_0 中，进化代数 $t=0$。

步骤 2：如果在当前进化代数 t 中，种群 P_t 中未进化的组织个数大于 1，则转到步骤 3，否则转到步骤 5。

步骤 3：从 P_t 中随机选择两个组织 org_{p1} 和 org_{p2}，当组织 org_{p1} 或 org_{p2} 中有一组织所含对象个数为 1 时，执行合并算子，否则从增减、交换和合并算子中随机选择一个算子，对 org_{p1} 和 org_{p2} 进行相应的操作，产生子代组织 org_{c1} 和 org_{c2}；然后计算每个组织的适应度。

步骤 4：从父代和子代组织中选择出适应度高的组织加入下一代，然后转到步骤 2。

步骤 5：如果进化代数 t 达到了设定的进化代数，则算法运行结束，从关联规则表中输入满足支持度要求的规则集；否则，进化代数 t 的值加 1，转到步骤 2。

通过上面的算法，我们得到了满足最小支持度要求的关联规则集。然后，根据最小置信度要求，从所得的关联规则集中选择出满足要求的规则集。这一步的算法比较简单，这里就不给出算法的描述了。当然，在组织进化算法中，也可以同时计算规则的支持度和置信度。在这里分开计算，主要是考虑了以下几个方面：一是这里只计算满足最小支持度要求的规则的置信度，这样就减少了算法的运算量；二是可以选择性地计算某条规则的置信度，这样就提高了算法的灵活性；三是这样也使得算法的实现变得更加简单。

3.4.2 实验与结果分析

为了验证基于组织进化的关联规则挖掘算法的有效性，这里用 Apriori 算法、FP-growth 算法、RAGA 算法和本节算法对一些数据集做了对比实验。为此首先定义了两个度量标准：平均规则数和规则提取率。假设用算法做了 n 次实验，且第 i 次提取出 r_i 个规则，则平均规则数 $\bar{r}=\sum_{i=1}^{n}\frac{r_i}{n}$；设用 Apriori 算法提取的平均规则数为 a，用其余算法提取的平均规则数为 r，则规则提取率定义为 r/a。实验所用的数据集为某超市的销售记录。这里把基于组织进化的关联规则挖掘算法的增减算子的参数 m 和交换算子的参数 n 均设置为 30，支持度阈值为 5%，置信度阈值为 60%，进化代数为 1000 代。表 3.3 给出了用本节算法计算上面数据集时的实验结果以及其他算法的实验结果(实际实验环境：CPU P4 2.4G，内存 256M，Java)。

表 3.3 几种算法挖掘出的关联规则数、规则提取率、计算时间比较

数据集	数据集规模	算法	平均规则数	规则提取率/%	计算时间/s
新闻网站日志数据 置信度阈值：60% 支持度阈值：5%	3000	Apriori 算法	15.0	100	80.12
		FP-growth 算法	15.0	100	38.40
		RAGA 算法	12.5	83.3	49.22
		基于组织进化的关联规则挖掘算法	13.0	86.7	48.56
	5000	Apriori 算法	17.0	100	153.20
		FP-growth 算法	17.0	100	51.65
		RAGA 算法	14.0	82.4	68.13
		基于组织进化的关联规则挖掘算法	14.5	85.3	64.21
	10000	Apriori 算法	20.0	100	312.50
		FP-growth 算法	20.0	100	77.82
		RAGA 算法	16.0	80.0	100.12
		基于组织进化的关联规则挖掘算法	16.4	82	95.23

从表3.3的实验结果来看，在不同的数据集规模下，基于组织进化的关联规则挖掘算法都保持了较高的规则提取率，这说明本节方法是实际可行的。从计算时间上可以看到，随着数据集规模的增加，各算法的执行时间都有了不同程度的增长，但本节算法增加的幅度不是很大，所以基于组织进化的关联规则挖掘算法也有较好的计算时间性能。

3.5 基于组织多层次进化的关联规则挖掘及其分析

3.5.1 基于组织多层次进化的关联规则挖掘

关联规则挖掘算法关心的是如何挖掘属性之间存在的关联规则，组织协同进化分类算法关心的是寻找条件属性与类别之间的关系。在寻找关系或规则这一点上，关联规则挖掘算法和组织协同进化分类算法是有相似之处的，故本节想利用组织进化挖掘关联规则；但正如3.4节中所叙述的那样，如何快速发现所有频繁项目集是关联规则挖掘过程中最关键的一步，然而仅利用组织协同进化分类算法中的进化算子和组织选择机制是不能快速发现所有频繁项目集的，所以我们在组织协同进化算法的基础上定义了一个新的算子——聚合算子和两个种群：进化种群 p_e 和最优种群 p_b，提出了基于组织多层次进化的关联规则挖掘算法。

1. 算法的思想

在基于组织多层次进化的关联规则挖掘算法中，我们以表的形式表示原始数据，表的每一列表示一个属性，表的每一行表示一条数据。先对原始数据进行预处理，经离散化后得到每个属性的取值。我们用 $x=(x_1, x_2, \cdots, x_n)$ 表示每一条数据，其中 x_i 表示属性，用 same_{org} 表示相同属性集合。相同属性集合即为组织中所有对象取值均相同的属性及属性值组成的集合。由于有的组织可以产生规则，有的组织不能产生规则，所以我们将组织分成自由态组织、异常态组织和正常态组织。自由态组织指包含对象个数为1的组织，其集合记为free；异常态组织指相同属性集合为空的组织，其集合记为abnormal；其余的组织为正常态组织，其集合记为normal。

为了快速发现所有频繁项目集，定义了一个新的算子——聚合算子。聚合算子的描述如下：如果组织 org_{p1} 的相同属性集合 $\text{same}_{\text{org}_{p1}}$ 和组织 org_{p2} 的相同属性集合 $\text{same}_{\text{org}_{p2}}$ 是相等的，即 $\text{same}_{\text{org}_{p1}}=\text{same}_{\text{org}_{p2}}$，则将组织 org_{p1} 和组织 org_{p2} 合并为一个组织 org_c。这样通过聚合算子可将种群中相同属性集合值相等的不同组织聚集在一起，形成一个更大的组织。另外，为了加快组织之间相同属性集合的比较，定义了一张相同属性集合表，该表的字段属性如下：序列号、属性名、属性值、记录个数，其中，记录个数的含义是支持该相同属性集合性质的数据个数，它的值是可变的，它最终的值是与规则的支持度相关的。另外，给每个组织加了一个标识相同属性集合的标志位，标志位的值即为相同属性集合表的序列号字段的值；如果该组织不存在相同属性集合，则该组织标志位的值为0。这样，我们只要比较两个组织的标志位，就可以知道两个组织的相同属性集合是否相等。在组织协同进化算法中，同一种群中的不同组织，都具有均等的机会执行组织协同进化算子。而在基于组织多层次进化的关联规则挖掘算法中，与组织协同进化算法不同的是定义了两个种群：进化种群 p_e 和最优种群 p_b。初始化时我们把每条数据对象以自由态组织形式加入种群 p_e 中，每一代进化结束后，把具有相同属性集合的组织加入种群 p_b 中。种群 p_b 中的组织在进化一定代数后，把其中对象个数少于一定数量的组织解散，其对象以自由态组织形式再加入种群 p_e 中。因为种群 p_e 只包含自由态组织，所以种群 p_e 在进化时只执行合并算子；但对于种群 p_b，如果执行组织协同进化算法中的合并算子、增减算子和交换算子的话有可能破坏组织的相同属性集合，所以种群 p_b 在进化时只执行本节定义的聚合算子。这样，进化种群 p_e 和最优种群 p_b 中的组织是交替运行且同时进化的。另外，在组织协同进化算法中，采用组织选择算子从父代组织和子代组织中选择出适应度高的组织加入下一代进化。组织的适应度和该组织所蕴含的规则的支持度的值是相关的。在RAGA算法中，在每一代进化结束后，为了计算个体的适应度，需要计算该个体所代表的规则的支持度。经典的Apriori算法在生成频繁 k-项集时，通过扫描每条数据记录来统计这些候选 k-项集的支持度，并按照最小支持度要求在第 k 次迭代时找出所有频繁 k-项集，而规则支持度的计算需要统计数据集中所有的数据，所以计算量非常大。而FP-growth算法在挖掘频繁模式时，需要递归地生成条件FP-tree，并且每产生一个频繁模式就要生成一个条件FP-tree，这将消耗大量的时间和空间。为了快速发现所有频繁项目集并避免对无效规则支持度的计算，我们没有采用组织协同进化算法中的组织选择算子和组织适应度的概念，也没有采用RAGA、Apriori算法和FP-growth中的做法，而是对于进化种群 p_e，通过计算子代组织 org_c 的相同属性集合来检验子代组织 org_c 是否合格。如果组织 org_c 没有相同属性集合，则把组织 org_c 删除；如果组织 org_c 有相同属性集合，则把组织 org_c 移入最优种群 p_b 中；对于最优种群 p_b，当生成子代组织 org_c 时，需要修改相同属性集合表中和组织 org_c 的相同属性集合相对应的记录个数字段的值。当进化结束后，选出种群 p_b 中包含对象个数较多的组织，并计算这些组织相同属性集合的支持度，将满足最小支持度要求的相同属性集合作为规则输出。

2. 算法描述

步骤1：定义4个种群，即进化种群 p_e、最优种群 p_b、进化暂存种群 p_{et} 和最优暂存种群 p_{bt}。把每一条原始数据以自由态组织的形式加入种群 p_e 中，把种群 p_b、p_{et} 和 p_{bt} 置为空集；令种群 p_e 的进化代数 $T_e=0$，种群 p_b 的进化代数 $T_b=0$。

步骤2：如果当前进化代数 $T_e \leqslant t$，则转步骤3；否则，转步骤11。

步骤 3：如果种群 p_{et} 中的组织个数大于等于 1，则把种群 p_{et} 中的组织移入种群 p_e 中。

步骤 4：如果在当前进化代数中，种群 p_e 中未进化的组织个数大于 1，则转步骤 5；否则转步骤 6。

步骤 5：从种群 p_e 中随机选择两个组织 org_{p1} 和 org_{p2}，执行合并算子，产生 org_c。计算组织 org_c 的相同属性集合：如果组织 org_c 有相同属性集合，则把该组织移入种群 p_{bt} 中；如果组织 org_c 没有相同属性，则把组织 org_{p1} 和 org_{p2} 标记为已进化，同时删除组织 org_c，转步骤 4。

步骤 6：如果种群 p_{bt} 中的组织个数大于等于 1，则把种群 p_{bt} 中的组织加入种群 p_b 中，然后转步骤 7；否则，令 $T_e = T_e + 1$，转步骤 2。

步骤 7：如果当前进化代数 $T_b \leqslant M$，则转步骤 8；否则，转步骤 10。

步骤 8：如果在当前进化代数中，种群 p_b 中未进化的组织个数大于 1，则转步骤 9；否则转步骤 10。

步骤 9：从种群 p_b 中随机选择两个组织 org_{p1} 和 org_{p2}，执行聚合算子。

步骤 10：如果 $T_b \geqslant M$，则统计种群 p_b 中个每个组织的对象个数，把对象个数小于 N 的组织解散，其对象以自由态组织形式移入种群 p_{et} 中，令 $T_b = 0$，$T_e = T_e + 1$，转步骤 2；否则，令 $T_b = T_b + 1$，转步骤 7。

步骤 11：如果算法满足终止条件，则把种群 p_b 中支持度满足要求的相同属性集合作为关联规则输出；否则，令 $T_e = T_e + 1$，转步骤 2。

3.5.2 算法的计算复杂度分析

本算法的计算复杂度由种群 p_e 进化的算法复杂度和种群 p_b 进化的算法复杂度两部分组成。假设初始种群所含的组织个数为 N_p，种群 p_e 的迭代次数为 t_1，种群 p_b 每次进化的迭代次数为 t_2。对于种群 p_e，在不断的进化过程中，它所包含的组织个数会逐渐减少，所以种群 p_e 进化的算法复杂度为 $O(N_p t_1 k)$，其中 $k \in (0, 1)$，它的值和每次进化后种群 p_e 所包含的组织个数有关。如果每次进化后，种群 p_e 所包含的组织个数越多，则 k 的值就越大，反之则越小。种群 p_b 进化的算法复杂度为 $O(N_p t_2 m)$，其中 $m \in (0, t_1)$。由此可得，基于组织多层次进化的关联规则挖掘算法的计算复杂度为 $O(N_p t_1 k) + O(N_p t_2 m)$。

3.5.3 实验与结果分析

1. 算法有效性验证

为了验证基于组织多层次进化的关联规则挖掘算法的有效性，这里用 Apriori 算法、FP-growth 算法、RAGA 算法和本节算法对一些数据集做了对比实验。为此我们首先定义了两个度量标准：平均规则数和规则提取率。假设用算法做了 n 次实验，且第 i 次提取出 r_i

个规则，则平均规则数 $\bar{r}=\sum_{i=1}^{n} r_i/n$。设用 Apriori 算法提取的平均规则数为 a，用其余算法提取的平均规则数为 r，则规则提取率定义为 r/a。实验所用的数据集分别为超市销售记录和微软官方网站日志文件。

超市的销售记录表含有 6 个离散的属性，选取其中的 3000 条销售记录作为本次实验的数据集，该数据集的格式如表 3.4 所示。

表 3.4　销售记录的数据格式

Age	Gender	Income	Occupation	Category	Brand
20～25	Male	20k～29k	Student	Computer	IBM
25～30	Female	40k～49k	Worker	VCR	Sony
…	…	…	…	…	…

微软官方网站日志文件中的数据记录了 38 000 个匿名用户一周内对网站的访问情况。对于每个匿名用户，日志数据列出了用户访问网站的区域。这个数据集是一个文本文件，数据以基于 ASCII 的 DST 形式保存。数据文件的每一行由一个字符开头，这个字符标识了这一行的数据类型。数据集同时包含访问区域属性数据和用户会话数据，其中用户会话数据是数据挖掘的主要数据源。为了便于对该数据集合进行挖掘，可以把日志数据集转换成一个布尔矩阵，矩阵的列表示页面所属的区域，矩阵的行表示用户会话。布尔矩阵 $\mathbf{MB}_{m\times n}$ 的表示如下：

$$\mathbf{MB}_{m\times n}=\begin{bmatrix} b_{11} & b_{12} & \cdots & b_{1n} \\ b_{21} & b_{22} & \cdots & b_{2n} \\ \vdots & \vdots & & \vdots \\ b_{n1} & b_{n2} & \cdots & b_{mn} \end{bmatrix} \tag{3-2}$$

在布尔矩阵中，当在第 i 次用户会话中至少有一个属于 j 区域的文件被访问时，b_{ij} 的值就为 1，否则为 0。可以把区域看作组织的属性，把每次用户会话的记录看作一个组织对象。

我们整理了 3000 条用户会话记录作为本次实验的数据集。本算法具体实验参数是：M 设置为 50，N 设置为 4，进化代数 T_e 为 1000 代。把置信度阈值设为 60%，支持度阈值分别为 3%、8%和 15%。表 3.5、图 3.2 和图 3.3 给出了用基于组织多层次进化的关联规则挖掘(MLOEA)算法计算上面两个数据集时的实验结果以及其他算法的实验结果(实际实验环境：CPU P4 2.4G，内存 256M，Java)。

表 3.5　几种算法挖掘出的平均规则数、规则提取率和计算时间的比较

数据集	支持度阈值/%	算法	平均规则数	规则提取率/%	计算时间/s
超市销售记录 数据集规模：3000 置信度阈值：60%	3	Apriori 算法	15.0	100	201.23
		FP-growth 算法	15.0	100	49.92
		RAGA 算法	12.3	82.0	69.31
		MLOEA 算法	14.2	94.7	38.12
	8	Apriori 算法	11.0	100	106.12
		FP-growth 算法	11.0	100	35.65
		RAGA 算法	9.02	82.0	46.13
		MLOEA 算法	10.5	95.5	32.78
	15	Apriori 算法	6.0	100	56.34
		FP-growth 算法	6.0	100	28.45
		RAGA 算法	5.1	85.0	31.34
		MLOEA 算法	5.8	96.7	25.16
网站日志文件 数据集规模：3000 置信度阈值：60%	3	Apriori 算法	26.0	100	312.50
		FP-growth 算法	26.0	100	78.82
		RAGA 算法	21.3	82.0	108.12
		MLOEA 算法	24.8	95.4	54.23
	8	Apriori 算法	19.0	100	165.23
		FP-growth 算法	19.0	100	54.62
		RAGA 算法	15.8	83.1	76.24
		MLOEA 算法	18.4	96.8	46.54
	15	Apriori 算法	12.0	100	80.12
		FP-growth 算法	12.0	100	38.40
		RAGA 算法	10.3	85.8	41.22
		MLOEA 算法	11.7	98.5	38.15

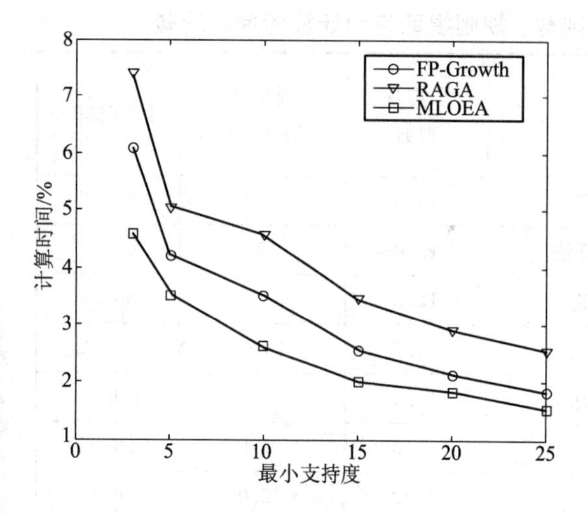

图 3.2　不同支持度时算法计算时间的比较

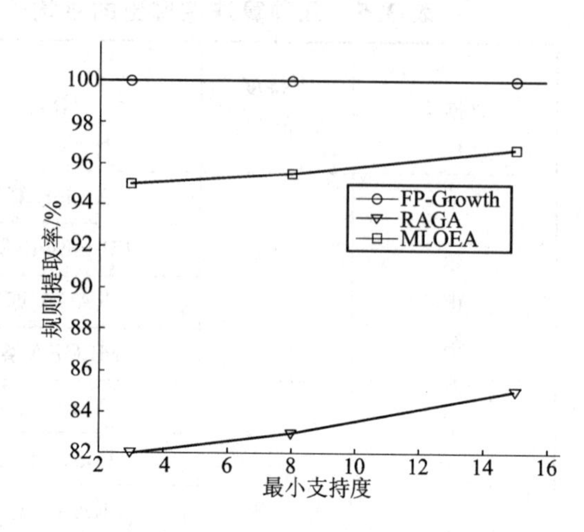

图 3.3　不同支持度时算法规则提取率的比较

从规则提取率上来看，在不同的支持度阈值下，MLOEA 算法都保持了很高的规则提取率，这说明了该方法是实际可行的。Apriori 算法采用递推的方法由频繁$(k-1)$-项集产生 k-项集，因此能够生成所有频繁项集，也就是说能够提取出所有满足条件的关联规则。FP-growth 算法将产生频繁项集的数据压缩到频繁模式树 FP-tree 中，然后通过递归地访问 FP-tree 产生所有的频繁项集，因此也能够提取出所有满足条件的关联规则。RAGA 算法是基于遗传算法的关联规则提取算法，从实验结果看，该算法的规则提取率也比较高。从计算时间可以看到，随着支持度阈值的降低，各算法的执行时间都有了不同程度的增长，但 MLOEA 算法增长的幅度明显偏小，而且计算时间较少。从理论分析上可以说明这一点。当支持度阈值降低时，满足最小支持度阈值的项目集的长度和数量都急剧增加，所以各算法的计算时间都随着支持度阈值的降低而增加，但 MLOEA 算法是在进化结束后，从最优种群中选择出对象个数较多的组织，并计算这些组织相同属性集合的支持度，将满足最小支持度要求的相同属性集合作为规则输出的，因此就避免了计算大量无效规则的支持度。所以基于组织多层次进化的关联规则挖掘算法有较好的计算时间性能。

2. 算法可扩展性验证

为了验证算法的可扩展性，这里把数据集的规模分别加大到 5000、8000 和 10 000，把置信度阈值设为 60%，支持度阈值设为 5%，并分别用 Apriori 算法、FP-growth 算法、RAGA 算法和基于组织多层次进化的关联规则挖掘算法对这些数据集做了仿真实验，具体结果如图 3.4、图 3.5 和表 3.6 所示。

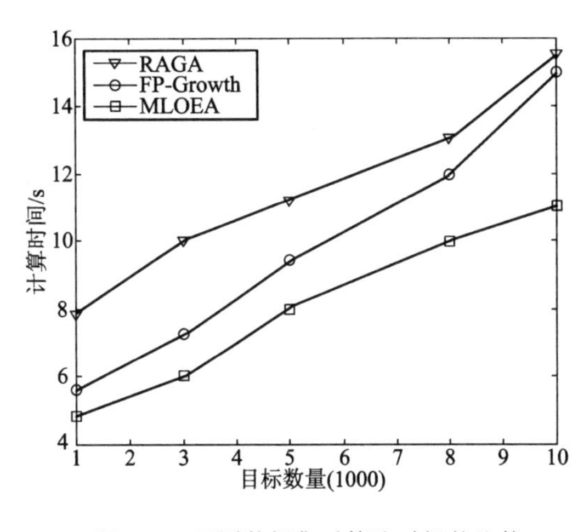

图 3.4　不同数据集时算法时间的比较

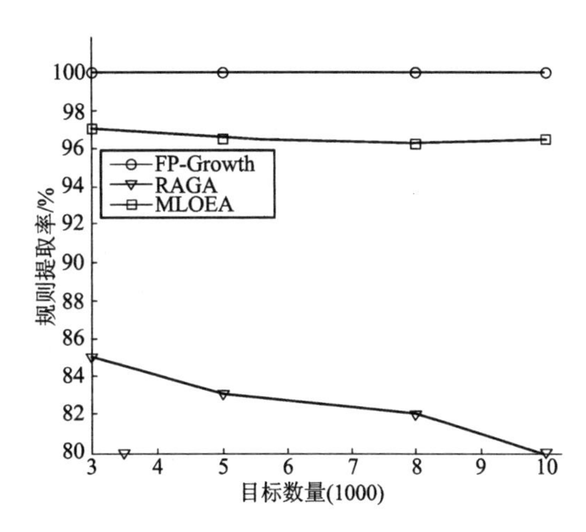

图 3.5　不同数据集时算法规则提取率的比较

表 3.6　不同数据集规模时几种算法挖掘出的平均规则数、规则提取率和计算时间的比较

数据集	数据集规模	算法	平均规则数	规则提取率 /%	计算时间 /s
超市销售记录 置信度阈值：60% 支持度阈值：5%	5000	Apriori 算法	18.0	100	301.70
		FP-growth 算法	18.0	100	75.36
		RAGA 算法	14.2	83.6	99.21
		MLOEA 算法	16.4	96.5	53.67
	8000	Apriori 算法	19.0	100	483.4
		FP-growth 算法	19.0	100	108.25
		RAGA 算法	15.6	82.0	128.73
		MLOEA 算法	18.2	95.8	68.55
	10 000	Apriori 算法	19.0	100	720.54
		FP-growth 算法	19.0	100	180.32
		RAGA 算法	15.6	82.4	194.21
		MLOEA 算法	18.1	95.5	78.68

续表

数据集	数据集规模	算法	平均规则数	规则提取率/%	计算时间/s
网站日志文件 置信度阈值：60% 支持度阈值：5%	5000	Apriori 算法	29.0	100	469.25
		FP-growth 算法	29.0	100	83.78
		RAGA 算法	23.8	82.0	118.23
		MLOEA 算法	28.2	98.0	68.43
	8000	Apriori 算法	32.0	100	748.11
		FP-growth 算法	32.0	100	185.62
		RAGA 算法	26.6	83.1	248.36
		MLOEA 算法	31	96.8	83.13
	10 000	Apriori 算法	33.0	100	1201.32
		FP-growth 算法	33.0	100	302.20
		RAGA 算法	28.3	81.8	423.41
		MLOEA 算法	31.8	96.5	94.42

从实验结果来看，当数据集合规模变大时，Apriori 算法和 FP-growth 算法的计算时间都急剧增加；RAGA 算法的计算时间也明显增加，而且其规则提取率也明显下降；而 MLOEA 算法的计算时间增加很小，而且还有着较高的有效关联规则提取率。所以基于组织多层次进化的关联规则挖掘算法对处理大规模数据集时也有着很好的性能。

3.6 基于组织协同进化的 Web 日志挖掘

当前互联网已经成为一个巨大的、分布式的信息空间，它提供新闻、广告、教育、电子商务等服务。建立互联网动态应用模型，已经成为互联网应用中最活跃的研究领域之一。Web 日志挖掘对一个或若干个网站的用户访问记录数据和其他数据组成的数据集进行分析挖掘，并从中获得有价值的有关网站访问使用情况的模式知识。

目前，Web 日志挖掘技术主要有以 Han 为代表的基于数据立方体的方法和以 Chen 为代表的基于 Web 事务的方法。在基于数据立方体的 Web 日志挖掘技术中，Han 等人根据 Web 服务器日志文件，建立数据立方体，然后对数据立方体进行数据挖掘和联机分析处理。在基于 Web 事务的 Web 日志挖掘中，Chen 等人将数据挖掘技术应用于 Web 服务器日志文件。针对这两种挖掘算法的不足，有人提出了下面的Web日志挖掘算法。建立url、userid关联矩阵，通过相似性分析和聚类算法，获得相似客户群体和相关Web页面，并进一步发现频繁访问路径。

本节用表的形式来表达清洗后的日志数据，表的每一行表示某个用户的浏览信息，并在组织协同进化分类算法(OCEC)的基础上，结合本节问题的特点，提出了组织协同进化Web日志挖掘算法。

3.6.1 Web日志挖掘数据模型的建立

典型的Web服务器日志包括以下信息：ip地址、请求时间、方法(如get)、被请求文件的url、http版本号、返回码、传输字节数、引用页的url和代理。Web日志挖掘首先对日志进行预处理，包括数据净化、用户识别、会话识别和路径补充等。对日志进行清理和合并后，以Log={ip，uid，url，time}的形式表示Web服务器日志。其中，ip、uid、url、time分别表示客户ip、客户id、客户请求的url和浏览时间。然后，对日志数据再做进一步的处理，使其能合理地反映用户在某一段时间内的浏览行为。

人们在分析超市销售事务数据库过程中发现，若单单从数据库中的原始字段，如面包、牛奶等进行挖掘，一般很难挖掘到令人满意的结果。这时如果把一些抽象层次的概念考虑进去，如比面包和牛奶更抽象的概念——食品，则可能发现新的更为抽象的信息。一个网站一般含有成百上千个页面，因此仅仅对页面进行分析也很难发现有用的信息。但网站的页面一般是按页面的类别进行组织的，比如一个新闻网站会将页面按国际新闻、国内新闻、经济、政治等栏目分类组织。所以为了便于对Web日志进行数据挖掘，可以用表的形式来表达日志数据集。表的结构如表3.7所示。

表3.7 Web日志数据的表示

url • $type_1$	url • $type_2$	…	url • $type_n$	user • type
1	0	…	1	a
1	1	…	1	b
1	1	…	0	c
0	1	…	1	d

表3.7中的每一行记录表示用户的一次会话，其中url • $type_i$(i=1, 2, …, n)表示第i个网页类型，user • type表示用户的类型，url_i • type表示网页类别，type表示客户的类型。当某次用户会话中有属于$type_i$的网页被访问时，该字段的值就为1，否则为0。

3.6.2 组织协同进化 Web 日志挖掘

1. 算法的设计思想

组织协同进化 Web 日志挖掘算法中的组织由一条或多条日志记录组成。组织分为自由态组织、异常态组织和正常态组织 3 种。自由态组织指包含日志记录个数为 1 的组织，其属性均为有用属性，其集合记为 free。异常态组织指有用属性集为空的组织，其集合记为 abnormal。其余的组织为正常态组织，其集合记为 normal。在组织中所有用户访问记录的取值均相同的条件属性为相同属性；如果某条件属性为相同属性，且按照一定规则被判为可参与组织适应度的计算，则该条件属性为有用属性。

在组织协同进化 Web 日志挖掘算法中，各个条件属性的重要度随着种群的不断进化也不断进化。属性的重要度在进化的过程中，根据不同的情况降低和升高属性的重要度。本节中属性重要度进化算法的流程与刘静等人提出的组织协同进化分类算法中的描述是一样的，并把常数 N 改为当前组织中对象的个数和一百分数的乘积。传统遗传算法中的算子都不能直接用在组织协同进化 Web 日志挖掘算法中，所以在本节算法中用到了增减算子、交换算子、合并算子和组织选择算子。在组织协同进化分类算法中，增减算子中的 m 与交换算子中的 n 均为一常数。考虑到有的组织所含的对象个数为 1，有的组织所含的对象个数为 2，而有的组织所含的对象个数为 100，甚至更多，所以如果把 m 与 n 选择为一常数的话，那么 m 与 n 只能取最小组织中所含对象的个数，即 1。在本节算法中，把 m 与 n 定为一百分数。这样，当组织大小变化时，组织中参与增减算子与交换算子操作的对象个数也随之变化。另外，若随机选择的两个组织中的一个组织的日志记录个数不大于 1，则只执行合并算子。

在种群进化的过程中，先通过两个不同的组织随机地执行增减、交换或合并算子来产生子代组织；然后用组织选择算子从父代和子代中选择出组织适应度高的组织，并使整个种群的适应度不断提高。整个种群就通过这样的方式不断地进化，当进化结束后，从最终进化的组织中提取规则。用下面的公式来计算正常态组织的适应度：

$$\text{fitness}_{\text{org}} = |\text{org}| \prod_{i=1}^{|\text{use}_{\text{org}}|} c_i \tag{3-3}$$

其中 c_i 表示组织 org 有用属性集中第 i 个属性的重要度。在组织选择中，用下面的公式计算父代和子代组织的适应度值：

$$\text{fitness} = \max\{\text{fitness}_{\text{org1}}, \text{fitness}_{\text{org2}}\} \tag{3-4}$$

其中，$\text{fitness}_{\text{org1}}$ 和 $\text{fitness}_{\text{org2}}$ 分别表示组织 org1 和组织 org2 的组织适应度值。

2. 算法的具体描述

步骤 1：群体初始化。把网站用户的类型定义为：d_t $(t=1, 2, \cdots, m)$。这样，通过把每一类用户类型定义为一个种群，就可以得到 m 个种群。这里不妨把种群定义为：p_i $(t=1, 2, \cdots, m)$。把用户类型为 d_i 的日志记录以自由态组织加入种群 p_i 中，且令进化代数 $t=0$，变量 $i=1$。

步骤 2：如果变量 i 大于种群个数 m，则转步骤 8，否则转步骤 3。

步骤 3：如果在当前进化代数 t 中，种群 $p_i(t)$中未进化的组织个数大于 1，则转步骤 4，否则转步骤 7。

步骤 4：从 $p_i(t)$中随机选择两个组织 org_{p1} 和 org_{p2} 作为父代组织。当父代组织中有一组织为自由态组织时，执行合并算子；否则，从增减、交换和合并算子中随机选择一个算子，对 org_{p1} 和 org_{p2} 进行相应的操作，产生子代组织 org_{c1} 和 org_{c2}。

步骤 5：组织适应度的计算。若组织所含的日志记录个数为 1，则令组织类型为 free，组织适应度为 0；否则，根据属性重要度的进化算法，更新属性重要度，并确定有用属性集合。若有用属性集合为空集，则令组织类型为 abnormal，组织适应度为负 1；否则，令该组织类型为 normal，并按公式(3-3)计算适应度。

步骤 6：组织选择。按式(3-4)计算父代和子代组织的适应度值。若父代组织的适应度大于子代组织的适应度，则将 org_{c1}、org_{c2} 淘汰，将 org_{p1}、org_{p2} 标志为已进化，然后加入下一代；否则，将 org_{p1}、org_{p2} 淘汰。如果 org_{c1}，$org_{c2} \notin$ abnormal，则将 org_{c1}、org_{c2} 标志为已进化，然后加入下一代；否则，不妨设异常态组织为 org_{c2}，并将 org_{c2} 解散，其对象以自由态组织形式进入下一代，将 org_{c1} 标志为已进化，然后加入下一代。

步骤 7：变量 i 的值加 1(即对下一个种群执行组织进化操作)，转步骤 2。

步骤 8：如果进化代数 t 达到了设定的进化代数，则用组织协同进化分类算法中的规则提取算法从最终进化的组织中提取规则，然后返回；否则，对变量 i 赋初值 1，进化代数 t 的值加 1，转步骤 2。

当进化结束后，每一个种群中具有相同提取规则的日志记录就聚集在一个组织中。通常可简单地将每个组织的相同属性转化成规则，这样从每个组织中可以得到一条规则。但当一个种群进化结束后形成多个组织时，这样简单地提取规则形成的规则集合会有较大的冗余。这时如果某个组织的有用属性集为另一组织有用属性集的子集，则将这两个组织合并，这样新组织的有用属性集为原来两个有用属性集的交集。

3.6.3 算法分析

1. 计算复杂度分析

从算法的分析可知，本算法的计算复杂度等于 $O(t \cdot m \cdot c \cdot n)$，其中 t 为进化代数，m 为种群个数，c 为条件属性个数，n 为一常数，n 的值取决于每个种群中的组织个数和组织相同属性的进化代数。所以当种群个数、条件属性个数相对进化代数不是很大时，算法的时间复杂度可近似为$O(N \cdot f)$，其中N为一个适当大的常数。但当条件属性较多时，执行相同属性的计算和属性重要度进化时，时间复杂度也是比较高的。

2. 性能分析

组织协同进化分类算法与现有遗传分类方法的运行机制不同。在组织协同进化分类算法中个体是组织，在本节中就是日志记录的集合。在组织协同进化 Web 日志挖掘算法中，先根据日志记录所代表的用户类型，将一些日志记录聚集在一起，利用条件属性的不同重要程度指导其进化，最终让具有最大相似性的日志记录聚在一起，生成一个个的组织。组织进化算法具有很强的寻优能力，而且解的质量和计算复杂度都优于传统遗传算法。

3.6.4 实验与结果分析

1. 算法的有效性验证

我们用 Java 语言实现了组织协同进化 Web 日志挖掘算法，并将该算法在 Windows 2000 操作系统下调试通过。首先测试该算法提取 Web 用户分类规则的有效性。这里采用了一个小型网站的日志数据作为测试数据集。为测试方便，我们删除了一些对问题影响不大的 url，这样就在一定程度上降低了问题的复杂度。这里先采用组织协同进化 Web 日志挖掘算法对日志数据进行处理，然后又采用 IAR 算法对日志数据进行处理。在该仿真试验中，将本节算法的参数设置为$m = n = 20\%$，$N=30\%$，运行 500 代。实验结果见表 3.8。

表 3.8 实验 1 的运行结果

数据集	数据集规模	算　法	平均规则数	含有效的规则数
网站日志数据	3000	IAR 算法	10.6	5.0
		组织协同进化 Web 日志挖掘算法	8.4	8.0
	5000	IAR 算法	16.3	10.0
		组织协同进化 Web 日志挖掘算法	14.4	11.0
	10 000	IAR 算法	21.0	15.0
		组织协同进化 Web 日志挖掘算法	18.4	15.8

从表中的实验数据可以看到，组织协同进化 Web 日志挖掘算法提取的规则集较小，而且基本上能够提取出全部的正确规则，且产生的无效规则数很少。

2. 算法推广能力的验证

这里采用某公司智能电子商务网站的日志数据作为测试数据集。该测试数据集含有 12 个网页类别，10 种用户类型。在实验中，将其中 70%的数据集作为训练集，剩余的 30%作为测试集。用训练集来提取规则，然后用这些规则集来预测测试集，计算该算法的预测正确率，并将组织协同进化 Web 日志挖掘算法与传统的 C4.5 决策树分类算法和遗传算法相比较。该实验中的参数和实验 1 的参数相同。实验结果见表 3.9。

表 3.9　实验 2 的运行结果

数据集	数据集规模	算　法	预测正确率/%
网站日志数据 训练集：70% 测试集：30%	3000	C4.5 算法	78.2
		遗传算法	86.4
		组织协同进化 Web 日志挖掘算法	92.0
	5000	C4.5 算法	78.0
		遗传算法	85.6
		组织协同进化 Web 日志挖掘算法	91.2
	10 000	C4.5 算法	75.0
		遗传算法	84.2
		组织协同进化 Web 日志挖掘算法	90.8

仿真实验结果表明，用组织协同进化 Web 日志挖掘算法能有效地提取 Web 日志中的用户浏览规则，产生的规则集很少，而且有较高的预测正确率。

3.7　基于多克隆选择的多维关联规则挖掘

通过对关联规则挖掘的深入研究，我们发现在应用中急需一种能兼顾适应度和支持度条件，同时又能挖掘出多个关联规则的快速算法。而多克隆选择算法恰恰符合这一条件，它的收敛速度快，具有并行性和记忆功能，并且不会导致种群多样性的减弱，具有很强的全局及局部搜索能力，故我们提出了基于多克隆选择的多维关联规则挖掘算法。

3.7.1　染色体的编码

多克隆选择算法建立在编码的基础之上，合适的编码方法会提高后续工作的效率。在此，我们采用十进制编码。

在关联规则的挖掘中，通过对数据进行概化和归纳，可能会删除一些对数据挖掘没有太大意义的属性列，然而事实表通常仍保留了多个属性列。例如，在一个公司的销售事实表中，可能有客户年龄段、客户收入层次、客户职业、所购买物品等许多属性，但最后挖掘出的关联规则并不一定包含所有的属性值。比如，我们可能会挖掘出形如

$$age\ (30+) \wedge occuption(worker \Rightarrow item\_bought\ (Changhong\text{-}TV)$$

的规则，此规则并不包含 income 项。

多维关联规则挖掘所得到的一般是由各个属性的合取式组成的形如 $A_1 \wedge A_2 \wedge \cdots \wedge A_n \Rightarrow B_1 \wedge B_2 \wedge \cdots \wedge B_m$ 的规则，可以用如下这样一个大代码段表示：

① 每个属性对应一个较小的编码段；

② 这些较小的代码段以同一顺序排列成大的代码段。

在实际操作过程中，我们采用实值编码，假设有一个由 age、income、occuption、item_bought 组成的事实表(其中 age 属性有 6 个值，income 有 10 个值，occuption 有 30 个值，item_bought 有 25 个值)，编码的范围为 0　0　0　0 到 6　10　30　25，其中 0 表示这个属性未被选中。

3.7.2 亲和度函数的构造

亲和度函数 f 是评价抗体与抗原联系的量化反映，它的选取对于克隆算法具有举足轻重的作用。

在关联规则挖掘中，支持度是对关联规则重要性的衡量，它说明了关联规则在所有事物中的代表性，它的大小反映了关联规则在实际应用中普遍性的大小。置信度反映了由相关条件推出结论的正确率，如果置信度达不到一定的阈值，那么这条关联规则就没有意义。所以，先选用支持度作为筛选条件，以置信度作为亲和度函数，它可以表示为

$$f = C$$

其中 C 为置信度。

3.7.3 基于多克隆选择的多维关联规则挖掘

基于多克隆选择的多维关联规则的挖掘步骤是：

步骤 1：随机产生每一属性值，以概率 α_i 取 0 选取此属性值，以概率 $1-\alpha_i$ 选取其他属性值，其范围为从 1 到此属性值个数间随机选择的一个整数。当某一属性对应的选取概率 $\alpha_i=0$ 时，此属性一定存在于所挖掘出的关联规则之中；若 α_i 不为 0，则其对应的属性不一定存在于所挖掘出的关联规则之中。所以，我们如果要挖掘出包含特定属性的关联规则，则应将此属性的选取概率 α_i 取 0，其余属性的选取概率 α_i 一般取 0.2～0.5。循环选取 n 个初始抗体，这些抗体中各个属性的顺序相同，且应保证每个抗体满足支持度阈值条件。由此形成最初的抗体种群 $\overline{A}(k)$。

步骤 2：计算出每一抗体的 q_i，对抗体种群进行克隆操作 T_c^C。克隆过后，种群变为 $\overline{A}'(k)=\{\overline{A}_1'(k), \overline{A}_2'(k), \cdots, \overline{A}_n'(k)\}$。

步骤 3：对目前种群 $\overline{A}'(k)$ 进行克隆变异操作 $\overline{A}''(k)=T_m^C(\overline{A}'(k))$，以概率 P_m^C 从 $\overline{A}'(k)$ 中抽出抗体，对一个或多个属性进行实值变异，使其以一定概率随机变为其他属性值，删

去此种群中不满足支持度条件的抗体。

步骤 4：对目前种群 $\overline{A}''(k)$进行克隆交叉操作 $\overline{A}'''(k)=T_{\sigma}^{C}(\overline{A}''(k))$，交叉时使用离散重组法则，删去此种群中不满足支持度条件的抗体。

步骤 5：对目前种群 $\overline{A}'''(k)$进行克隆选择操作 $\overline{A}(k+1)=T_{s}^{C}(\overline{A}'''(k))$。若得到的某个抗体同时满足最小支持度和最小置信度条件，则输出此抗体，并把此抗体还原为原始属性值，但仍把此抗体保留在种群之中。如果迭代次数满足停机条件，则停机；否则，把此时种群作为下一代计算的初始抗体种群，转步骤 2。

3.7.4 实验与结果分析

表 3.10 是一个经过属性概化后的销售事实表，其数据来源是 http://kddforum.126.com。

表 3.10 一个经过属性概化后的销售表

Age	Gender	Income	Occuption	Category	Brand
20～25	Male	20k～29k	student	computer	IBM
25～30	Female	40k～49k	worker	VCR	Sony
20～25	Male	30k～39k	Doctor	TV	Toshiba
15～20	Male	10k～19k	student	walkman	Sony
30～35	Female	40k～49k	manager	computer	Apple
…	…	…	…	…	…

如果需要挖掘形如 $A_1 \wedge A_2 \wedge \cdots \Rightarrow$category 的关联规则，支持度阈值为 3%，置信度阈值为 60%，则可以取变异概率P_m^C 为 0.2，交叉概率P_{σ}^C为 0.5，初始种群 n 选为 300 个，克隆规模N_c 选为 900 个，迭代次数为 1000 代。编码时 category 列的α_i 值取 0。这样可以得到以下规则。

规则：

Age(15～20)⇒category(walkman) [support=6% confidence=75%]

Age(25～30) ∧ Income(40k～49k)⇒categery(VCR) [support=4% confidence=65%]…

表 3.11 中给出了四种不同算法挖掘出的关联规则数、规则提取率及计算时间比较。

表 3.11　几种算法挖掘出的关联规则数、规则提取率、计算时间比较

所用算法	挖掘出的规则数	规则提取率/%	计算时间/min
Apriori 算法	12	100	90.23
基于进化算法的关联规则挖掘算法	8.54	71.3	9.01
基于免疫算法的关联规则挖掘算法	10.43	86.9	9.23
基于多克隆选择的多维关联规则挖掘算法	11.63	96.9	9.16

表 3.11 中均为计算 20 次的平均值，规则提取率为相应算法挖掘出的规则数与总规则数的比率。由表 3.11 可以看出，传统的 Apriori 算法挖掘出的规则数最多，后三种算法挖掘出的规则较少。但 Apriori 算法在挖掘多维关联规则时运算量太大，且要经过后期置信度的处理，而且不能实现并行化，而后三种方法克服了这些缺点。由图 3.6 可以看出，基于多克隆选择的多维关联规则挖掘算法比其他两种算法的执行性能要好，无论是平均置信度还是最佳置信度，都有明显的优势。

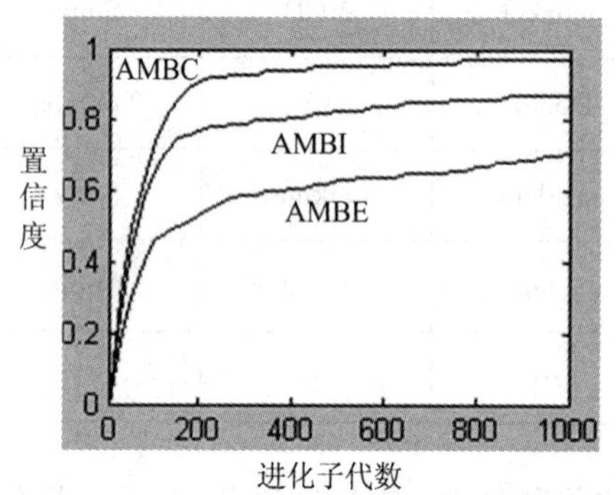

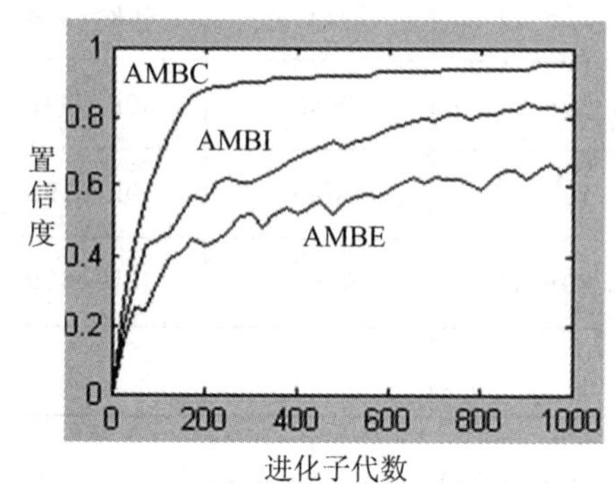

AMBC：基于多克隆选择的多维关联规则挖掘算法
AMBI：基于免疫算法的关联规则挖掘算法
AMBE：基于进化算法的关联规则挖掘算法

(a) 最佳置信度比较　　(b) 平均置信度比较

图 3.6　几种关联规则挖掘算法的比较

以表 3.10 为例，如果还需要挖掘形如 $A_1 \wedge A_2 \wedge \cdots \Rightarrow$ brand 和形如 $A_1 \wedge A_2 \wedge \cdots \Rightarrow$ category $\wedge$ brand 的关联规则，那么只需使 category 和 brand 列的 α_i 值取适当的数，支持度和置信度作相应的计算，就可以挖掘出上面所有三种格式的关联规则。如果需要挖掘出同一属性中的关联规则，则编码时可以重复选取同一个属性构成初始串。如果要挖掘混合上面两种要求的关联规则，则只需在构造初始串时进行相应的操作即可。

另外，与 Kim J. 和 Ong A. 等人提出的基于 CIFD(Computer Immune system for Fraud Detection)的关联规则挖掘算法相比，本节方法由于省去了建立整个 CIFD 的时间，因此具有更小的计算量，且大大提高了关联规则挖掘的可操作性。

3.8 基于免疫克隆选择算法的孤立点挖掘

3.8.1 孤立点挖掘

什么是孤立点？在数据库中，经常存在一些数据对象，它们不符合数据的一般模型，这样的数据对象被称为孤立点(outlier)。孤立点在某种尺度下与其他点不同或不一致。

孤立点可能是由于度量或执行错误导致的。许多数据挖掘算法试图使孤立点的影响最小化，或者排除它们。然而，一个人的噪声可能是另一个人的信号。这样的点通常包含了一些重要的隐藏信息。例如，在欺诈探测中，孤立点可能预示着欺诈行为；在异常检测中，孤立点则可能是异常行为。孤立点检测和分析在数据挖掘中是一个重要的内容，被称为孤立点挖掘。孤立点挖掘技术广泛应用于信用卡盗用、入侵检测、经济应用和市场调查。

孤立点挖掘问题可以被看成两个子问题：在给定的数据集中定义什么数据可以认为是不一致的；找到一个有效的方法来挖掘这样的孤立点。

孤立点的数学定义在很大程度上取决于应用的要求，没有统一的标准。而孤立点挖掘的方法可以分为以下三类：

(1) 统计学方法。统计的方法对给定的数据集合假设了一个分布或概率模型，然后根据模型采用不一致检验来确定孤立点。该检验要求知道数据集分布、分布参数和预期的孤立点数目。这是目前研究最多的方法。其优点是检验正确率较高，但是它要求的先验知识不一定能满足。比如，在高维数据中很难知道数据是否符合某种分布，或者数据集根本就不符合现有的分布模型，孤立点的数目事先也不一定能知道。

(2) 基于距离的方法。在这类方法中，一般定义孤立点为：如果数据集 S 中对象至少有 p 部分与对象 o 的距离大于 d，则对象 o 是一个带参数 p 和 d 的基于距离(DB)的孤立点，即 DB(p, d)，也就是说将没有足够多邻居的对象看作孤立点，这里的邻居是基于距离评价的。这类方法拓展了多个标准分布的不一致性检验的思想。该方法的缺点是对 p 和 d 的确定需要多次试探，而且在高维数据中的应用比较困难。

(3) 基于偏离的方法。这种方法通过检查一组对象的主要特征来确定孤立点，与给定的描述“偏离”的对象即被认为是孤立点。比如，在大规模的高维数据中采用数据立方体，在定义了若干变量来描述孤立点后，计算立方体的变量取值，根据取值来判断孤立点。这种方法对不同应用适用范围广，但是，寻找一个异常立方体的任务是 NP 难的，穷尽考虑所有的立方体是不现实的。一种较新的方法是采用随机搜索的方法。

目前，孤立点挖掘的研究更多地停留在理论和算法研究上，面向应用的研究还不多见，而现有的算法大多是面向数值型数据的。现在研究的热点是在大型、高维数据库中的挖掘。

将孤立点挖掘技术应用于入侵检测中，可以从新的角度分析入侵检测，将孤立点检测的一大类技术应用于入侵检测中。孤立点检测技术大多是无监督的，相对于目前通常使用的带标签的学习算法有一定的优势，但同时也存在一个问题：如同在入侵检测的异常检测中将异常行为等同于入侵行为看待，孤立点挖掘技术将数据库中的孤立点看作是入侵行为。然而在实际中，异常行为并不总是入侵行为，孤立点也并不总是等同于入侵行为。如果某些攻击在数据中频繁出现，那么孤立点检测技术就不能检测出它们，而一些孤立点也并不是入侵行为。尽管如此，孤立点检测还是为我们提供了一大类的入侵检测方法。

现在比较成熟的孤立点挖掘方法有两类：基于统计的方法和基于距离的方法。这两种方法应用在大型高维数据中时都遇到了困难。基于统计的方法主要用于建立数据集的统计模型，而在高维数据中统计模型不明显。另外，在高维空间中，数据呈稀疏分布，即数据几乎是均匀分布在高维立方体中，数据间的距离相差不大，这样，基于距离的方法无法分辨出孤立点。

为了解决高维数据的稀疏性问题，人们转为在数据的低维映射空间中进行挖掘，即考察数据若干维的组合。然而，一一考察大型数据的维组合几乎是不可能的，我们也很难得到关于哪些组合有用的先验知识。一种传统的方法是主分量分析(Primary Component Analysis，PCA)，但这种方法应用的限制很多，且计算量很大。现在有一种新颖的方法——随机投影技术。这种方法按一定规则，随机产生一个低维投影矩阵，然后将原数据集投影，再结合使用其他的方法进行孤立点挖掘或聚类分析。这种方法与PCA相比，优势在于运算量很小，但采用这种方法得到的投影结果，其意义是不明显的，比较难与其他方法结合使用。

IBM研究中心的Charu C. Aggarwal教授，对大型高维数据库中的数据挖掘方法颇有研究。他针对高维数据中的孤立点挖掘提出了一种新的方法。其思想是：使用遗传算法的随机搜索策略，找出原数据空间的子空间(也称低维映射)中数据点密度很低的区域，这个区域中的点就标记为孤立点；同时，这个区域也可以作为一种规则存储起来，在新的检测中，如果数据点的相应分量落在这个区域中，则认为此数据点也是孤立点。这种方法可以直接提取出有明确含义的挖掘规则。

我们从中得到启发，提出一种适用于入侵检测的孤立点检测算法。这种方法使用基于密度的孤立点挖掘的主要思想，用克隆选择算法进行区域搜索。与文献中的方法相比，本节的方法主要针对混合属性的数据进行处理，而文献中针对的是只有连续属性的数据；我们采用了克隆选择的搜索策略，相对于文献中的方法采用的遗传搜索策略具有更快的搜索速度，而且需要设置的参数更少。

这种方法应归为误用检测，因为这是一个提取入侵规则的过程。但与一般误用检测不同的是，这种方法完全是无监督的，即无需数据的类别标签，而且可以挖掘出数据中未知的攻击。

3.8.2 基于克隆选择算法的孤立点挖掘

1. 异常投影区域及稀疏度衡量

定义 3.11 一个异常投影区域是一个数据密度大大低于平均密度的区域。

首先，将数据离散化为数据立方体。我们先给出数据的一般描述。一个数据集用规模为 N 的横向量集合 X 表示，每个向量有 m 维，即，$\boldsymbol{X}=[\boldsymbol{x}_1, \boldsymbol{x}_2, \cdots, \boldsymbol{x}_N]^{\mathrm{T}}$，$\boldsymbol{x}_i=(x_{i1}, x_{i2}, \cdots, x_{im})$，$i=1, 2, \cdots, N$。设向量 $\boldsymbol{f}=[f_1, f_2, \cdots, f_m]$记录每个属性离散化的个数。

假设数据呈均匀分布。那么，对于第 k 维 f_k 等份中的每一份，包含了数据总个数的$1/f_k$。在 n 个分量 $F=\{k_1, k_2, \cdots, k_n\}$上各取一个等份，得到一个 n 维的数据立方体 D。假设各个分量的取值是统计独立的，这个立方体的数据个数应该占数据总个数的 $\prod_{k\in F}\frac{1}{f_k}$（记为 α）。

立方体中的数据点是否出现可以用伯努利随机变量来描述。根据中心极限定理，这个立方体中的数据个数近似于正态分布，它的期望值是 $N\times\alpha$，标准方差 $\sigma=\sqrt{N\times\alpha\times(1-\alpha)}$。设立方体 D 中数据的实际个数为 $n(D)$。那么，D 的稀疏系数 $S(D)$的计算公式如下：

$$S(D)=\frac{n(D)-N\times\alpha}{\sqrt{N\times\alpha\times(1-\alpha)}} \tag{3-5}$$

如果 $S(D)$取负值，那么，我们认为 D 中的数据点个数明显少于期望值。实际上，大多数时候数据分量的取值并不是统计独立的，而且网络环境中的数据也并不总呈均匀分布。然而，稀疏系数仍然可以正确衡量一个立方体中数据的稀疏程度。

2. 寻找稀疏的数据立方体

我们的目标是寻找具有最小稀疏系数的 n 维数据立方体。这个任务是艰巨的。因为在数据集高维数大规模的情况下，n 维数据立方体的数量是巨大的，不可能通过结构化的搜索方法来寻找。在此，我们使用进化计算中的克隆选择算法来进行搜索。

克隆选择算法的基本思想来源于免疫系统。与遗传算法强调全局搜索相比，克隆选择算法兼顾了全局搜索和局部搜索；遗传算法更多地强调个体竞争，而克隆选择算法同时兼顾个体间的合作；遗传算法中交叉是主要的操作，而克隆选择算法中变异是主要操作。理论分析和实验证明：克隆选择算法的收敛性和收敛速度均优于遗传选择算法。克隆选择算法的基本过程如下：

$$A(i)\xrightarrow{\text{clone}}B(i)\xrightarrow{\text{mutation}}C(i)\xrightarrow{\text{select}}A(i+1)$$

基于克隆选择的孤立点挖掘算法步骤如下：

步骤1：初始化抗体种群。$i=1$，$A(i)=\{a_1(i), a_2(i), \cdots, a_\mu(i)\}$。

步骤2：度量。计算抗体适应度：$\Phi(A(i))=\{\Phi(a_1(i)), \Phi(a_2(i)), \cdots, \Phi(a_\mu(i))\}$。

若停止准则满足，则停止算法，输出结果；否则，转步骤4。

步骤3：克隆操作，即 $B(i)=\text{colone}(A(i))$。

步骤4：变异操作，即 $C(i)=\text{mutation}(B(i))$。

步骤5：重新计算抗体适应度，即 $\Phi(C(i))=\{\Phi(c_1(i)), \Phi(c_2(i)), \cdots\}$。

步骤6：选择操作。从 $A(i)$ 和 $C(i)$ 中选择适应度高的抗体产生 $A(i+1)$，$i=i+1$，转步骤2。

下面详细解释以上步骤。

度量，即抗体适应度的计算：

$$\Phi(\cdot)=-S(\cdot) \tag{3-6}$$

即抗体(数据立方体)的亲和力是立方体稀疏系数的负数。适应度越大，立方体中的数据点越少。

克隆操作，其原则是抗体的克隆规模与其适应度成正比。对 $a_j(i)$ 的克隆规模 q 计算如下：

$$q_j=\text{int}\left(N_c \times \frac{f(x_i, A_{r_i})}{\sum_{k=1}^{n} f(x_i, A_{r_k})}\right), \quad j=1, 2, \cdots, n \tag{3-7}$$

其中 N_c 为预先设定的克隆的总规模，函数 int(·)是对一个数向上取整。

变异操作，其中有两个变异概率，即 p_1 和 p_2。具体的算法见算法3.7。

变异操作算法步骤如下：

对克隆个体 $y_i=(y_{i1}, y_{i2}, \cdots, y_{im})$ 的变异操作如下(其中，Q 是 y_i 中取值为“*”的位置的集合，R 是 y_i 中取值不为“*”的位置的集合)：

步骤1：令 $j=1$。

步骤2：如果 $j\in Q$，以概率 p_1 将 y_{ij} 从“*”变为 $1, 2, \cdots, f_j$ 中的任一个，同时，随机地将 R 中的一个位置变为“*”。

步骤3：如果 $j\in R$，以概率 p_2 将 y_{ij} 变为其取值范围内的任意其他值。

步骤4：若 $j=m$，结束算法，否则 $j=j+1$，转步骤3。

停止准则，即当前后两代中个体亲和度总和的差别小于阈值 ε 时，认为算法收敛。

3.8.3 实验与结果分析

1. 实验数据处理

对一个规模为 N 的数据集进行处理。首先是将数据变成数值向量，即将字符枚举特征

变成离散数值特征。方法是用不同的自然数代表不同的特征值。设有 m_d 个离散属性的分量，m_c 个连续属性的分量，$m=m_c+m_d$。定义两个集合来表示向量各个分量的属性：continue＝{i|X 的第 i 列为连续取值}，discrete＝{i|X 的第 i 列为离散取值}。设 continue＝$\{c_1, c_2, \cdots, c_{m_c}\}$，discrete＝$\{d_1, d_2, \cdots, d_{m_d}\}$。再设集合 $V_{\text{discrete}}=\{v_1, v_2, \cdots, v_{m_d}\}$，其中 v_i 是 d_i 分量的取值上限，即 d_i 分量的取值范围为 1，2，…，v_i。

离散化的方法是：对于每个连续属性，固定分为 ϕ 等份；对每个离散属性，等分的个数等于离散值的取值个数。设向量 $\boldsymbol{f}=[f_1, f_2, \cdots, f_m]$ 记录每个属性离散化的个数，则有

$$f_k=\begin{cases}\phi, & k \in \text{continue} \\ v_k, & k \in \text{discrete}\end{cases} \tag{3-8}$$

经过上述处理后，就可以用我们的算法进行试验了。

2. 算法参数设置

算法的一个重要问题是确定参数 n 和 ϕ。它们的取值互相影响，直接关系到算法的有效性。显然，我们希望将 n 和 ϕ 都取较大的值，这意味着检测的精度比较高。但是，这个算法并不保证在 n 和 ϕ 的取值大时同样有效。例如，我们选 $\phi=10$，同时假设所有的离散值都有 10 个取值。那么对于一个规模为 $N=10\ 000$ 数据集，要找到 $n=4$ 维的稀疏立方体，搜索空间是 10 000 个数据立方体。这样，根据前面所做的推论，每个立方体里数据点的个数的期望值是 1 个。当 N 小于 10 000 时，期望值小于 1，这样根本就找不到明显稀疏的立方体。一般来说，n 和 ϕ 的取值应该足够小，以保证只包含一个点的立方体，其稀疏系数是一个合理的负数；另外，ϕ 应该足够大，以保证检测出的立方体具有合理的大小。

Agrawal R. 等人给出了公式，用以指导两个参数的取值。但是，由于我们处理的数据不同，不能直接套用其中的结论。下面，我们就实验中的结果分析参数的取值。

3. 实验结果及分析

我们有一个实验数据集，包含了 10 000 个数据，其中有 120 个是入侵数据点。把数据集输入基于克隆选择的孤立点挖掘算法中，希望挖掘出尽可能多的入侵点和尽可能少的正常点。我们关注的指标有：可以检测数据库中多少个点，这些点中有多少是入侵点。表 3.12 是应用基于克隆选择的孤立点挖掘算法 20 次的平均结果。其中，规则数是在实验中得到的规则数，即初始化算法时设置的群体规模；最后一项是检出为孤立点而实际正常的样本占正常样本总数的百分比。

从表 3.12 中可以看出，对不同的 ϕ 和 n 取值设定得到的规则数，即判定为稀疏的立方体的个数是不同的。这是因为，在不同的 ϕ 和 n 取值时，每个数据立方体中的数据点数的期望值有很大不同，而每个立方体的“体积”也不相同。由此可以推测，对不同的 ϕ 和 n 取值，相同数目的非空立方体(规则)实际所包含的数据个数也可能差别很大。因此，对不同的 ϕ 和 n 取值，应根据每个立方体中的期望样本数来确定规则数。期望样本数大的，设定

较小的规则数；期望样本数小的，设定较大的规则数。这样，能使误检率不至于太高。从表3.12中可以看出，实际的结果符合上述推测。

表3.12　应用算法3.6的结果

n	ϕ	规则数	实验检出孤立点数	正确检出入侵点数	检测率/%	判错的正常点比例/%
2	5	10	2231	102	85	21.3
3		15	960	86	71.7	8.7
4		25	328	83	69.2	2.5
2	6	10	1623	89	74.2	15.3
3		20	852	86	71.7	8.7
4		50	246	75	62.5	1.7
2	8	12	1245	98	81.7	11.4
3		20	218	85	70.1	1.3
2	10	10	763	86	71.7	6.7
3		30	192	72	60	1.2

当ϕ取值为8和10时，只对n取2和3进行实验。当n大于3时，对数据的划分太细，每个数据立方体中包含数据点的期望值太小，不易得到适当的规则。

从表3.12可以看出，当ϕ取5和6时，n取4比较合适；ϕ取8和10时，n取3比较合适。这样的参数选择也是比较好理解的，因为较高的维数相当于规则的条件较多，而离散化程度低相当于规则条件不强，或者说不严格。对于不严格的条件，较多的条件约束能使决策更准确。

由于本节的方法属于较新的方法，没有同类的文章可以比较结果。从其他相关文献中可以看出，本节方法的检测效果一般。一方面是我们的离散化方法受限于数据集的规模，而目前对无标签的数据又缺乏很好的数据离散化方法。另一方面是对于频繁出现的攻击，算法无法检测；而一些很少出现在数据集中的正常数据，却被判为攻击。而且对于算法参数的选择也缺乏理论上的指导。另外，本节方法只适合离线处理。

习　题

1. 利用MATLAB编程实现Apriori算法
2. 请分别给出一个满足以下要求的市场购物篮的关联规则的例子。

(1) 高支持度高置信度的规则；

(2) 高支持度低置信度的规则；

(3) 低支持度低置信度的规则；

(4) 低支持度高置信度的规则。

3. 市场购物篮交易数据如表 3.13 所示。

表 3.13 市场购物篮交易数据

顾客编号	交易编号	购买项
1	0001	$\{a, d, e\}$
1	0024	$\{a, b, c, e\}$
2	0012	$\{a, b, d, e\}$
2	0031	$\{a, c, d, e\}$
3	0015	$\{b, c, e\}$
3	0022	$\{b, d, e\}$
4	0029	$\{c, d\}$
4	0040	$\{a, b, c\}$
5	0033	$\{a, d, e\}$
5	0038	$\{a, b, e\}$

(1) 将每一笔交易看作一个购物篮，计算以下项集的支持度：$\{e\}$，$\{b, d\}$，$\{b, d, e\}$。

(2) 利用(1)的结果计算此关联规则的置信度：$\{b, d\}\rightarrow\{e\}$，$\{e\}\rightarrow\{b, d\}$。置信度是对称测量吗？

(3) 将每一位顾客看作一个购物篮，重复计算(1)。每一项应被看作二值变量(如果每一项至少出现在一次交易中，则为 1，否则为 0)。

(4) 利用(3)的结果计算以下关联规则的置信度：$\{b, d\}\rightarrow\{e\}$，$\{e\}\rightarrow\{b, d\}$。

(5) 假设 S_1 和 C_1 是将每一笔交易看作一个购物篮时某关联规则的支持度和置信度，S_2 和 C_2 是将每位顾客看作一个购物篮时某关联规则的支持度和置信度。请简述 S_1 和 C_1 与 S_2 和 C_2 之间的关系。

4. 请根据表 3.14 中的交易记录回答以下问题。

表 3.14 交易记录

交易编码	购买项
1	牛奶，啤酒，尿布
2	面包，黄油，牛奶
3	牛奶，尿布，饼干
4	面包，黄油，饼干
5	啤酒，饼干，尿布
6	牛奶，尿布，面包，黄油
7	面包，黄油，尿布
8	啤酒，尿布
9	牛奶，尿布，面包，黄油
10	啤酒，饼干

（1）从这些数据中最多可以挖掘出多少条关联规则(包括支持度为 0 的规则)？

（2）可挖掘的最大频繁项集的大小是多少(假设 minsup>0)？

（3）列出最大支持度的频繁项集(≥2)。

（4）找出满足规则$\{a\}\rightarrow\{b\}$和$\{b\}\rightarrow\{a\}$且有相同置信度的一对项集 a 和 b。

延伸阅读

[1] YEN S J, CHEN L P. A Graph-based Approach for Discovery Various Types of Association Rules. IEEE Trans. on Knowledge and Data Engineering, 2001, 13(5): 839～845.

[2] HAN J W, KAMBER M. 数据挖掘概念与技术. 北京：机械工业出版社，2001.

[3] 于善谦，王洪海，朱乃硕，等. 免疫学导论. 北京：高等教育出版社，1999.

[4] 王永庆. 人工智能原理与方法. 西安：西安交通大学出版社，1998.

[5] 李洁，高新波，焦李成. 基于克隆算法的网络结构聚类新算法. 电子学报，2004 32(7): 56-60.

[6] 焦李成，杜海峰. 人工免疫系统进展与展望. 电子学报，2003，31(10): 1540-1549.

[7] 焦李成. 智能信号与图像处理. 西安电子科技大学智能信息处理研究所，2003. 9.

[8] HAN J，等. 数据挖掘概念与技术. 范明，等译. 北京：机械工业出版社，2001.

[9] DUDA R O，等. 模式分类. 李宏东，等译. 北京：机械工业出版社，2003.

本章参考文献

[1] KLEMTTINEN M, MANNILA H, et al. Finding Interesting Rule from Large Sets of Discovered Association Rules. Proceedings of the 3rd International Conference on Information and Knowledge Management, 1994.

[2] HAN J, FU Y. Discovery of Multiple-level Association Rules from Large Databases. In Proceedings International Conference Very Large Data Bases(VLDB95), Zurich, 1995: 420-431.

[3] 程继华，施鹏飞，郭建生.模糊关联规则及挖掘算法.小型微型计算机系统，1999，20(4)：270-274.

[4] AGRAWAL R, IMICLINSKI T, SWAMI A. Database Mining: A Performance Perspective. IEEE Trans. Knowledge and Data Enginnering, 1993: 5.914-925.

[5] AGRAWAL R, SRIKANT R. Fast Algorithm for Mining Association Rules. In Proceeding 1994 International Conference Very Large Data Bases(VLDB94), Santiago, 1994: 487-499.

[6] MANNILA H, TOIVONEN H, VERKAMO AI. Efficient Algorithm for Discovering Association Rules. In Proceedings AAAI94 Workshop Knowledge Discovery in Databases(KDD94), Seattle WA, 1994: 181-192.

[7] TOIVONEN H. Sampling Large Databases for Association Rules. In Proceeding 1996 International Conference Very Large Data Bases(VLDB96), Bombay, 1996: 134-145.

[8] BRIN S, MOTWANI R, ULLMAN J D, et al. Dynamic Itemset Counting and Implication Rules for Market Basket Analysis. In Proceedings of ACM-SIGMOD International Conference Management of Data(SIGMOD97), Tucson, 1998: 255-264.

[9] AGRAWAL R, SRIKSNT R. Mining Sequential Patterns. In Proceedings International Conference Data Engineering (ICDE95), Taibei, 1995: 3-14.

[10] KOPERSKI K, HAN J. Discovery of Spatial Association Rules in Geographic Information Databases. In Proceedings 4th International Sympothsis Large Spatial Databases(SSD95), Portland, 1995: 47-66.

[11] LU H, HAN J, FENG L. Stock Movement and n-dimentional Inter-transaction Associaltion Rules. In Proceedings SIGMOD Workshop on Research Issues on Data Mining and Knowledge Discovery (DMKD98), Seattle, WA, 1998.

[12] BAYARDO R J. Efficiently Mining Long Patterns from Databases. In Proceedings ACM-SIGMOD International Conference Management of Data(SIGMOD98), Seattle, 1998: 85-93.

[13] PASQUIER N, BASTIDE Y, TAOUIL R, et al. Discovering Frequent Closed Itemsets for Association Rules. In Proceedings 7th International Conference Databases Theory (ICDT99), Jerusalem, 1999: 398-416.

[14] BEYER K, RAMAKRISHNAN R. Bottom-up Computation of Sparse and Iceberg Cubes. In Proceedings ACM-SIGMOD International Conference Management of Data (SIGMOD99), Philadelphia, 1999: 359-370.

[15] HAN J, PEI J, YIN Y. Mining Frequent Patterns without Candidate Generation. In Proceedings ACM-SIGMOD International Conference Management of Data (SIGMOD00), Dallas, 2000: 1-12.
[16] 刘静，钟伟才，刘芳，等.组织协同进化分类算法.计算机学报，2002，38(3)：328-333.
[17] 刘静，钟伟才，刘芳，等.组织进化数值优化算法.计算机学报，2003，27(2)：157-168.
[18] 刘静，钟伟才，刘芳，等. 组织进化算法求解SAT问题.计算机学报，2004，27(10)：1422-1428.
[19] 李颖基，彭宏，郑启伦，等.Web日志中有趣关联规则的发现.计算机研究与发展，2003，40(3)：435-439.
[20] CATTRAL R, OPPACHER F, DEUGO D. Rule Acquisition with a Genetic Algorithm. Intelligent Systems Research Unit School of Computer Science Carleton University, Ottawa, 1999: 125-129.
[21] YANG H, LIANG J Y. An Algorithm for Discovering Frequent and Frequent Closed Itemsets. Journal of Computer Engineering and Application, 2004, 13: 176-178.
[22] PASQUIER N, BASTIDE Y, TAOUIL R, et a1. Efficient mining of association rules using closed itemset lattices. Information Systems, 1999, 24(1): 25-46.
[23] MA Y C. Updating On the Algorithm Apriori of Mining Association Rules. Computer Application and Software, 2004, 21(11): 82-84.
[24] 王晓峰，王天然，赵越.一种自顶向下挖掘长频繁项的有效方法.计算机研究与发展，2004，41(1)：148-155.
[25] SRIKANT R, VU Q, AGRAWAL R. Mining association rules with item constraints. Proc. of the 1997 Third Intl Conf on Knowledge Discovery in Databases and Data Mining, New Port Beach, AAAI Press, 1997: 68-73.
[26] HAN J,PEI J, YIN Y. Mining frequent patterns without candidate generation. Proc. of 2000 ACM-SIGMOD Intl Conf on Management of Data, Dallas, TX, 2000: 1-12.
[27] 王磊，潘进，焦李成.免疫算法. 电子学报，2000，28(7)：74-78.
[28] 王磊，潘进，焦李成.免疫规划. 计算机学报，2000，23(8)：806-812.
[29] 韩家炜，孟小峰. Web挖掘研究. 计算机研究与发展，2001，38(4)：405-414.
[30] GRAHNE G, ZHU J. Efficiently Using Prefix-trees in Mining Frequent Itemsets. In Proc. of the IEEE ICDM Workshop on Frequent Itemset Mining Implementations, 2003.
[31] 宋余庆，朱玉全. 基于FP-Tree的最大频繁项目集挖掘及更新算法. 软件学报，2003，14(9)：1586-1592.
[32] 李洁，高新波，焦李成. 一种基于CSA的混合属性特征大数据集聚类算法. 电子学报，2004，32(3)：368-372.
[33] KIM J, ONG A, OVERILL R. Design of an Artificial Immune System as a Novel Anomaly Detector for Combating Financial Fraud in Retail Sector. Proceeding of the Congress on Evolutionary Computation (CEC-2003), Canberra, 2003: 405-412.

第4章 数据挖掘应用实例及可视化

数据挖掘可以被看成是从所观察到的数据中构建模型或提取模式。尽管数据挖掘是一个应用广泛的研究领域，但它通常只用于解决两类重要的应用问题：产生基于有效数据的预测和描述隐藏在数据中的行为，即构建模型和提取模式。一般地，把模型结构定义为对数据集的全局性描述。为了获得模型结构，通常采用分类、回归和时间序列三种主要方法。而模式结构仅对变量变化空间的一个有限区域做出描述，所以呈现了局部描述的特点。从几何角度出发，可以把数据矩阵的各行看作 p 维向量，此时的模型可以对应该空间的每一个点，它对整个测量空间的每一点做出描述，即对所有对象做出描述。与全局性模型不同，局部模式描述的结构仅与数据或者一小部分数据空间有关，或仅有一部分记录具有某种特性，而模式就是用来刻画这一部分数据的。

4.1 测绘数据挖掘

本节将数据挖掘技术与测绘学理论及地学分析方法集成，挖掘以栅格分辨率预测平均坡度的量化模型，并利用主分量分析理论计算同一地区不同地形因子对平均坡度的影响权重，给出了基于地形因子测绘数据挖掘其相应地貌的基本算法，仿真结果表明了本研究成果的正确性。

事实上，利用数字高程模型(DEM)为信息源自动提取地面坡度，已成为最重要的技术方法，并得到了广泛的应用。由于栅格分辨率及地形的影响，利用数字高程模型所提取的地面坡度往往存在较大误差与不确定性。本节以陕北黄土高原 6 个典型的地貌类型区为试验样区，采用野外实测及高精度的 1∶10 000 比例尺 DEM 为基准数据，研究栅格分辨率、地形特征对 DEM 所提取地面平均坡度精度的影响。本研究所采用的基于数据挖掘的测绘与地学分析方法相融合的研究思路，可望丰富空间数据不确定性以及地形信息图谱研究的理论与方法。

地面坡度影响着地表物质流动与能量转换的规模与强度，是制约生产力空间布局的重要因子。目前，我国各级比例尺的 DEM 已相继建立，为地形信息的自动分析提供了基本的数据条件。但不同类型的 DEM 在提取坡度的精度上存在着明显的差异，加之地形的随机性、随意性及计算方法等因素的影响，更加大了应用结果的不确定性。本研究以陕北黄土高原的6个典型地貌类型区为试验样区，在大量野外实测与数学模拟试验的基础上，完成了由不同分辨率DEM提取地面平均坡度的不确定性模拟；同时，分析了坡度误差模型与D/E+M分辨率、地形起伏度、分析区面积等多种要素的综合影响，完善了空间数据不确定性分析理论与方法，模型本身也从另一个侧面反映出黄土高原地形信息的空间变化及内在规律性。

由DEM提取坡度诸多算法的精度与适用性的研究已较为完善。Chang、Jay Gao及Tang从不同的角度分析了地面坡度误差的成因以及误差随DEM分辨率的降低而降低的趋势。近年来，大量研究还从地形学的角度探讨了DEM提取地面坡度的精度问题，但均未能就坡度误差值随分辨率及地形变化的规律进行量化模拟，不利于误差的具体估算与纠正。这里，以黄土高原多个地貌区为试验样区，将分辨率与地形特征逐步回归得到其相应的量化模型，并利用神经网络方法建立了黄土高原地区采用不同分辨率的DEM提取地面坡度的逼近模型，该模型经实际验证具有很高的精度。以陕北黄土高原为例，建立适合黄土高原多种地貌类型的DEM，既能有效地估算地理空间数据的不确定性特征，又从一个侧面揭示了黄土高原DEM地形信息容量变化的规律性，为建立黄土高原地形信息图谱提供了重要素材。

4.1.1 测绘数据集描述

1. 实验样区

在陕北黄土高原选择6个不同地貌类型区域作为试验区。图4.1、图4.2及表4.1分别显示了实验区的分布位置与地形特征。

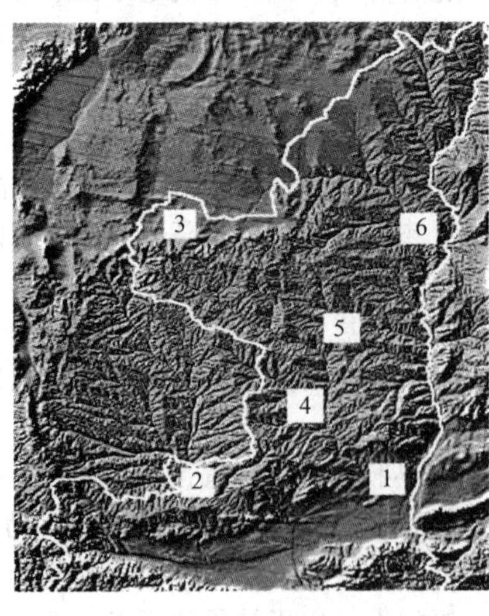

图4.1 试验区位置分布示意图

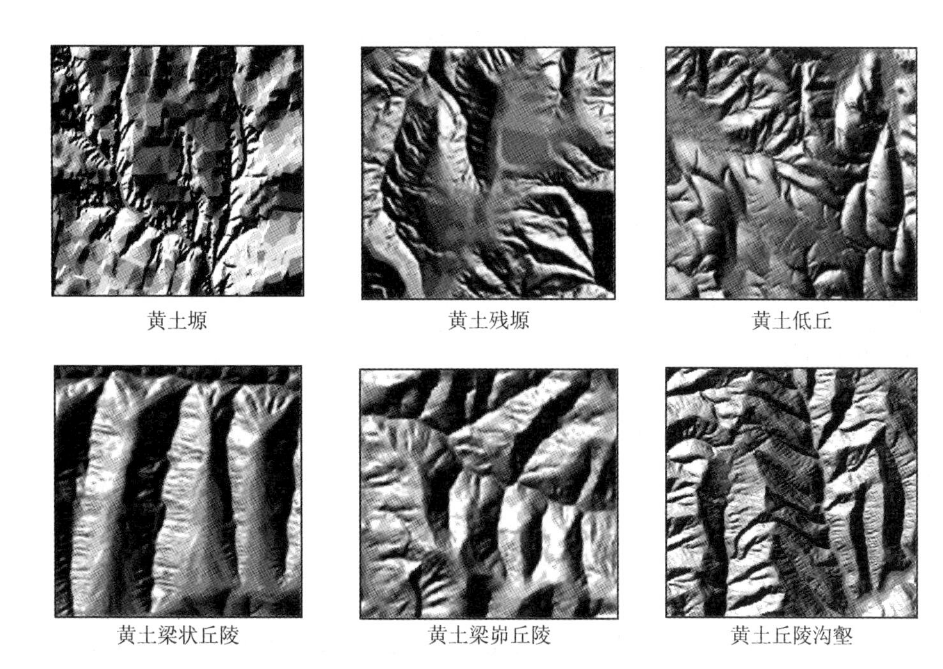

图 4.2 试验区地形光照模拟影像

表 4.1 试验样区主要地形参数

地貌类型		黄土塬	黄土残塬	黄土低丘	黄土梁状丘陵	黄土梁峁丘陵	黄土丘陵沟壑
样区面积/km^2		5×5	5×5	5×5	5×5	5×5	5×5
主要地貌因子	平均海拔/m	852	1145	1770	1549	1161	1032
	地面平均坡度/(°)	6.54	11.23	16.47	23.83	28.24	30.16
	河网密度/(km/km^2)	1.95	2.48	3.10	4.51	5.05	6.44
	地面粗糙度	1.0140	1.0704	1.0751	1.1719	1.2001	1.4664
	地面曲率/(°)	11.70	14.22	19.43	26.20	31.42	34.92

2. 信息源

DEM 由 1∶10 000 图等高线数字化，再经高程内插获得。表 4.2 显示该组 DEM 具有较高的高程采样精度，便于作为基本信息源探讨栅格分辨率对地面坡度的影响。

表 4.2　试验样区信息源精度

样区	黄土塬	黄土 残塬	黄土 低丘	黄土梁 状丘陵	黄土梁 峁丘陵	黄土丘 陵沟壑
均方差/m	0.41	0.46	1.03	1.78	2.12	1.35
标准差/m	0.29	0.37	0.94	1.43	1.89	1.23
平均误差/m	0.27	0.31	0.90	1.35	1.70	1.11

注：DEM 的垂直分辨率为 0.001mi。

在 6 个试验区野外随机布点 1828 个，GPS 定位并量测其地面实际坡度和地理坐标。表 4.3 的统计结果显示，小于 5 m 栅格分辨率的 DEM 对于地面坡度的量测具有较高的精度。为了方便建立数学模型，本实验选择 5 m 分辨率 DEM 获得的地面坡度为准值，测定其他分辨率 DEM 提取地面坡度的精度。

在 ARC/INFO 地理信息系统软件平台的支持下，本实验采用曲面拟合法计算栅格最大坡度，并由所建立的坡度矩阵进行区域平均坡度统计。

表 4.3　不同分辨率的 DEM 提取的地面坡度中误差实测结果统计

地貌类型		黄土塬	黄土 残塬	黄土 低丘	黄土梁 状丘陵	黄土梁 峁丘陵	黄土丘 陵沟壑
坡度实地采样点数		113	170	249	243	456	597
坡度 误差/(°)	1 m 分辨率	0.079	0.197	0.188	0.264	0.793	0.756
	2.5 m 分辨率	0.084	0.205	0.190	0.391	0.915	1.373
	5 m 分辨率	0.193	0.324	0.319	0.698	1.003	1.783
	12.5 m 分辨率	0.648	2.793	3.405	3.802	4.887	6.941
	25 m 分辨率	1.973	4.866	5.158	6.961	7.409	11.001

4.1.2　DEM 提取地面坡度的不确定性研究与实验

1. 利用回归方法确定平均坡度误差模型

在 ARC/INFO 地理信息系统软件支持下，通过改变 DEM 分辨率并记录各样区平均坡度，得到表 4.3 的统计结果。表 4.4 显示各地貌类型实验区的数据，这些数据呈现出由 DEM 所提取的平均坡度随分辨率的降低(栅格边长增加)而降低的态势。

表 4.4　不同分辨率的 DEM 所提取的地面平均坡度

DEM 分辨率 /m	地貌类型					
	黄土丘陵沟壑	黄土梁峁丘陵	黄土梁状丘陵	黄土低丘	黄土残塬	黄土塬
5	30.14	27.65	23.83	16.54	11.23	6.54
15	27.30	25.07	22.45	15.25	10.36	6.14
25	24.51	22.97	21.08	14.22	9.62	5.74
35	21.96	21.22	19.70	13.37	9.03	5.30
45	19.68	19.73	18.33	12.63	8.53	4.96
55	17.62	18.43	16.95	12.04	8.09	4.72
65	15.86	17.26	15.58	11.50	7.72	4.47
75	14.30	16.23	14.20	10.99	7.34	4.29
85	12.94	15.27	9.59	10.54	7.03	4.14
95	11.85	14.33	8.80	10.14	6.77	4.13
105	11.02	13.58	8.12	9.78	6.05	3.80

图 4.3 显示出平均坡度与分辨率呈较强的线性相关。利用统计学理论进行模型挖掘，得到 6 个试验区平均坡度随分辨率变化的回归模型。

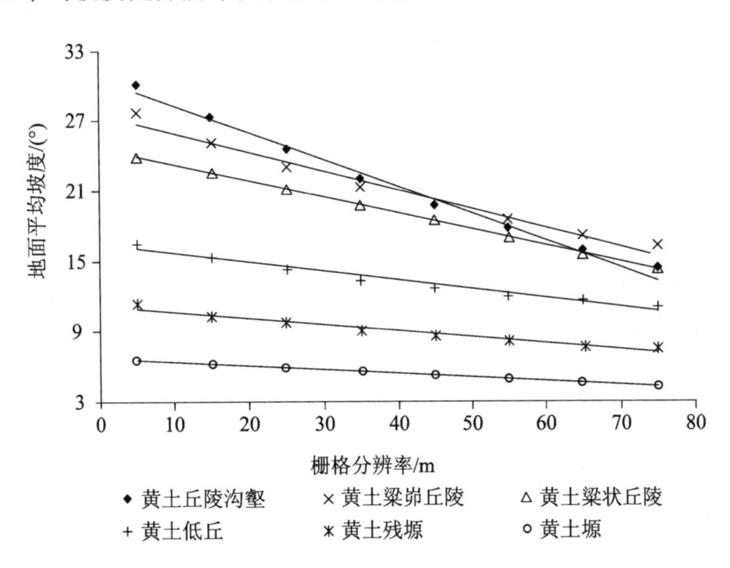

图 4.3　DEM 所提取的地面坡度随分辨率的降低而变化的回归模型

图 4.3 所对应的回归方程见式(4-1)：

$$
\text{地面平均坡度} Y = \begin{cases} -0.2274X + 30.518 \text{（黄土丘陵沟壑）} \\ -0.1596X + 27.456 \text{（黄土梁峁丘陵）} \\ -0.1375X + 24.515 \text{（黄土梁状丘陵）} \\ -0.0772X + 16.407 \text{（黄土低丘）} \\ -0.0542X + 11.158 \text{（黄土残塬）} \\ -0.0327X + 6.5795 \text{（黄土塬）} \end{cases} \tag{4-1}
$$

式中：Y 为地面平均坡度；X 为 DEM 分辨率。

采用回归方法得到的模型具有相应的数学表示形式，是一种量化模型。但是，DEM 提取的平均坡度值与回归方程得到的估计值之间有一定的误差。图 4.4 表示了回归方程的解与 DEM 提取的坡度值之间的误差关系。

如果将以上方程视为

$$
Y = aX + b \tag{4-2}
$$

的模式，可以发现上述 6 个方程中的系数 a、b 值呈现随地形起伏程度的变化而变化的有序态势。经过与地面起伏度、地面粗糙度、地面平均曲率以及沟壑密度等 4 种地形变量相关的实验发现，方程系数 a、b 与试验区的沟壑密度的变化呈现明显的二次线性相关关系(沟壑密度为每平方千米面积大于 50 m 以上的沟壑的总长度)。图 4.5、图 4.6 分别为方程系数 a、b 与沟壑密度之间建立的二次线性回归模型。

将图 4.5、图 4.6 中的回归方程代入式(4-2)，得到

$$
Y = (-0.0015S^2 - 0.031S + 0.0325)X + (-0.933S^2 + 13.186S - 15.652) \tag{4-3}
$$

其中：S 为地面沟壑密度，X 为 DEM 分辨率，Y 为该分辨率的 DEM 所提取的地面坡度。设 5 m 分辨率的 DEM 所提取的地面坡度 Y_5 为真值，则在其他分辨率 X 下所提取的地面平均坡度的误差 E 有

$$
E = Y_5 - Y = (0.0015S^2 + 0.031S - 0.0325)X - 0.0075S^2 - 0.155S + 0.1625 \tag{4-4}
$$

公式(4-4)即为陕北黄土高原地面平均坡度的误差估算模型。由于回归方法本身的误差，该模型的实际估计精度不高。为了提高预测精度，挖掘良好的模型，我们提出了 RBF (径向基函数)方法。

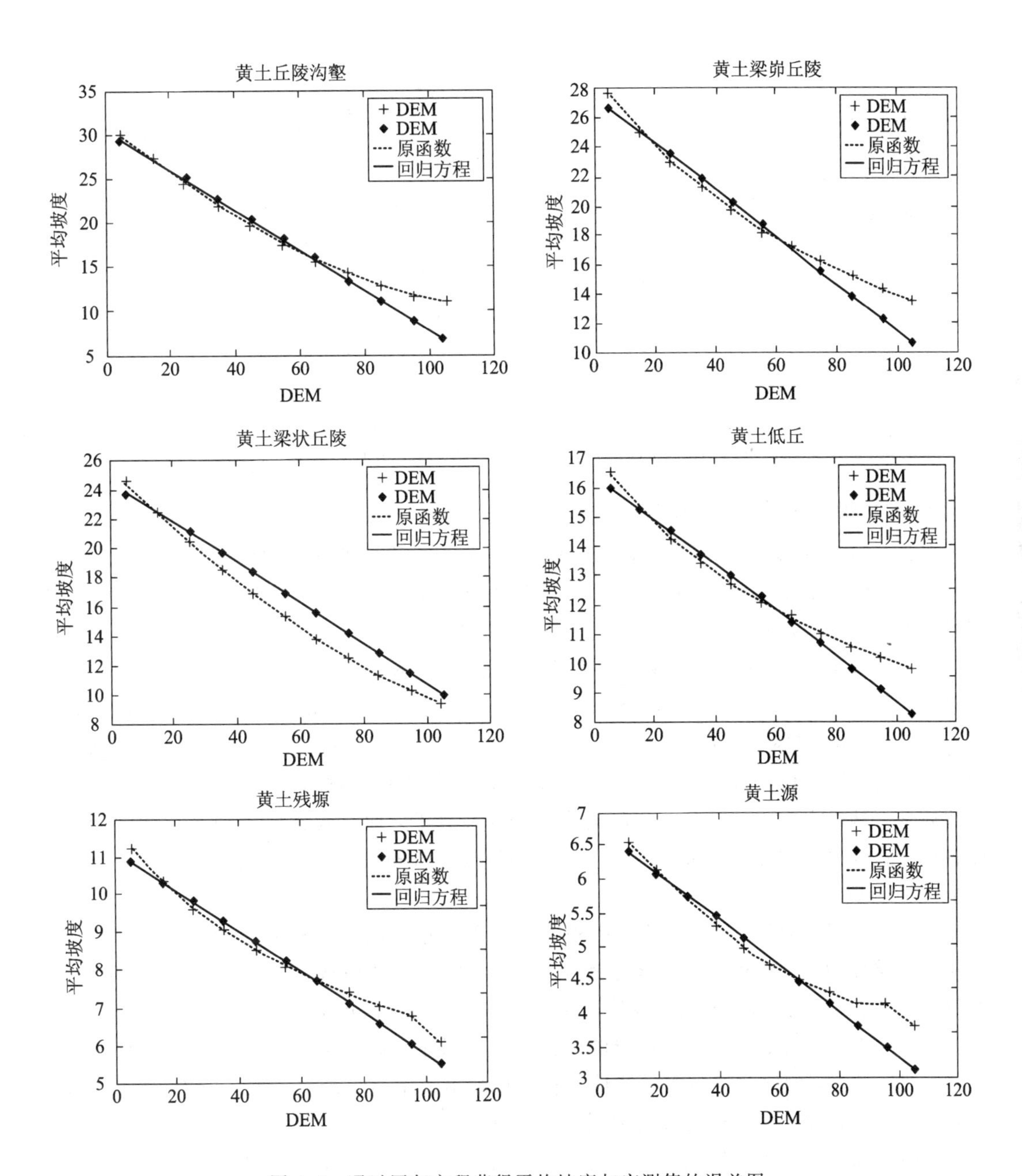

图 4.4　通过回归方程获得平均坡度与实测值的误差图

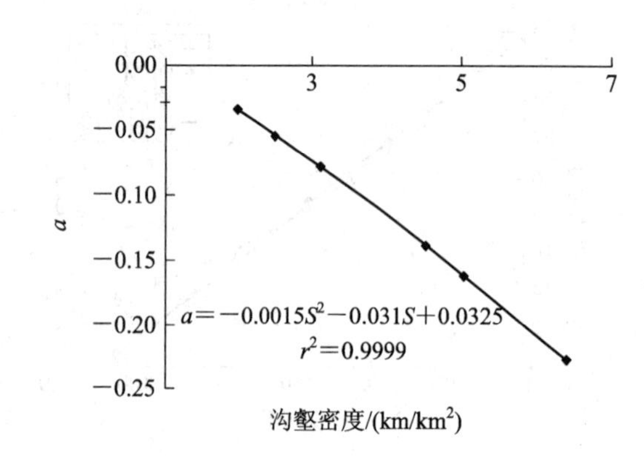

图 4.5　方程系数 a 与沟壑密度的回归模型

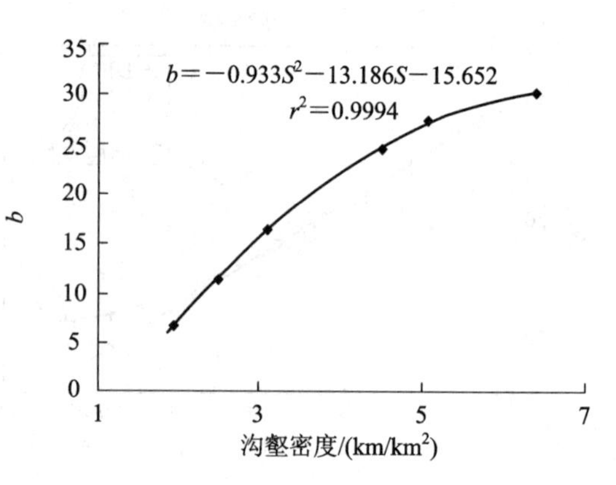

图 4.6　方程系数 b 与沟壑密度的回归模型

2. 利用径向基网络挖掘模型

从图 4.4 中可以看出，利用回归方法获得的关于平均坡度的量化模型具有显式的数学表示，但其结果的误差较大。由于地形因子对平均坡度的影响是非线性的，具有多变性、随机性，人们考虑采用径向基神经网络进行模型挖掘。

1985 年，Powell 提出了多变量插值的径向基函数(Radial Basis Function，RBF)方法。1988 年，Broomhead 和 Lowe 首先将 RBF 用于神经网络设计，从而构成了 RBF 神经网络。

RBF 网络的结构与多层前向网络类似，是一种三层前向网络。输入层由信号源结点组成。第二层为隐含层，单元数视所描述的问题而定。第三层为输出层，它对输入模式的作用作出响应。从输入空间到隐含层空间的变换是非线性的，而从隐含层到输出空间的变换是线性的。隐含单元的变换函数是 RBF，它是一种局部分布的、对中心点径向对称衰减的非负非线性函数。

构成 RBF 网络的基本思想是：用 RBF 作为隐含单元的“基”构成隐含层空间，当 RBF 的中心点确定以后，这种映射关系也就确定了，而隐含空间到输出空间的映射是线性的，即网络的输出是隐含单元输出的权值的线性和，此处的权值即为网络的可调参数。由此可见，从总体上看，网络由输入到输出的映射是非线性的，而网络的输出对可调参数而言又是线性的。这样，网络的权就可由线性方程直接解出或用递归最小二乘法的 RLS 方法递推计算，从而大大加快学习速度并避免局部极小问题。

多变量插值问题可描述为：在 n 维空间中，给定一个有 N 个不同点的集合 $\{X_i \in \mathbf{R}^n \mid i=1, 2, \cdots, N\}$，并在 R^1 中相应给定 N 个实数集合 $\{d_i \in \mathbf{R}^1 \mid i=1, 2, \cdots, N\}$，寻求一个函数 $F: \mathbf{R}^n \to \mathbf{R}^1$，使之满足插值条件：

$$F(X_i) = d_i \quad (i = 1, 2, \cdots, N) \tag{4-5}$$

在 RBF 方法中，函数 F 具有如下形式：

$$F(X_i) = \sum_{i=1}^{N} w_i \phi(\| x - x_i \|) \tag{4-6}$$

式中，w_i 为线性权值，$\phi(\| x-x_i \|)$ ($i=1, 2, \cdots, N$)为 RBF，一般为非线性函数。$\|\cdot\|$表示范数，通常取欧氏范数。取已知数据点 $X_i \in \mathbf{R}^n$ 为 RBF 的中心，ϕ 关于中心径向对称，即函数 F 是某种沿径向对称的标量函数。这里采用了常用的高斯核函数作为径向基函数，其形式为

$$\phi(\| x - x_i \|) = \exp\left\{-\frac{\| x - x_i \|}{2\sigma^2}\right\}$$

其中，x_i 为核函数的中心，σ 为函数的宽度参数，用于控制函数的径向作用范围。

对于径向基函数网络来说，网络可看成是对未知函数的逼近器。通常，任何函数都可表示为一组基函数的加权和，相当于用隐含层单元的输出构成一组基函数来逼近给定的函数。

在 RBF 网络中，从输入层到隐含层的基函数是一种非线性映射，而隐含层到输出层则是线性的。这样，RBF 网络可看成首先将原始的非线性可分的特征空间变换到另一空间，通过合理选择这一变换，使得原问题在新空间线性可分。

典型的 RBF 网络中有 3 组可调参数：隐层基函数中心、方差和输出单元的权值。

对于 6 个地形区域的数据进行仿真，实验结果如图 4.7 所示。显然，径向基函数网络在该类问题的模型挖掘方面精度更高，在逼近能力上性能更优。

3. 误差模型成立的条件

根据同一地貌类型地区地形起伏具有宏观上相似性的原理，在相同的地貌类型区内，地面的平均坡度以及坡度的组合将是相同的，但以上结论只在一定的空间尺度条件下才有意义。为验证地面平均坡度的稳定条件，在 6 个实验区内随机选定 9 个样点，以样点为中心，逐步扩大分析范围，并统计平均坡度。9 个样点的平均坡度值基本达到一致时的样区面积，记为在该地貌类型区平均坡度的稳定面积阈值。

表 4.5 为不同地貌类型区获得稳定平均坡度的面积阈值。以黄土丘陵沟壑区为例，提取各实验样点，可以得出如图 4.8 和图 4.9 所示的结论。

为检验误差模型的精度与实用性，以绥德辛店沟流域(黄土丘陵沟壑区)、安塞李家沟流域(黄土梁状丘陵区)、潼关铁沟流域(黄土台塬区)为检验样区，以航测高精度 1∶5000 DEM 为基准数据，对按国家标准生产的 12.5 m 分辨率、1∶10 000 比例尺 DEM 所提取的坡度进行误差纠正检验，其坡度误差的纠正率分别达到 89.7%、92.2%和 99.2%。这就证明了该研究方法是正确的，理论分析及仿真结果说明了所挖掘的模型具有相当理想的纠正效果。

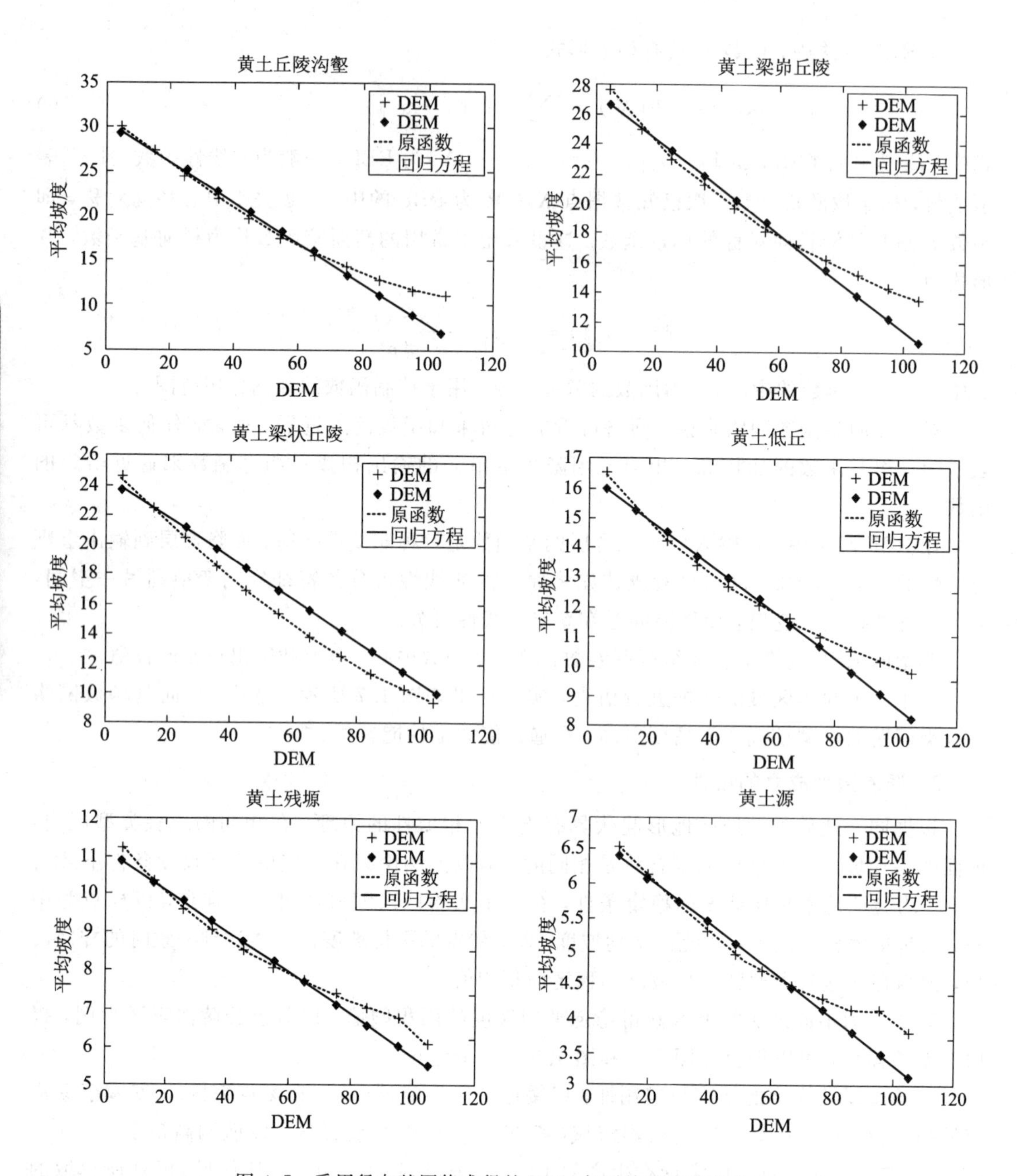

图 4.7 采用径向基网络求得的 DEM 与平均坡度间的关系

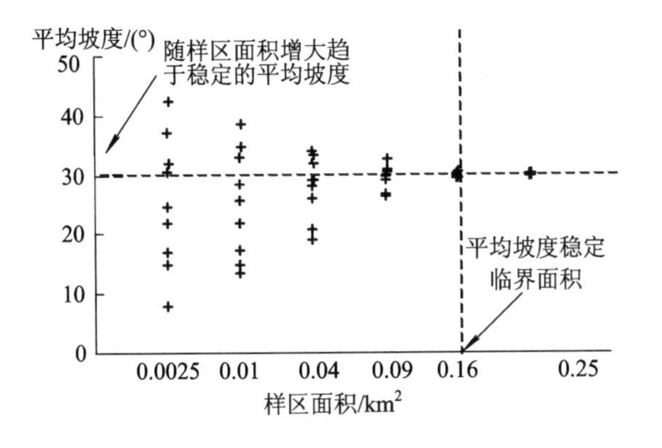

图 4.8　在黄土丘陵沟壑区各试验样点所提取的平均坡度随样区面积的增大而趋一致

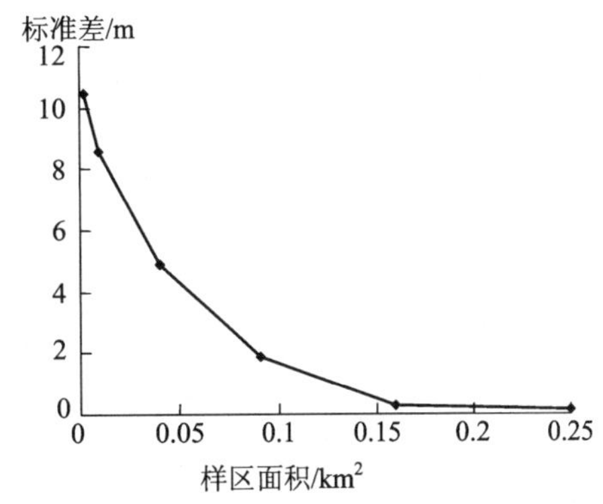

图 4.9　在黄土丘陵沟壑区平均坡度标准差随样区面积的增大而趋于 0

表 4.5　不同地貌类型区获得稳定平均坡度的面积阈值

地貌类型	黄土塬	黄土残塬	黄土低丘	黄土梁状丘陵	黄土梁峁丘陵	黄土丘陵沟壑
实验样区数	32	32	34	30	33	39
平均坡度稳定的临界面积/km²	2.30	1.87	0.63	0.46	0.22	0.16

4. 结论与讨论

(1) 实测数据进一步证实近来的研究结果，即在陕北黄土高原地区，5 m 分辨率的 DEM 对于提取地面坡度具有较理想的效果。

(2) 陕北黄土高原所提取的地面平均坡度随 DEM 分辨率的降低而呈线性下降的态势。DEM 所提取地面坡度的误差 E 与 DEM 分辨率及沟壑密度 S 呈较强的相关，误差值可以用模拟公式 $E=(0.0015S^2+0.031S-0.0325)X-0.0045S^2-0.155S+0.1625$ 估算。地面的沟壑密度容易利用 DEM 自动提取或者在地形图上直接量算，这就为该模型的应用提供了方便、有利的条件。

(3) 尽管利用回归方法可得到误差估计的数学表示，但其预测精度不高，若采用非线性 RBF 进行挖掘，则所得模型的预测精度更高，误差更小。

(4) 本研究仅着重探讨 DEM 所提取地面平均坡度的误差特征，今后应当加强对地面点位坡度误差以及误差空间分布规律的研究。另外，平均坡度仅是一定区域内多点坡度的统计值，真正能反映区域地面起伏特点的是“地面坡谱”，即不同级坡度占总面积的百分比组合。研究地面坡谱在地域尺度、信息源比例尺尺度、DEM 分辨率尺度上的变化规律，对于地形信息图谱的研究具有更重要的意义。

4.1.3 同一地区不同地形因子对平均坡度的影响研究

同一地区，地面起伏度、平均海拔、平均剖面曲率、沟壑密度等地形因子不同程度地影响着平均坡度的取值，而它们之间是一种复杂的非线性关系，用传统的分析方法难以定性地确定和模拟。实践中，往往需要了解哪些地形因子对平均坡度的影响最大，哪些地形因子的影响可以忽略不计。这实质上是一个发现知识、挖掘模型的问题。这里采用主分量分析方法(也可选择其他的特征选择算法)进行数据预处理，然后用神经网络来处理结构复杂的非线性问题，通过对样本的不断学习，挖掘数据中的模式及模型，从而实现对未知样本的预测。

1. 主分量分析方法进行数据预处理

以丘陵沟壑区的若干样本为试验样区，在样区内分别提取地面起伏度、地面粗糙度、平均剖面曲率、沟壑密度、平均海拔和平均坡度等地形因子。表 4.6 为有关地形因子预处理后的部分样本。

表 4.6 归一化后的部分地形因子的部分样本

平均海拔	海拔 标准误差	沟壑 密度	地面 粗糙度(平均)	平均 剖面曲率	地面 起伏度	平均坡度
−1.656 636 308	−1.199 072 221	−1.100 264 851	−0.042 214 309	0.579 092 456	1.889 174 65	−0.209 005 03
−1.815 956 284	−1.149 284 042	−1.115 399 168	−1.259 091 4	−0.015 082 628	0.403 371 595	−1.470 639 018
0.783 135 398	1.272 084 765	1.933 661 244	0.481 277 652	−0.589 289 856	−1.471 649 262	−0.137 283 549
0.203 132 969	−0.263 529 147	1.726 825 577	0.961 951 009	−2.044 315 996	−0.270 855 269	1.761 874 72
−1.547 055 252	−1.364 499 243	−0.631 101 022	−3.258 443 941	−2.054 694 027	1.877 023 101	−3.321 584 513
1.280 213 722	0.665 592 615	−1.052 843 99	0.179 475 558	0.608 518 77	−0.008 308 161	0.137 117 527
1.122 214 936	0.869 013 942	1.242 527 431	1.180 878 386	−0.067 366 883	−1.779 120 278	0.879 434 861
1.329 097 753	−0.380 529 528	−0.548 366 755	1.442 624 366	0.336 325 364	−1.087 954 892	2.293 543 406
1.330 729 812	0.723 090 05	−0.338 504 225	0.121 463 257	0.718 473 346	1.596 064 555	−0.579 831 654
−1.235 332 119	−1.804 276 429	−1.297 010 972	0.735 426 783	2.378 958 215	−0.005 362 331	0.278 568 227
−0.750 688 525	0.272 236 558	0.813 721 781	0.956 426 028	1.180 098 649	−0.470 067 029	1.166 320 788
0.726 790 528	1.520 216 098	1.398 915 374	0.978 525 952	1.042 425 536	−1.473 490 406	0.431 441 237
0.035 574 985	−0.832 542 169	−0.479 757 851	−1.194 172 871	0.013 555 481	1.759 558 125	−0.570 800 06
0.908 026 715	1.545 790 958	−0.177 071 51	−1.832 308 19	−3.229 250 61	−0.707 942 809	−1.393 737 652
0.281 083 182	1.131 975 014	0.884 348 594	0.961 951 009	0.833 288 518	−0.725 249 561	1.051 699 235
−0.994 331 512	−1.006 267 22	−1.259 679 657	−0.413 769 289	0.309 263 665	0.474 807 974	−0.317 118 523

设 $\boldsymbol{X}$ 是一个 $n\times p$ 的数据矩阵，行代表实例，列代表变量，矩阵的第 i 行是数据 $\boldsymbol{x}(i)$ 的转置 $\boldsymbol{x}^{\mathrm{T}}$，是以均值为中心的。每个变量的值都是相对于该变量的样本均值，归一化后的值是由变量的值与均值之差除以偏差得到的。

设 $\boldsymbol{a}$ 为当 $\boldsymbol{X}$ 沿其投影时会使方差最大化的列向量，则任何特定数据向量 $\boldsymbol{x}$ 的投影就是线性组合 $\boldsymbol{a}^{\mathrm{T}}\boldsymbol{x}=\sum_{j=1}^{p}a_jx_j$。将 $\boldsymbol{X}$ 中所有数据向量投影到 $\boldsymbol{a}$ 的投影值表示为 $\boldsymbol{Xa}$。沿 $\boldsymbol{a}$ 投影的方差定义为

$$\sigma_a^2=(\boldsymbol{Xa})^{\mathrm{T}}(\boldsymbol{Xa})=\boldsymbol{a}^{\mathrm{T}}\boldsymbol{X}^{\mathrm{T}}\boldsymbol{Xa}=\boldsymbol{a}^{\mathrm{T}}\boldsymbol{Va} \tag{4-7}$$

式中，$\boldsymbol{V}=\boldsymbol{X}^{\mathrm{T}}\boldsymbol{X}$ 是数据的协方差矩阵，并对向量施加标准化约束，使 $\boldsymbol{a}^{\mathrm{T}}\boldsymbol{a}=1$。从而，上述问题可转变为以下量的最大化：

$$u=\boldsymbol{a}^{\mathrm{T}}\boldsymbol{Va}-\lambda(\boldsymbol{a}^{\mathrm{T}}\boldsymbol{a}-1) \tag{4-8}$$

其中，λ 是拉格朗日乘子。对 $\boldsymbol{a}$ 求导得到

$$\frac{\partial u}{\partial \boldsymbol{a}}=2\boldsymbol{Va}-2\lambda\boldsymbol{a}=0$$

即

$$(\boldsymbol{V}-\lambda\boldsymbol{I})\boldsymbol{a}=0 \tag{4-9}$$

因此，第一主分量 $\boldsymbol{a}$ 就是与协方差矩阵 $\boldsymbol{V}$ 的最大特征值相联系的特征向量。第二主分量(与第一主分量正交)就是 $\boldsymbol{V}$ 的第二大特征值所对应的特征向量，以此类推。

如果投影到前 k 个特征向量，则投影数据的方差可以表示为 $\sum_{j=1}^{k}\lambda_j$，其中λ_j 是第 j 个特征值。只使用前 k 个特征值来近似真实数据矩阵 $\boldsymbol{X}$ 的误差平方表示为

$$\frac{\sum_{j=k+1}^{p}\lambda_j}{\sum_{l=1}^{p}\lambda_l}$$

所以，选择主分量的适当个数 k 的一种方法是增大 k，直至该误差平方小于某个可接受的程度。对于多维数据集，各个变量常常是相互关联的，以相当少的主分量来捕获 90%或更多的数据变化是常见的。

利用上述理论指导地形因子的主分量分析，实验表明，地面起伏度、剖面平均曲率、地面粗糙度是影响平均坡度提取的主要因素，而海拔高差对平均坡度的提取也有一定的影响，这与我们的直观印象是一致的，因为海拔高差、平均海拔和海拔标准差之间具有较强的相关性。通过比较实验发现，若海拔标准差对平均坡度值的形成没有太大的贡献，可以忽略不计；若海拔高差对平均坡度的影响相对较大，可考虑保留。

经过分析不同地形因子对平均坡度值的作用，确定的相应的主分量按权值递减为：地

面起伏度、剖面平均曲率、地面粗糙度、海拔高差。可根据精度的不同要求选择相应的前 k 个主分量。

2. 利用 k 个地形因子获取平均坡度

同样，可利用径向基网络进行函数逼近，因为网络的输入为 k 个变量，故各变量对平均坡度的影响是不确定的。采用的径向基网络的结构如图 4.10 所示。

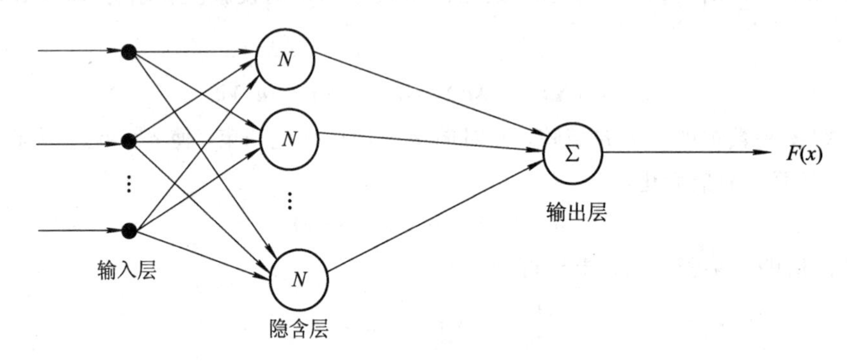

图 4.10　由 k 个主分量确定平均坡度的径向基网络结构

在具有 k 个输入的输入层到隐含层之间的基函数输出是一种非线性映射，而输出则是线性的。

仿真结果表明，若取前 3 个主分量作为主要因子，函数逼近的结果正确率达 90%以上，与直观的解释及数据吻合。

4.2　分类挖掘机理与文档分类

数据库中存储着大量的数据，蕴藏着大量的信息，发现有价值的信息有助于作出智能化决策。分类和预测是两种数据分析形式，可以用于提取描述重要数据类的模型或预测未来的数据趋势。分类是指预测分类标号(或离散值)，而预测是指建立连续值函数模型。机器学习、统计学、专家系统、神经生物学方面的研究者已提出了许多分类和预测算法。然而，大部分算法是基于内存的算法，数据量往往不很大。一种实用的数据库中数据的挖掘算法应该建立在磁盘存储的前提下，所以有必要开发可伸缩的分类和预测技术，以处理大量的、驻留磁盘的数据，同时还应关注并行性和分布式的处理。

目前已有的分类和预测算法包括数据分类的判定树方法、贝叶斯分类、贝叶斯网络、神经网络，以及基于数据仓库的技术，如 K-最近邻分类、基于案例的推理、遗传算法、粗糙集方法、模糊技术等。预测方法包括线性的、非线性的和广义线性回归模型等。

4.2.1 分类的形式化定义

数据分类是数据挖掘的主要任务之一。数据分类就是在一个数据库中找出一组对象的共同特征，并将数据按照分类模型划分成不同的类的过程。为了构造这样的分类模型，需要把一个样本数据库 E 作为训练集，E 中的每个元组是由多个相同的属性构成的，并且是一个大型数据库 W 中的元组；另外，每个元组都具有一个与之相关的已知的类标识。分类的目标首先是分析训练数据，并对每个类利用数据中的可用特征形成精确描述或分类模型，然后利用这样的类描述对数据库 W 中的测试数据进行分类或者对数据库中的每个类形成一个更好的描述(称为分类规则)。分类的应用包括医疗诊断、性能预测、决策控制等。数据分类一直是统计学、机器学习、神经网络和专家系统领域的研究热点，也是数据挖掘的重要研究主题。

定义 4.1 设$\{D_1, D_2, \cdots, D_n\}$是数据集(库)，$D_i$为元组，$i=1, 2, \cdots, n$，$C=\{C_1, C_2, \cdots, C_m\}$是已知的分类集，函数 $f: D_i \to C_j$ 定义了数据 D_i 被分为 C_j 类，$j=1, 2, \cdots, m$。

数据分类(data classification)是一个两步的过程。

首先，建立一个数据模型，描述预定的数据类集或概念集，即通过分析由属性描述的数据库元组来构造模型。假定每个元组属于一个预定义的类，由一个称作类标号的属性来确定。分类的数据也称为样本、实例或对象。为建立模型而被分析的数据元组的集合称为训练数据集。训练数据集中的单个元组称作训练样本，训练样本随机地从样本群中选取。由于提供了每个训练样本的类标号，该步也称作有指导的学习。它不同于无指导的学习(聚类)，后者的训练样本的类标号是未知的，要学习的类集合或数量也可能事先不知道。

通常，学习模型用分类规则、决策树或数学公式等形式提供。

其次，使用模型进行分类，即评估模型(分类法)的预测准确率。模型在给定测试集上的准确率是正确被模型分类的测试样本的百分比。对于每个测试样本，将已知的类标号与该样本的学习模型预测类比较，如果模型的准确率可以接受，就可以使用类标号对未知的数据元组或对象进行分类。

预测是指构造和使用模型评估无标号样本，或评估给定样本可能具有的属性值或值区间。在这一观点下，分类和回归是两类主要的预测问题。其中，分类是预测离散或标称值，而回归用于预测连续和有序值。也有的观点认为，用预测方法预测类标号为分类，用预测方法预测连续值为预测。

在分类和预测之前进行预处理可以提高分类和预测的准确性、有效性和可伸缩性。

判定分类和预测方法优劣的标准主要包括预测的准确率、预测速度、算法的强壮性、可伸缩性、可解释性等。预测准确率指预测模型正确地预测新的或未处理数据的类标号的能力。预测速度指产生和使用模型的计算成本。强壮性指对于给定的噪声数据或具有空缺值的数据，模型正确预测的能力。可伸缩性指对于给定的大量数据，有效构造模型的能力。

可解释性指学习模型所提供的理解和洞察的层次。

4.2.2 基于数据库的分类挖掘机理

数据库中的知识发现——分类，主要采用的理论和方法有决策树、贝叶斯分类、神经网络理论、支持向量机等。

1. 决策树

决策树是基于归纳学习理论而形成的一种树结构。其中每个内部结点表示一个属性上的测试，每个分枝代表一个测试输出，而每个树叶结点代表了类或类分布。树的最上层是树根。为了对未知的样本分类，将样本的属性值在决策树上进行测试，在决策树的内结点进行属性值的比较，根据不同属性值的判断从该结点向下进入新的分枝，在决策树的叶结点得到结论。其路径为根到存放该样本预测的叶结点。所以，从根到叶结点的一条路径就对应着一条规则，整棵决策树就对应一组析取规则。基于决策树方法学习的一个最大的优点就是它在学习过程中不需要使用者了解许多背景知识，只要训练例子能够用属性—结论的方式表达出来，就可用决策树来学习。

一棵决策树的内部结点是属性或属性的集合，叶结点是需要划分的类。决策树易于转换为 IF - THEN 型的分类规则。

在构造决策树时，许多分枝可能反映的是训练数据中的异常，如噪声或孤立点。树的剪枝方法用于处理这种过分适应数据的问题，通常采用的是统计度量的方法，剪去最不可靠的分枝。人们试图通过检测和剪枝，导致较快的分类，提高树独立于测试数据的正确分类率，保证未知数据分类的准确性。常用的两种剪枝方法是先剪枝(prepruning)和后剪枝(postpruning)。

一般地，后剪枝所需的计算较先剪枝多，但产生的树更可靠。

决策树算法中的著名算法是 ID3，以后又有了对 ID3 算法的增强算法，C4.5 就是 ID3 算法的后继算法，C5 又是继 C4.5 之后的算法。

ID3 算法和 C4.5 算法适用于相对小的数据集。当这两种算法用于大型数据库的数据挖掘时，有效性和可伸缩性就是一个需要关注的问题。大部分决策树的方法往往限制训练样本驻留内存。在数据挖掘应用中，大型数据库中包含数以百万计的数据是极为平常的。所以，算法的限制制约了可伸缩性，频繁的内、外存交换也导致算法的效率低下。

在大型数据库中利用决策树进行分类，早期的策略是连续属性离散化，即在每个结点对数据进行选样。选样前，将样本集划分成多个子集，各子集放在内存中，分别为各子集构造决策树。最终的分类将由各子集得到的分类进行组合而得到。一般地，通过子集分割得到的分类准确性不及一次性分类(不分割)的准确性高。

SLIQ 和 SPRINT 是两种强调可伸缩性的决策树算法，均可用于大的训练集，都能处理分类属性和连续值属性。这两种算法使用了预排序技术，对磁盘上的大量数据进行排序选择，以确定驻留内存的数据。RainForest 算法也是一种可伸缩的决策树算法，适合于有大量可用的内存的情况，并可用于构造任意决策树。该算法的速度快于 SPRINT 算法。

决策树算法还可以与数据仓库技术集成，用于数据挖掘。比如将数据立方体方法与决策树方法集成，可以提供交互的决策树的多层挖掘，数据立方体和存放在概念分层中的知识可以用于不同的抽象层归纳决策树。一旦得到决策树，概念分层可以用来概化或特化树的结点，可以在属性上进行上卷和下钻，并对新的特定抽象层的数据重新分类。这一交互式的特点使用户可以将注意力集中在他们感兴趣的树区域或数据上。

面向属性的归纳(Attribute-Oriented Inducetion，AOI)使用概念分层，通过以高层概念替换低层概念概化训练数据。当将 AOI 与决策树集成时，概化到最低概念层可能导致庞大的树，而过度概化有可能使一些重要的子概念丢失。所以，概化应该用于由领域专家设定或由用户指定阈值控制的某个中间概念层，这样才能使 AOI 产生易理解的、较小的决策树，也可以使产生的树比采用在低层上非概化的数据集上操作的方法(如 SLIQ 和 SPRINT)产生的树更易于理解。

根据决策树的不同属性，有以下几种不同的决策树：

(1) 决策树的内结点的测试属性可能是单变量的，即每个内结点只包含一个属性，也可能是多变量的，即存在包含多个属性的内结点。

(2) 根据测试属性的不同属性值的个数，可能使得每个内结点有两个或多个分支。

(3) 每个属性可能是值类型，也可能是枚举类型。

(4) 分类结果既可能是两类又可能是多类。

因为所有的决策树都由等价的人工神经网络表示，所以也可以通过神经网络的训练算法来实现与决策树相同的功能。

2. 贝叶斯分类

贝叶斯分类是统计分类算法，可以预测类成员关系的可能性，即对给定样本给出其属于某个特定类的概率。

贝叶斯分类基于贝叶斯定理。常用的贝叶斯分类方法为朴素贝叶斯分类和贝叶斯信念网络。在大型数据库中利用朴素贝叶斯分类的简单贝叶斯分类算法表现出高的准确率和计算速度。

朴素贝叶斯分类算法的基本步骤为：

(1) 将每个数据样本表示为一个 n 维特征向量 $\boldsymbol{X}=\{x_1, x_2, \cdots, x_n\}$，分别描述对 n 个属性 A_1，A_2，…，A_n样本的 n 个度量。

(2) 假定有 m 个类 C_1，C_2，…，C_m，给定一个未知样本 $\boldsymbol{X}$，分类法将预测 $\boldsymbol{X}$ 属于的具有最高后验概率的类。即朴素贝叶斯分类算法将未知样本分配给类 C_i，当且仅当

$P(C_i|\boldsymbol{X})>P(C_j|\boldsymbol{X})$，$1\leqslant j\leqslant m$，$j\neq i$。

(3) 由于 $P(\boldsymbol{X})$对于所有类为常数，所以只需要 $P(\boldsymbol{X}|C_i)P(C_i)$最大即可。

(4) 给定具有许多属性的数据集，为降低计算 $P(\boldsymbol{X}|C_i)$的开销，可以做类条件独立的朴素假定：给定样本的类标号，假定属性值朴素独立，即在属性间不存在依赖关系。

(5) 对未知样本 $\boldsymbol{X}$ 和每个类 C_i，计算 $P(\boldsymbol{X}|C_i)P(C_i)$。样本 $\boldsymbol{X}$ 被指派为 C_i，当且仅当 $P(\boldsymbol{X}|C_i)P(C_i)>P(\boldsymbol{X}|C_j)P(C_j)$，$1\leqslant j\leqslant m$，$j\neq i$。

朴素贝叶斯分类假定类条件独立，即给定样本的类标号，属性的值朴素条件独立。然而，实际情况并非如此，往往存在着变量之间的依赖。贝叶斯信念网络说明了联合条件概率分布。它允许在变量的子集间定义类条件独立性，提供一种因果关系图，可在其上进行学习。这种信念网络又称为概率网络。

信念网络由两部分组成，一是有向无环图，二是每个属性有一个条件－概率表(CPT)。图中每个结点代表一个随机变量，每条弧代表一个概率依赖。网络内结点可以选作“结点”，代表类标号属性。可以有多个输出结点。学习推理算法可用于该网络。分类过程返回类标号属性的概率分布值，即预测每个类的概率。

在学习和训练贝叶斯信念网络时，网络结构可能预先给定，或由数据导出。网络变量可能是可见的，或隐藏在所有或某些训练样本中。隐藏数据也称为空缺值或不完全数据。

如果网络结构已知并且变量是可见的，则训练网络是直接的，可参照朴素贝叶斯分类的方法计算概率。如果网络结构给定，而某些变量隐藏，则可使用梯度下降法训练网络，获得其条件概率。一般地，梯度下降法采用贪心爬山法。

3. 神经网络理论

神经网络的研究已经取得了许多方面的进展和成果，提出了大量的网络模型，发现了许多学习算法，对神经网络的系统理论进行了有效的探讨和分析。在此基础上，神经网络在模式分类、机器视觉、智能计算、机器人控制、信号处理、组合优化求解、联想记忆、编码理论、医学诊断、金融决策、数据挖掘等领域获得了卓有成效的应用。

神经网络分为四种类型，即前向型、反馈型、随机型和自组织竞争型。

前向型神经网络是数据挖掘中应用最广的一种网络。径向基函数神经网络(RBF)是一种前向型神经网络，这种网络通过改变神经元非线性变换函数的参数来实现非线性映射，从而导致连接权值调整的线性化，提高学习速度。由于 RBF 网络学习收敛速度较快，所以广泛地应用在数据挖掘中。

Hopfield 神经网络是反馈型网络的代表，该网络的运行是一个非线性的动力学系统，比较复杂。

优化计算过程中陷入局部极小长期以来一直是困扰人们的一个问题。具有随机性质的模拟退火(SA)算法就是针对这一问题提出的，并已在神经网络的学习和优化计算中得到成功应用。Boltzmann 机是具有随机输出值单元的随机型神经网络，串行 Boltzmann 机可以看作是对二次组合优化问题的模拟退火算法的具体实现。同时，它还可以模拟外界的概率分布，实现概率意义上的联想记忆。

自组织竞争型神经网络的特点是能识别环境的特征，并自动聚类，它在特征提取和大规模数据处理中已有极为成功的应用。

神经网络的性质主要取决于以下两个因素：一是网络的拓扑结构；二是网络的主要特征，它是由网络的权值和工作规则结合起来构成的。神经网络的学习问题就是网络的权值调整的问题。神经网络的连接权值一般可以通过设计和计算(即所谓死记式学习)确定，或者网络按一定的规则通过学习(训练)得到。大多数神经网络是通过学习确定其网络值的。

死记式学习指网络的连接权值是根据某种特殊的记忆模式设计而成的，其值不变。在网络输入相关信息时，这种记忆模式就会被回忆起来。

就学习过程的组织与管理而言，有有监督学习和无监督学习之分；就学习过程的推理和决策方式而言，有确定性学习、随机学习和模糊学习之分。这里主要介绍有监督学习和无监督学习的概念。

有监督学习即网络的输出有一个评价的标准，网络将实际输出和评价标准进行比较，由其误差信号决定连接权值的调整。评价标准是由外界提示给网络的，相当于由教师将正确结果示教给网络，故这种学习又称为有教师学习。强化学习在有监督学习时假定对每一个输入模式都有一个正确的目标输出。外界环境对强化学习仅给出一个对当前输出的评价，而不会给出具体的期望输出是多少。

无监督学习是一种自组织学习，此时网络的学习完全是一种自我调整的过程，不存在外部环境的示教，也不存在来自外部环境的反馈来指示网络期望输出什么或者当前输出是否正确，故又称为无教师学习。

所谓自组织学习，就是网络根据某种规则反复地调整连接权值以适应输入模式的激励，指导网络最后形成某种有序状态，也就是说，神经元对输入模式不断适应，抽取输入信号的特征，一旦网络完成对输入信号的编码，当输入信号再现时，就能把它识别出来。自组织学习中常用的学习规则有 Hebb 学习规则和相近学习规则，前者产生放大作用，后者产生竞争作用。故自组织学习通过自放大、竞争以及协调等作用实现。输入数据的冗余为神经网络提供知识，通过这些冗余数据，自组织学习能发现输入数据的模式或特征。所以，数据冗余是自组织学习的必要条件。

无监督学习可以实现主分量分析、聚类、编码以及特征映射的功能。

竞争学习是无监督学习的一种方法，在神经网络中有广泛的应用。网络在学习时，以某种内部规则确定竞争层的“获胜”神经元，其输出为 1，其他神经元的输出为 0。

有监督学习与无监督学习的混合学习，可以兼有有监督学习分类精确和无监督学习分类灵活、算法简洁的优点。混合学习过程一般事先用无监督学习抽取输入数据的特征，将内部表示提供给有监督学习进行处理，从而得到输入与输出的某种映射。

4. 支持向量机

支持向量机(Support Vector Machine，SVM)是近几年发展起来的新型通用知识发现方法，在分类方面具有良好的性能。目前，利用支持向量机进行数据挖掘，尤其是在解决分类问题中已有许多成功的应用。

4.2.3 虚拟数据库与 Web 挖掘

本节提出了基于 Web 的虚拟数据库、多层数据库的概念及 Web 挖掘的基本内容。

1. 虚拟数据库的概念

虚拟数据库(Virtual Database)是一个虚拟环境下的数据库，本身是不存在的，只是为了方便处理，将分布于不同数据源中的异构、异质数据看成一个虚拟的数据库中的数据。虚拟数据库技术使外界数据表现为特定的数据库系统的一个扩展。Internet 环境下的 WWW 数据就是一种外界数据，可以把这样的数据看成虚拟数据库中的数据。在当今信息社会中，有 90%以上的数据属于关系数据库以外的数据，这些数据广泛分布于 Web 站点、其他数据库系统和传统的应用中。在这些数据源中，数据的组织方式、所使用的词汇表以及数据的存取机制等均存在差异，其中大多数的数据源不支持现有的关系数据库中的查询操作。为了能够查询分布于不同数据源中的数据，提供对数据分散问题的求解，必须构建 Web 上的虚拟数据库并从中进行数据挖掘。WWW 是一个复杂的人造集合，物理目标有文档、图形、图像、声音等，此外还有用户、主机及网络本身，由于数据源不同，语义模糊不清，要查询和挖掘数据、获取有价值的信息是十分困难的。其实用户往往更希望获得经归纳整理的知识，而不是细节上的大量数据。所以，有效地组织和归纳数据，可以使用户在一个更高的概念层上查询信息，获取知识。另外，由于高层的数据量成倍递减，也可减少网络查询处理的费用，尽可能避免网络拥挤的情况。

针对 Web 上信息的特点，要合理地组织数据并能方便地加以利用，可以从最初的 Web 站点(第 0 层)自动或半自动地抽象出第一层结构化的信息，然后依据不同的概念层次构造更高层的数据库，以形成多层数据库。由于高层的关系表要比低层的关系表小得多，因此高层信息的查询更快、更方便。

2. 多层数据库

多层数据库是一个三元组〈S，H，D〉。其中 S 是一个数据库的框架，包含了元信息和分层的数据库结构信息；H 是概念层的集合，由领域专家提供预定义的概念，以便系统从较低的信息层归纳出较高的信息层；D 是全球信息库，包含了非原始层的关系数据库的集合和初始信息的集合。图 4.11 是多层数据库的概念框架。

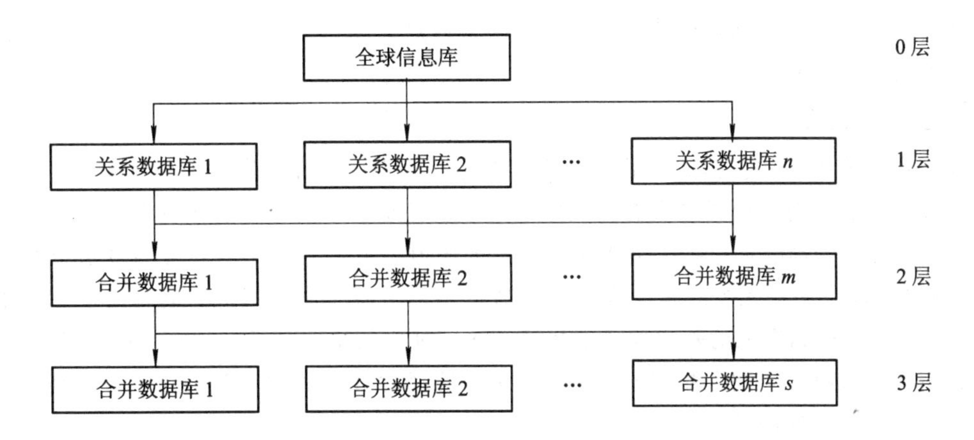

图 4.11　多层数据库的概念框架

3. Web 挖掘

数据库中的知识发现是一个从大型数据库中抽象有效的、不平凡的、具有潜在有用性的可理解的模式的过程。而 Web 挖掘是在人为构造的 WWW 上挖掘有趣的、潜在的、有用的模式及隐藏信息的过程。Web 是一个不断变化的、非结构化的、由不同信息源构成的集合。Web 的超链接可能使一个文档被多个用户链接。分层的、非结构化的、混沌的 WWW 不是一个结构化的数据库。

Web 挖掘分为 Web 内容挖掘、结构挖掘和用法挖掘。其中，内容挖掘是指在人为组织的 Web 上，从文件内容及其描述中获取有用信息的过程；而结构挖掘则是从人为的连接结构中获取有用知识的过程；用法挖掘是从 Web 的存取模式中获取有价值的信息的过程。图 4.12 为 Web 挖掘分类图。

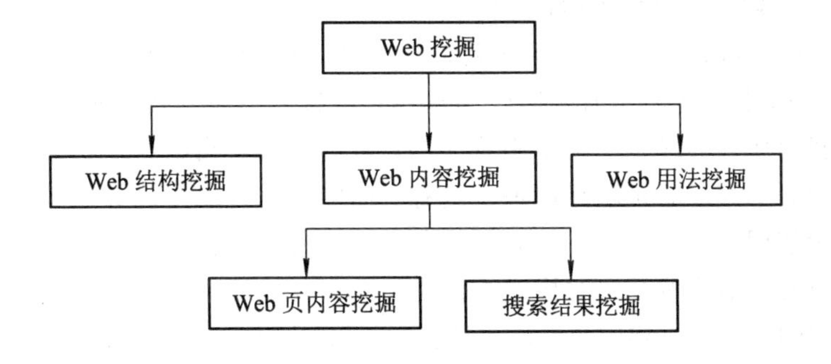

图 4.12　Web 挖掘的分类

4.2.4　文本分类与降维技术

知识发现和数据挖掘是集统计学、人工智能、模式识别、并行计算、机器学习、数据库等技术为一体的一个交叉性的研究领域。数据分类是数据挖掘的主要任务之一，也是数据挖掘重要的研究主题。

1. 分类预处理

大型数据库中往往包含了大量元组及其属性，对于一个特定的分类任务来说，相当多的元组及有关属性对于分类是没有什么影响的，如果使用数据库中的所有元组及属性值直接分类，会有两个难题：一是要受到内存容量的限制，二是无法使用现有的算法进行直接学习。所以，剔除一些无关的属性或冗余的数据不但会减少学习时间，也有助于更好地进行分类。特征选择和提取的基本任务就是从许多特征中找出对分类最为有效的特征。因此，研究如何将高维特征空间压缩到低维特征空间、选择对分类最为有效的样本，也是有效设计分类器的一个重要课题。

原始特征的数量可能很大，或者样本处于一个高维空间中，通过某种映射(或变换)的方法用低维空间来表示样本，这就是特征提取。映射后的二次特征是原始特征的某些组合。设 Y 是原始空间，X 是特征空间，则变换 A：$Y \rightarrow X$ 就是特征提取器。从一组特征中挑选一些最为有效的特征以达到降低特征空间维数的目的，就是特征选择。

把高维特征空间变换为低维特征空间是为了更好地分类。变换有效性的判定直观上应该用分类的错误概率来衡量。然而，在大多数情况下，概率的计算是相当复杂的。所以，一般采用另外一些准则来确定特征提取的方法。常用的特征提取的方法是按距离度量的特征提取方法、按概率距离判据的特征提取方法、采用散度准则函数的特征提取方法、基于判别熵最小化的特征提取方法等。

特征选择是指从一组数量为 D 的特征中选择出数量为 $d(D>d)$ 的一组最优特征来。特征选择要面对两个问题：一是选出某一可分性最大的特征组来；二是寻找一个好的算法，以便在允许的时间内找出最优解(特征组)。

在 D 个特征中选出 d 个，是一个排列组合问题，要想得到最优特征组，最好是将所有可能的特征组合都计算出来并加以比较和选择。当属性子集的维数和数据类的数目增加时，穷举搜索找出属性的最佳子集是不现实的。对于属性子集的选择，通常采用压缩搜索空间的启发式算法，其策略是求局部最优选择，期望由此得出全局最优解。这种算法称为贪心算法。实际使用时，这种算法往往是有效的，并可以逼近最优解。

在所有算法中，最优特征组的构成方法是：每次从特征中增加或去除某些特征，直至特征数等于 d 为止。所以，相应的方法也称为“自下而上法”和“自上而下法”。

目前，唯一能得到最优解的方法是“分支定界(branch and bound)”算法，它是一种自上而下的方法，但具有回溯能力，可搜索所有可能的特征组合。分支定界法虽然比盲目穷举法效率高，但在某些情况下的计算量仍然太大而难以实现。一些搜索次优解的算法随之出现。其中一种最简单的方法是计算各特征单独使用时的判据值并加以排队，取前 d 个作为特征选择结果，称为单独最优特征组合。使用该方法时有一些约束条件。顺序前进法(*Sequential* Forward Selection，SFS)是最简单的自下而上搜索的方法，它每次从未入选的特征中选择一个特征，使得它与已入选的特征组合在一起时所得的判据值最大，直至特征数增加到 d 为止。顺序后退法(Sequential Backward Selection，SBS)是一种自上而下的方法，它从全体特征中首先剔除一个，所剔除的特征应使仍然保留的特征组的判据值最大。增 l 减 r 法为了规避前面几种方法的缺点(即一旦被选为特征或特征被剔除后，该特征就不能再剔除或被选中)，在选择过程中加入了局部回溯过程，即在第 k 步用顺序前进法加入特征到 $k+1$ 个，再用顺序后退法剔除其中的 r 个特征。判定树归纳也是一种自上而下的方法，它被用于属性子集的选择。判定树由给定的数据构造。没有出现在树中的所有属性是不相关的，出现在树中的属性形成归约后的属性子集。对于分类任务，当算法是确定属性子集时，称为封装方法，否则为过滤方法。

这种维数归约的方法通过删除不相关的属性来减少数据量，得到最小属性集，使数据类的概率分布尽可能地接近使用所有属性时的原分布。

进行特征选择时需要以可分性判据度量结果的好坏。其实特征选择问题是一个组合优化问题，所以一些解决优化问题的方法可以用于解决特征选择的问题，如模拟退火算法(SA)、Tabu 搜索算法、遗传算法、进化算法等。

随着 Internet 的广泛使用，文档挖掘获得了人们的普遍关注。文档挖掘主要包括文档分类、文档过滤、文档聚类等。目前研究和应用最多的是文档分类，它将文档分成一类或多个类。现有的文档分类主要有概率方法、基于存储器的策略、专家网络、决策树、线性分类器方法、神经网络分类器方法、基于上下文的学习方法等。

由于文档数据是非结构化数据，因此利用现有的数据模型和相应的数据库技术无法处理文档数据。为此，可将文档集看成一个虚拟数据库(Virtual Database，VDB)，它是关系数据库系统的一个扩展。虚拟数据库中的文档数据通过取词处理，构造其相应的特征空间，而文档数据所对应的特征空间通常是高维的，因为对于一个典型的文档集合，词汇表中通常会有成千上万个术语，对应了成千上万维的特征空间。由这些特征空间相应的特征值可以构成分层的文档数据库，由于文档数据库中属性的多维性，数据库中的记录不宜直接作为文档分类器或分类模型的输入，否则其伸缩性将很差。为了改善文档挖掘系统的性能，使用了基于数据库属性的降维技术，降维后的属性作为特征向量，可作为文档挖掘系统的输入。经过降维后的特征空间，其实对应了概念提升后的分层的关系数据库。

2. 文档挖掘的一般模型

以下提出了建立在虚拟数据库和分层数据库基础上的文档挖掘系统的一般模型，并给出了几种常用的构造文档特征空间的方法及其比较。

现有的文档分类方法是为每个分类构造一个分类器。分类就是二值决策问题。新文档要用每个分类器处理一遍，以确定其合适的分类。事实上，文档分类的组成可以分为两部分，即分类抽取过程和参数选择过程。分类抽取过程就是使一个文档得到其合适的分类结果。这一过程的核心就是建立分类学习模型。分类学习模型提供了一种算法，它从已有的预分类文档的数据库样本中学习，以确定一个新的文档的分类。本节给出了基于实例学习的机器学习技术和检索反馈(retrieval feedback)的文档获取技术进行集成的方法，该方法可以有效地进行文档的自动分类处理。该方法在文档层上操作，对一个文档所属类别的判别只需运行一次。分类抽取过程按照分类学习模型执行，而分类学习模型需要的参数由参数选择过程来确定。参数选择过程充分利用了嵌入在分类抽取过程中的分类学习模型，其实质是一个优化问题，可以采用许多比较成熟的优化算法实现。

文档分类的一般模型如图 4.13 所示。

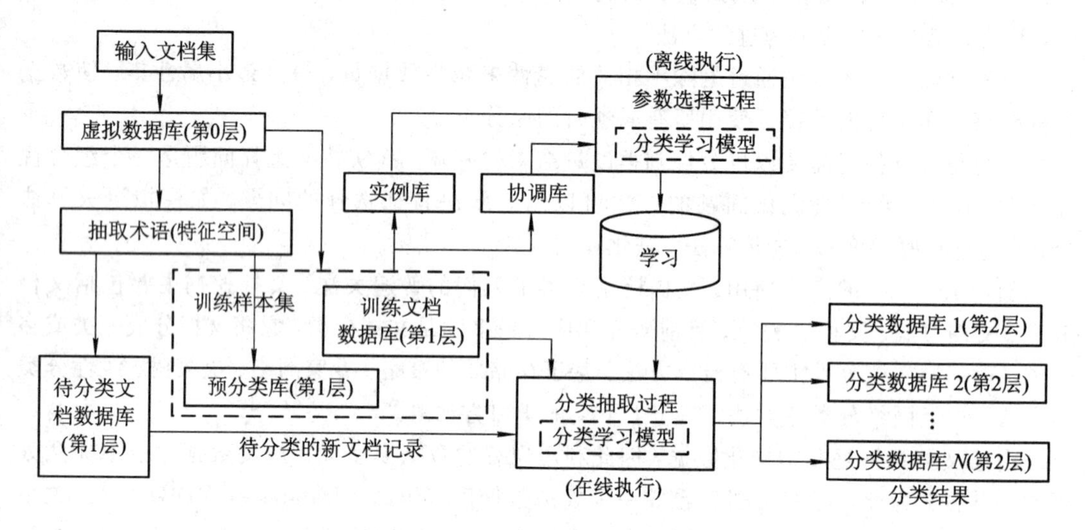

图 4.13　文档分类模型

对于一个给定的问题，基于虚拟数据库(输入分类的文档集，作为虚拟数据库(第 0 层))和分层数据库的文档分类的流程如下：

- 术语抽取，构造特征空间，形成训练样本集，即训练文档数据库及其预分类库(第 1 层)，同时形成待分类文档数据库(第 1 层)；
- 利用第 1 层的预分类库和训练文档数据库，形成实例库和协调库，构造分类学习模型；
- 调用参数选择模块，利用实例库和协调库，确定优化的学习参数；
- 使用学习参数，在分类抽取过程中进行新文档的概念提升，在线确定新文档的分类，从而形成第 2 层的分类数据库 i。

1）分类学习模型

分类学习模型的目标是对输入文档选择合适的分类，一般采用基于实例的学习方法。训练集中的文档经过特征提取后，形成相应的特征空间，经过降维处理，构成训练文档数据库。库中的每条记录对应一个文档，可以作为一个实例或样本，用 T 表示；该文档所属的分类用 C 表示。所有文档的分类信息构成一个预分类的数据库。其中，T 对应的元组为

$$T=(t_1, t_2, \cdots, t_p) \tag{4-10}$$

式中 p 为库中属性的总数，而 t_i 是对应术语 i 的权值，它反映了术语 i 在文档中的相对重要性。类似地，C 也是一个元组，表示了该文档所属的分类：

$$C=(c_1, c_2, \cdots, c_q) \tag{4-11}$$

其中，c_i 是分类 i 的权值，而 q 则是总分类数。

通过许多赋权方法可以获得 C 和 T 的权值，如下文中提到的 TF×IDF 方法、CF-DF 方法等。

对于需要分类的新文档 S，可将 S 表示为

$$S=(s_1, s_2, \cdots, s_p) \tag{4-12}$$

其中 s_i 是术语 i 在文档 S 中的权值。这里，文档 S 对权的定义应与 T 对权的定义一致。

正如基于实例的学习方法一样，文档 S 与训练数据库中的每个元组按照一个相似性函数 F 进行匹配，相似性函数 F 对于每个元组产生一个得分，得分越高，S 和该文档的相似程度越高。相似性函数定义为

$$F(S, T)=\sum_{i=1}^{p} s_i t_i \tag{4-13}$$

基于相应的函数值，将 S 与文档实例比较的结果按函数值的大小进行降序排列，具有最大函数值的文档的分类就是 S 的分类。用 Ψ 表示与 S 相似的前 N 个文档实例的集合，即 $|\Psi|=N$。可以进一步考虑 Ψ 中与文档 S 有关的分类。如果把 S 作为查询条件，Ψ 可以看成是对 S 进行查询所获得的包含与 S 最为相关的 N 个文档的集合。检索反馈时，查询自动利用 Ψ 中的术语进行细化或扩展。所谓扩展，是指基于 Ψ 中那些与 S 相关的文档的分类，来选择 S 的分类。为此，首先对 Ψ 中的每个分类 i 计算其权值 c_i'：

$$c_i'=\sum_{k=1}^{N} c_{ki} \tag{4-14}$$

其中 c_{ki} 是集合 Ψ 中的第 k 个文档属于分类 i 的权值。

有两个标准可以对 S 所属的类进行划分。一是按 Ψ 中 N 个文档相似性函数值的降序重新排列这 N 个文档，则降序排列中的第一个文档所属的类即是文档 S 的分类；二是计算权值 c_i'，并按降序排列 c_i'，最后前 M 个 c_i' 对应的类作为文档 S 的相应的分类。

显然 N 和 M 是学习过程中的两个参数。分类抽取过程中，需要选择 M 和 N 的值。

2）参数选择过程

参数选择过程的目的是确定用于文档分类抽取过程中的参数值 M 和 N。可以使用协调集的方法，只在给定的文档集上离线地执行一次，就能确定相应的参数值。

将给定的训练文档集分为两个子集 Y 和 θ，其中 Y 是实例集，θ 是协调集。θ 中的每个文档的分类基于 Y 中的实例，利用同样的分类学习模型进行划分。因为训练集中文档的分类是人工进行的，所以，θ 中的文档也都有正确的分类值。这样使用某种评价函数可将 θ 中文档的正确分类值与利用分类学习所获得的分类值进行比较，以评价其分类性能，从而评价分类时参数选择的好坏。这一过程重复进行，以调节参数的不同组合，直至满足条件为止。参数选择的步骤如下：

（1）选择一个参数值的初始化集合作为当前参数集；

（2）对 θ 中的每个文档，利用实例集 Y 调用分类学习模型；

（3）利用评价函数确定整体分类的性能；

（4）若找到了一个参数集其性能优于当前的参数集，则用新参数集作为当前的参数集；

（5）选择下一个参数集；

（6）若满足终止条件，则结束，否则转步骤(2)。

步骤(5)选择参数集时可以有多种方案，如爬山算法、遗传算法等。

3）分类抽取过程

分类抽取过程的作用是对一个新文档抽取其相应的分类信息。通常这一过程是在线进行的，如图 4.13 所示。分类学习模型中的参数已在参数选择过程中由计算所获得，这样，利用分类学习模型即可学习所期望的分类。对分类性能的评价，可以利用一个新的文档集作为测试集(测试集应不同于训练集，测试集中的文档的正确分类可以事先以人工的方式划分)，然后将通过学习获得的分类结果和正确的分类结果用某种评价函数进行比较，以说明其分类性能。与参数选择过程相似，可以使用不同的评价函数来评价分类性能。一般地，参数选择过程中所使用的评价函数应与分类抽取过程所选的评价函数一致。

这里提到的模型也同样适用于其他的文档挖掘，如文档过滤和文档聚类等。

3. 文档挖掘的维数削减技术及比较

由于文档数据的多维性，直接利用文档数据的特征进行挖掘，会使挖掘结果的效率较低、性能较差。一般可以采用维数削减技术来改善文档挖掘的性能。下面是几种常用的降维方法，它们均可用于特征空间的维数削减。这些方法包括 DF 方法、CF-DF 方法、TF×IDF 方法和主分量分析(PCA)方法及其他的并行优化方法。降维的目标是最大程度地减少维数并使信息丢失达到最少。

1）基于文档频率的 DF 方法

给定一组训练文档及文档所属的预定义的分类信息，DF 方法通过选择术语来减少词汇规模，其选择基于一种局部术语分级技术。分类信息用于将训练文档分组，从而使属于同一类的所有文档放在同一组中。当一个文档属于不止一个分类时，就出现了重叠。文档被分组后，可以形成词汇的术语索引表，即属于同一类的文档所包含的所有术语为一组。这一过程导致了对应于每种分类的子词汇集。

使用DF方法时，术语的分级依赖一个文档组中每个术语的文档频率(Document Frequency，DF)。对于每个文档组来说，一个术语的文档频率定义为组中包含该术语的文档数。为了把文档频率作为一个重要测度，我们假设所谓重要的术语是指那些属于同一类且频繁出现于一组文档中的术语。能很好表示分类主题的术语集应该被属于同一类的大多数文档所采用。

基于DF的重要性测度，每个子词汇表中的术语被分别划分等级。对于术语选择来讲，定义参数d是为了在每个子词汇表中，只把那些具有最高等级的最重要的d个术语选择上。然后，用每个子词汇表的术语集合的并集，形成被削减的特征集合。

通过调整选择参数d，可以控制所削减的特征向量的维数。显然，d越小，所选择的术语越少，因此，导致了较高的维数削减。

2) CF-DF *方法*

从DF方法可以看到，整个训练集出现在同一组的大多数文档中的术语总是具有高的文档频率。然而，这些频繁出现的术语有时可能具有很低的区分价值，尤其是当区分文档属于不同类别时更是如此。CF-DF方法可以解决这个问题。因为它考虑了一个术语在选择过程中的区分价值问题。

CF-DF方法要引入一个称为分类频率(Category Frequency，CF)的参数。为了确定一个术语的分类频率，训练文档必须按照分类的信息进行分组，就好像DF方法一样。对于任何文档分组，若至少组中的文档之一包含了该术语，就称该术语出现于该分组中。对于词汇表中的任何术语，其分类频率都等于术语出现的组数。通过这个定义，出现于几个分类中的术语将具有低的分类频率，而那些出现于大量分类中的术语将具有高的分类频率。即一个术语的区分价值可以由它的分类频率的倒数来定义。换句话说，我们假设具有好的区分价值的术语很可能只出现在几个分类中，但是应当认为这些术语是很重要的，因为它们更有助于区分文档所属的分类。

利用CF-DF方法进行术语选择分为两个阶段。第一阶段，在术语的分类频率上定义一个阈值t，只有当一个术语的分类频率低于阈值t时，才能选择该术语。在第二阶段中，使用DF方法进行进一步的术语选择以产生削减的特征集合。

3) TF×IDF *方法*

DF方法和CF-DF方法中，本质的思想是基于一些重要性测度在词汇表中划分术语的等级，以选择大多数重要的术语。这两种方法将最小化信息损失作为术语选择的标准，术语选择的关键是定义一个好的重要性测度，以避免滤除那些对于文档分类任务有用的术语。一个文档集中某术语的重要性测度是术语发生频率(Term occurrence Frequency，TF)和文档频率的逆(Inverse Document Frequency，IDF)的乘积。第 i 个术语文档频率的逆通常定义为

$$\mathrm{IDF}_i = \log \frac{N}{n} \tag{4-15}$$

其中，N 是文档集中的文档数，而 n 是第 i 个术语所出现的文档数目。通过这个定义，一个术语若只出现于几个文档中，则应该具有较高的 IDF。有了这个定义后，只出现于几个文档中的术语将更有助于用不同的主题区分文档。

为了检验这种测度对于术语选择的有效性，我们可以利用 TF×IDF 的值来说明术语选择时一个术语的重要性。通过选择参数 d，可以构造一个维数削减的集合，即只有 d 个具有最高 TF×IDF 值的术语可以选择用来形成降维后的特征集合。

4）主分量分析方法

主分量分析(Principal Component Analysis，PCA)是用于维数削减的统计学技术，其目的是使原始数据变化时，信息损失是最少的。这种方法可以看作是特征抽取时的一个领域独立技术，可用于大量变化的数据中。PCA 方法是特定领域的特征选择技术，它基于特定文档数据中的重要特征进行特征选择，这与其他已经讨论过的三种维数削减方法不同。

为了在训练文档集上进行文档的主分量分析，可以将特征向量集用一个 n 维的随机向量 $\boldsymbol{X}$ 表示：

$$\boldsymbol{X} = (x_1, x_2, \cdots, x_n) \tag{4-16}$$

其中 n 是特征空间的大小，即词汇表中术语的个数，而 $\boldsymbol{X}$ 中的第 i 个随机变量 x_i 的值取决于出现于文档中的第 i 个术语的术语频率值。找出 n 个 n 维正交单位向量 $\boldsymbol{u}_1, \boldsymbol{u}_2, \cdots, \boldsymbol{u}_n$ 的集合，以形成 n 维特征空间的一个正交基。然后计算 a_i：

$$a_i = \boldsymbol{X}^{\mathrm{T}} \boldsymbol{u}_i \tag{4-17}$$

为了求得 a_i，需要在特征空间中进行坐标变换，由单位向量$(\boldsymbol{u}_1, \boldsymbol{u}_2, \cdots, \boldsymbol{u}_n)$形成新的坐标系统的坐标轴，将原始的随机向量 $\boldsymbol{x}$ 转换为相应于该新坐标系统的一个新的随机向量 $\boldsymbol{a}$：

$$\boldsymbol{a} = (a_1, a_2, \cdots, a_n) \tag{4-18}$$

在主分量分析中，选择单位向量$(\boldsymbol{u}_1, \boldsymbol{u}_2, \cdots, \boldsymbol{u}_n)$是为了使项 a_i 相互无关。此外，如果用 λ_i 表示 a_i 的变化，$i=1, 2, \cdots, n$，则满足下面的条件：

$$\lambda_1 > \lambda_2 > \cdots > \lambda_n$$

这些项 a_i 称作主分量。可以证明$(\lambda_1, \lambda_2, \cdots, \lambda_n)$的变化符合以降序方式形成的协方差矩阵 $\boldsymbol{R}$ 的特征值的变化，而单位向量$(\boldsymbol{u}_1, \boldsymbol{u}_2, \cdots, \boldsymbol{u}_n)$也与 $\boldsymbol{R}$ 的特征向量对应。为了将特征空间的维数从 n 降到 $p(p<n)$，并使数据变化时信息损失最少，考虑将具有最大变化的前 p 维

作为削减的特征空间。这时，文档削减后的特征向量可由 p 维的随机向量表示：

$$\boldsymbol{a} = (a_1, a_2, \cdots, a_p) \tag{4-19}$$

5）其他方法

近来，一些新的方法也被用来进行降维处理，如支持向量机(SVM)方法、遗传算法、免疫算法等。采用 SVM 方法时，可以先用上面提到的降维方法进行预处理，然后应用支持向量机方法获得文档分类时的支持向量，利用支持向量进行文档分类处理可以大大提高文档的分类效率。

6）几种降维技术的比较

由 reuter 集的测试结果表明，DF 方法、CF-DF 方法和 TF×IDF 方法的分类精度和查全率随着维数的削减结果而变化。其中，TF×IDF 方法可进行概念提升，即该方法在获得高权值术语时是三种方法中最好的，其次是 CF-DF 方法，最后才是 DF 方法。也就是说，为了获得同样的精度和查全率，TF×IDF 方法降维率最高，几乎是 CF-DF 方法的两倍多，是 DF 方法的五倍。所以，降维时要获得高的精度，可以更多地选用 TF×IDF 方法；CF-DF 方法采用分类频率有助于筛选出具有最低区分值的术语，其维数特性要优于 DF 方法。

采用同样的测试集，使用主分量分析方法进行降维的结果表明，在相同时间里，PCA 方法几乎可将特征空间降维为原特征空间的百分之一，同时保持了高的精度和查全率。显然 PCA 方法是所有四种降维方法中最为有效的。

4.3 基于 Petri 网的可视化模型

现代的数据可视化技术指运用计算机图形学和图像处理技术，将数据转换为图形或图像在屏幕上显示出来，并进行交互处理的理论、方法和技术。它涉及计算机图形学、图像处理、计算机辅助设计、计算机视觉及人机交互技术等多个领域。数据可视化概念首先来自于科学计算可视化。科学计算可视化(Visualization in Scientific Computing，ViSC)是从多个与计算机有关的学科中孕育出来的，最早是在 1987 年由美国国家自然科学基金会发表的一篇关于科学可视化的报告中提出的，其基本思想是"用图形和图像来表征数据"。目前，科学计算可视化已受到了极大的关注和广泛的研究，并迅速成为一门新兴学科。

科学计算可视化对计算及数据进行探索，以获得对数据的理解与洞察。也就是说，科学计算可视化将计算中所涉及的和所产生的数字信息转变为直观的、以图像或图形信息表示的、随时间和空间变化的物理现象或物理量呈现在研究者面前，使他们能够观察模拟和计算，即看到传统意义上不可见的事物或现象；同时还提供与模拟和计算的视觉交互手段。通常，科学计算可视化简称为可视化。所以，科学计算可视化的目的就是依靠人类强大的视觉能力，促进对所考察数据更深一层的理解，培养出对新的潜在过程的洞察力。

科学计算可视化涉及计算机图形学、用户界面方法学、图像处理、系统设计以及信号处理等领域的各种知识，并把相互独立的领域通过可视化工具与技术的集成进行统一研究和分析。这种统一的研究和分析反过来又推动着当前科学计算可视化的新发展，使科学可视化工具与技术向着对用户更加友好、对应用领域更加适应的方向发展。数据挖掘与知识发现的许多活动都可以使用可视化理论和工具，如利用可视化技术进行信息传输、数据挖掘和知识发现，最终实现决策支持。可见，数据可视化与知识发现具有相当程度的交织和重叠。

4.3.1　可视化的常用工具

目前，关于挖掘结果的可视化的研究比挖掘算法的研究要相对滞后一些，还没有鲁棒性的显示工具可用。当然其中的一个原因是数据挖掘本身没有一个统一的算法，挖掘的数据不同、目标不同，这意味着存在不同的挖掘算法，从而直接影响结果可视化的形成。

一般地，数据挖掘结果若对应了一元数据，则直方图是可视化的基本工具之一，它显示了位于各个连续区间中的变量值的数目。由于直方图作用于较小的数据集合时，值的随机波动或对区间端点的不同选择会造成直方图的不稳定，因此直方图更适合作为大型数据集的可视化工具。所以，对于一元数据的可视化，适合采用直方图的形式。人们对直方图还做了许多的改进，如采用高斯核函数进行核估计，以对每个被观测的数据点的贡献相对其邻域进行平滑处理。也有的文献提出了利用优化方法拟合未知分布的思想。

在科学计算的可视化领域，散点图是可以同时表示两个变量的标准工具。但在数据挖掘结果的可视化方面，由于数据点数过多，散点图中隐藏的特征比它表现出来的特征要多，这时，散点图几乎不能提供给用户感兴趣的、有用的信息。一些新的可视化工具——等高线、二维曲线等却能克服上述不足。为了表示二维等高线，往往需要建立二维密度估计，即有必要将该方法在二维上做推广。

多维数据的可视化，一般采用散点图矩阵、数据立方体、格架(trellis)图、图标(icon)、平行坐标图、彩色图等方式。其中散点图矩阵不是一种真正的多元解决方案，而是多重的两元解决方案，即将多元数据投影到多个二维图中，每个二维图都忽略了其他变量。数据立方体是一种静态的表示多维数据的可视化工具，在数据仓库中已有成功的应用。格架图是以多个二元图为基础的，与散点图矩阵不同的是，它不是为每对变量绘出一幅散点图，而是固定针对一对要显示的特定变量，以其他一个或多个变量为条件形成的一系列散点图。另外，这时的散点图也可以用直方图、时序图、等高线等图形表示。图标是一些很小的图，不同特征的大小是由特定变量的值决定的。其中，星形图标较常用。在星形图标中，相对于原点的不同方向对应不同的变量，投影在这些方向上的半径长度对应于变量的幅度。平行坐标图以平行的坐标轴来显示变量，用直线连接每个实例的值，这样每个实例便可表示为一条折线。通过不同的色彩也可表示不同的维度，形成多维的可视化表示。

数据挖掘结果的可视化，使所挖掘出的知识可以从两个不同的方面来评价，一是在新数据中如何获取知识，二是所产生的知识的显式描述是否能较好地为用户所理解。因此，在计算机科学领域，产生式(所产生知识的显示表述)是一种经常采用的结果表示方法；而决策树的知识表示最终一般以 IF-THEN 规则形成；语义网络也是一种比较好的可视化表示形式，具有语义清晰、简洁的特点，这方面的研究已有一些文献。

4.3.2 Petri 网的基本概念

Petri 网理论是由 C. A. Petri 于 1962 年在其博士论文中首次提出的。Petri 网是一种系统的数学和图形的描述与分析工具，它既具有严密的数学基础，也具有易理解的可视化表达。由于 Petri 网是一种可用图形表示的组合模型，具有直观、易于理解和易于使用的优点，因此那些具有并发、异步、分布、并行、不确定性和(或)随机性的信息处理系统，都可以利用这种工具构造出相应的 Petri 网模型，然后对其进行分析，以得到有关系统结构和动态行为方面的信息，并由此信息对系统进行评价和改进。所以，Petri 网在计算机网络协议、软件工程、操作系统等方面有着广泛的应用。目前，Petri 网理论已由最初的基本 Petri 网，发展到着色 Petri 网、时间 Petri 网、随机 Petri 网、模糊 Petri 网、开放 Petri 网、层次 Petri 网等高级网。关于基本网与高级网之间的等价谱系，人们也进行了系统的探讨，但其应用并未覆盖所有的领域。

在数据挖掘的可视化领域，除了用图形、图像作为结果的可视化表示外，还有一些表示方法及相应的研究成果出现，如逻辑表示法、语义网络表示法、框架表示法、产生式规则等。基本上这些表示可以分为两种类型，一种是说明性的表示方法，另一种是过程性的表示方法。这两种表示方法都有一定的局限性，只适合于某种特定知识的表示，应用于特定的系统。所以，目前仍缺乏一种鲁棒性的表示方法。本节给出了利用 Petri 网进行挖掘结果表示的鲁棒性方法。在数据挖掘结果表示中使用网理论的最大好处是可以确定状态或状态变化是否真正地同时发生，而纯粹的顺序模型并不能真正反映真实的因果结构。事实上，因果关系在很大程度上刻画了系统的特征。

1. Petri 网的基本概念

Petri 网是由位置、转移和连接位置与转移间关系的有向弧所组成的一种有向图。下面是 Petri 网的形式化定义。

定义 4.2 (静态结构)一个基本 Petri 网 PN 定义为一个三元组：

$$\mathrm{PN}=(P, T, F)$$

其中，$P=\{p_1, p_2, \cdots, p_m\}$为有限位置集；

$T=\{t_1, t_2, \cdots, t_n\}$为有限转移集；

$F\subseteq(P\times T)\cup(T\times P)$是一个二元关系，称为 PN 的流关系，是有向弧的集合，$P\cap T=\varnothing$，$P\cup T\neq\varnothing$；

$\mathrm{DOM}(F)\cup\mathrm{COD}(F)=P\cup T$，$\mathrm{DOM}(F)=\{x\mid\exists y:(y,x)\in F\}$，$\mathrm{COD}(F)=\{x\mid\exists y:(x,y)\in F\}$。

一般地，在Petri网的图形表示中，位置用圆圈表示，转移用方块表示，流关系用圆圈与方块间相应的有向弧表示。为叙述方便，需定义位置或转移的前集和后集。

定义4.3 令$\mathrm{PN}=(P,T,F)$为Petri网。${}^*x=\{y|(y,x)\in F\}$，称为x的前集或输入集；$x^*=\{y|(x,y)\in F\}$，称为x的后集或输出集。

定义4.4（动态结构） 一个具有动态特征的Petri网可表示为六元组：

$$\mathrm{PN}=(P,T,F,K,W,M_0)$$

其中，P、T、F的含义同定义4.2；$K:P\to N^+\cup\{\omega\}$是位置上的容量函数，$\mathbf{N}^+=\{1,2,\cdots\}$是正整数集合，若$K(P)=\infty$，表示位置$P$的容量为无穷；$W:F\to\mathbf{N}^+$是弧集合上的权函数；$M:P\to\mathbf{N}$是Petri网的标识，$M_0$为初始标识，$\mathbf{N}=\{0,1,2,\cdots\}$是非负整数集合，$\forall p\in P$，必须满足$M(p)\leqslant K(p)$。

Petri网的动态行为是通过转移启动而引起标识的改变来体现的，定义4.5是转移有效的条件和启动的结果。

定义4.5 (1) 转移t有效的条件：若在标识M下，$\forall p_1$，$p_1\in{}^*t\Rightarrow M(p_1)\geqslant W(p_1,t)$，且$\forall p_2$，$p_2\in t^*\Rightarrow M(p_2)+W(t,p_2)\leqslant K(p_2)$，则称$t$在$M$下有效，记为$M[>$。

(2) 转移t启动的结果：若t在M下有效，t就可以启动，启动后将M变成新标识M'，记为$M[>M'$，并称M'为M的标识。$\forall p\in P$，有

$$M'(p)=\begin{cases}M(p)-W(p,t), & p\in{}^*t-t^*\\ M(p)+W(t,p), & p\in t^*-{}^*t\\ M(p)-W(p,t)+W(t,p), & p\in{}^*t\cap t^*\\ M(p), & p\notin{}^*t\cap t^*\end{cases}$$

定义4.6（模糊Petri网） 一个模糊Petri网是一个六元组$\mathrm{FPN}=(P,T,I,O,\tau(t),S_o(p))$，其中，$P$是一个位置的有限集合；$T$是一个转移的有限集；$I$是$P\times T$上的一个模糊关系；$O$是$T\times P$上的带标识的一个模糊关系；$\tau(t)$是定义在$T$上的一个取值于[0，1]实数中的函数；$S_o(p)$是定义在$P$上的一个取值于[0，1]实数中的函数，表示位置结点在网运行开始时的初始状态，称为初始资源分配。

一般地，模糊Petri网是在基本Petri网的基础上扩充了模糊处理能力得到的，与基本Petri网相比具有以下特点：

(1) 位置结点具有启动阈值$\tau(0<\tau\leqslant1)$。图4.14中(a)为转移结点，(b)为位置结点，位置结点中的Token为模糊数t_k。

(2) 模糊Petri网中的有向边分为输入弧和输出弧。对任一结点而言，指向它的弧为输入弧，离开它的弧为输出弧。在输入弧和输出弧上有弧的连接强度值α_i和β_j。

(3) 位置结点容量的取值范围是[0, 1]，转移结点是否启动取决于各输入弧上的输入量、连接强度及其某个相应计算函数（称为输入强度）的值是否大于该转移结点的启动阈值。

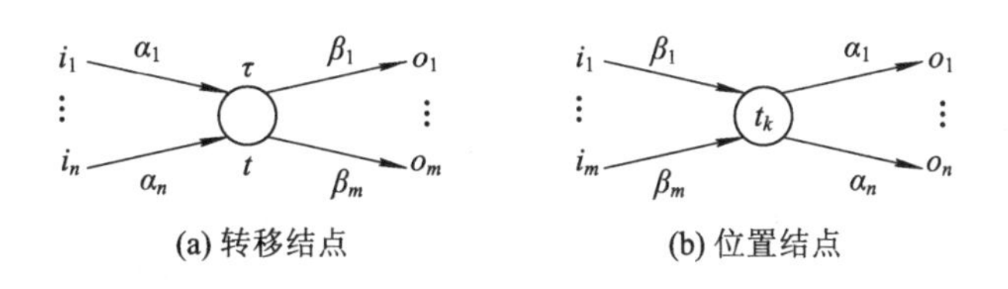

图 4.14　模糊 Petri 网的基本表示

(4) 模糊 Petri 网就是上述两种模糊结点通过输入和输出弧连接而成的带标识的图。

类似地，也可定义模糊 Petri 网中任一结点的前集、后集等。

定义 4.7　设模糊 Petri 网 FPN=$(P, T, I, O, \tau(t), S_o(p))$是一个 Petri 网，$x\in P\cup T$ 是 FPN 中的任一结点，令$^*x=\{y|(y, x)\in P\times T\cup T\times P\}$，称为 x 的前集或输入集，$x^*=\{y|(x, y)\in P\times T\cup T\times P\}$，称为 x 的后集或输出集。显然，$x\in P\Rightarrow {}^*x\cup x^*\in T$，$x\in T\Rightarrow {}^*x\cup x^*\in P$。

定义 4.8　(1) 转移启动的条件：若在标识 M 下，$\forall p_i, p_i\in {}^*t\Rightarrow \sum_i M(p_i)\times\alpha_i>\tau(t)$，则称 t 在 M 下是有效的，其中，$M(p_i)$为位置结点 p_i 在标识 M 下含有的 Token，α_i 是转移 t 连接位置 p_i 的输入弧上的连接强度。

(2) 转移启动的结果：若 t 在 M 下有效，t 就可以启动，启动后将 M 变成新标识 M'，记为 $M\xrightarrow{t}M'$，并称 M'为 M 的后继标识。$\forall p\in P$，位置结点中的 Token 有如下变化：

$$M'(p)=\begin{cases}0, & p\in {}^*t-t^*\\ F[M(p), \mathrm{ST}(t), \beta_{t\to p}], & p\in t^*-{}^*t\\ M(p), & p\notin t^*\cup {}^*t\end{cases}\qquad(4-20)$$

其中，ST 为输入强度计算函数；F 为新标识 M'下位置 p 中 Token 变化的计算函数，具体算式要根据不同的应用而定。

从上述定义不难看出，基本 Petri 网是模糊 Petri 网的特例。

2. Petri 网的特性及用于挖掘可视化的特点

一般的 Petri 网具有以下特性：

(1) 可达性：指系统运行过程中能达到指定的状态。状态 M_1 从 M 可达，是指存在有关转移发生序列 σ，使得 $M[\sigma]>M_1$。

(2) 有界性(安全性)：反映系统运行过程中对资源变量的需求。在理论分析时常可假定位置容量为无穷。但在实际系统设计中，必须使网络中的每个位置在任何状态下的标志数小于位置的容量，以保证系统的正常运行，不至于产生溢出。

（3）活性：表明系统能正常运行，即无死锁。

（4）回复性：表明系统运行的周期性或循环性。

（5）公平性：公平性反映系统的无饥饿性，即系统的各个子部分在竞争共享资源时不出现饥饿现象。

（6）可逆性：表明系统运行的可恢复性。

（7）保守性：表明在实际系统中的资源是受限的，即保守的。

（8）一致性：对并行系统和并行算法比较重要，表明系统的两个行为之间不存在冲突。

Petri 网适合于进行数据挖掘结果的可视化，是因为 Petri 网可描述系统中发生的变化、变化发生的条件以及发生后的影响、变化间的关系等。作为一种可视化模型，Petri 网具有以下特点：

（1）从组织结构的角度和从控制与管理的角度模拟系统，不涉及系统所依赖的具体原理。

（2）精确描述系统中事件的依赖关系和非依赖关系，这是事件之间存在的，不依赖于观察的关系。

（3）适用于描述以规则行为为特征的系统。

（4）用统一的语言描述系统结构和行为。

（5）具有与应用环境无关的动态行为，可作为独立的研究对象。

（6）可以在不同的应用领域得到不同的解释，从而起到沟通不同领域间桥梁的作用。

（7）适于描述同步并发系统，为解决下述问题提供了新途径：

① 属于不同系统的事件之间的并发问题；

② 局部目标和全局目标之间的冲突问题；

③ 资源有限带来的限制问题；

④ 不同类型信息流的统一描述问题；

⑤ 不同机器和不同用户之间不同类型接口的问题。

3. Petri 网分析方法

通常的 Petri 网 $PN=(P, T, F, K, W, M_0)$分为两个部分：一是结构部分，$\Sigma=(P, T, F)$；二是参数部分，$L=\Sigma(K, W, M_0)$。由 Σ 和 L 可以确定 Petri 网的静态特性，而动态特性则必须分析 Petri 网的演变过程才能得到。Petri 网在演变过程中将产生两种序列：由 Petri 网的标志变化组成的序列——状态演变序列；由 Petri 网的标志变化所必须发生的转移组成的序列——转移发生序列。对于有界 Petri 网，一般采用可达标识图，以分析可达状态、可逆性、活性、公平性和位置有界性等。对于无界 Petri 网，可采用可覆盖树或可覆盖图分析 Petri 网的有界性、部分活动性等。状态方程可用来分析 Petri 网中不依赖于初始标志，而仅和网结构有关的特性，如结构有界性、结构公平性和可重复性等。状态方程法适合于事件图的性能分析。不变量有位置不变量（P-不变量）和转移不变量（T-不变量）。P-不变量反映部分位置的 Token 数的一种加权守恒性，可用于研究网的死锁性（活性）、互斥行为和错误恢复等；T-不变量表示使状态回归的可能转移序列，可用于分析网的周期性和循环性等。一个转移序列是一个字符串，字符串集合是一种语言。所有转移序列的集合表征了一个 Petri 网，可用网中可能出现的转移序列来分析 Petri 网的性能。一般地，语言分析方法的第一步是标识 Petri 网，标识 Petri 网中的每个转移对应于字母表中的一个符号，转移序列就对应了一个语言，可用于 Petri 网的规范和自动综合。若一个系统所要求的行为可用一种语言来描述，则有可能自动综合出一个 Petri 网，使其语言即为所要求的行为语言。Petri 网的许多性能由网的结构所决定。所以，利用转移之间的顺序关系、选择关系、冲撞关系、同步异步关系以及守恒性等，可研究网的性能。当系统规模较大时，可采用分层的方法进行分析和可视化。

4.3.3 基于 Petri 网的鲁棒性的可视化模型

一般情况下，数据挖掘结果的表示更多地采用了一阶逻辑、产生式规则、语义网络等形式，结果表示时缺乏鲁棒性，可视化程度不高。下面给出了一种鲁棒性的统一的框架，可用于数据挖掘结果的表示。

1. 用于逻辑表示的 Petri 网模型

Horn 子句与一阶逻辑具有相同的表达能力，即任何一个谓词公式都可转换为等价的一组 Horn 子句。因此，对一阶逻辑的讨论可归结为对 Horn 子句的讨论。

一个 Horn 子句一般具有以下形式：

$$B: -A_1, A_2, \cdots, A_n$$

其中，“-”的含义为：若 $A_1, A_2, \cdots, A_n$ 所有条件都成立，则蕴涵结论 B 也成立。在 Horn 子句中，可以有零个或多个条件的“与”，但最多只能有一个结论。有四种不同形式的 Horn 子句及相应的表示：

(1) 条件和结论均非空的子句：

$B: -A_1, A_2, \cdots, A_n (n \geqslant 1)$

其 Petri 网模型如图 4.15 所示。

(2) 空条件的 Horn 子句：

$B: -$

这类子句可被解释为“事实”，一个事实“B”在 Petri 网中可被描述为一个源转移。其 Petri 网模型如图 4.16 所示。

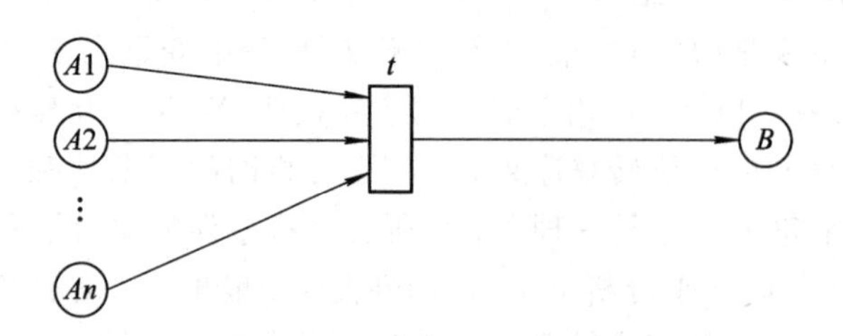

图 4.15　条件和结论非空的 Horn 子句

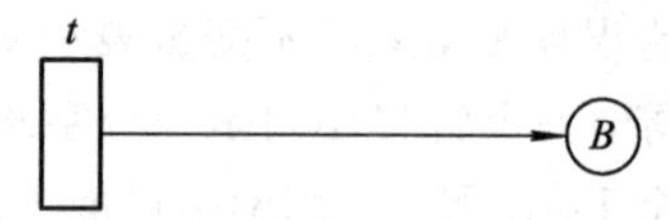

图 4.16　空条件的 Horn 子句

(3) 结论为空的子句：

$-A_1, A_2, \cdots, A_n (n \geqslant 1)$

这类子句可被解释为"目标"子句，它是要被证明的。其 Petri 网模型如图 4.17 所示。

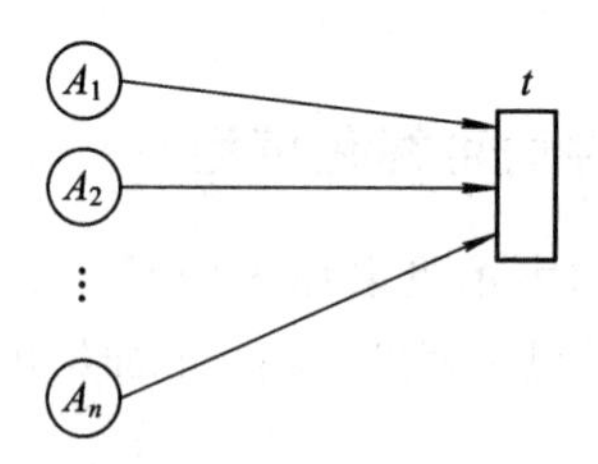

图 4.17　结论为空的 Horn 子句

(4) 空子句：这类子句可被解释为不一致，在 Petri 网的推理算法中表示结束。

设有关联规则如下，其相应的 Horn 规则、Petri 网模型如图 4.18 和图 4.19 所示。

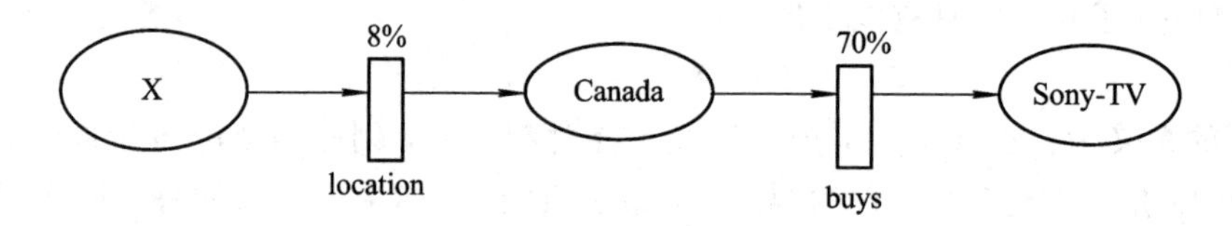

图 4.18　关联规则①的 Petri 网模型

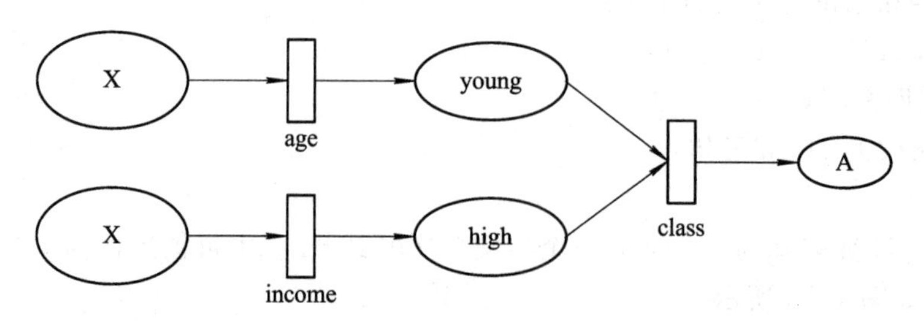

图 4.19　分类挖掘结果的 Petri 网模型

① location(X, "Canada")⇒buys(X, "Sony-TV") [8%, 70%]

Horn 规则：

buys(X, "Sony-TV")：-location(X, "Canada")

② age(X, "young")and income(X, "high") ⇒class(X, "A")

Horn 规则：

class(X, "A")：-age(X, "young"), income(X, "high")

③ age(X, "young")and income(X, "low") ⇒class(X, "B")

Horn 规则：

class(X, "B")：-age(X, "young"), income(X, "low")

其 Petri 网模型类似于图 4.19。

④ age(X, "old")⇒class(X, "C")

Horn 规则：

class(X, "C")：-age(X, "old")

其 Petri 网模型类似于图 4.18。

2. 语义网络的 Petri 网模型

语义网络用来模拟人类的联想记忆，它基于一种古老而简单的思想——人类的记忆是由概念及概念之间的联系产生的。语义网络是一个带有标识的有向图。该有向图可转换为 Petri 网，即将图中的结点转换为 Petri 网中的位置，每条有向边都变为一个转移，结点的〈属性，值〉和结点分开表示。如语义网络如图 4.20 所示，图 4.21 为其相应的 Petri 网模型。

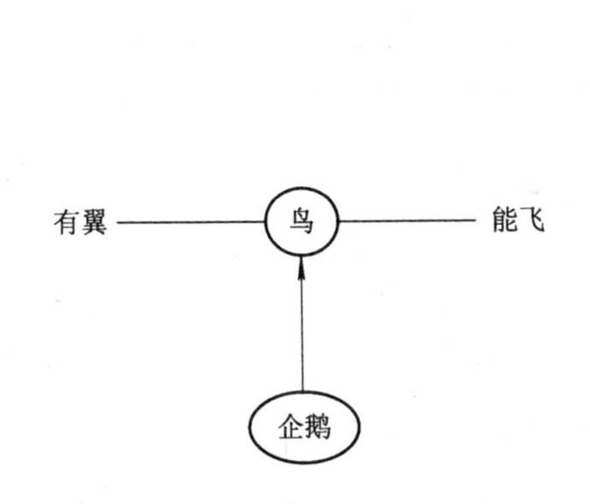

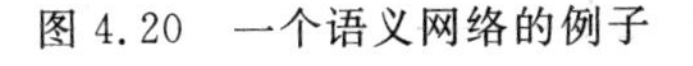
图 4.20　一个语义网络的例子

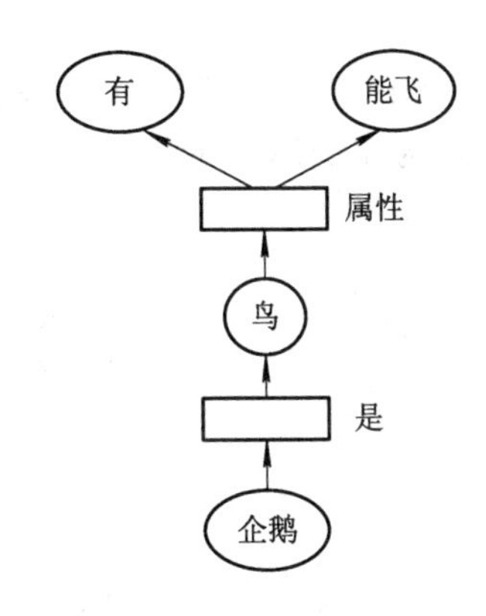

图 4.21　语义网络的 Petri 网模型

语义网络表示知识的手段是多种多样的，如标记结点、深度格、分块技术等。网络分块技术把语义网络中某些结点和弧结合起来形成一个更大的单位，即空间。一个空间通常可以表示一个完整的意思。分块网络中的空间可以互相包含或相交；一个结点可以属于一个或多个空间，弧也如此。空间作为一个特殊的结点也可以用弧来连接，这里称该空间为超结点。将语义网络分块后，可转化为相应的 Petri 网模型。每个超结点对应着 Petri 网模型位置集合中的一个元素，而超结点间的逻辑关系可相应地用弧及转移表示出来。

3. IF-THEN 规则的 Petri 网模型

一般地，IF-THEN 规则的基本形式有以下五种：

① IF P1 THEN P2

② IF P1 THEN P2 OR P3

③ IF P1 THEN P2 AND P3

④ IF P1 AND P2 THEN P3

⑤ IF P1 OR P2 THEN P3

在人工智能中，IF-THEN 规则往往表示为一棵或多棵“与/或”树，用带圆弧的线表示“与”的关系，不带圆弧的线表示“或”的关系。上述规则的“与/或”树表示如图 4.22 所示。

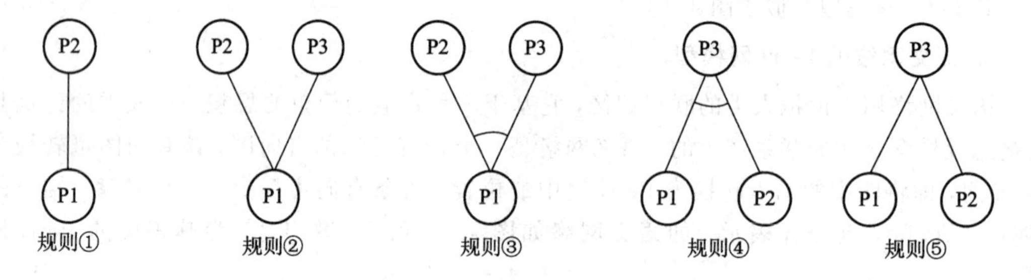

图 4.22 IF 规则的“与/或”树

在 Petri 网模型中，将“与/或”树做适当的变换，即用转移代替每条规则，其输入为 IF 的条件，而输出为 THEN 后的结论。图 4.22 中“与/或”树对应的 Petri 网模型如图 4.23 所示。

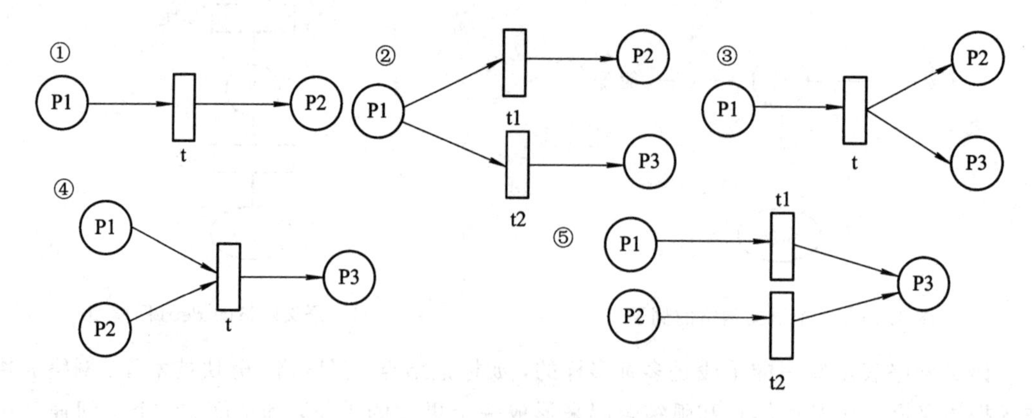

图 4.23 IF-THEN 规则的 Petri 网模型

4. 模糊规则的 Petri 网模型

设有模糊规则"IF　天气冷　THEN　温度低($\tau=0.9$)"，τ 为规则的置信度阈值，则该规则的模型如图 4.24 所示。

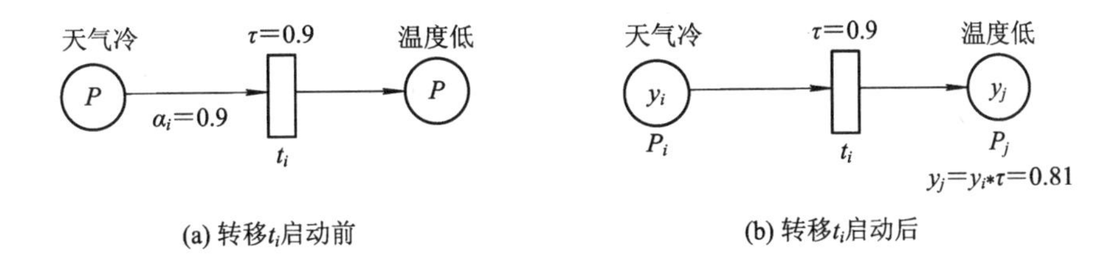

图 4.24　模糊 Petri 网转移启动

5. 举例

以泛化关联规则挖掘为例，若有概念分层图如图 4.25 所示，为方便起见，将概念树中的各结点简化表示如表 4.7 所示。相应的事务数据库见表 4.8。设支持度为 40%，系统的动态变化过程如图 4.26 和图 4.27 所示。

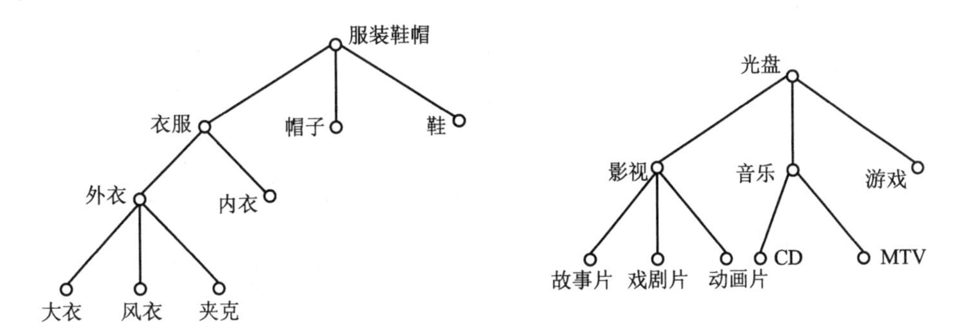

图 4.25　事务数据库的概念分层图

表 4.7　各结点的简化表示

大衣	A	帽子	G	影视	M
风衣	B	鞋	H	CD	N
夹克	C	服装鞋帽	I	MTV	O
外衣	D	故事片	J	音乐	P
内衣	E	戏剧片	K	游戏	Q
衣服	F	动画片	L	光盘	R

表 4.8　事务数据库 TDB

TID	项 集
10001	{B,H,N,G}
10002	{C,E,O}
10003	{H,J}
10004	{C,E,J}
10005	{E,Q,L}

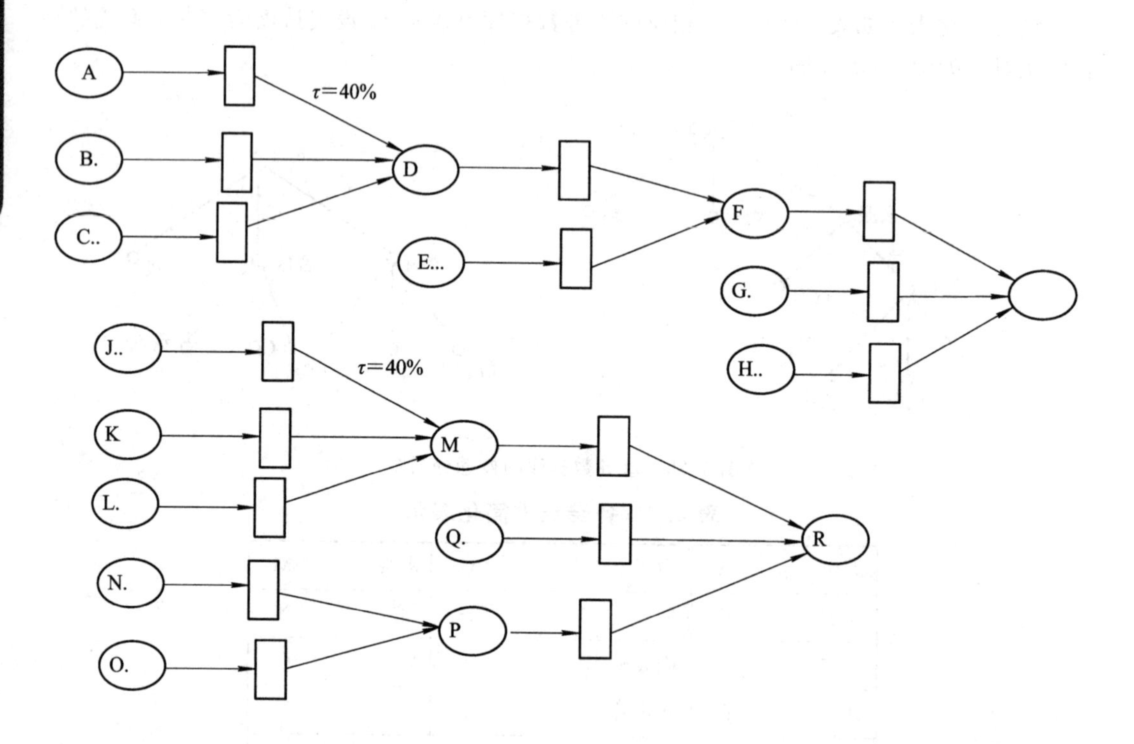

图 4.26　泛化关联规则实例的 Petri 网(未启动前)

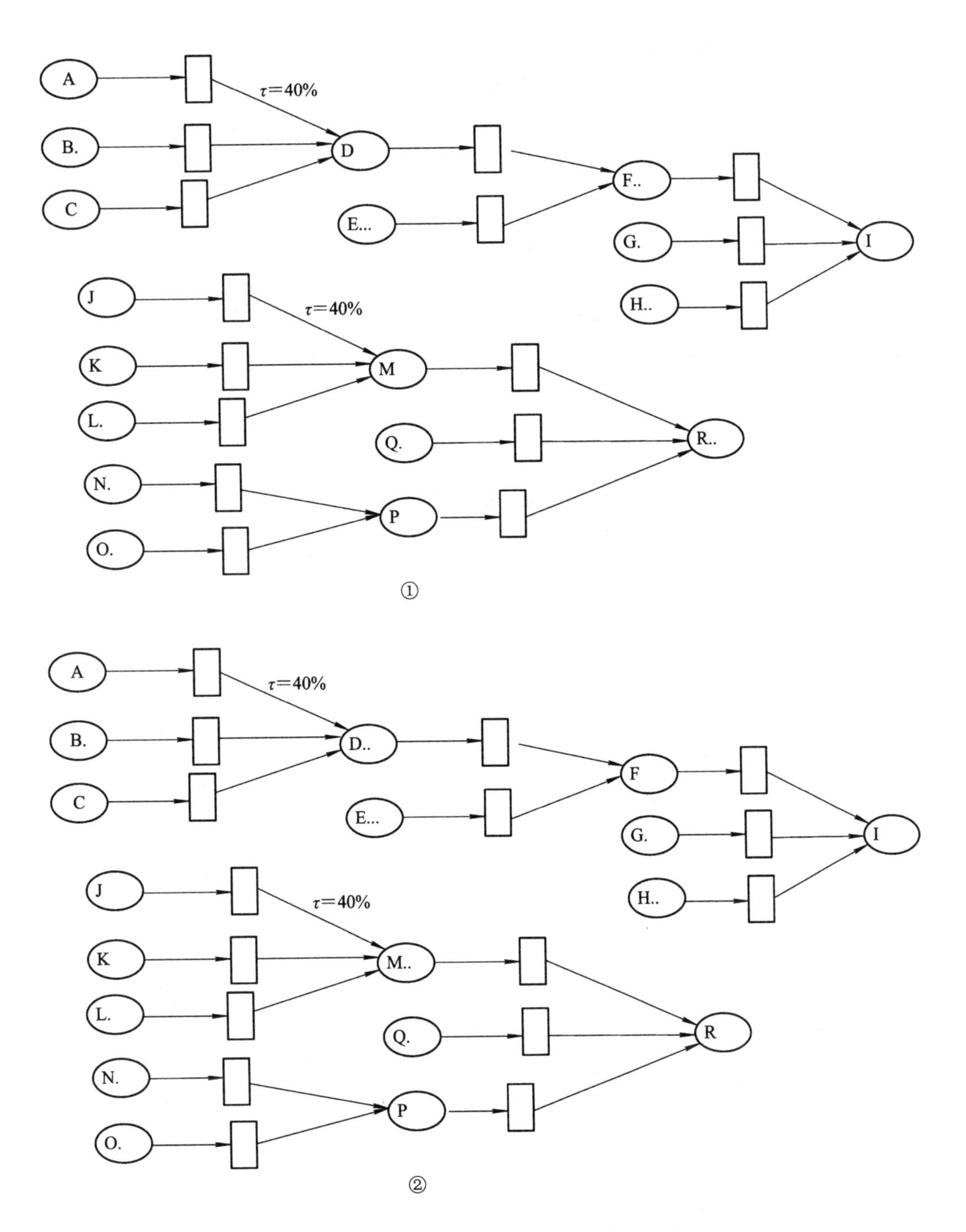

图 4.27　①和②为转移启动后的部分结果

转移启动的条件实际上是位置中的 Token 数至少为两个点，在初始资源分配的情况下，满足启动条件，则可产生转移，从而有图 4.27 所示的结果，其中 1-大项集为{C}，{D}，{E}，{F}，{H}，{I}，{J}，{M}，{P}和{R}。而 2-大项集、3-大项集必须满足引理 4.5、引理 4.7 和定理 4.1 的条件，也易于从图中获得。结果同 4.3.2 小节的内容，这里不再赘述。

习　题

1. 给出一个例子，其中数据挖掘对于工商企业的成功是至关重要的。该工商企业需要什么数据挖掘功能(例如，考虑可以挖掘何种类型的模式)？这种模式能够通过简单的查询方式处理或同级分析得到吗？

2. 天气数据如表 4.9 所示，天气因素有温度、湿度和风况等，通过给出数据，使用算法学习分类，输出一个人是否运动与天气之间的结果。

表 4.9　天气数据

天气	温度	湿度	风况	运动
晴	85	85	无	不适合
晴	80	90	有	不适合
多云	83	78	无	适合
有雨	70	96	无	适合
有雨	68	80	无	适合
有雨	65	70	有	不适合
多云	64	65	有	适合
晴	72	95	无	不适合
晴	69	70	无	适合
有雨	75	80	无	适合
晴	75	70	有	适合
多云	72	90	有	适合
多云	81	75	无	适合
有雨	71	80	有	不适合

3. 表 4.10 由雇员数据库训练的训练数据组成。

表 4.10 训练数据

Department	Status	Age	Salary	Count
Sales	senior	31～35	46k～50k	30
Sales	junior	26～30	26k～30k	40
Sales	junior	31～35	31k～35k	40
Systems	junior	21～25	46k～50k	20
Systems	senior	31～35	66k～70k	5
Systems	junior	26～30	46k～50k	3
Systems	senior	41～45	66k～70k	3
Marketing	senior	36～40	46k～50k	10
Marketing	junior	31～35	41k～45k	4
Secretary	senior	46～50	36k～40k	4
Secretary	junior	26～30	26k～30k	6

(1) 如何使用组织分类算法，以便考虑每个广义数据元组(即每一行)的 Count?

(2) 给定一个数据元组，它的属性 Department、Age 和 Salary 的值分别为“system”“26～30”和“46k～50k”。该元组 Status 的朴素贝叶斯分类是什么?

(3) 为给定的数据设计一个多层前馈神经网络，并标记输入层和输出层节点。

(4) 使用上面得到的多层前馈神经网络，给定训练实例(sales，senior，31～35，46k～50k)，给出后向传播算法一次迭代后的权重值。给出你使用的初始权重、偏置和学习率。

延伸阅读

[1] GEHRKE J，RAMAKRISHNAN R，GANTI V. Rainforest：Aframework for Fast Decision Tree Construction of Large Datasets. In Proceeding 1998 International conference Very Laege Data Bases (VLDB'98)，New York，1998：416-427.

[2] HECKERMAN D. Bayesian Network for Data Mining. Data Mining and Knowledge Discovery，1997，1：79-119.

[3] SYED N A，LIU H，SUNG K K. Handling Concepts Drifts in Incremental Learning with Support Vector Machine. In Proceeding 1999 International Conference Knowledge Discovery in Large Databases，San Diego，CA.

[4] 陈莉，焦李成. 文本挖掘与数据降维技术. 西北大学学报(自然科学版)，2003，33(3)：267-271.

[5] 王磊，潘进，焦李成. 免疫算法. 电子学报，2000，28(7)：74-78.

本章参考文献

[1] BOLSTAD P, STOWE T. An evaluation of DEM accuracy - elevation, slope, and aspect. Photogrammetric Engineering and Remote Sensing, 1994, 60 (11): 1327-1332.

[2] CHANG K, TSAI B. The effect of DEM resolution on slope and aspect mapping. Cartography and Geographic Information Systems, 1991, 18: 69-77.

[3] CARTER J. The effect of data precision on the calculation of slope and aspect using gridded DEMs. Cartographica, 1992, 29(1): 22-34.

[4] GAO J. Resolution and accuracy of terrain representation by grid DEMs at a micro-scale. INT. J. Geographical Information Science, 1997, 11(2): 199-212.

[5] TANG G A, YANG Q K, ZHANG Y, et al. A Research on The Accuracy of Slope Derived From DEMs of Different Map Scales. Bulleten, 2001.

[6] JOHN P W, JOHN C G. Terrain Analysis: Principles and Applications. New York City: Wiley Press, 2001.

[7] HOLMES K W, CHADWICK O A, KYRIAKIDIS P C. Error in a USGS 30-meter digital elevation model and its impact on terrain modeling. Journal of Hydrology, 2000, 233 (1-4): 154-173 .

[8] FLORINSKY I V. Accuracy of local topographic variables derived from digital elevation model. IJGIS, 1998, 12(1): 47-61.

[9] CHEN L D, WANG J, FU B J, et al. Land-use change in a small catchment of northern Loess Plateau. Agriculture Ecosystems & Environment, 2001, 86(2): 163-172.

[10] LOH W Y, SHIH Y S. Split Selection methods for Classification Trees. Statistica Sinica, 1997, 7: 815-840.

[11] MEHTA M, AGRAWAL R, RISSANEN J. SLIQ: A Fast Scalable Classifier for Data Mining. In Proceeding 1996 International conference Extending Database Technology(EDBT'96), Avignon, France, Mar, 1996.

[12] SHAFER J, AGRAWAL R, MEHTA M. SPRINT: A Scalable Parallel Classifier for Data Mining. In Proceeding 1996 Internatioanl Conference Very Large Data Bases(VLDB'96), Bombay, India, Sept, 1996: 544-555.

[13] 汤国安，赵牡丹，李天文，等. DEM提取黄土高原地面坡度的不确定性. 地理学报，2003，58(6): 824-830.

[14] 陈莉. 数据挖掘与虚拟数据库. 四川师范大学学报(自然科学版)，1998，21(6): 657-661.

[15] LAM W, RUIZ M, SRINIVASAN P. Automatic Text Categorization and Application to Text Retrieval. IEEE Trans. on Knowledge and Data Engineering, 1999, 11(6): 865-879.

[16] 陈莉，焦李成. 基于模糊语义关联度的WEB挖掘. 西安电子科技大学学报，2001，增刊: 83-86.

[17] GUNES V, LOONIS P, MÉNARD M. A Fuzzy Petri Net for Pattern Recognition Application to Dynamic Classes. Knowledge and Information System, 2002, 4: 112-128.

[18] CHEN S M. Weighted Fuzzy Reasoning Using Weighted Fuzzy Petri Nets. IEEE Trans. on Knowledge and Data Engineering, 2002, 14(2): 386-397.

第5章 数据挖掘中的图像表示与数据预处理

在图像数据挖掘中，图像表示是图像处理领域中的基本问题。有效的图像数据表示是高效准确的图像处理工作(如图像压缩、去噪、特征提取等)的核心与保障。目前，主要的图像表示方法包括多尺度几何表示、稀疏表示、图像超分辨表示等。近年来，随着图像表示的不断发展，许多图像表示新方法给图像处理技术带来了崭新的活力，这些方法包括余弦包、边缘小波、脊波、曲线波等。开展基于图像表示的研究，可为图像表示提供新的理论和方法，有利于推动图像处理领域的发展，具有重要的研究意义和应用价值。

5.1 多尺度几何表示

近年来，多尺度几何分析(Multisacle Geometric Analysis)思想渐渐被人们所熟悉，它致力于构建最优逼近意义下的高维函数表示方法，用于检测、处理、表示某些高维空间数据，这些空间的主要特点是：其中数据的某些重要特征集中体现于其低维子集中，如曲线、曲面等。例如对于二维图像，主要特征可以由边缘刻画，而在3D图像中，其重要特征又体现为丝状物(filaments)和管状物(tubes)。目前已经提出的MGA分析方法主要有Candès E.和David Donoho提出的脊波变换(Ridgelet Transform)、单尺度脊波变换(Monoscale Ridgelet Transform)和Curvelet变换，E. Le. Pennec和Mallat提出的Bandlet变换，M. N. Do和Martin Vetterli提出的Contourlet变换，Meyer提出的Brushlet变换等。这些变换工具能充分利用图像自身结构的几何正则性，其基函数的支撑区间与小波的正方形结构(即各向同性)不同，而是“长条形”结构(即各向异性)。这种基函数的结构相对于小波函数而言，是从正方形的支撑区间变成了长方形的支撑区间，这实际上是基函数方向性的体现，因此，多尺度几何分析工具在对直线或曲线状奇异性进行表示的时候，可以用较少的基函数获得同样或者更好的表示，即更稀疏的表示。

小波分析兴起于20世纪80年代，是继Fourier变换之后的一大革新，被称为“数学显微镜”，可以母函数的伸缩和平移完成图像由粗到细的分辨。小波理论日渐成熟，Mallat使用多分辨分析的概念统一了各种具体小波基的构造方法。多分辨分析的思想对于信号处理的影响不断扩大，并且在图像处理领域中得到了成功应用。

人眼观察物体时，若距离物体比较远，即尺度较大，则视野宽、分辨能力低，只能观察事物的概貌而看不清局部细节；若距离物体较近，即尺度较小，那么视野就窄而分辨能力高，可以观察到事物的局部细节却无法概览全貌。因此，如果既要知道物体的整体轮廓又要看清其局部细节，就必须选择不同的距离对物体进行观察。和人类的视觉机理一样，人们对事物、现象或过程的认识会因尺度选择的不同而得出不同的结论，这些结论有些可能反映了事物的本质，有些可能部分地反映，有些甚至是错误的认识。显然，仅使用单一尺度通常只能对事物进行片面的认识，结果不是只见“树木”不见“森林”，就是只见“森林”不见“树木”，很难对事物有全面、清楚的认识。只有采用不同的尺度——小尺度上看细节，大尺度上看整体，多种尺度相结合才能既见“树木”又见“森林”。另一方面，在自然界和工程实践中，许多现象或过程都具有多尺度特征或多尺度效应，同时，人们对现象或过程的观察及测量往往也是在不同尺度上进行的。因此，多分辨(多尺度)分析是正确认识事物和现象的重要方法之一。

由粗到细或由细到粗地在不同尺度(分辨率)上对事物进行分析称为多分辨(多尺度)分析。多尺度分析最早用于计算机视觉研究领域，研究者们在划分图像的边缘和纹理时发现边缘和纹理的界限依赖于观察与分析的尺度，这激发了他们在不同尺度下检测图像峰变点的热情。1987 年，Mallat 将计算机视觉领域内多尺度分析的思想引入小波分析中，研究小波函数的构造及信号按小波变换的分解和重构，提出了小波多分辨分析的概念，统一了此前各种具体小波的构造方法。Mallat 的工作不仅使小波分析理论取得了里程碑式的发展，同时也使多分辨分析在众多领域取得了许多重要的理论和应用成果。

目前，小波分析已经成为应用最广泛的多分辨分析。小波对含点状奇异的目标函数是最优的基，在分析这类目标时小波系数是稀疏的。但是对具有线状奇异的函数，小波系数则不再稀疏，此时小波基和傅里叶基都不是最优基。在高维情况下，小波分析不能充分利用数据本身所特有的几何特征，而具有突出几何特征的边缘处正是图像中的不连续处，即有奇异性的地方。因此尽管有很多新的方法用于改进小波的效果，但是并没有从根本上解决这一问题。

多尺度几何分析工具的基函数具有如下优越性：

(1) 多尺度(Multiresolution)，以保证可以连续地细化图像；

(2) 局部性(Localization)，以达到空域和频域的精确定位；

(3) 严格采样(Critical sampling)，以保证系统的完全重构性；

(4) 多方向性(Multi-directional，M-DIR)，以匹配自然界中各个方向的需求；

(5) 各向异性(Anisotropic)，以做到最稀疏、最优的表示。

多尺度几何分析工具的不断涌现，一方面说明多尺度几何分析是当前科学研究的一个重点；另一方面，在某种程度上也说明没有哪种方法是能解决所有问题的。为解决特定的问题，提出特定的工具，这些特定的工具也将在某些领域具有相对突出的效果。但随着待解决问题的变化，这些特定的工具仍需不断地进行改进和完善。

继小波分析之后发展起来的多尺度几何分析，其发展的目的和动力是要致力于发展一种新的高维函数的最优表示方法，以检测、表示、处理某些高维空间数据。本节在小波变换的基础上，针对几种多尺度几何变换方法进行介绍。

5.1.1 Ridgelet 变换

Ridgelet(脊波)变换是在小波分析、现代调和分析以及群展开理论的基础上提出来的，是一种新的能更好地表示高维奇异性的多变量函数逼近工具。1998 年，Candès 在其博士论文中提出了脊波变换，并给出了其基本理论框架。1999 年，Candès 又给出了单尺度脊波变换，并给出了其构建方法。2003 年，侯彪等给出了一种脊波变换的实现方法。2004 年和 2005 年，焦李成和谭山等构造出了一种脊波框架和一种双正交脊波框架。

严格的数学证明表明：脊波以稳定的和固定的方式，用一系列基函数的叠加来表示相当广泛的函数类，换句话说，脊波能够提供一种具体的和稳定的多变量函数的具体表示形式。脊波域中的直线奇异性借助 Radon 变换转化为 Radon 域中的点奇异性，然后利用相应的小波来处理这种点奇异性。脊波的定义如下：

定义 5.1 若函数 ψ: $\mathbf{R}\rightarrow\mathbf{R}$ 满足

$$K_{\psi}=\int\frac{|\hat{\psi}(\omega)|^2}{|\omega|^d}\mathrm{d}\omega<\infty \tag{5-1}$$

则称 ψ 是 d 维空间的容许神经激活函数(Admissible Neural Activation Function)。由满足容许性条件的函数 ψ 生成的脊函数$\psi_r=a^{-\frac{1}{2}}\psi\left(\frac{u\cdot x-b}{a}\right)$就称为脊波。其中参数 a、u、b 分别表示脊波的尺度、方向和位置。在用于二维图像处理时，取 $d=2$，$a=2$。

由脊波的定义可知：基函数的支撑区间是带状区域$\{x\in\mathbf{R}^d\,|\,|u\cdot x-b|<c\}$，在垂直于脊线 $u\cdot x=b$ 方向的横截面上是一条形似小波的曲线。脊波函数基于小波，并增加了沿脊线的方向信息，从而可以有效地表示或检测信号中具有方向性的线状奇异特性。

二维空间中的 Radon 变换可以具体地写为

$$Rf(\theta,\ t)=\int f(x_1x_2)\delta(x_1\cos\theta+x_2\sin\theta-t)\mathrm{d}x_1\mathrm{d}x_2 \tag{5-2}$$

其中 δ 表示 Dirac 函数。一个函数的脊波变换系数就可以看作首先对它作 Radon 变换，再对其作小波变换后得到的系数：

$$\langle f,\ \psi_{j,l,k}\rangle=\langle Rf(\theta_{j,l},\ t),\ \psi_{j,k}\rangle \tag{5-3}$$

其中$\psi_{j,k}=2^{j/2}\psi(2^jt-k)$就是通常的小波函数，$\theta_{j,l}$，$t=2\pi\,\theta_0 l2^{-j}$为表征信号方向的角度参数的离散化形式。

5.1.2 Curvelet 变换

边缘是图像的不连续性所在，亦即具有一维奇异性或线状奇异性的地方，而通常的边缘不是直线型的。由脊波变换、Radon变换和小波变换的关系可知，脊波变换对含直线状奇异性的多变量函数具有良好的逼近性能，然而，对于含曲线状奇异性的函数，其逼近性能只相当于小波变换，并不能得到最优的非线性逼近。在二维情况下，标准正交的脊波分析等价于Radon域中的非正交小波分析，则对一个具有曲线（而非直线）奇异性的目标来说，经Radon变换后，奇异性仍旧是一个曲线，而不是一个点，奇异性的小波表示将不是稀疏的，因此它的脊波表示的系数也不是稀疏的。

为解决这个问题，Candès给出了一种方案，即用单尺度脊波来表示这种曲线奇异性，并构造了$L^2[0, 1]$上的局部脊波框架，这在一定程度上解决了曲线状奇异性的表示问题，其基本思想是：当把曲线无限分割时，每一小段可以近似地看作是直线段，这时就可以把脊波分析应用到这些直线段上。同时Candès也给出了N项重构的逼近速率。

单尺度脊波在一个基准尺度s上进行脊波变换，基于此，Candès和Donoho又提出一种基于脊波变换的工具，即Curvelet（曲线波）变换，它是由一种特殊的滤波过程和多尺度脊波变换组合而成的，可在所有可能的尺度$s \geqslant 0$上进行脊波变换。相对于脊波变换处理直线状奇异性的特性，曲线波变换能较好地处理曲线状奇异性。如果二维图像信号具有曲线状奇异性，而且曲线是二次可微的，那么曲线波可以跟踪这条曲线，并给出渐进最优的表示。曲线波的一个核心关系是基函数支撑区间的各向异性，即width≈length^2。对于同样的边缘，曲线波可以用比小波少得多的基函数获得更好的逼近效果。相对于脊波变换而言，曲线波变换的优势在于对曲线状奇异性的渐进最优表示。研究表明：对于分段C^2的曲线状奇异性，曲线波变换具有渐进最优的表示；但对于不是由分段C^2的边缘构成的信号，曲线波变换就失去了其最优逼近性能；对于有界变化的不规则曲线，其效果甚至还不如小波精确；而且，对于边缘是$C^\alpha(\alpha>2)$的函数，曲线波变换的逼近衰减率保持为2，而不是所希望的最优逼近阶α。

5.1.3 Contourlet变换

Contourlets（轮廓波）是Vetterli和Do于2002年提出的一种真正的图像二维表示方法，又称为塔形滤波器组（Pyramidal Directional Filter Bank，PDFB），如图5.1所示。Contourlet变换继承了曲线波变换的各向异性尺度关系，即：基函数的支撑区间是随着尺度长宽比而变化的长条形结构，因此，在一定意义上可以看作是曲线波的一种离散实现。这种方法可以很好地追踪图像内在的几何结构。Contourlet变换将多尺度分析和方向分析分开进行，首先由拉普拉斯金字塔（Laplacian Pyramid，LP）对图像进行多尺度分解以“捕获”点奇异，接着由方向滤波器组（Directional Filter Bank，DFB）将分布在同方向上的奇异点合成为一个系数。总的来说，Contourlet变换提供了一种灵活的、多分辨的对图像方向的分解，因为它对每个尺度允许不同数目的方向，其最终结果类似于用轮廓段（contour segment）的基结构来逼近原图像。在实现Contourlet变换时，LP的分解滤波器组和重构滤波器组为二维可分离双正交滤波器组，它们的带宽均大于 $\pi/2$，根据多抽样率理论，对滤波后的图像再进行隔行隔列下抽样会产生频谱混叠，因此低频子带和高频子带均存在频谱混叠现象。而各方向子带是由高频子带经过方向滤波器组形成的，这意味着子带也同样存在频谱混叠现象。频谱混叠造成同一方向的信息会在几个不同的方向子带中同时出现，从而在一定程度上削弱了其方向选择性。

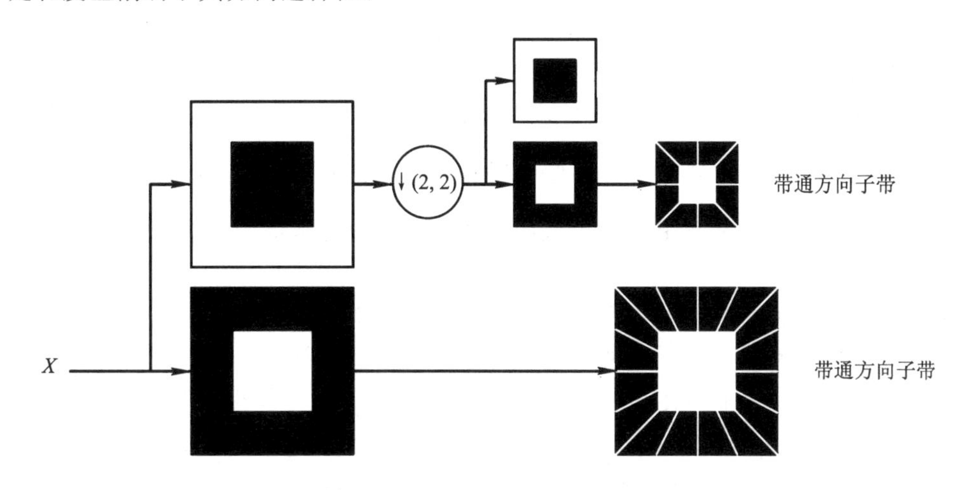

图 5.1 PDFB 分解

为消除 Contourlets 的频谱混叠现象，增强它的方向选择性和平移不变性，Cunha、Zhou 和 Do 等于 2005 年利用非下采样塔式分解和非下采样滤波器组构造出了非下采样 Contourlet 变换(Nonsubsampled Contourlet Transform，NSCT)。由于没有下采样操作，非下采样 Contourlet 变换具有平移不变性。与 Contourlet 变换不同的是，非下采样 Contourlet 变换中的多分辨分解不是通过 LP 分解来实现的，而是直接通过满足 Bozout 恒等式(完全重构)条件的移不变滤波器组实现的。由于在塔式分解过程中没有下采样环节，因此即使低通滤波器的带宽大于 $\pi/2$，其低频子带也不会有频谱混叠现象产生，从而具有更好的频谱特性。非下采样 Contourlets 实现的核心是不可分离的两通道非下采样滤波器组，所需滤波器的设计比 Contourlet 变换更灵活、更容易，且能同时获得更好的频率选择特性和正则性。基于投影策略，通过提升格型结构得到快速的实现，而且最终设计出的框架元素是正则的、对称的，接近于紧框架。通过 àtrous 算法(又称为多孔算法)可实现所需的非下采样操作。这类算法类似于去掉采样环节的离散小波变换算法，采用滤波器系数之间补 0 的方式来模拟对数据的采样操作，然后再与数据卷积得到逼近信号和细节信号，这种方法比起其他的非下采样操作运算量小，但能同样达到平移不变性。NSCT 的多尺度特性通过非下采样金字塔(Nonsubsampled Pyramid，NSP)结构来获取，这种滤波器结构能达到类似于 LP 金字塔的子带分解结构。

5.1.4 Brushlet 变换

Brushlets 是为解决角分辨率问题而构造的一种新的图像方向分析工具。小波可以提供频域的基于倍频带的分解方式，但方向分辨率却很低。小波包能自适应地构造 Fourier 平面的最优瓦片分解，然而两个实值小波包的张量积在频域会产生四个对称的峰值，因此不可能有选择性地局部化在一个确定的频率上。方向滤波器可用在图像的方向信息检测上，然而方向滤波器不会产生 Fourier 平面的任意分割。具有任意方向结构的 Steerable 滤波器可以实现 Fourier 平面的任意分割，但是这些滤波器是超完备的，产生的分解系数以超于 $5\frac{1}{3}$的速度增长，这一点是不适合于图像处理的，更重要的是这些滤波器都不是正交的。因此，对于图像而言，目前还没有一种有效的算法可以自适应地选择表示图像最优滤波器的集合。

为了得到较好的角度分辨率，Meyer 和 Coifman 构造了频率域中仅仅局部化在一个峰值周围的自适应函数基，这样就可以将 Fourier 平面扩展成加窗的 Fourier 基，称之为 Brushlet。Brushlet 是一个具有复值相位的函数。二维 Brushlet 的相位提供了图像各个方向上的有用信息，而且为了获得最精确和最简洁的图像表示形式，依据各个可能的方向、频率和位置的方向性纹理，我们还可以自适应地选择 Brushlet 的大小和方向。目前，Brushlet 已成功用于图像压缩和纹理分析等领域。

5.2 图像的稀疏表示

图像是一种特殊但常见的二维信号，一般图像的数据量很大，所以人们希望找到一种稀疏的数据表示，用稀疏逼近取代原始数据，即图像的稀疏表示。传统的二维可分离标准小波对点奇异性可以达到最佳逼近。二维可分离标准小波作为一组基函数，在表示图像中的轮廓和边缘时，将线奇异性和面奇异性看作点孤立对待，未能充分利用沿着边缘方向的连续性和图像自身结构的几何正则性，做到最稀疏的表示。因此，要获得更好的图像表示，迫切需要设计出新的图像表示方法来有效地处理离散域图像信号，相应的基函数或字典中的原子应具有多方向性和各向异性，以匹配图像中这种高度各向异性的边缘和围线。

首先给定稀疏表示的定义：给定一个集合 $D=\{g_k;\ k=1,\ 2,\ \cdots,\ K\}$，其元素是张成整个 Hilbert 空间 $H=\mathbf{R}^N$ 的单位矢量，$K\geqslant N$，我们称集合 D 为原子库，其元素为原子。对于任意给定的信号 $f\in H$，我们预想在 D 中自适应地选取 m 个原子对信号 f 做 m 项逼近：

$$f_m=\sum_{\gamma\in I_m}c_\gamma g_\gamma \tag{5-4}$$

其中 I_m 是 g_γ 的下标集，$\text{card}(I_m)=m$，则 $B=\text{span}(g_\gamma,\ \gamma\in I_m)$就是由 m 个原子在原子库

D 中张成的最佳子集。定义逼近误差为

$$\sigma_m(f, D) = \inf_{f_m} \| f - f_m \| \tag{5-5}$$

由于 m 远小于空间的维数 N，这种逼近也称为稀疏逼近，或者稀疏表示。

然而，图像信号的稀疏表示可以在标准正交基上分解得到。假设有一幅含奇异曲线的分片光滑的图像 f，f 大小为 $M_1 \times M_2$，M_1 和 M_2 分别为图像的长和宽。设 $D=\{g_\gamma\}_{\gamma\in\Gamma}$ 为用于图像稀疏分解的过完备库，g_γ 为由参数组 γ 定义的原子。用不同方法构造原子，参数组 γ 所含有的参数及参数个数也不一样。原子 g_γ 的大小与图像大小相同，但原子应作归一化处理，即 $\|g_\gamma\|=1$。Γ 为参数组 γ 的集合。由库的过完备性可知，参数组 γ 的个数应远远小于图像的大小。即若用 P 表示过完备库 $D=\{g_\gamma\}_{\gamma\in\Gamma}$ 中原子的个数，则有 $P \gg M_1 \times M_2$。通过图像稀疏分解，可以得到图像的一个线性表示：

$$f_M = \sum_{k=0}^{\infty} \langle R^k f, g_{\gamma_k} \rangle g_{\gamma_k} \tag{5-6}$$

式中，$\langle R^k f, g_{\gamma_k} \rangle$ 表示图像 f 或图像的残余 $R^k f$ 在对应原子 g_{γ_k} 上的分量。由于 $\|R^n f\|$ 的衰减特性，用少数的原子就可以表示图像的主要成分，即

$$f_M \approx \sum_{k=0}^{n-1} \langle R^k f, g_{\gamma_k} \rangle g_{\gamma_k} \tag{5-7}$$

其中，$n \ll M_1 \times M_2$。式(5-7)和条件 $n \ll M_1 \times M_2$ 集中体现了稀疏表示的思想。

定义 I_M 是 M 个最大内积的索引集合，它们的幅值在某一个阈值 T_M 之上，即

$$I_M = \{m \in N: |\langle R^k f, g_{\gamma_k} \rangle| > T_M\} \tag{5-8}$$

则图像逼近误差为

$$\varepsilon_n(M) = \| f - f_M \|^2 = \sum_{m \notin I_M} |\langle R^k f, g_{\gamma_k} \rangle|^2 \tag{5-9}$$

我们希望找到一个基，使得当 M 增加时，$\|f - f_M\|^2$ 快速收敛于零。即如果存在一个小的常数 C 和一个大的指数 α，使得

$$\|f - f_M\|^2 \leqslant CM^{-\alpha} \tag{5-10}$$

则采用的基对于逼近图像非常有效。然而，传统的分析方法如傅里叶变换只能达 $O(M^{-1/2})$，而小波变换也仅能达到 $O(M^{-1})$。也就是说，对于图像来说，由于通过边缘的不连续性是按空间分布的，因此这种奇异性影响了小波展开级数中的许多项，所以小波展开的系数不是稀疏的，这就限制了逼近的误差。简言之，小波虽善于描述点的或者零维空间的不连续性，但对于上面所提到的，类似于图像的二维分段光滑函数所面临的是一维的不连续性。直观的，由一维小波的张量积所生成的二维小波也会很好地分辨出边点的不连续性，但不能沿着轮廓光滑地捕获。这意味着在高维中需要更加有效的表示方法。目前，图像的稀疏表示主要是基于几何规则性的图像稀疏表示和基于压缩感知理论的图像稀疏表示。

5.2.1　基于几何正则性的图像稀疏表示

小波已经并将继续在众多领域取得卓越的成就。推动小波分析发展的先驱 Daubechies、Mallat、Albert Cohen、Donoho、Vetterli 等对发展新的高维函数的最优表示方法做出了不懈的努力，他们提出了多尺度几何分析的概念。即对于二维图像信号，最优表示这种信号的多尺度几何分析方法应该具有以下特征：多分辨，能够对图像从粗分辨到细分辨进行连续逼近，即具有带通性；局域性，即在空域和频域，这种表示方法的基应该是局部的；方向性，即支撑基应具有长条形结构，达到用最少的系数来逼近奇异曲线的目的。基的长条形结构实际上是方向性的一种体现，称这种基具有各向异性(anisotropy)。从上述特征可以看到，多尺度几何分析技术区别于小波变换的最本质的特征就是其支撑基具有方向性或各向异性。

图像的多尺度几何分析是近年来一个非常活跃的研究领域，它旨在建立更加稀疏有效的图像几何表示模型。不同于小波在具有特定尺度－位置的固定空间区域附近提供了局域化的尺度－位置表示，新的多尺度几何分析系统具有局域化的尺度－位置－方向的表示。自从 20 世纪末脊波分析的理论框架成功建立之后，具有各种不同几何特征的分析处理工具也相继产生，主要有：Mallat 等提出的 Bandelet 变换和第二代 Bandelet 变换；以 Donoho 和 Candès、Huo Xiaoming 为首的 California Institute of Technology 提出的非自适应方法，例如 Ridgelet 变换、Curvelet 变换和第二代 Curvelet 变换、Wedgelet 变换、Beamlet 变换；Meyer 和 Coifman 于 1996 年提出的 Brushlet 变换等；滤波器先驱 Vetterli 和 Do 于 2002 年提出的 Contourlet 变换；Velisavljević 等于 2004 年提出的 Directionlet 变换；Easley 等于 2006 年提出的 Shearlets 变换；等等。

这些新方法的提出，无不基于这样一个事实：在二维情况下，小波分析并不能充分利用数据本身特有的几何特征，所以它不是最优的或者说最稀疏的函数表示方法。而上述多尺度几何分析方法则可以最优地表示二维图像信号。可以证明，对于含有奇异曲线的二维分片光滑函数(奇异曲线的光滑指数为 a，$a\geqslant 2$)，用 M 个系数的非线性逼近误差 $\varepsilon(M)=\|f-f_M\|^{-}$ 的衰减速度(其中 f 和 f_M 分别为原函数和用 M 个系数构成的逼近函数)，Curvelet 变换能达到 $O((\lg M)^{1/2}M^{-2})$，Contourlet 变换能达到 $O((\lg M)^{3}M^{-2})$；而小波变换和傅里叶变换分别只能达到 $O(M^{-1})$ 和 $O(M^{-1/2})$。由此可知，多尺度几何分析技术在稀疏表示方面比小波分析有了很大提高。

5.2.2　基于 CS 理论的图像稀疏表示

压缩感知(Compressive Sensing，CS)理论是由 Candès、Romberg 和 Tao 及 Donoho 在 2004 年提出的。其核心思想是将压缩和采样合并进行，首先采集信号的非自适应线性投影，然后根据相应重构算法由测量值重构原始信号。CS 理论的本质是一种非适应性的、非线性的重建稀疏信号的方法，它主要包括信号的稀疏表示、信号的观测和重构算法等三个方面。CS 理论的具体介绍详见第 4 章。

最近几年，对稀疏表示研究的另一个热点是信号在冗余字典下的稀疏分解。这是一种全新的信号表示理论：用超完备的冗余函数库取代基函数，称之为冗余字典，字典中的元素被称为原子。字典的选择应尽可能好地符合被逼近信号的结构，其构成可以没有任何限制。从冗余字典中找到具有最佳线性组合的 K 项原子来表示一个信号，称作信号的稀疏逼近或高度非线性逼近。

超完备库下的信号稀疏表示方法最早由 Mallat 和 Zhang 于 1993 年首次提出，其中引入了 MP(Matching Pursuit，匹配追踪)算法。1999 年 Donoho 等人又另辟蹊径，提出了 BP (Basis Pursuit，基追踪)算法。在 2001 年发表的另一篇重要文章中，给出了基于 BP 算法的稀疏表示具有唯一解的边界条件，并提出了字典的互不相干性的概念。BP 算法具有全局最优的优点，但是其计算复杂度极高。MP 算法虽然收敛速度较 BP 快，但不具备全局最优性，且计算复杂度仍然很大。OMP(Orthogonal Matching Pursuit，正交匹配追踪)算法利用 Gram - Schmidt 正交化过程将投影方向正交化来改进匹配追踪逼近，它可以在有限次迭代后收敛，加快了逼近速度，并且能找到信号的在其下较为稀疏的正交基。2005 年 Marco F. Duarte 等人在 MP 算法基础上提出了 TOMP (Tree-based Orthogonal Matching Pursuit，树形正交匹配追踪)算法，该算法充分利用了冗余字典的结构特点，但它仅适合于具有树形结构(如小波包)的冗余字典。2006 年 Donoho 进一步提出了 STOMP(Stagewise Orthogonal Matching Pursuit，分段正交匹配追踪)算法，将 OMP 算法进行一定程度的简化，以逼近精度为代价，进一步提高了计算速度，更加适合于求解大规模问题。

1. MP 算法

在信号和图像的稀疏分解方法中，MP 算法是较早提出的。MP 算法原理简单，易于理解，计算复杂度也是所有稀疏分解算法中最低的，因此它是目前应用最为广泛的稀疏分解方法。

假设研究的信号为 f，信号的长度为 N。设 $D=\{g_\gamma\}_{\gamma\in\Gamma}$为用于进行图像稀疏表示的过完备库，$g_\gamma$ 的大小与图像本身大小相同，但原子应做归一化处理，即$\|g_\gamma\|=1$，Γ 为参数组 γ 的集合。由库的完备性可知，参数组 γ 的个数应远远大于图像的大小，即若用 P 表示过完备库 $D=\{g_\gamma\}_{\gamma\in\Gamma}$的原子个数，则 $P\gg N$。MP 算法分解信号的过程如下：

首先从过完备库中选出与待分解信号最为匹配的原子 g_{γ_0}，它满足以下条件：

$$|\langle f, g_{\gamma_0}\rangle| = \sup_{\gamma\in\Gamma}|\langle f, g_\gamma\rangle| \tag{5-11}$$

信号因此可以分解为在最佳原子 g_{γ_0} 上的分量和残差两部分，即

$$f = \langle f, g_{\gamma_0}\rangle g_{\gamma_0} + R^1 f \tag{5-12}$$

其中$R^1 f$ 是用最佳原子对原信号进行最佳匹配后的残差。对最佳匹配后的残差可以不断进行与上面相同的分解过程，即

$$R^k f = \langle R^k f, g_{\gamma_k} \rangle g_{\gamma_k} + R^{k+1} f \tag{5-13}$$

其中 g_{γ_k} 满足：

$$|\langle R^k f, g_{\gamma_k} \rangle| = \sup_{\gamma \in \Gamma} |\langle R^k f, g_\gamma \rangle| \tag{5-14}$$

由式(5－12)和式(5－13)可知，经过 n 次分解后，信号被分解为

$$f = \sum_{k=0}^{n-1} \langle R^k f, g_{\gamma_k} \rangle g_{\gamma_k} + R^n f \tag{5-15}$$

其中 $R^n f$ 为原信号分解后的残差信号。已经证明，在信号满足长度有限的条件下，$\| R^n f \|$ 随着 n 的增大而指数衰减为 0。从而信号可以分解为

$$f = \sum_{k=0}^{\infty} \langle R^k f, g_{\gamma_k} \rangle g_{\gamma_k} \tag{5-16}$$

一般来说，用少数的原子就可以表示信号的主要成分，即

$$f \approx \sum_{k=0}^{n-1} \langle R^k f, g_{\gamma_k} \rangle g_{\gamma_k} \tag{5-17}$$

其中 $n \ll N$。

以上就是基于 MP 的信号稀疏分解算法的描述，式(5－17)代表了信号稀疏分解的结果，即信号的稀疏表示。实际上，式(5－17)也给出了从信号的稀疏表示重建信号的方法。一般而言，在信号稀疏分解中，往往关注的是信号中的稀疏成分，其他成分因不太受关注而被忽略，所以从稀疏分解得到的结果重建信号，往往只能是近似的。

2. OMP 算法

MP 算法是目前进行信号稀疏分解的常用算法，OMP 算法是在 MP 算法基础上的一种改进算法。此算法选取最佳原子的方法和 MP 算法一样，都是从过完备库中找出与待分解信号或信号残差最为匹配的原子。不同的是，OMP 算法需要将所有原子按 Gram－Schmidt 正交化方法进行正交化处理，再将信号在这些正交原子构成的空间上投影，得到信号在各个已选原子上的分量和残差分量；然后用相同方法分解残差分量，经过 M 次分解，原信号被分解为 M 个原子的线性组合。在每一步分解中，所选取的最佳原子均满足一定条件，因此残差分量随着分解过程迅速减小，这样用少量原子就可以表示原始信号，而且经过有限次迭代就可以收敛。

其算法流程如下：

初始化：

$$f_0 = 0,\ R^0 f = f,\ D_0 = \{\},\ g_{\gamma_0} = 0,\ a_0^0 = 0,\ k = 0$$

(1) 计算 $\{\langle R^k f, g_{\gamma_k} \rangle g_{\gamma_k} \in D\}$，其中 D 表示原子库空间；

(2) 在原子库空间寻找下一个原子 $g_{\gamma_{k+1}}$，使得

$$|\langle R^k f, g_{\gamma_{k+1}} \rangle| \geqslant \alpha \sup |\langle R^k f, g_{\gamma_k} \rangle|,\ 0 < \alpha \leqslant 1 \tag{5-18}$$

(3) 如果$|\langle R^k f, g_{\gamma_{k+1}}\rangle| < \delta$，$\delta > 0$，流程中止；

(4) 将 $k+1$ 到n_{k+1}的排列互换，重新对原子库 D 中的原子排序；

(5) 计算$\{b_n^k\}_{n+1}^k$，使得 $g_{k+1} = \sum_{n+1}^{k} b_n^k g_{\gamma_n} + \gamma_k$ 和$\langle \gamma_{k, g_{\gamma_n}} \rangle = 0$，$n = 1, \cdots, k$；

(6) 设置 $a_{k+1}^{k+1} = a_k = \| \gamma_k \|^{-2} \langle R_k f, g_{\gamma_{k-1}} \rangle$，$a_n^{k+1} = a_n^k - a_k b_n^k$，$n=1, \cdots, k$，接着更新信号和原子库：

$$f_{k+1} = \sum_{n=1}^{k+1} a_n^{k+1} g_{\gamma_k},\ R^{k+1} f = f - f_{k+1},\ D_{k+1} = D_k \cup \{g_{k+1}\} \tag{5-19}$$

(7) 设置 $k \leftarrow k+1$，重复步骤(1)～(7)。

从上面算法的介绍中可以看出，MP 算法和 OMP 算法的分解过程的区别在于 OMP 算法在分解的每一步都要对所选的全部原子进行正交化处理。从算法复杂度上讲，在分解的初始阶段，OMP 算法每一步的正交化处理并没有使其算法复杂度比 MP 算法的复杂度有显著的增加，但是随着分解过程的进行，分解出的原子越来越多，所有原子的正交化处理的计算量会逐渐增加。从分解效果上讲，OMP 算法的收敛速度比 MP 算法更快，因此，在稀疏表示精度相同的情况下，OMP 算法所选的原子应更少，即对信号的表示更加稀疏。或者说，如果用相同个数的原子表示原始信号，即稀疏性相同时，OMP 算法得到的稀疏表示的精度高于 MP 算法得到的稀疏表示的精度。最后，对有限长信号，OMP 算法在有限长内收敛，而 MP 算法往往较难收敛。

3. BP 算法

要想找到最稀疏的信号表示，等同于解决下述问题：

$$\min \| c \|_0 \qquad \text{s. t. } f = \sum_{k=0}^{n-1} c_k g_k \tag{5-20}$$

其中$\| c \|_0$是序列$\{c_k\}$中非零项的个数。从一个随机冗余字典中寻找信号的稀疏扩展是一个 NP 难问题，为解决这一难点，Chen、Donoho 和 Saunders 提出解决下述稍有差别的问题：

$$\min \| c \|_1 \qquad \text{s. t. } f = \sum_{k=0}^{n-1} c_k g_k \tag{5-21}$$

其中，$\| \cdot \|_1$ 是 $L1$ 范数。最小化 L_1 范数被称为基追踪(BP)，是较为简单的问题，可以通过线性规划的方法解决。

BP 算法结合了当前线性规划以及基于原子库结构的特定快速变换，但计算复杂度仍然很高，对于结构不好的原子库来说算法也不可靠。在 Donoho 和 Huo 的研究基础上，Elad 和 Bruckstein 证明了下述定理。

定理 5.1 让 D 是一个相干系数为 μ 的原子库，如果一个信号 $f \in \mathbf{R}^N$ 可以表示为

$$f = \sum_{i=0}^{m} c_i g_i \tag{5-22}$$

并且 $\|c\|_0<1/\mu$，则式(5-22)就是 f 在 D 中的唯一的最稀疏的扩展式。

这一结果说明，虽然冗余性排除了扩展的唯一性，但如果原子库是不相干的，就仍然可以找到充分稀疏的唯一解。也就是说，如果 f 在 D 中有非常稀疏的扩展，那么通过 BP 算法，这个稀疏扩展就可以精确重构。

定理 5.2 如果信号 f 在原子库 D 中有一个稀疏表示，并且满足

$$\|c\|_0<\frac{\sqrt{2}-0.5}{\mu} \tag{5-23}$$

则最小化问题 l_1 有一个唯一解，它也是最小化问题 l_0 的解。

这个结果意味着可以通过 BP，用较为简单的问题 l_1 取代原始的寻找 f 最稀疏表示的组合优化问题。

5.3 图像去噪

由于拍摄技术、传输设备等外界环境的影响，数字图像往往会引入不同程度的噪声干扰，这会影响图像的视觉效果和后续图像处理工作的展开。一直以来，图像去噪在图像处理领域占据着重要地位，其根本目的是解决实际图像由于噪声干扰导致的图像质量下降问题。纵观自然图像去噪的发展历史，其方法之多数不胜数，但总体可归结为两大类，即基于空域的滤波方法和基于频域的滤波方法。

5.3.1 基于空域的滤波方法

基于空域的滤波方法是对图像中的像素点直接进行处理，常用的方法大致有以下两种。

1. 基于统计信息的平滑滤波方法

这类方法通常都是根据图像局部像素邻域的统计信息，用一个平滑窗依次对邻域中心像素进行滤波，即用局部像素邻域的统计信息来代替原始邻域的中心像素值，最常见的方法有均值滤波、中值滤波、Wiener 滤波、高斯低通滤波和高斯高通滤波等。常用的平滑窗有正方形窗、高斯窗和方向窗等。这类方法虽然考虑了图像像素的统计先验信息，但这些统计信息都过于简单，而且平滑窗通常都带有一定的盲滤波性，从而导致去噪图像中重要信息的丢失和整体模糊。

2. 基于阈值的去噪方法

由于人们通常认为噪声的像素值相对图像像素值是比较小的，因此，通过设置一个门槛阈值，将大于该门槛阈值的像素值保留，小于该门槛阈值的像素值置零，就能达到去噪的效果。常用的阈值有软阈值和硬阈值。硬阈值的表达式为

$$X_i = \begin{cases} Y_i, & |Y_i| \geqslant \mathrm{Th} \\ 0, & 其他 \end{cases} \tag{5-24}$$

软阈值的表达式为

$$X_i = \begin{cases} \mathrm{sgn}(Y_i) \times (|Y_i| - \mathrm{Th}), & |Y_i| \geqslant \mathrm{Th} \\ 0, & 其他 \end{cases} \tag{5-25}$$

其中，X_i 表示原始干净图像的第 i 个像素值，Y_i 表示含噪图像的第 i 个像素值，Th 表示所设定的大于零的阈值。由于基于阈值去噪方法的去噪结果在很大程度上依赖于所选取的阈值，所以，阈值选取工作是该类方法的关键。目前的阈值选取方法很多，以下只给出几种常用的阈值。

（1）Donoho 等人提出的统一全局软阈值：$\mathrm{Th}=\sqrt{2\log N}\sigma$，其中 σ 表示噪声的标准差，N 表示图像中像素的个数。

（2）K-Sigma 阈值：$\mathrm{Th}=3\sigma \sim 4\sigma$，该阈值通常认为图像中所含的噪声信号服从零均值的正态分布，且噪声信号像素值落在区间[$-\mathrm{Th}$，Th]外的概率非常小，所以，一般认为绝对值大于 Th 的像素为有用信号的像素。

（3）Bayes 收缩阈值：$\mathrm{Th}=\sigma^2/\sigma_X$，其中$\sigma_X$为广义高斯分布的标准差，即该阈值通常假设噪声信号满足广义高斯分布。

（4）Sure 收缩阈值：Donoho 等人通过最小化 Stein 无偏风险估计来选取的最优阈值。

5.3.2 基于频域的滤波方法

由于自然图像在变换域的系数具有稀疏性，而噪声信号并非如此，所以，在频率域区别图像和噪声比在像素域区别更容易。频率域的滤波方法主要有以下几种。

1. 基于小波域的去噪方法

小波作为图像变换的先驱工具，是法国物理地质学家 Jean Morlet 于 1981 年提出的。它具备良好的时频分析特性，在图像去噪领域得到了广泛的应用，并且取得了很好的去噪效果。目前比较常用的方法就是小波域的阈值去噪法和小波域的统计相关建模法。

（1）小波域的阈值去噪法。该方法是针对图像的小波变换系数进行处理的。其基本思想是：图像的小波系数含有大量的小系数和少量的大系数，这些大系数通常被认为是图像的有用系数，而小系数在很大程度上被认为是噪声系数，这样就可以根据小波系数在尺度内和尺度间的相关统计特性来确定一个局部或全局的阈值，然后对系数进行阈值处理。

这类方法虽然能很好地抑制噪声，但通常都会造成图像小波系数的过度扼杀，即在去除噪声的同时也丢失了很多的重要系数，从而导致去噪图像重构的较大误差。又由于基于阈值去噪方法的结果在相当大的程度上是依赖于所选取的阈值的，而通常选取的阈值都是根据实际小波系数的先验信息给出的，即所选取的阈值并非适合所有的自然图像，因此，如何选取一个恰当的阈值仍是今后值得关注和存在争议的一项工作。

（2）小波域的统计相关建模法。由于图像的小波系数通常都呈现“高尖峰、重拖尾”状，所以该方法是根据图像小波系数的真实分布来寻求一种能近似逼近其系数直方图分布的概率统计模型的方法。

大量研究结果表明，图像的小波系数在相同尺度不同方向子带系数间及不同尺度相邻方向子带系数间存在高度的相关性，因此，隐 Markov 模型(HMM)及隐 Markov 树模型(HMT)常用来描述和捕捉这种相关性，但由于这种模型的参数训练复杂度较高，而且参数训练的初始化会在一定程度上影响最终的去噪结果，因而限制了 HMM 和 HMT 在图像去噪领域的应用；后来，Mattew S. Crouse 和 Richard G. Baraniuk 于 1997 年提出了基于背景的 HMM，即 CHMM，该模型通过加入小波系数的背景知识来捕捉小波系数尺度内和尺度间的相关性，其计算复杂度比 HMT 低，但缺乏空间自适应性；于是，有人在 CHMM 的基础上提出了局部 CHMM，即 LCHMM，该模型利用局部系数来对每个小波系数建立 CHMM 模型，从而克服了 CHMM 缺乏空间自适应性的缺陷；高斯尺度混合模型是目前比较好的一种统计模型，它将图像小波邻域系数假设成一个正的随机尺度因子和一个零均值高斯向量的乘积；方向自适应高斯尺度混合模型是在高斯尺度混合模型的基础上发展起来的新型模型，它不仅像高斯尺度混合模型那样能有效捕捉图像小波系数的幅度相关性，还能有效捕捉图像中的方向信息。

以上基于小波域的去噪方法虽然都在去噪领域有着广泛的应用，但由于小波变换各向同性的缺陷，因此这些方法不能对图像中的高维奇异信息作出最优的稀疏表示，从而导致基于小波域去噪方法的去噪结果中整体存在边缘模糊的现象，而且对于含有丰富边缘和纹理信息的图像，此种模糊现象更为严重。

2. 基于多尺度几何分析的去噪方法

多尺度几何分析(Multiscale Geometry Analysis，MGA)工具的出现，克服了小波存在的各向同性缺陷，对图像的高维奇异性作出了最优的表示。基于多尺度几何变换的阈值去噪算法有 K-Sigma 硬阈值去噪算法、基于统计模型的多尺度几何变换图像去噪算法等。

5.4 图像的特征提取与选择

图像分类是实现图像自动处理的关键步骤之一，是对图像进行进一步解译的前提。其目的是根据给定图像的像素自身属性以及它对邻域像素的相关特性赋予每个像素一个类标，并将具有相同特性的所有像素聚集起来以辨别出像素所属的种类。

对图像进行分类时，特征提取、特征选择是至关重要的。而纹理信息包含了图像大量的重要信息，它不仅反映图像的灰度统计信息，还反映图像的空间分布信息和结构信息，是各类别的固有属性，为图像的分类提供了大量有用的信息。任何图像都可看成是由一种或多种纹理组成的，依据纹理信息的图像分类构成了图像分析与理解的一个重要方面。

5.4.1　图像特征描述

目前，学者们对图像分类研究了多年，已提出了多种分类算法。基于特征的图像分类方法是一种应用较为广泛的分类方法。对图像的描述常借助于目标特征的描述符来进行，目标特征代表了目标区域的特性。图像分析的一个重要工作就是从图像中获得目标特征的量值。用于图像识别的特征一般可以分为如下几种：

(1) 直观性特征。如图像的边沿、轮廓、纹理和区域等，这些都属于图像灰度的直观性特征。它们的物理意义明确，提取比较容易，可以针对具体问题设计相应的提取算法。

(2) 灰度统计特征。如灰度直方图特征，将一幅图像看作一个二维随机过程，引入统计上的各阶矩作为特征来描述和分析图像。典型的此类特征如图像的七个 Hu 矩不变量。

(3) 变换域特征。对图像进行各种数学变换，可以将变换域的系数作为图像的一种特征。例如小波变换、曲波变换、Hough 变换、离散余弦变换(DCT)、Hadamard 变换等在图像特征抽取方面均有广泛的应用。

(4) 代数特征。代数特征反映了图像的一种内在属性，它将图像作为矩阵看待，对其进行各种代数变换，或进行各种矩阵分解。由于矩阵的特征向量反映了矩阵的一种代数属性，并且具有不变性，因此可用来作为图像特征。

5.4.2　图像特征提取

图像分类过程中，有许多种特征可用于区分不同的类别。常用的图像特征提取方法有如下几种。

1. 灰度共生矩阵

灰度共生矩阵(GLCM)反映了图像灰度关于方向、相邻间隔、变化幅度的综合信息，能很好地表征图像表面灰度分布的周期规律，可作为分析图像基元和排列结构的信息，因此在图像处理中得到了广泛的应用。

假定待分析的纹理图像是一个水平方向 x 上有 N_x 个像素、垂直方向 y 上有 N_y 个像素的矩形图像，图像的灰度级为 G。设 $X=\{1, 2, \cdots, N_x\}$ 为水平空间域，$Y=\{1, 2, \cdots, N_y\}$ 为垂直空间域，$N=\{0, 1, \cdots, G\}$ 为量化灰度集，则图像可表示为一个函数 $f: X\times Y\rightarrow N$。图像中，在某个方向上相隔一定距离的一对像元灰度出现的统计规律，从一定程度上可以反映这个图像的纹理特性。这个统计规律可以用一个矩阵描述，即灰度共生矩阵。

在图像上任意取一点 (x, y)，与偏离它的另一点 $(x+a, y+b)$ 形成一个点对，设该点对的灰度值为 (i, j)，即点 (x, y) 的灰度值为 i，点 $(x+a, y+b)$ 的灰度值为 j。固定 a 和 b，令点 (x, y) 在整幅图像上移动，则会得到各种 (i, j) 值。假如图像的灰度级数为 G，则 i 与 j

的组合共有G^2种。在整幅图像中，统计每一种组合出现的频度为$P(i, j, \delta, \theta)$，则称方阵$[P(i, j, \delta, \theta)]_{G\times G}$为灰度共生矩阵。灰度共生矩阵本质上就是两个像素点的联合直方图，距离差分值(a, b)取不同的数值组合，都可以得到图像沿一定方向θ、相隔一定距离δ的灰度共生矩阵。

从灰度为i的像素点出发，距离为(D_x, D_y)的另一个像素点的同时发生的灰度为j，定义这两个灰度在整个图像中发生的概率为频度，即

$$P(i, j, \delta, \theta)=\{(x, y) \mid f(x, y)=i, f(x+D_x, y+D_y)=j; x, y=0, 1, 2, \cdots, N-1\} \tag{5-26}$$

式中，$i, j=0, 1, 2, \cdots, L-1$，$L$是灰度级的数目，$x, y$是图像中像素的坐标。

这样，两个像素灰度级同时发生的概率，就将(x, y)的空间坐标转换为了(i, j)的"灰度对"的描述，也就形成了灰度共生矩阵。这里所说的像素对和灰度级是有特定意义的，一是像素对的距离不变，二是像素对的灰度差不变。距离δ由(D_x, D_y)构成，如图5.2所示。

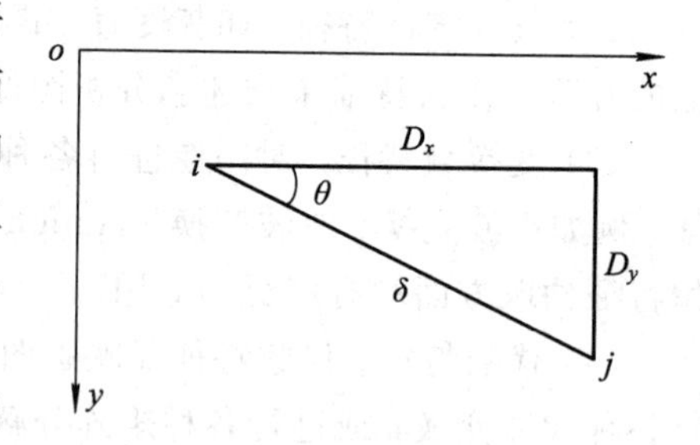

图5.2　共生矩阵像素对

作为纹理分析的特征，一般不直接应用得到的灰度共生矩阵，而是在其基础上再提取二次统计量。下面介绍常用的6个二次统计量。

角二阶矩(ASM)：

$$\mathrm{ASM}=\sum_{i=0}^{N-1}\sum_{j=0}^{N-1} p^2(i, j) \tag{5-27}$$

角二阶矩是灰度共生矩阵各元素的平方和。它是图像纹理灰度变化均匀性的度量，反映了图像的灰度分布均匀程度和纹理粗细程度。如果灰度共生矩阵的元素值相近，ASM就小，纹理就细致，反之亦然。

熵(ENT)：

$$\mathrm{ENT}=-\sum_{i=0}^{N-1}\sum_{j=0}^{N-1} p(i, j)\log p(i, j) \tag{5-28}$$

熵代表了图像的信息量，是图像内容随机性的度量，能表征纹理的复杂程度。当图像无纹理时熵为0，当图像满纹理时熵为最大。从数学角度看，当GLCM矩阵中的元素近似相等时熵为最大。

均等性(HOM)：

$$\mathrm{HOM}=\sum_{i=0}^{N-1}\sum_{j=0}^{N-1} \frac{p(i, j)}{[1+(i-j)^2]^2} \tag{5-29}$$

均等性是图像纹理局部变化的度量，反映了纹理的规则程度。纹理越规则，HOM越

大，反之亦然。

不相似性(DIS)：

$$\mathrm{DIS}=\sum_{i=0}^{N-1}\sum_{j=0}^{N-1}|i-j|p(i,j) \tag{5-30}$$

不相似性反映纹理的相似程度。纹理越平滑均匀，DIS值就越小。

对比度(CON)：

$$\mathrm{CON}=\sum_{ij}(i-j)^2 p_{ij} \tag{5-31}$$

对比度反映纹理的清晰程度，纹理的沟纹越深，其CON值就越大，图像的视觉效果就越清晰。

相关性(COR)：

$$\mathrm{COR}=\frac{\sum_{i=0}^{N-1}\sum_{j=0}^{N-1}(i-u_1)(j-u_2)p(i,j)}{\sigma_1\sigma_2} \tag{5-32}$$

式中，u_1，u_2，σ_1，σ_2 分别定义为

$$\begin{cases}u_1=\sum_{i=0}^{N-1}i\sum_{j=0}^{N-1}p(i,j), \quad u_2=\sum_{i=0}^{N-1}j\sum_{j=0}^{N-1}p(i,j)\\ \sigma_1^2=\sum_{i=0}^{N-1}(i-u_1)^2\sum_{j=0}^{N-1}p(i,j), \quad \sigma_2^2=\sum_{j=0}^{N-1}(j-u_2)^2\sum_{i=0}^{N-1}p(i,j)\end{cases} \tag{5-33}$$

相关性用于度量空间灰度共生矩阵元素在行或列方向上的相似程度，是灰度线性关系的度量。当矩阵元素值均匀相等时，COR就大，反之亦然。如果图像在 θ 方向上的方向性较强，而在其他方向上的方向性较弱，则 θ 方向的COR将明显大于其他方向的。因此，COR可用来判断纹理的主方向。

2. 小波变换

1981年，Morlet首先提出小波分析的概念。随后Meyer提出了光滑小波正交基和多尺度分析的思想，对小波研究做出了重大贡献。Daubechies于1988年提出了具有紧支撑的光滑正交小波基，再次引发了小波研究的热潮。Mallet给出了构造正交小波基的一般方法，并在多分辨分析的基础上提出了著名的快速小波变换方法——Mallet算法，取得了小波理论研究的突破性成果，从此小波分析在应用领域得到了迅速的发展。

小波分析是在Fourier(傅里叶)分析的基础上发展而来的。应用Fourier变换研究信号的频谱特性必须获得该信号在时域中的所有信息，因而Fourier分析无法描述信号的时频局域化特性，不能表述非平稳信号中存在的突变性。为了分析和处理非平稳信号，人们对Fourier变换进行了改进，短时傅里叶变换应运而生。短时傅里叶变换使用一个固定的窗函数，是一种单一分辨率的分析方法，因此限制了其在时域和频域的局域化能力。小波变换

具有多分辨率的特点，能够很好地反映信号在时域或频域中的局部特征。对信号进行小波分析时时频窗口总面积固定，但时间窗和频率窗的大小均可改变，因此小波变换既可以表示较高的频率分辨率及较低的图像特征提取和分类的时间分辨率，也可以表示较高的时间分辨率和较低的频率分辨率，所以小波被誉为“数学显微镜”。小波变换在信号处理、图像处理、语音识别与雷达等众多科学领域中获得了广泛应用。

由 Mallat 算法可知，二维图像的分解可以通过沿 x 方向和 y 方向分别进行一维滤波得到。于是图像的正交小波分解可以理解为一组独立的、空间有向的频率通道上的信号分解。每一尺度分解成四个子带 LL、HL、LH 和 HH，分别表征图像的低频信息及水平、垂直和斜方向上的细节。图 5.3 所示为二层小波分解的子带划分和 Lena 图像的二层小波分解结果。

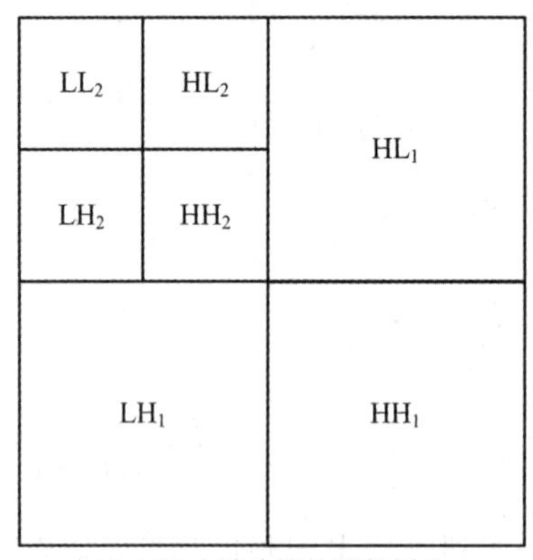

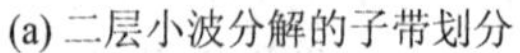

(a) 二层小波分解的子带划分

(b) Lena图像二层小波分解结果

图 5.3　小波二层分解子带划分和结果示例

5.4.3　图像特征选择

特征选择一直是模式识别领域的研究重点。它主要包括两种方法：一种方法是从目标本身出发，抽取与目标直接相关的特征，使每个特征都能得到合理的解释；另一种方法是进行特征空间变换，如 K-L 变换、主分量分析(PCA)等，通过正交变换消除特征之间的相关性，去除冗余特征，减小计算量。但是，通过空间变换后的特征的解释性很差，而良好的解释性对于模式识别是相当重要的。因而从原始特征向量中滤除不相关和冗余特征，保留对后续分类识别更为有效的特征，就显得尤为重要。

1. 多分辨共生矩阵的特征选择

多分辨共生矩阵采用了三个统计量：对比度(CON)、熵(ENT)和相关性(COR)。通过分析其物理意义可知，CON 用于描述图像的光滑性和清晰性，ENT 则用于描述纹理的复杂变化程度。在同一尺度的不同方向子带中，CON 和 ENT 区别不大，因而存在一定的冗余性。但是，COR反映的是纹理的主方向，因此与子带的方向有一定联系。

为验证这一点，将同一类纹理同一尺度上的共生统计量分别在三个子带LH、HL、HH两两之间计算相关系数的绝对值，并对77类的结果进行平均，得到的结果如表5.1所示。由表可以看出，统计量CON和ENT在不同方向子带间都是高度相关的，其相关系数绝对值在0.7以上。而COR的相关系数绝对值都较低，基本在0.4以下。这说明COR是一个很独立的统计量，它和其他任何一个统计量的相关性都较低。这与上面的分析一致。

由此可得：多分辨共生特征只需要选取任一个方向上的统计量对比度(CON)和熵(ENT)即可，而三个方向子带上的统计量相关性(COR)都是必需的。由此，多分辨共生特征的维数可以降至原来维数的一半左右。

表5.1　同一尺度内各方向子带多分辨共生特征间的相关系数

子带对	第一尺度 $l=1$			第二尺度 $l=2$		
	LH-HL	LH-HH	HL-HH	LH-HL	LH-HH	HL-HH
ENT	0.7554	0.8108	0.7981	0.7080	0.8293	0.8022
CON	0.8786	0.8876	0.8860	0.8168	0.8624	0.8449
COR	0.3926	0.2956	0.2875	0.3118	0.2827	0.2734

2. 多分辨共生矩阵与灰度共生矩阵

这里主要分析非下采样小波变换的逼近子带与空域图像之间的联系。显然，空域图像的灰度值经过量化后大量细节成分被平滑，这与逼近子带的内容相似。同样可以得到空域共生矩阵与逼近子带共生矩阵在统计量ENT、CON、COR上的相关性，如表5.2所示。由表可知平均相关系数为0.6971，这说明二者还是存在一定冗余性的。在实际算法中只需要在逼近子带和空域的共生特征中二选一即可。在多分辨框架下，选择以逼近子带替代空域来计算共生矩阵更为合理。

表5.2　空域共生矩阵与逼近子带共生矩阵的相关性

特征	相关系数
ENT	0.7862
CON	0.6735
COR	0.6317

3. 多分辨共生矩阵与小波能量特征

小波能量特征由于简单、有效，应用较为广泛。小波能量特征与其他特征的级联或者特征选择的方式，通常可以达到更好的效果。本节中小波能量特征与多分辨共生特征的简单级联也能得到较高的纹理分类正确率，但是特征维数也随之增加了。

从物理意义上我们发现，熵(ENT)表征纹理的复杂程度，当图像无纹理时熵为0，满纹理时ENT最大。而小波能量特征则取决于小波各个子带的系数幅值。由于小波细节子带的系数一般服从“零均值”的分布，因此容易得到结论：小波细节子带的能量En和ENT具有冗余性；逼近子带是原图的近似分量，其纹理信息被大量滤除，所以其熵(ENT)值很小；而逼近子带的能量反映纹理的亮度信息，在纹理描述时具有较大的作用。

表5.3给出了非下采样小波子带能量特征与对应子带的多分辨共生特征间的相关系数矩阵。由表可以看出，特征对En-ENT之间的相关性，在细节子带处一直保持得较高，在0.81以上，但是在逼近子带LL2处仅为0.5274。这充分说明了以上分析的正确性。

特征对En-CON之间的相关系数小于特征对En-ENT之间的相关系数，这是由于对比度(CON)反映了纹理的清晰程度，这在一定程度上与子带能量具有冗余。特征对En-COR之间的相关系数相当低，这表明二者之间的冗余性非常小。

由此可以得到特征选择的做法：可以将En代替除逼近子带以外的ENT作为图像的特征。虽然特征对En-CON之间存在冗余，但是其相关系数最低也达到了0.6985，因此本节仍然保留统计量CON。

表5.3 非下采样小波子带能量特征与对应子带的多分辨共生特征间的相关系数矩阵

子带	第一尺度 $l=1$			第二尺度 $l=2$			逼近子带
	LH1	HL1	HH1	LH2	HL2	HH2	LL2
En-ENT	0.8581	0.8356	0.9723	0.8751	0.8169	0.9655	0.5274
En-CON	0.7535	0.7476	0.9401	0.7445	0.6985	0.9115	0.4450
En-COR	0.4613	0.4374	0.3660	0.4392	0.4586	0.3379	0.5571

习　题

1. 图像的几何特性有哪些？它们在图像分析中有何作用？
2. 图像的形状特性有哪些？它们是如何定义的？
3. 选择一幅图像，利用多尺度几何中的小波分析进行特征提取。
4. 编程实现针对自然光学图像的空域滤波算法，对比去躁前后的视觉效果。

延伸阅读

[1] 焦李成，公茂果，王爽，等. 自然计算、机器学习与图像理解前沿. 西安：西安电子科技大学出版社，2008.

[2] CHEN S, DONOHO D, SAUNDERS M. Atomic decomposition by basis pursuit. SIAM Journal on Scientific Computing, 1999, 20: 33-61.
[3] 焦李成，谭山. 图像的多尺度几何分析回顾和展望. 电子学报，2003，31(12)：1975-1981.
[4] 张贤达. 现代信号处理. 北京：清华大学出版社，1999.
[5] 程正兴. 小波分析算法与应用. 西安：西安交通大学出版社，1998.
[6] 秦前清，杨宗凯. 实用小波分析. 西安：西安电子科技大学出版社，1994.
[7] 张向荣，焦李成. 基于免疫克隆选择算法的特征选择. 复旦大学学报，2004，43(5)：926-929.

本章参考文献

[1] MALLAT S. A Wavelet Tour of Signal Processing. Academic Press, 1998.
[2] 焦李成，谭山. 图像的多尺度几何分析：回顾和展望. 电子学报，2003. 31(12A)：43-50.
[3] HOU B, LIU F, JIAO L C. Linear feature detection based on rigelet. Science in China, Ser. E. 2003, 46(2): 141-152.
[4] WICKERHAUSER M V. Smooth localized orthonormal bases. C. R. Acad. Sci. Paris I, 1993: 423 - 427.
[5] 李伟，杨晓慧，石光明，等. 基于几何多尺度方向窗的小波图像去噪. 西安电子科技大学学报(自然科学版)，2006，33(5)：682-686.
[6] 侯彪，刘芳，焦李成. 基于脊波变换的直线特征检测. 中国科学 E，2003，33(1)：65-73.
[7] TAN S, ZHANG X R, JIAO L C. Dual ridgelet frame constructed using biorthonormal wavelet basis. in: Proceedings of IEEE International Conference on Acoustics, Speech, and Signal Processing (ICASS'05), Philadelphia, PA, USA, 2005: 997-1000.
[8] TAN S, ZHANG X R, JIAO L C. Monoscale dual ridgelet frame. Proceedings of International Conference on Image Analysis and Recognition (ICIAR05), Toronto, Canada, 2005, 3449: 263-269.
[9] CANDÈS E J. Ridgelets: Theory and Applications. USA: Department of Statistics, Stanford University, 1998.
[10] CANDES E J, DONOHO D L. Curvelets: A Surprisingly Effective Nonadaptive Representation for Objects with Edges. Technical Report, Stanford Univ. 1999.
[11] DA CUNHA A L, ZHOU J P, DO M N. The nonsubsampled contourlet transform: theory, design and application. IEEE Transactions on Image Processing, 2006, 15(10): 3089-3101.
[12] LE E, MALLAT S. Sparse Geometric Image Representation with Bandelets. Image Processing, IEEE Transactions, 2004, 14(4): 423-438.
[13] LE E, MALLAT S. Image compression with geometrical wavelets. Proceedings of the IEEE International Conference on Image Processing, Vancouver, Canada, Sept. 2000: 661-664.
[14] CHEN S, DONOHO D. Saunders M. Atomic decomposition by basis pursuit. SIAM Journal on Scientific Computing, 1999, 20: 33-61.
[15] DONOHO D, HUO X. Uncertainty principles and ideal atomic decompositions. IEEE Trans Inform Theory, 2-1, 47: 2845-2862.
[16] CANDÈS E J, DEMANET L, DONOHO D. Fast Discrete Curvelet Transforms. Multiscale Modeling and Simulation, 2006, 5 (3): 861-899.
[17] DONOHO D, HUO X. Wedgelets: nearly-minimax estimation of edges. Annals of Statistics, 1999,

27(3): 857-897.

[18] DONOHO D, HUO X. Beamlet pyramids: a new form of multi-resolution analysis, suited for extracting lines, curves, and objects from very noise image data. Proceedings of SPIE, Wavelet Applications in Signal and Image Processing VIII, Aldroubi A, Laine A F, Unser M A (Eds), 2000, 4119: 434-444.

[19] DONOHO D, HUO X. Beamlets and Multiscale Image Analysis. Standford Univ, Report, 2001.

[20] MEYER F G, COIFMAN R R. Directional image compression with brushlets. Proceedings of the IEEE-SP International Symposium on Time-Frequency and Time-Scale Analysis, Paris, France, 1996, 189-192.

[21] MEYER F G, COIFMAN R R. Brushlets: A Tool for Directional Image Analysis and Image Compression. Applied and Computational Harmonic Analysis, 1997, 6(4): 147-187.

[22] VELISAVLJEVIC V, BEFERULL-LOZANO B, VETTERLI M. Directionlets: anisotropic multi-directional representation with separable filtering. IEEE Transactions on Image Processing, 2006, 15(7): 1916-1933.

[23] EASLEY G R, LABATE D, LIM W Q. Optimally sparse multidimensional representations using shearlets. Fortieth Asilomar Conference on Signals, Systems and Computers (ACSSC'06), Pacific Grove, CA, USA, 2006: 974-978.

[24] 李伟，杨晓慧，石光明，等，基于几何多尺度方向窗的小波图像去噪. 西安电子科技大学学报(自然科学版), 2006, 33(5): 682-686.

[25] CANDÈS E J, ROMBERG J. Practical signal recovery from random projections. Preprint, 2005. http: //www. dsp. ece. rice. edu/CS/.

[26] DONOHO D, TSAIG Y, DRORI I. Sparse solution of underdetermined linear equations by stagewise orthogonal matching pursuit. Technical Report (Dept. of Statistics, Stanford Univ.): Mar. 2006.

[27] DAVIS G, MALLAT S, AVELLANEDA M. Adaptive greedy approximation. Constr Approx, 1997, 13(1): 57-98.

[28] ELAD M, BRUCKSTEIN A M. A generalized uncertainty principle and sparse representation in pairs of bases. IEEE Trans Inform Theory, 2002, 48: 2558-2567.

[29] CANDÈS E J, DONOHO D. Curvelets-a surprisingly effective nonadaptive representation for objects with edges, in Curve and Surface Fitting. Saint-Malo: Vanderbilt University Press, 1999.

[30] CROUSE M S, BARANIUK R G. Contextual Hidden Markov Models for Wavelet-domain Signal Processing. InProc. 31st Asilomar Conf. Signals, Systems and Computers, Pacific Grove, CA, Nov. 1997: 95-100.

[31] LONG Z, YOUNAN N H. Contourlet Image Modeling with Contextual Hidden Markov Models. Proceedings of the 2006 IEEE Southwest Symposium on Image Analysis and Interpretation, Denver, CO, Mar. 2006: 173-177.

第6章 图像目标检测

人类所感知到的外界信息绝大部分来自于视觉。通过视觉，人们感知外界物体的大小、明暗、颜色、动静，获得对机体生存具有重要意义的各种信息。视觉信息是对客观事物形象、生动的描述，也是直观而具体的信息表达形式。人们往往对运动的物体更感兴趣，比如运动的车辆、飞行的飞机等。伴随着视频技术的发展，视频图像也渐渐成为人类传递信息的重要载体，人类利用视频信息来认知世界，也利用视频信息来改造世界。由于人眼及人处理信息速度的限制，人类很难准确分析这些视频信息，需要借助计算机对所获取的视频信息进行分析和处理。随着计算机的发展，计算机视觉技术也应运而生。计算机视觉用计算机来实现对客观的三维世界的识别与理解，这种三维理解是指对被观察对象的形状、尺寸、离开观察点的距离、姿态、质地、运动特征(包括方向和速度)等的理解，更准确地说，它利用摄像机和电脑代替人眼，使得计算机有类似于人类的那种对目标进行分割、分类、识别、跟踪、判别决策的功能。计算机视觉通过对相关的理论和技术进行研究，试图建立从图像或多维数据中获取“信息”的人工智能系统。目前，大规模图像视频数据关键信息的挖掘——目标检测已被大量应用在工业检验、医疗诊断、军事目标跟踪、教育、体育、商业等多个领域。

6.1 目标检测背景

近些年来，目标检测是计算机视觉分析、高级行为理解和运动编码等应用领域一个重要的研究方向，也是图像分析的基础。目标的图像序列提供了更多的有用信息，使得我们可以利用目标检测与跟踪技术获得比静止图像更有实用价值的信息。目标检测要将目标和复杂的背景分开，以得到描述目标及其运动的相关参数，它也是解决众多计算机视觉方面问题的基础，有着广泛的市场价值和应用前景。目前目标检测应用的场合很多，比如：在综合交通运输管理系统中，可以通过目标检测自动捕捉和识别违规车辆的车牌号以及车流量的检测；在大型商场、银行等场所的安全保护与智能安全监控系统中，通过目标检测可以完成对人或车辆等感兴趣目标的提取、分析、识别；在公安系统中，可以通过它对犯罪嫌疑人进行检测和跟踪；在视频压缩中，可以通过目标检测提取图像序列中感兴趣的目标，从而去除不必要的冗余信息等。

事实上，目标检测与跟踪是一个系统工程问题的研究，它跨越了计算机科学、光学、数学、认知科学以及控制科学等多个学科。从国际、国内的研究动态来看，这一领域一直受到广泛的关注。国际上许多著名的会议和期刊都把它作为关注的重要研究领域。许多著名高校和研究机构，如 MIT、Carnegie Mellon Un1versity、University of Oxford、Osaka University 和 MERL(Mitsubishi Electric Research Laboratories)等，都针对目标检测和跟踪专门设立了相应的研究小组或研究实验室。

对于目标检测和跟踪的许多关键性技术，例如目标的检测、目标的运动性分析、遮挡处理、阴影消除、图像信息融合以及目标的分类和理解等，学者们做了大量的研究。基于光流场、基于神经网络、基于图像分割技术、基于模板匹配等的目标检测方法已经提出；基于特征、基于灰度变化、基于变换的运动分析、基于可变模型等的目标检测方法也日趋成熟；基于分层模型、基于水平集等的遮挡处理方法也相继提出；假彩色图像融合算法、加权融合和主成分分析、基于马尔可夫随机场的图像融合、基于高斯混合模型的图像融合、基于神经网络的图像融合和多分辨率图像融合等图像融合算法，以及大量的目标分类和理解的算法近年来也不断在各大文献中涌现。同时，还出现了一批实际应用中的目标检测和跟踪系统，如：Wren 等的 Pfinder 是一个根据形状特征和颜色对大视角范围内的人体进行跟踪的实时系统；Olson 等设计的是更加通用的运动物体检测和事件识别系统；Co11ins 等介绍的是由 Sarnoff 公司和 CMU 合作共同研究开发的一种视觉监视系统等。

总体来说，目前对目标的检测和跟踪问题的研究已经取得了巨大的进步，但由于目标的背景通常错综复杂，仍存在多种干扰因素。一方面，由于受光照变化、图像噪声、阴影以及其他有规律性运动物体等的影响，要准确且快速地从复杂的环境中检测出图像序列中的目标就有了一定的难度；另一方面，目标检测作为大多数计算机视觉问题的基础，其检测的结果也会直接影响后续目标的分类、跟踪和高级行为理解等目标处理的效果，从而使得目标检测成了影响图像应用系统实用性和可靠性的难点和关键技术。因此，快速准确地进行目标检测在工程实践和科学研究中都具有非常重要的理论价值和现实意义。

6.2 目标检测中的预处理和阈值分割

6.2.1 预处理

预处理是指在处于最低抽象层次的图像上所进行的操作。这时处理的输入图像和输出图像都是亮度图像，这些图像和传感器获取到的原始数据是同类型的。通常用图像函数值的矩阵来表示亮度图像。预处理不会增加图像的信息量，其目的是改善图像数据，抑制不需要的变形或者增强某些对于后续处理起重要作用的图像特征。

1. 彩色图像灰度化

为了统一进行处理并节省存储空间和图像处理时间，通常将RGB图转化为灰度图。灰度化处理的过程就是对彩色图像的R、G、B分量值进行等值转化的过程。

通常情况下，摄像头采集到的视频图像格式是RGB格式，R、G、B即代表红、绿、蓝三个通道的颜色，将图像上的每一个像素点描述为RGB颜色空间上的一个三维矢量，这个三维矢量的每个分量分别代表了红、绿、蓝三种颜色的亮度。此时，若要存储一个像素点就需要存储它的三个颜色分量，这样会占去较大的存储空间，而且在处理每一个像素点时，也将同时处理这三个颜色分量，计算量会相当大。因为在视频图像预处理时，图像的颜色特征并不会影响目标的检测效果，所以为了减少存储空间，将RGB格式的彩色图像转换成灰度图像。灰度图像是一种具有从黑到白256个灰度级色的单色图像。像素点的值为0～256，即共有256个级别，为0时全黑最暗，为255时全白最亮。灰度图像中的每个像素用8位数据表示，即图像数据中的一个字节代表一个像素，这个字节表示的就是每个像素的亮度值。因此，将彩色图像转换成灰度图像时，相当于使图像中的三色分量值R、G、B相等，只需将彩色图像中的每一个像素的R、G、B值代入灰度转换公式即可。

2. 图像去噪

在图像的获取过程中，受到摄像头的抖动及脉冲干扰等因素的影响，获取的视频图像序列都有一定程度的噪声影响和干扰，使得视频图像序列不完整，出现噪声点、模糊等现象，直接影响了对图像的进一步处理。想要消除噪声对图像处理的影响，在进行目标检测之前，就必须对获取的视频图像进行去噪。图像的去噪方法大致分为两大类：空间域滤波算法和变换域滤波算法。空间域滤波算法对图像中的像素灰度值进行处理，对原图像直接进行数据运算。它也分成两类：一类称为点运算，是对图像作逐点运算；另一类称为局部运算，是在与处理像素点邻域有关的空间域上进行运算。变换域滤波算法在图像的变换域上对图像作处理，并对变换后的系数进行相应的计算，然后进行反变换运算，以达到图像去噪的目的，如维纳滤波。

常采用的空间域滤波算法有中值滤波和滤波均值。两者相比，均值滤波在去噪的同时将使图像变得模糊，对物体的边缘轮廓尤其如此；中值滤波则能较好地去除噪声且较完整地保持物体的边缘信息。

1）维纳滤波去噪

维纳滤波器适用于有白噪声的图像滤波。其原理是根据图像的局部方差来调节滤波器的输出，图像的局部方差越大，滤波器的平滑作用就越强。维纳滤波器是一种经过优化的变换域滤波器，也是一种自适应滤波器，它依据图像局部窗口内的方差调整滤波器的输出，当局部窗口内的方差小时，滤波的效果较好，反之滤波效果较差。它的最终目的是使原图像与去噪后的图像的均方误差(MSE)最小。最小均方误差(MSE)公式为

$$\min \text{MSE} = \min E\{[f'(x, y) - f(x, y)]^2\} \tag{6-1}$$

$$f'(x, y) = \mu + \frac{\delta^2 - \delta_0^2}{\delta^2}[f(x, y) - \mu] \tag{6-2}$$

式中，μ 是含噪系数的均值，δ 是含噪系数的标准差，δ_0 是整幅图像的标准差。

维纳滤波能很好地处理信号，但也有一些局限性。首先，对很常见的空间出现变化的退化现象，维纳滤波不能进行复原。其次，最优标准依据的是最小均方误差并对所有误差进行等权处理，虽然在数学上最优标准可以表达出来，但不适用于人眼观察的方式，这是因为在具有一致亮度和灰度的区域中，人类对复原错误的感知会有一些减弱，而且对出现在高梯度区域的误差敏感性也差了很多。最后，维纳滤波不能用于处理非平稳信号。

虽然维纳滤波的效果比均值滤波器的效果要好，且能较好地保留图像的边缘信息和其他高频部分的信息，但其计算量相当大。

2）中值滤波去噪

对噪声信号的滤波是信号处理领域的研究对象之一。过去主要采用线性滤波器来去噪，但是线性滤波器并不能很好地抑制各种非加性高斯噪声，且在保持信号边缘等细节特征上有明显缺失。因而，近年来主要考虑用非线性滤波器来处理噪声信号的恢复问题。在如此多的非线性滤波器中，中值滤波器是很有发展前景和最具代表性的一种滤波器，因为它具有并行且能快速实现的特点，从而受到国内外学者的关注和研究。

中值滤波器是一种非线性平滑滤波器，它以图像某像素点为中心，取其邻域内其他像素点灰度值的中间值作为该像素点的值。中值滤波的思想是用像素点邻域窗口灰度值的中值来代替该像素点的灰度值。当元素的个数是奇数时，将灰度值按大小排序后取中间的数值作为中值；当元素的个数是偶数时，将灰度值按大小排序后计算中间两个像素灰度值的平均值作为中值。由于中值滤波不依赖于邻域内那些和典型值相差很大的值，因此能够有效地抑制过滤波脉冲、扫描噪声等干扰，并去除椒盐噪声，同时又可以很好地保留图像的边缘轮廓且能解决线性滤波器所带来的图像细节模糊等问题。中值滤波器的主要功能就是改变与周围像素灰度值差别比较大的像素的值而改取与周围像素灰度值接近的值，从而消除孤立的噪声点。

用中值滤波对图像进行滤波时，首先要选定一个奇数像素的窗口，按灰度值大小将窗口内的像素排序，选取窗口中间的灰度值代替原灰度值，就可得到一个新的灰度图像。

实际中，选取窗口的大小时，通常使用 3×3 的窗口或 5×5 的窗口。中值滤波器直接选取滤波模板内中间像素点的灰度值作为当前像素点的灰度值，因此很容易去除一些滤波模板内灰度值偏小或偏大的像素点，而这些像素点可能对应着图像上的点、线等细节信息，故中值滤波器不适用于对含有点、线等细节信息较多的图像进行滤波处理。

中值滤波的特性：第一，可用来减弱脉冲干扰和随机干扰；第二，对某些输入信号具有中值滤波后的不变性。中值滤波对尖峰脉冲的滤波效果很好，既能去掉干扰又能保持边缘的陡峭度，但对高斯分布的噪声的滤除效果较差；中值滤波对脉冲干扰来说是很有效的，尤其是那些相距比较远且窄的脉冲干扰。

综上所述，维纳滤波算法需要经过小波变换，计算量较大，对目标检测的实时性有一定的影响；均值滤波将使图像，尤其是图像的边缘轮廓变得模糊；我们实际中所用的视频序列主要以椒盐噪声为主，而中值滤波对椒盐噪声的去除很有效，同时考虑到保持图像中的边缘信息在目标检测中非常有利于物体的分割，所以在预处理中我们采用中值滤波对视频序列中选取的图像进行去噪。

6.2.2 阈值分割

在运用三帧差法进行目标检测时，关键的一步就是图像分割，即选取合适的阈值对图像进行分割。图像分割算法是人工智能和计算机视觉领域中一个很重要的研究内容，也是一个难点。从研究之初到现在，学者们提出了各种各样的分割思想及分割算法。在如此多的算法中，基于灰度直方图的阈值分割算法由于实现起来简单且实用性强，故受到学者们广泛的研究和关注。迄今为止，已经有上千种图像分割算法，对它们的分类也是多种多样的，最普遍的是把分割算法分为三类：边缘检测、区域生长法和阈值分割。

边缘检测技术主要用在图像分割上，如果能够检测出图像中的边缘，那么图像就能够基于这些边缘被分割成许多的区域。边缘检测技术对边缘的定位准确，而且计算速度很快。但是它对噪声比较敏感，而且只利用了图像中的局部信息，无法保证分割区域内部的颜色一致性，且产生的闭区域轮廓的连续性不太理想。

区域生长法从若干种子点或种子区域出发，按照一定的生长准则，对邻域像素点进行判别并连接，直到所有像素点完成连接。它是以区域为处理对象的，考虑到区域内部和区域之间的同异性，应尽量保持区域中像素的临近性和一致性的统一。

阈值分割法的基本思想是按照灰度级，将像素点的集合用一个或多个阈值划分成几部分，得到的每一个子集构成和现实物体相对应的一个区域，各个区域内部具有一致的属性，而相邻区域布局也有这种一致的属性，这样同一目标像素点的灰度值分布就会属于同一区域。阈值的选择在很大程度上决定了阈值分割的结果，因此如何选取适合的阈值就成为问题的关键。此方法是一种有效且简单的图像分割算法。目前已提出很多阈值分割算法，较常用的有 OTSU 阈值分割算法和交叉熵阈值分割算法。大多数研究者所关注的就是如何找到一种计算速度快、简单的阈值分割算法。阈值分割算法的实现步骤是：

（1）确定合适的阈值；

（2）比较阈值与图像中每一个像素点的灰度值；

（3）确定每一个像素点所属的类。

1. 一维 OTSU 算法

1979 年日本学者大津首先提出了 OTSU 法，也称最大类间方差法（简称一维 OTSU

法)或大津阈值法。在众多的阈值分割方法中，OTSU 法是最为流行的阈值化方法之一。一维 OTSU 算法的理论基础是模式识别和一维直方图，它基于类间方差最大来确定阈值，计算速度快而且简单有效，具有良好的分割性能。

2. 二维 OTSU 算法

一维 OTSU 算法没有考虑到像素点邻域带来的影响，而只考虑到了像素点本身的灰度信息，这样确定出的阈值常常会出现分割错误，因此一维 OTSU 算法不能有效地对包含噪声的图像进行处理。为此，一维 OTSU 算法被推广到二维。二维 OTSU 算法建立的前提是要构建二维直方图，具体地，用原图像的灰度值和其邻域平均灰度值的平滑图像构建二维直方图，这使得图像的分割效果有了很大的改善。

在图像的一维直方图中，没有考虑到图像像素点邻域内的灰度分布情况，仅考虑了图像像素点的灰度值分布信息，这样极易丢掉某些关键的邻域信息。但在对图像进行分割处理时，图像的二维直方图不仅考虑了像素点的灰度值分布信息，还考虑了其邻域平均灰度值的分布情况，和一维直方图相比，不仅提高了对每一个像素点特征描述的精确程度，而且所含有的信息量也大大增加。

利用二维直方图中任意门限向量(s, t)对图像进行分割(其中 $0\leqslant s, t<L-1$)，若用ω_0和ω_1 分别表示目标类和背景类区域发生的概率分布，那么这两类区域发生的概率分布分别为

$$\omega_0(s, t)=\sum_{i=0}^{s}\sum_{j=0}^{t}p_{ij}, \ \omega_1(s, t)=\sum_{i=s+1}^{L-1}\sum_{j=t+1}^{L-1}p_{ij} \tag{6-3}$$

背景和目标对应的均值向量分别为

$$\mu_0=[\mu_{0i}, \mu_{0j}]^{\mathrm{T}}=\left[\frac{\sum_{i=0}^{s}\sum_{j=0}^{t}ip_{ij}}{\omega_0(s, t)}, \frac{\sum_{i=0}^{s}\sum_{j=0}^{t}jp_{ij}}{\omega_0(s, t)}\right]^{\mathrm{T}} \tag{6-4}$$

$$\mu_1=[\mu_{1i}, \mu_{1j}]^{\mathrm{T}}=\left[\frac{\sum_{i=s+1}^{L-1}\sum_{j=t+1}^{L-1}ip_{ij}}{\omega_1(s, t)}, \frac{\sum_{i=s+1}^{L-1}\sum_{j=t+1}^{L-1}jp_{ij}}{\omega_1(s, t)}\right]^{\mathrm{T}} \tag{6-5}$$

暂时忽略远离直方图的对角线的概率，则$\omega_0+\omega_1\approx 1$，总体均值$\mu_z$ 可表示为

$$\mu_z=[\mu_{zi}, \mu_{zj}]^{\mathrm{T}}=\left[\sum_{i=0}^{L-1}\sum_{j=0}^{L-1}ip_{ij}, \sum_{i=0}^{L-1}\sum_{j=0}^{L-1}jp_{ij}\right]^{\mathrm{T}}=\omega_0\mu_0+\omega_1\mu_1 \tag{6-6}$$

定义一个目标和背景类间的离散测度矩阵：

$$\boldsymbol{\sigma}_B=\omega_0(s, t)[(\mu_0-\mu_z)(\mu_0-\mu_z)^{\mathrm{T}}]+\omega_1(s, t)[(\mu_1-\mu_z)(\mu_1-\mu_z)^{\mathrm{T}}] \tag{6-7}$$

则采用矩阵 $\boldsymbol{\sigma}_B$ 的迹 $\mathrm{tr}\boldsymbol{\sigma}_B(s, t)$作为目标和背景类间的距离测度函数：

$$\mathrm{tr}\boldsymbol{\sigma}_B(s, t)=\frac{[\omega_0(s, t)\mu_{zi}-\mu_i(s, t)]^2+[\omega_0(s, t)\mu_{zj}-\mu_j(s, t)]^2}{\omega_0(s, t)[1-\omega_0(s, t)]} \tag{6-8}$$

其中，$\mu_{zi}=\sum_{i=0}^{L-1}\sum_{j=0}^{L-1}ip_{ij}$，$\mu_{zj}=\sum_{i=0}^{L-1}\sum_{j=0}^{L-1}jp_{ij}$，$\mu_i(s,t)=\sum_{i=0}^{s}\sum_{j=0}^{t}ip_{ij}$，$\mu_j(s,t)=\sum_{i=0}^{s}\sum_{j=0}^{t}jp_{ij}$。

将 $\mathrm{tr}\boldsymbol{\sigma}_B(s,t)$取最大值时的阈值作为二维 OTSU 图像分割法的最佳阈值(s_0,t_0)，即

$$\mathrm{tr}\boldsymbol{\sigma}_B(s_0,t_0)=\mathrm{MAX}\{\mathrm{tr}\boldsymbol{\sigma}_B(s,t)\},\ 0\leqslant s,t\leqslant L \tag{6-9}$$

将 $s\leqslant s_0$，$t\leqslant t_0$ 的点定为非变化区域像素点，将 $s\geqslant s_0$，$t\geqslant t_0$ 的点定为变化像素点。

二维 OTSU 法可以很好地抑制噪声，但要使分割效果更好，代价却是程序运行时间更长，且计算复杂度更高。Lang Xianpeng、Zhu Ningbo 等人给出了快速算法来降低二维 OTSU 算法的计算复杂度。对于二维 OTSU 法，虽然以上的假设条件(即背景区域和目标区域的概率和近似为 1)有一定的合理性，但它还不能普遍适用。

6.3 目标检测方法

传统目标检测的方法一般分为三个阶段：首先在给定的图像上选择一些候选的区域，然后对这些区域提取特征，最后使用训练的分类器进行分类。

(1) 区域选择。这一步是为了对目标的位置进行定位。由于目标可能出现在图像的任何位置，而且目标的大小、长宽比例也不确定，所以最初采用滑动窗口的策略对整幅图像进行遍历，而且需要设置不同的尺度、不同的长宽比。这种穷举的策略虽然可以遍历目标所有可能出现的位置，但是缺点也是显而易见的：时间复杂度太高，产生冗余窗口太多，这也严重影响了后续特征提取和分类的速度和性能。(实际上由于受到时间复杂度的影响，滑动窗口的长宽比一般都是固定地设置几个，所以对于长宽比浮动较大的多类别目标检测，即便对滑动窗口遍历也不能得到很好的区域。)

(2) 特征提取。目标的形态多样性、光照变化多样性、背景多样性等因素使得设计一个鲁棒的特征并不那么容易。然而提取特征的好坏直接影响到分类的准确性。(这个阶段常用的特征有 SIFT、HOG 等。)

(3) 分类器。分类器主要有 SVM、Adaboost 等。

总结：传统目标检测存在的两个主要问题：一是基于滑动窗口的区域选择策略没有针对性，时间复杂度高，窗口冗余；二是手工设计的特征对于多样性的变化并没有很好的鲁棒性。

6.3.1 光流法

光流的概念是 Gibson 在 1950 年首先提出来的。光流是空间运动物体在观察成像平面上的像素运动的瞬时速度。光流法是利用图像序列中像素在时间域上的变化以及相邻帧之间的相关性来找到上一帧跟当前帧之间存在的对应关系，从而计算出相邻帧之间物体的运动信息的一种方法。一般而言，光流是由于场景中前景目标本身的移动、相机的运动，或者

两者的共同运动所产生的。光流的研究是利用图像序列中的像素强度数据的时域变化和相关性来确定各自像素位置的“运动”的。研究光流场的目的就是为了从图片序列中近似得到不能直接得到的运动场。运动场其实就是物体在三维真实世界中的运动；光流场是运动场在二维图像平面上的投影。

光流法是目标检测和分割的经典算法之一。光流法在适当的平滑性约束条件下，根据图像序列的时空梯度估算运动场，通过分析运动场的变化对目标和场景进行分割。

光流法的前提假设：

(1) 相邻视频帧之间的亮度恒定；

(2) 相邻帧的取帧时间连续，或相邻帧之间物体的运动比较“微小”；

(3) 保持空间一致性，即同一子图像的像素点具有相同的运动。

将以上的前提假设作为基础，随着时间的不断变化，目标会表现出特定的光流特性，据此将光流法运算所得的运动量作为目标的一个关键的判断识别特征，就能够确定是否是目标。

光流法用于目标检测的原理：在视频序列图像中的每一个像素点都对应赋一速度矢量，这样就构成了一运动矢量场。在某一特定时刻，图像上的像素点和三维物体上的点是一一对应的，这样的对应关系可以通过投影来计算得到。根据每一个像素点所表现的速度矢量特征，就可对图像进行动态的分析。若图像中的物体不含有目标，则整个图像区域的光流矢量就是连续性变化的。若图像中含有运动物体，则背景和目标存在着相对运动，此时目标所构成的速度矢量必然和背景的速度矢量有所不同，如此便可以计算出目标的位置。

光流场的计算是计算机视觉领域中的一个研究重点，学者们从不同角度引入了不同的约束条件，提出了不同的光流计算方法。这些方法大致可以分为三类：基于区域或基于特征的匹配方法、基于梯度的方法以及基于频域的方法，其中，最基本和最经常采用的方法是基于梯度的光流平滑性约束的方法。其中经典的算法有 L. K(Lucas & Kanade)法和 H. S (Horn & Schunck)法。

L. K 法是 Lucas 和 Kanade 提出的，它是一种基于局部速度常数模型的算法，在不同的应用中取得了良好的效果。

Horn 和 Schunck 所采用的 H. S 法依据的是图像的连续性和平滑性，此方法的基本思想是：引入平滑性约束条件，即对光流进行计算时，光流本身要尽可能地平滑。将研究对象作为一个无变形的刚体，其上的各个相邻点具有相同的运动速度，引入约束条件使得光流约束方程的求解变得简单了。

光流法能够检测出目标较完整的运动信息，不需要预先知道场景的任何信息，能够较好地处理运动背景的情况，并且可以用于摄像机运动的情况，适用于帧间位移较大的情况。但是由于透明性、阴影、多光源、遮挡和噪声等原因，利用光流法进行运动物体检测时，计算量很大，无法保证实时性和实用性，故此方法难以应用到实时系统，同时其对噪声也比较敏感，计算结果精度较低，难以得到目标的精确边界。

6.3.2 背景差分法

背景差分法是在背景静止情况下常用的目标检测方法。它主要利用当前场景中的某一帧图像作为参考背景图像，然后将当前帧图像与事先得到的背景图像或者实时得到的背景图像做差分运算，对得到的差分图像用选定阈值进行二值化，就可得到目标区域，即差值大于一定阈值的像素点就被认为是目标上的点，否则就认为该点为背景点。此方法很适合用来在背景图像随时间改变不大的情况下检测目标。通过比较当前源图像$F_k(x, y)$和背景图像$B_k(x, y)$灰度值的差异，可以得到前景图像 $D_b^k(x, y)$，计算公式为

$$D_b^k(x, y) = \begin{cases} 1, & |w \times B_k(x, y) - wF_k(x, y)| > T \\ 0, & \text{其他} \end{cases} \tag{6-10}$$

其中，T 为阈值，采用自适应阈值分割方法得到；w 为抑制噪声的窗口函数，可以采用中值滤波函数。

背景差分法速度快，能够满足实时系统的要求且一般能够提供最完全的目标特征数据，因此目前大多数的系统均采用该方法。但是由于此算法中的灰度阈值 T 是个固定值，导致它只适合于理想的情况，对如树叶摇曳、光照变化等背景的变化极其敏感，这些变化将导致所检测到的差分图像中出现噪声点或虚假目标。为了使参考的背景图像能够更好地描述背景，并能够自适应地根据背景的改变进行变化，最好的解决方法就是对背景图像进行建模，利用背景模型的更新与自主学习能力对背景进行模拟。

目前，大多数的学者都在研究不同类型的背景模型，以减少运动变化的场景对目标的检测影响。Stauffer 和 Grimson 根据自适应混合高斯模型对图像中的每一个像素点用混合的高斯分布模型来建模，这样可以有效抑制由背景变化、光照变化等产生的影响；M. Piccarditl 对多峰分布的图像利用 Mean Shift 的算法进行建模，获得了较理想的检测效果，由于此方法是对整体的数据空间的收敛特性进行考虑计算的，因此计算量很大且计算复杂；Junfang Song 等提出了一种新的方法来重建背景模型，此方法计算的是两个相邻图像的差分结果，据此判断背景模型需不需要更新，判断后用一个简单的加权公式重建背景模型，此方法可以在交通流量的监控系统中快速且实时地对背景模型进行更新，得到一个很好的背景模型来计算目标的分割；Jiwoong Bang 等人针对自适应背景差分法不能很好地识别目标，且如果场景变化快或者目标长时间没有运动，背景更新慢的问题，提出了一个新的目标检测算法，此方法能够定量地评估一个目标区域的检测能力，即使在很难获取背景图像和提前没有选取好基准图像的情况下也能快速创建一个背景模型，同时此方法还能提高检测目标轮廓的准确性和减小均方误差，对场景的突然变化具有很好的鲁棒性。

由于混合高斯模型能够较好地描述复杂的背景环境，且对动态背景的自适应能力强，因此在目标检测中取得了较好的效果，受到广泛的关注。但由于该方法对图像中的每个像素点均要建立多个高斯分布函数，故算法复杂，计算量较大，并且在一些情况下检测效果不理想。背景差分法操作简单，能够提供完全的特征数据，但对目标的检测能力较低，尤其对天气、光照等噪声的影响极其敏感，需要加入背景的更新机制加以处理。Makarov A. 采用基于卡尔曼滤波的自适应背景模型，避免了帧间差分法中出现的“空洞”问题，但是又引入了“重影”问题；Mckenna Setal 采用将梯度信息和像素色彩相结合的方法来建立自适应背景模型，可以消除在分割中不可靠色彩线索和阴影的影响。

6.3.3 帧间差分法

比较不同时刻、同一背景的两幅图像，比较的结果就反映了一个运动的物体在这个背景下运动的结果。较为简单的方法就是对两幅图像做“相减”或“差分”运算，根据相减后的图像结果就能得到物体的运动信息。在相减后的图像中，灰度不发生变化的部分就被减掉，被减掉的部分包括大部分的背景和小部分的目标。帧间差分法就是通过对视频图像序列中相邻两帧作差分运算并阈值化来获得目标区域的方法，它可以很好地适用于存在多个目标和摄像机移动的情况。

帧间差分法的公式为

$$g_1(x, y) = \begin{cases} 1, & |f_k(x, y) - f_{k-1}(x, y)| \geq T_0 \\ 0 & |f_k(x, y) - f_{k-1}(x, y)| < T_0 \end{cases} \tag{6-11}$$

式中，T_0 为预先设定的阈值。可根据经验选取 T_0，若选取得过大，则检测的目标可能出现较大的空洞甚至漏检；若 T_0 选取得过小，将出现大量噪声。

从帧间差分法的公式可以看出，如果目标匀速运动，帧间差分法得到的目标会比较一致，但当目标做加速或减速运动时，检测到的目标会存在多检或漏检。而且帧间差分法检测出的目标中包含两帧中的运动信息，这样会检测出较多的目标点。该方法在应用中也同样存在两方面的缺陷：首先，如果帧间时间间隔选取得太长或太短，在差分图像中就会存在很多的非目标像素点，这样检测出的目标区域会比实际的目标区域大；其次，若目标的颜色分布均匀，而帧间差分后所保留的区域是帧间相对变化的区域，那么重叠的区域就无法分辨出来，检测获取的目标区域就会发生漏检，出现目标运动区域“空洞”的现象。

针对帧间差分法的不足，有学者提出了三帧差分法。三帧差分法充分考虑了运动像素的时间相关性，对动态检测比较灵敏，对随机噪声也有很好的抑制作用，但它也存在一定缺陷，即差分图像的检测阈值需手动设定，大多数情况下只能依据实践经验。三帧差分法的关键是选取合适的阈值对图像进行二值化。

1. 三帧差分法

用帧间差分法检测出的变化区域像素不一定全部是目标的，也有可能是非目标由于在前一帧中被目标所覆盖，而在当前帧中显示成属于背景的区域。为消去这些背景区域，利用三帧差分法对帧间差分法进行了改进。

三帧差分法利用视频序列两帧之间目标位置差别很小的前提条件，引入上一帧与当前帧作差，然后将差值和下一帧与当前帧的差值作一个“与”运算，则基于此时目标变化区域的灰度值设定灰度检测门限可以较准确地得到目标在视频图像中的位置，以此为据，提取目标。这样可有效解决前后帧的遮挡问题，并克服帧间差分法的不足之处。

设在某一视频序列中，连续三帧的视频图像为 $f_{k-1}(x, y)$、$f_k(x, y)$、$f_{k+1}(x, y)$，用帧间差分法进行处理，得到前两帧和后两帧的运动变化图像为 $g_1(x, y)$和 $g_2(x, y)$，则所得到的运动变化图像 $g_1(x, y)$和 $g_2(x, y)$中就含有运动物体，对其进行“与”运算，就可对运动物体进行定位。

相“与”运算定义为

$$D(x, y) = g_1(x, y) \otimes g_2(x, y) = \begin{cases} 1, & g_1(x, y)g_2(x, y) \neq 0 \\ 0, & \text{其他} \end{cases} \tag{6-12}$$

其中，$D(x, y)$为 $g_1(x, y)$和 $g_2(x, y)$相与计算的结果。

2. 基于三帧差分法和阈值分割的目标检测方法

三帧差分法对视频序列中图像的时间相关性考虑得比较充分，它将多帧图像的像素信息融合在一起，因此在目标的检测上灵敏度很高，且也能很好地抑制视频序列中的随机噪声。但该方法也有一定的不足之处：在多数情况下，从不同的视频序列获得的差分图像中的分割阈值是不同的，而三帧差分法都要人为地自己来设定，这样在实际应用中工作量太大。差分图像的灰度直方图若是双峰的还较容易计算，若不是双峰的，其阈值就很难确定，使得分割结果不理想，从而导致检测结果也变差。

二维的 OTSU 阈值分割算法和二维的交叉熵阈值分割算法都考虑了图像中目标像素点和同一帧中周围像素点的空间相关性，受噪声干扰的影响很小，同时，这两种算法是通过计算最值来得到最优阈值的，具有很好的自适应能力，无论差分图像中是否有明显的双峰，都可以获得理想的分割结果。但是这两种算法只是计算了视频序列中某一帧图像的二维直方图，并未考虑到目标各像素点的时间相关性，这样极有可能会丢失一部分目标上各像素点的信息。

因此，考虑到目标的时间相关性和空间相关性，采用将三帧差分法与二维交叉熵阈值法相结合的方法对目标进行检测。即：先利用三帧差分法对视频图像进行目标的检测，得到灰度图像的差分图像，再使用二维交差熵阈值法对差分图像进行二值化。基于三帧差分法和二维交差熵阈值法的目标检测方法的具体实现步骤为：

(1) 选取视频序列中的连续三帧图像；

(2) 对选取的图像进行预处理；

(3) 用三帧差分法对所选取的连续三帧图像进行计算，得到目标的检测结果；

(4) 将三帧差分法得到的检测结果图结合改进的快速二维交叉熵阈值算法进行分割处理，分割后可以得到准确的目标。

6.4 遥感图像变化检测

6.4.1 背景

遥感技术以航空摄影技术为基础，是一种远距离、非接触的目标探测技术和方法。利用搭载在遥感平台(如人造地球卫星、航摄飞机等)上的传感器(如合成孔径雷达、多光谱扫描仪等)，可以接收从目标反射和辐射的电磁波信息，利用遥感器从空中来探测地面物体性质，根据不同物体对波谱有不同响应的原理，识别地面上的各类地物。随着传感器技术、航空和航天平台技术、数据通信技术的进一步发展，遥感作为人类利用对地观测技术获取信息的重要手段，所能提供的信息将以我们无法想象的倍率递增。雷达、卫星、计算机的发展，产生了人类空间对地观测及其科学信息获取手段的革命，这就是近几十年来蓬勃兴起的空间遥感技术。这一技术使用空间平台(卫星、飞机等)搭载仪器，以电磁波与地球大气、地表、海洋环境相互作用形成的散射、辐射作为手段进行观测，工作波段从最初的可见光摄影，经过红外热辐射探测，发展到 20 世纪 70 年代后的微波、毫米波遥感。现代遥感技术已经能够动态、快速、准确、多手段地提供多种对地观测数据，可以获得不同空间分辨率、时间分辨率和光谱分辨率的数据。这些数据可以实时地记录地球的景观信息。现代遥感技术可以为全球变化研究提供越来越丰富的观测数据，但是要从这些数据中有效地提取各种变化信息，还需借助于变化检测技术。

遥感技术的重要应用之一就是变化检测，变化检测指对不同时段的目标或现象状态发生的变化进行识别、分析，包括判断目标是否发生变化和确定发生变化的区域。它通过对不同时期同一区域获取的多幅遥感图像进行比较分析，根据图像之间的差异来得到我们所需要的地物或目标的变化信息，从而实现大范围区域的动态监测。

基于多时相的遥感影像的变化检测技术可以广泛地应用到社会经济的各个领域。在民用上，变化检测主要应用于资源环境数据更新及利用、森林和植被变化、城市扩展、湿地变化、气候的变化检测等变化信息获取；在军事上，变化检测主要用于战场态势分析以及毁伤效果评估、军事目标和兵力部署检测、战场信息动态感知等。早期的遥感影像变化检测由于受到当时的技术条件的限制，主要是通过人工目视解译来进行的，但目视解译方法要求解译人员具有丰富的目视判读经验，难以保证前后一致性，因而在实际应用中具有很大的局限性。计算机全自动化和人机交互操作是遥感图像解译、变化检测的发展趋势。目前遥感图像的变化检测仍然处于探索阶段，大多数方法对用于变化检测的影像数据要求严格，对不同时期的辐射度差别、噪声等因素的影响比较敏感，缺乏自动高效的变化信息(变化区域、变化类型等)提取和分析方法。现在的普遍观点是：变化检测方法的选择依赖于遥感数据源的类型和待检测目标的类型。因此，研究者们试图通过各种方法对变化检测方法进行探索，但是目前还不能确定哪种变化检测方法最有效、最准确。

6.4.2 变化检测的基本概念

所谓变化检测，就是根据不同时间的多次观测来确定一个物体的状态变化或确定某些现象的变化过程。这是目前学术界公认的关于变化检测的权威定义。对于遥感领域而言，变化检测就是指利用多个时期的覆盖同一地区的遥感影像来确定地表现象的变化过程。遥感变化检测的实质是遥感瞬间视场中地表特征随时间发生变化而引起的两个时期影像像元光谱响应的变化。变化检测方法通常利用对同一地区在不同时期拍摄的两幅单波段或多波段遥感图像，采用图像处理和模式识别等手段，检测出该地区的地物变化信息，它在城市、农业、水利和国防等诸多领域都有着广泛的应用。变化检测的目的在于排除众多不确定性因素(大气、土壤水分、植被物候、照射角度、传感器参数)的干扰，找出某个特定应用所感兴趣的变化区域。

6.4.3 变化检测的步骤

1. 几何校正

对于多时相遥感影像变化检测来说，受飞行器姿态不稳定、轨道变化、地形高度起伏变化、地形产生的阴影及传感器内部成像性能引起的影像线性和非线性畸变等因素的影响，不同时相获取的影像在同一坐标位上对应的地物通常是不一致的。为了进行变化检测分析，就必须首先对这些影像做几何校正，使得不同时相的影像相互对齐，即同一坐标位置上对应的地物一致，使它们具有可比性。无论采用何种变化检测分析方法，足够高的几何校正精度都是多时相遥感影像变化检测成功的关键前提和保证。已有研究结果表明，各时相影像之间的相对位置误差(均方根误差)应小于±0.5 个像元，否则就可能会大大降低变化检测结果的可靠性。

几何校正分为绝对校正和相对校正。前者将影像坐标转变为某种地图投影坐标，即影像地理编码；而后者则是将影像相互对齐，也称为影像配准。在实际应用中，一般首先选取其中一个时相的影像进行绝对校正，然后把经过绝对校正的这幅影像作为参考影像，将其他时相的影像进行相对校正。这两类校正包括的基本步骤均为选取控制点、建立几何校正模型、影像重采样等。

2. 辐射校正

遥感成像时，进入传感器的辐射强度反映在影像上就是灰度值。辐射强度值主要受两个物理量影响：一是太阳辐射照射到地面的辐射强度，二是地物的光谱反射率。当太阳辐射相同时，影像像元灰度值的差异直接反映了地物目标光谱反射率的差异。但实际上，辐射强度值还会因受到其他因素的影响而发生改变，改变的部分就是需要校正的部分，称为辐射畸变。辐射校正就是去除辐射畸变的处理过程。引起辐射畸变有两个原因：一是传感器本身产生的误差；二是大气对辐射传输的影响。传感器产生的误差会导致接收的影像不均匀，产生条纹和噪声。通常这类畸变在数据生产过程中已由数据提供商根据传感器参数做了校正，无须用户自行校正。用户只需考虑大气影响造成的畸变。

对于多时相遥感影像变化检测而言，由于是不同时相多次成像，成像条件可能存在各方面的差异，包括传感器类型的不同、传感器工作状态的变化波动、大气条件的差异等，造成影像灰度不能真实地反映地物类型，从而影响变化检测的实施。

辐射校正分为绝对辐射校正和相对辐射校正两种。绝对辐射校正针对单幅影像，要求去除大气影响，使得校正后的影像灰度值能够反映真实的地物光谱反射率，从而恢复遥感影像中地物目标的本来面目，一般是利用较精确的大气校正模型来完成的。常见的模型包括 6 s、Modtran、FLAASH、ATCOR 等。相对辐射校正则适用于多幅影像的情况，它首先选取一幅质量较好的影像作为参考影像，对其做绝对辐射校正，再将其他影像相对于参考影像做变换，使得这些影像的光谱统计特性趋于一致，此过程也称为辐射归一化(Relative Radiometric Normalization)。辐射归一化主要有统计特征变换法和统计回归分析法两种方法。

6.4.4 遥感图像的预处理

1. 图像配准

所有的变化检测方法都要求对多时相图像进行精确的配准，以保证多时相图像坐标中相同位置的像素点对应地面同一区域。配准的精度将直接影响变化检测的精度，如果得不到较高的图像配准精度，则在整个场景内将有大量的变化区域，这种情况是由图像几何错位造成的。

2. 辐射校正

前面说过，变化检测的目的在于检测出地物真实的光谱变化，也就是感兴趣的变化，而大气、光照等因素造成的变化则是需要排除的干扰。因此，使用遥感数据进行变化检测的前提是由感兴趣的目标变化引起的辐射值的改变要比大气条件、照射角、土壤湿度等随机因素引起的辐射值变化大。如果变化检测技术对这些随机因素比较敏感，则需要考虑进行辐射校正。常用的辐射校正的方法有直方图匹配和线性回归。

3. 图像滤波

图像中噪声的存在影响了图像的质量。在变化检测中，噪声会对需要检测的地物变化信息造成严重的污染，给检测带来很大的困难，直接影响变化检测的结果。尤其是合成孔径雷达(SAR)图像，其特有的成像方式引起的相干斑点噪声严重降低了图像的信噪比，模糊了部分图像的细节特征。因此，在作变化检测之前，有必要对图像进行滤波处理。常见的图像斑点噪声滤波方法有 Lee 滤波、Kuan 滤波、Frost 滤波、增强 Lee 滤波等。

6.4.5 变化信息检测

变化信息是指在一定的时间段内，目标区发生变化的大小、位置、范围和类型。变化信息检测通过选择适当的变化检测方法对两个时相的遥感影像进行处理，并加以分析，提取变化信息，生成变化结果图和其他检测结果。这一过程的基本目标是找出遥感图像在研究时间段发生的变化，并对其进行定性和定量的描述。所采用的变化检测方法要尽量消除噪声的干扰以及各种因素造成的“伪变化”影响，将真实的地表变化检测出来。

6.4.6 检测结果评价

遥感影像变化检测需要对得到的结果进行精度评估，对变化检测的精度进行确切而有效的量化分析，这是评价某种变化检测方法性能的客观依据。变化检测的精度评估存在两个不同层次的精度概念：一个是变化是否发生及发生位置的检测精度，即只关心变化和未变化两大类；另一个是变化类型的检测精度，即要求统计具体的变化类型。目前变化检测的性能评估主要针对的是变化是否发生以及发生的位置。对于变化检测的评估方法主要源自遥感图像分类的精度评估，这是因为像元级的变化检测基本上都需要通过图像分类来实现。这种将从图像分类的分类误差矩阵演化来的变化检测误差矩阵作为一种定量的变化检测性能评估的方法，是目前变化检测性能评估的主要方法。变化检测误差矩阵是根据传统评价分类精度的分类误差矩阵提出的一种评价变化检测的指标，可对变化检测的总体有效性进行定量化的评价。

6.4.7 变化检测的主要方法

数十年来，在各国学者的努力下已相继发展了多种变化检测方法。目前，根据是否利用先验信息，变化检测方法可分为监督方法和非监督方法。前者根据地面真实数据来获取变化区域的训练样区，从而进行变化检测；后者直接对两个不同时相的数据进行检测而不需要任何额外的信息。从算法角度出发，变化检测方法则可以分为直接分析法、基于图像代数运算结果的变化检测、基于多通道数据交换的变化检测、基于图像分类的变化检测以及基于结构特征分析的变化检测等。近年来，科学工作者又提出了许多新方法。一些方法不仅利用了图像的灰度特征、空间特征、形状特征，而且利用了图像的结构特征、纹理特征。一些方法在处理算法上采用了小波变换、模糊逻辑、人工神经网络等；另一些方法在对不同时相图像处理的基础上，对处理后的图像进一步处理(如数学形态学、马尔科夫随机场分析）以确定变化区域。现将主要的变化检测算法介绍一下。

1. 影像算术运算法

影像算术运算法就是对两个时相的影像像元值做算术运算（主要包括差值和比值运算），构造差异影像，然后选取适当的阈值，提取变化区域。这类方法操作简单，运行成本较低，因而得到了广泛的应用。

图像差值法是目前最为广泛采用的变化检测方法。这种方法将已配准的两个时相的遥感图像进行相应位置像元的相减。差值图像中的数据分布的总体特征是：呈高亮度的部分一般是发生了强烈变化的地方，呈低亮度的部分可能是大气辐射或者气候因素造成的干扰。时相图像的图像差值法存在的问题主要与配准精度、校正误差以及噪声干扰等有关。这种方法过于简单，很难考虑到所有因素的影响，这就对阈值的选择提出了较高的要求。

图像比值法计算多时相配准图像相应位置像素的比值。如果没有发生变化，则相应像素的比值接近于1，如果某些像素位置发生了变化，这个比值将会显著地大于或小于1。比值法可以部分消除阴影的影响，突出某些地物之间的反差，具有一定的图像增强作用。比值法的理论假设是比值图像呈正态分布，通常以均值和标准差作为划分阈值的标准，但实际问题中这种假设往往不成立，因而会在均值的两端分割出面积不相等的区域，造成两端不相等的错误概率。

2. 分类后比较法

分类后比较法的原理是首先采用相同的分类体系分别对不同时相的遥感影像进行单独的分类，然后在已分类的区域中逐像素比较，从中提取变化信息。该类方法的优点是能够避免辐射校正、匹配等预处理问题。但该类方法是对两时相图像进行单独分类，对分类结果进行比较后生成的变化图，其精度大致相当于每个时相分类精度值的乘积，也就是说存在于每一时相单独分类结果中的误差会在比较过程中被进一步放大，从而造成变化检测误差的加大。因此该类方法对分类精度要求较高。

Bruzzon 提出一种基于自适应区域块的变化检测方法。该方法首先对两时相图像分别按照区域像素的同质程度进行自适应分割，每幅图像均被分割得到若干个同质区域，再对分割出来的区域进行融合，使两幅图像最终获得对应的相同区域块分割；接着综合考虑图像像素灰度值和纹理信息，定义每一个分割区域块上的特征向量，并基于此特征向量生成两时相图像的差值图像；最后选取合适的阈值来确定变化区域。这种方法考虑了图像的空间信息，避免了去噪处理带来的检测误差。但是由于前期图像分割的结果并不十分准确，后期变化检测的精度也被影响了。

孙洪等提出基于区域似然比的 SAR 图像变化检测方法。该方法对两时相的 SAR 图像进行分水岭分割，在区域分割的基础上提出似然比检测的方法，较大程度地降低了 SAR 图像乘性噪声在变化检测过程中带来的误检和漏检效应。但分水岭算法受斑点噪声影响，对边缘的定位依然存在较大误差，以至于一定数目的漏检依然影响了检测的精度。

3. 基于概率分布的变化检测方法

Jordi Inglada 在 2007 年提出了一种新的基于局部统计模型估计的 SAR 图像变化检测方法。他提出，SAR 图像中像素邻域的局部统计特性可以用高阶累计量来进行估计，在对统计模型参数估计的基础上，采用交叉熵散度(Kullback-Lerbler divergence)对统计模型的差异进行计算。该方法采用的模型估计检测相比均值检测算子、高斯模型和 person 模型检测方法具有更高的检测率，但是该方法时间复杂度高、运算时间较长，并且模型估计的误差在计算图像差异时很难避免。

Gregoire Mercier 在此研究基础上，针对两时相 SAR 图像获取形态不相同的情况，在假设二图像非变化区域存在独立性的基础上，通过基于 copula 理论的回归分析，针对这种独立性建立模型，即在假设第一时相数据和第二时相数据具有相同的获取条件下，在第二时相数据的基础上对第一时相数据建立模拟的局部统计估计，从而有效地克服了多传感器变化问题造成的误差，获得了良好的性能特性和视觉效果。

4. 基于图像融合的变化检测

Brozzone 等在 2005 年针对多时相 SAR 图像变化检测，提出利用小波多尺度，将对数比构造的差异影像进行多归结图像分解，根据统计数据的自动分析，提取每个像素点在可靠的尺度上的变化信息，利用自适应尺度融合算法得到高精度可靠的检测结果；Melgani 等提出了基于 Markov 融合的变化检测方法，该方法利用 Markov 随机场的融合算法，将各种基本变化检测阈值方法的优势集于一体，提高变化检测的精度，取得了较好的结果；马国锐等于 2006 年提出了将差值图像和比值图像进行乘积融合的思想，以便构造差异图像，该方法有效地削弱了噪声干扰，使背景得到减弱，变化区域得到凸显。

6.4.8 基于均值平移和多尺度分析的遥感图像变化检测方法

本节方法的有效性可概括为以下几点。第一，此方法运用均值平移(mean shift)算法对差异影像进行平滑处理。均值平移算法通过计算概率密度梯度方向进行均值迭代，相比传统的滤波预处理技术，在对差异影像的处理上，能有效地抑制噪声和误差的干扰，同时能使变化区域保持良好的一致性，具有良好的边缘保持性。第二，此方法利用小波多尺度分解将差异影像分解，通过对高频和低频系数的筛选，选择可靠尺度上的变化信息，去除对噪声敏感的高频分量，对检测效果的加强和检测率的提高起到了明显的作用。第三，在 K 均值聚类之后引入区域生长的方法，通过区域生长提取变化信息，有助于消除噪声造成的虚警。

1. 差异影像的构造

图像差值法是最常用的变化检测方法，可以应用于多种不同的地理环境和图像类型。

图像差值法通过计算多时相已配准图像相应像素的差值，产生一个差值图像，然后通过选择合适的阈值找出差异较大的部分，以此代表此期间发生变化的区域。设X_1和X_2分别表示变化前后的两幅图像，则差值图像为

$$X_D = |X_1 - X_2| \tag{6-13}$$

图像差值法概念比较直观，在数学上也很容易实现，可以应用于单波段影像，也可以应用于多波段影像。差值法构造的差异影像灰度值越大的像素发生变化的可能性越大，反之越不可能发生变化。该类差异影像反映变化信息的准确度依赖于图像配准的精度，并且由于不同时期摄影条件、图像配准校正误差的影响，两时相图像对应位置处的灰度值并不相同，因此，差值法构造的差异影像存在大量的干扰信息和伪变化点，故对差值图的处理需要尽可能地消除这些干扰以提高检测精度。

2. 均值平移算法对差异影像的平滑

为了减弱差异影像中噪声对变化信息的干扰，使变化区域能够清楚地显现，本节方法对差异影像采用了均值平移算法进行平滑处理。

首先，根据本节中均值平移算法对差值图平滑处理的具体应用，定义核函数为截尾高斯核函数：

$$G(x) = \begin{cases} e^{-|x|^2}, & x < 1 \\ 0, & x \geqslant 1 \end{cases} \tag{6-14}$$

图 6.1 为截尾高斯核函数的示意图。

图 6.1　截尾高斯核函数

由此可以把均值平移向量定义为

$$M_h(x) = \frac{\sum_{i=1}^{n} G\left(\frac{x_i - x}{h}\right)(x_i - x)}{\sum_{i=1}^{n} G\left(\frac{x_i - x}{h}\right)} \tag{6-15}$$

其中h是核半径。为了便于对算法进行直观分析，可以将式(6-15)的x提到求和号的外面来，这样得到下式：

$$M_h(x) = \frac{\sum_{i=1}^{n} G\left(\frac{x_i - x}{h}\right) x_i}{\sum_{i=1}^{n} G\left(\frac{x_i - x}{h}\right)} - x \tag{6-16}$$

把上式等号右边的第一项记为 $m_h(x)$，即

$$m_h(x) = \frac{\sum_{i=1}^{n} G\left(\frac{x_i - x}{h}\right) x_i}{\sum_{i=1}^{n} G\left(\frac{x_i - x}{h}\right)} \tag{6-17}$$

给定一个初始点 x、核函数 $G(X)$、容许误差 ε，均值平移算法循环地执行下面三步，直至满足迭代条件为止：

(1) 计算 $m_h(x)$；

(2) 把 $m_h(x)$赋给 x；

(3) 如果 $\|m_h(x)-x\|<\varepsilon$，结束循环；否则，继续执行步骤(1)。

由式(6-16)知道，$m_h(x)=x+M_h(x)$，上面的步骤不断地沿着概率密度的梯度方向移动。如果数据集$\{x_i, i=1, \cdots, n\}$服从概率密度函数 $f(x)$，那么给定一个初始点 x，均值平移算法就会一步步地移动，最终收敛到第一个峰值点。

差值图像为二维灰度图像，将其表示为一个二维网格点上的三维向量，每一个网格点代表一个像素，在这里仅考虑图像的灰度信息，组成一个三维的向量 $\boldsymbol{x}=(x^s, f^r)$，其中 x^s 表示网格点的坐标，f^r 表示该网格点上的灰度特征。

用核函数 K_{h_s, h_r} 来估计 x 的分布，K_{h_s, h_r} 具有如下形式：

$$K_{h_s, h_r} = \frac{C}{h_s^2 h_r} G\left(\left\|\frac{x^s}{h_s}\right\|^2\right) G\left(\left\|\frac{f^r}{h_r}\right\|^2\right) \tag{6-18}$$

其中 h_s，h_r 控制着平滑的解析度，C 是一个归一化常数。

假设用$\{y_j\}$，$j=1, 2, \cdots$来表示均值平移算法中移动点的痕迹，用 x_i 和 z_i，$i=1, \cdots, n$ 分别表示原始和平滑后的图像。对于每一个像素点，用均值平移算法进行图像平滑的具体步骤如下：

(1) 初始化 $j=1$，并且使 $y_{i,1}=x_i$；

(2) 运用均值平移算法计算 $y_{i,j+1}$，直到收敛，记收敛后的值为 $y_{i,c}$；

(3) 赋值 $z_i=(x_i^s, y_{i,c}^r)$。

式(6-18)中的 h_s、h_r 是非常重要的参数，可以根据解析度的要求直接给定。不同 h_s、h_r 会对最终的平滑结果有一定的影响。

由于均值平移算法是非参数自适应的，并且收敛性好，应用在对差异影像的平滑处理中，不但能够通过计算均值以及有限的迭代次数来平滑差异影像中的孤立噪声点，而且能

够有效保持变化目标区域的一致性和变化目标的边缘细节。而传统的基于邻域的滤波方法，如 Lee 滤波、增强 Lee 滤波、kuan 滤波、frost 滤波等，由于仅仅考虑到了每个像素点邻域的相关性，并没有通过搜索的方式寻找最佳的邻域点，因而导致了模糊效应，造成边缘细节的过多丢失，而且区域的一致性保持得也不够理想，不利于检测率的提高。图 6.2 为用均值平移算法与传统的滤波方法处理差异影像得到的效果比较。通过比较可见，均值平移算法平滑后的差异影像相比传统滤波效果，在对噪声的去除和变化信息的保持方面具有良好的特性，有利于提高检测精度。

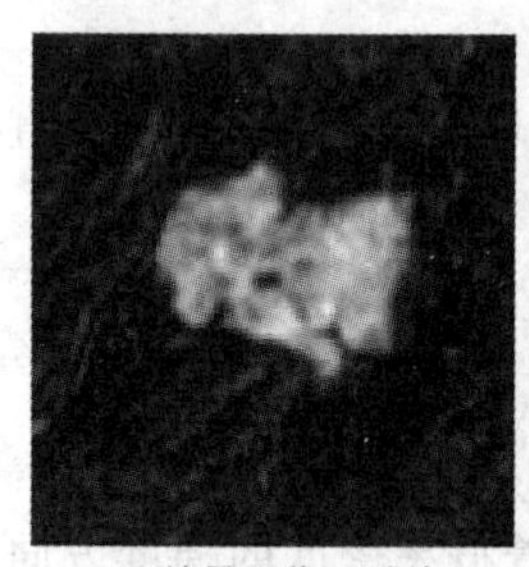

(a) 差异影像区域块

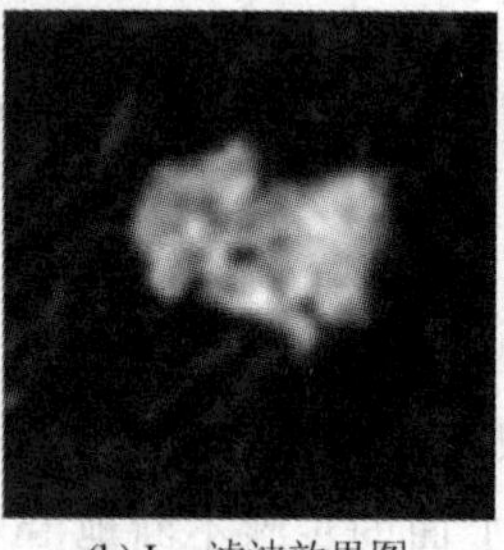

(b) Lee滤波效果图

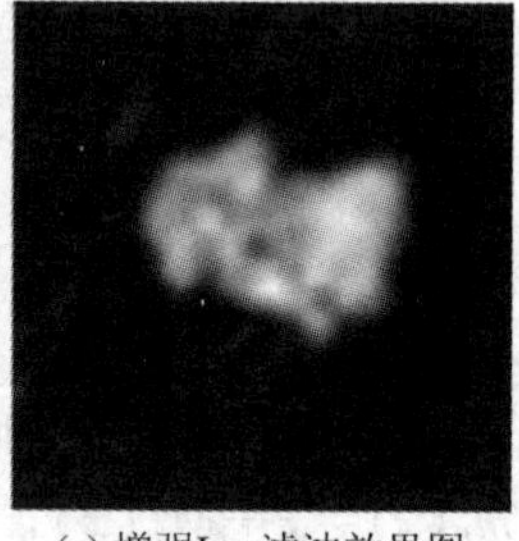

(c) 增强Lee滤波效果图

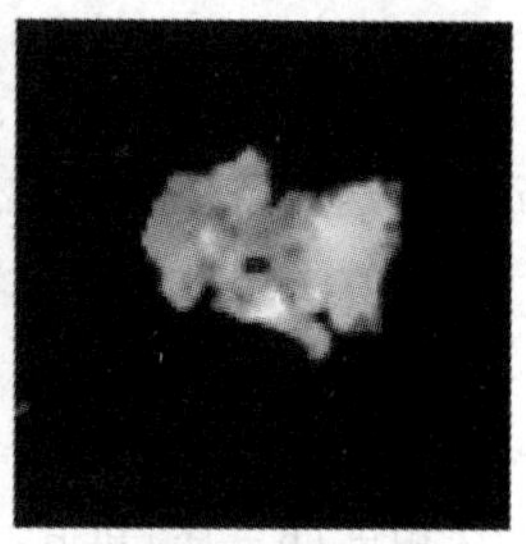

(d) 均值平移算法的局部聚类效果图

图 6.2　均值平移算法与传统的滤波方法处理差异影像得到的效果比较

3. 差异影像的多尺度分析和特征提取

遥感图像变化检测的关键之处在于提出了一种对噪声和误差干扰具有较强鲁棒特性的高效检测算法，而小波变换所具有的多尺度分析能力，使得图像的突变往往表现在边缘细节上，边缘信息集中在高频部分，而能量主要集中在低频部分。小波分解具有多分辨率的特点，而且在时域和频域都具有表征信号局部特征的能力。对图像进行小波分解能够充分利用小波变换的时域和频域特性，将图像分解成一系列具有不同空间分辨率、不同频率特征的子带。

这里，我们提出一种计算省时、高效快速的分析方法。该算法首先对差异影像中的每一个像素点构造多尺度特征向量，然后通过将特征向量聚类成多个不连续的类别来尽可能地分离噪声和变化区域。多尺度特征向量是通过对差异影像进行多尺度分解得到的。经典的二维离散小波变换(DWT)不具有平移不变性，这意味着经过 DWT 后的信号和原始信号不一样。而平移不变性在图像去噪、变化检测以及模式识别应用中是至关重要的。因此本方法采用将差异影像进行平稳小波变换(SWT)方法。采用 SWT 是由于其具有以下特性：① SWT 是非采样变换的，因此不会出现混淆现象；② SWT 具有平移不变性；③ 经 SWT 得到的子带大小和输入图像的大小相同，这样正好能够对差异影像中的每一个像素提取多尺度特征向量。

在多尺度分解中我们采用 Haar 滤波器作为 SWT 分解的低通和高通滤波器，$L_o=[1, 1]/\sqrt{2}$，$H_i=[-1, 1]/\sqrt{2}$。对差异影像X_D进行两层分解，即 $L=2$。差异影像在每一层被分解为近似分量 $M_{L,A}$、水平分量 $M_{L,H}$、垂直分量 $M_{L,V}$和对角分量 $M_{L,D}$。通过对各子带分量的观察分析可知，对角分量中所包含的变化信息相对较少，而且对角分量对噪声较为敏感，所以我们将其忽略掉。这样在两层 SWT 分解之后，可以建立一组七维特征向量集，表示为$\Delta=\{M, M_{1,A}, M_{1,H}, M_{1,V}, M_{2,A}, M_{2,H}, M_{2,V}\}$。图 6.3 为对差异影像进行二层小波分解的框架。但是，在变化检测中，对于每一个特征，需要考虑上下文相关信息，也就是说，需要考虑每个像素点的邻域信息对当前像素信息的影响，因此对于特征向量中的每一个子带系数，我们采用 3×3 的邻域滑动窗口对每个子带中的像素点取邻域平均，通过这种处理能够进一步利用像素间的空间邻域关系，即利用邻域一致性实现噪声的抑制。邻域平均之后就得到了一组新的特征向量集：$\Delta'=\{M', M'_{1,A}, M'_{1,H}, M'_{1,V}, M'_{2,A}, M'_{2,H}, M'_{2,V}\}$。

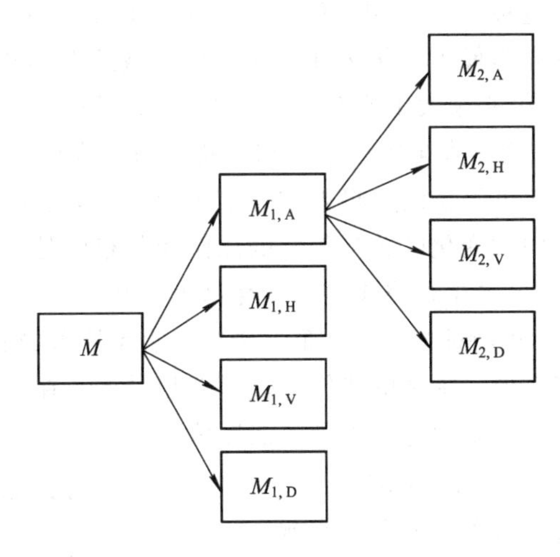

图 6.3　二层小波分解框架图

4. K 均值聚类结合区域生长提取变化区域

分类是变化检测的关键步骤，分类方法的优劣，直接影响变化检测的结果。聚类是一个将数据集划分为若干组或类的过程，并使得同一个组内的数据对象具有较高的相似度，而不同组中的数据对象则是不相似的。对于单波段遥感图像，差值图像像素的灰度值越大，其发生变化的可能性就越大，而灰度值较小，则很可能不会发生变化。也就是说，差值图像上的亮区应该对应变化区域，暗区则对应非变化区域。因此，可以用聚类的方法来获得亮区和暗区的划分。在前面对差异影像进行特征提取的基础上，本方法采用了 K 均值聚类对差异影像中的每个特征进行分类。

K 均值聚类是一种非监督的学习算法，用于将给定的样本集划分为指定数目的聚类。聚类的目标是把特征空间中的 n 个特征向量划分到 k 个类别中的一个，使得各个特征向量与其所在类均值的误差平方和最小，即使得准则函数

$$J=\sum_{j=1}^{k}\sum_{i=1}^{n}\left\| x_i^{(j)}-c_j \right\|^2 \tag{6-19}$$

最小，其中 $x_i^{(j)}\in S_j$，c_j 是聚类S_j 的聚类中心。

通过 K 均值聚类，可以直接将差异影像分为亮区和暗区两类，分别对应变化区域和非变化区域。然而，由于各种因素（传感器位置、环境条件）的差异和干扰，差异影像中存在很多的噪声和伪变化点，在使用聚类的方法获得亮区和暗区后，容易将具有较强亮度值的某些噪声点归入变化一类，这将不可避免地给检测带来大量虚警。

为了消除噪声和环境因素所造成的干扰，本方法采用了 K 均值聚类结合区域生长的方法。在对差异影像中的每一个像素提取了特征向量，特征向量又通过 K 均值聚类之后，每一个像素点根据其特征向量被划分到相应的类别中去。本方法中，在聚类数 N 的选择上，需要根据图像的大小及差异影像中变化区域和非变化区域的大小和分布来人工设定，一般设定范围是 3～6 类。N 的值必须大于 2 有其特殊的原因。如果 $N=2$，就意味着聚类数为两类：变化类和非变化类，这样将无法在噪声和干扰同时存在的情况下得到理想的检测结果，因为很多孤立的噪声点和伪变化点将被划分到变化类中，从而导致大量的虚警。一种解决办法是根据差异影像中的变化区域与噪声的比例和分布情况，将差异影像聚类数 N 设定为大于 2，这样可以利用区域生长将噪声和变化区域分离，以达到克服噪声干扰的目的。在经过 SWT 变换构建的七维特征向量中，第一维向量表示原差异影像在经过 3×3 邻域取均值之后得到的图像的灰度值，在这里我们称其为灰度分量。在聚类过程中，将聚类中心向量中的灰度分量作为聚类结果中每一类别的灰度值。

在将差异影像聚类成 N 类之后，通过八邻域区域生长来产生最终的二值图。在 N 类区域中选择含有变化信息的类别数作为种子点，人工选择适当的阈值作为灰度门限进行区域生长，从种子点开始扩散，通过判定每一个像素点的灰度值和种子点的接近程度来确定它是属于变化类还是非变化类，最终生成二值图作为变化检测结果。图 6.4 为区域生长的示意图。

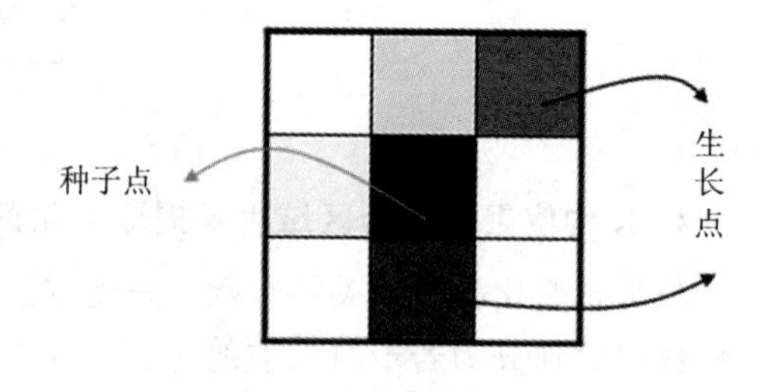

图 6.4　区域生长示意图

5. 实验步骤和流程图

为了说明本方法的可行性，在前面知识的基础上，下面详细介绍具体实现步骤。

(1) 对输入的两时相遥感图像求取差值，得到差异影像；

(2) 用均值平移算法对差异影像进行平滑；

(3) 用平稳小波变换对图像进行两层分解，并将每次分解的对角分量去除，从而得到六组小波子带系数，将原图像和该六组子带系数一起构成七维特征向量；

(4) 对提取的七维特征向量进行 3×3 的邻域平均，得到新的特征向量集；

(5) 选择聚类数 $N>2$，用 K 均值聚类对特征向量进行聚类，并将聚类中心向量中各类别的灰度特征值赋给对应的各类别的像素点，得到聚类的结果图；

(6) 对于聚类结果图，人工选取生长种子点和灰度门限阈值，用区域生长法得到最后的变化检测结果图。

本方法整体流程图如图 6.5 所示。

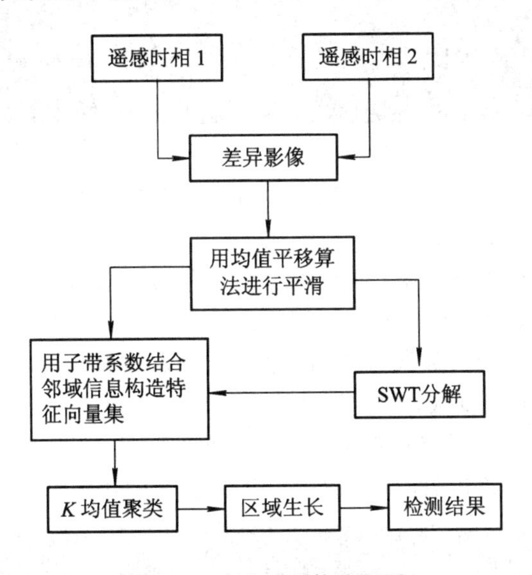

图 6.5　本方法整体流程图

6. 实验结果及分析

为验证本节所提出的变化检测方法的有效性，我们对一组模拟的遥感图像数据和三组真实的遥感图像数据进行了实验。

1) 实验数据介绍

(1) 模拟遥感图像数据集。

图 6.6 为模拟数据集原始图像及参考变化图。该模拟数据集由 ATM(Airborne Thematic Mapper)3 波段图像和模拟变化图像构成，分别如图 6.6(a)、图 6.6(b)所示。其中，ATM 图像位于英国 Feltwell 村庄的一个农田区，模拟变化图像通过模拟地球的天气变化和电磁波的辐射特性等因素影响并人为地嵌入一些变化区域得到，图像大小均为 470×335 像素，灰度级为 256，两幅图像配准误差为 1.5 个像素左右。图 6.6(c)为参考变化图

(图中白色区域表示变化的区域)，其中，变化像素数为 4236，非变化像素数为 153 214。

(a) 原始图像

(b) 加入变化信息的模拟变化图像

(c) 参考变化图

图 6.6　模拟数据集原始图像及参考变化图

(2) 真实遥感图像数据集。

实验所用真实遥感图像数据集共有三组。图 6.7 为第一组真实遥感图像数据集的原始图像及参考变化图。该组真实遥感图像数据集由 2000 年 4 月和 2002 年 5 月的墨西哥郊外的两幅 Landsat 7 ETM＋第 4 波段遥感图像构成，分别如图 6.7(a)和图 6.7(b)所示。图像大小均为 512×512，256 灰度级，图像配准误差为 1.5 个像素左右，变化区域主要为大火破坏了大面积的当地植被所致(对应 6.7(b)中灰度较暗的区域)。图 6.7(c)所示为变化参考图，它包含了 25 599 个变化像素和 236 545 个非变化像素(其中变化区域为图中的白色区域)。

(a) 2000年4月图像

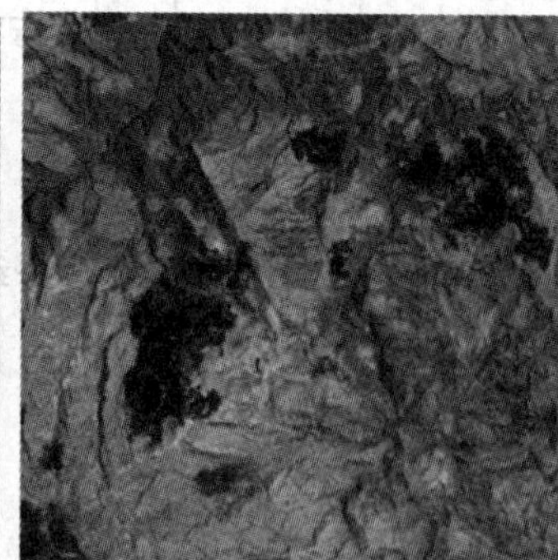
(b) 2002年5月图像

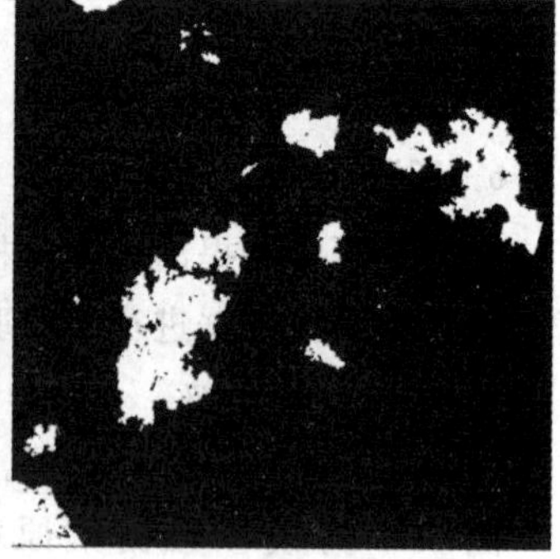
(c) 参考变化图

图 6.7　第一组真实遥感数据集原始图像及参考变化图

图 6.8 为第二组真实遥感图像数据集原始图像及参考变化图。该组真实遥感图像数据集由 1995 年 9 月和 1996 年 7 月 Landsat-5 卫星 TM(Thematic Mapper)传感器接收的两幅

多光谱图像构成，分别如图 6.8(a)和图 6.8(b)所示。图像大小均为 300×412 像素，灰度级为 256。试验区为意大利撒丁岛包含湖泊的一部分。图像的变化是由湖中水位的变化引起的。参考变化图如图 6.8(c)所示，它包括 115 974 个非变化像素和 7626 个变化像素(图中白色区域表示变化的区域)。

(a) 1995年9月图像

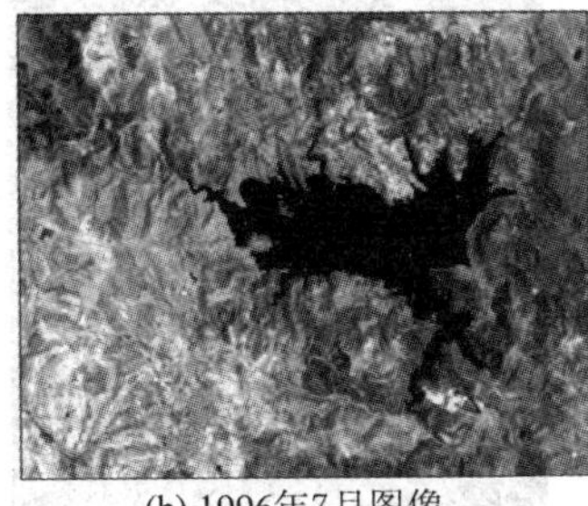
(b) 1996年7月图像

(c) 参考变化图

图 6.8　第二组真实遥感图像数据集原始图像及参考变化图

图 6.9 为第三组真实遥感图像数据集原始图像及参考变化图。该组真实遥感图像数据集由 1994 年 8 月和 1994 年 9 月意大利 Elba 岛西部地区的二时相 Landsat-5 TM 传感器接收的两幅多光谱图像构成，分别如图 6.9(a)和图 6.9(b)所示，图像大小均为 414×326，灰度级为 256。二时图像之间发生的变化是由森林火灾引起的。图 6.9(c)是参考图，包含 2415 个变化像素和 132 549 个非变化像素(图中白色区域表示变化的区域)。

(a) 1994年8月

(b) 1994年9月

(c) 参考变化图

图 6.9　第三组真实遥感数据集原图及参考变化图

2) 实验结果分析

为了充分比较和验证本方法的性能，设计了对比实验。对比实验将不同的变化检测方法和本方法进行了比较。

为了验证本方法在对变化信息的空间邻域关系和上下文信息的相关性分析上的有效性，我们将传统的 EM-MRF 方法和本方法进行了比较，同时为了验证本方法在抑制噪声、保留边缘细节上的有效性，我们将 UDWT+K-means 和本方法进行了对比实验。

图 6.10～图 6.13 给出了本方法和这两种方法的比较结果。

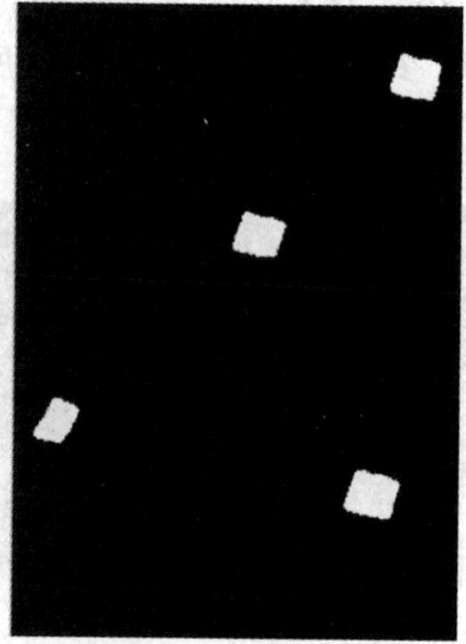

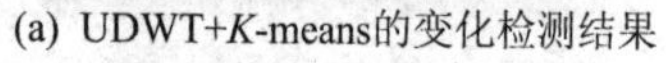

(a) UDWT+*K*-means的变化检测结果　(b) EM-MRF方法变化检测结果　(c) 本方法的变化检测结果

图 6.10　模拟数据集不同差异图像构造法的变化检测结果图

(a) UDWT+*K*-means的变化检测结果　(b) EM-MRF的变化检测结果　(c) 本方法的变化检测结果

图 6.11　墨西哥数据集不同变化检测方法的变化检测结果图

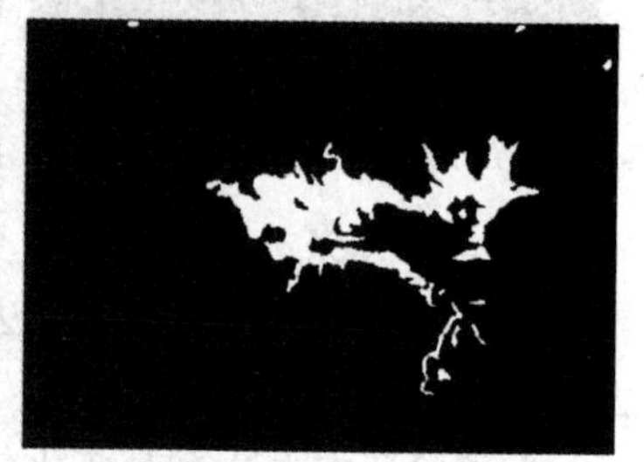

(a) UDWT+*K*-means的变化检测结果　(b) EM-MRF的变化检测结果　(c) 本方法的变化检测结果

图 6.12　撒丁岛数据集不同变化检测方法的变化检测结果图

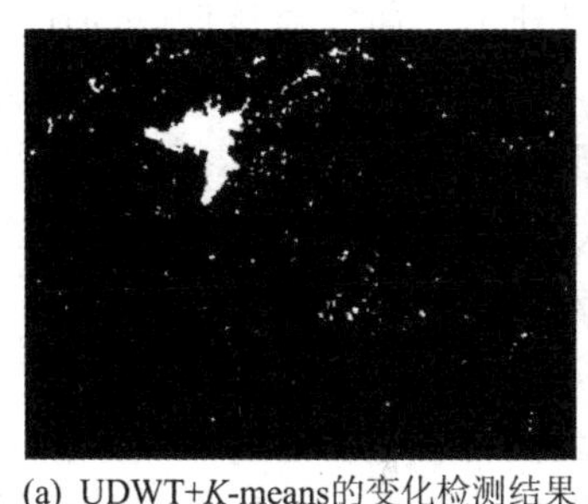
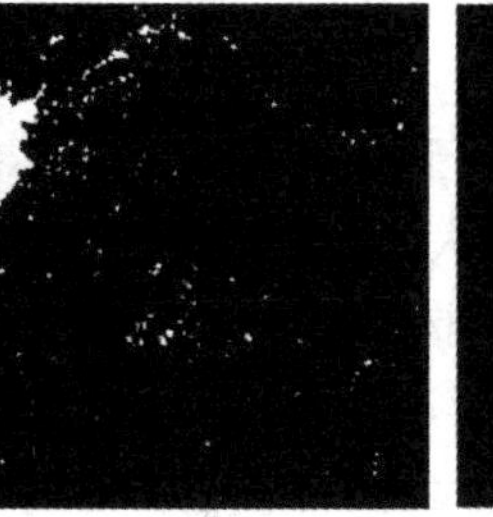

(a) UDWT+*K*-means的变化检测结果

(b) EM-MRF的变化检测结果

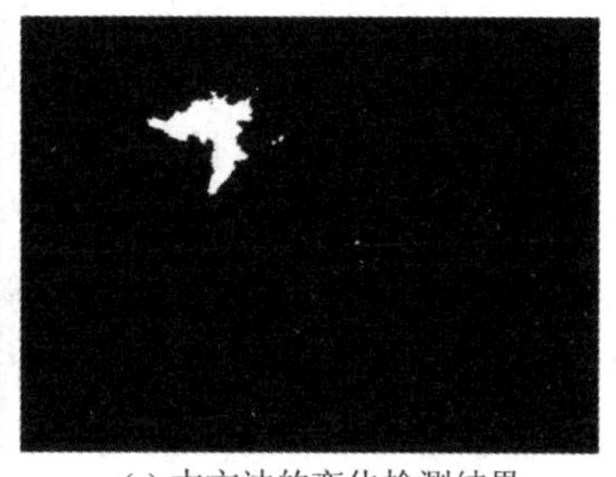

(c) 本方法的变化检测结果

图 6.13　意大利 Elba 岛数据集不同变化检测方法的变化检测结果图

从实验结果图我们可以看到，基于均值平移和多尺度分析的遥感图像变化检测方法在对上述几幅遥感图像的处理上，能够有效地提取变化区域，并且最大限度地抑制噪声的干扰。为了对以上三种方法的实验结果做出更为客观的评价，我们采用 6.4.6 节中的评价指标对三种方法的结果进行了量化计算和对比，本方法在对模拟数据集的变化检测中，相比 EM-MRF 方法，漏检个数增加了 355 个，虚警个数减少了 676 个，总错误数减少了 321 个；本方法相比 UDWT＋*K*-means 方法，漏检个数减少了 211 个，虚警个数增加了 75 个，总错误数减少了 136 个。在对墨西哥地区的两幅遥感影像的变化检测中，相比 EM-MRF 方法，本方法的漏检个数减少了 397 个，虚警个数减少了 179 个，总错误数减少了 576 个；相比 UDWT＋*K*-means 方法，本方法的漏检个数减少了 2221 个，虚警个数增加了 665 个，总错误数减少了 1556 个。在对 Elba 岛数据集的变化检测中，相比 EM-MRF 方法，本方法的漏检个数增加了 7 个，虚警个数减少了 34 个，总错误数减少了 27 个；相比 UDWT＋*K*-means 方法，本方法的漏检个数增加了 21 个，虚警个数减少了 1156 个，总错误数减少了 1135 个。在对撒丁岛数据集的变化检测中，相比 EM-MRF 方法，本方法的漏检个数减少了 206 个，虚警个数减少了 91 个，总错误数减少了 297 个；相比 UDWT＋*K*-means 方法，本方法的漏检个数减少了 283 个，虚警个数增加了 111 个，总错误数减少了 172 个。

6.5　遥感图像道路检测

6.5.1　背景

道路网是重要的地理信息，海量道路信息的识别和定位对于影像理解、GIS(地理信息系统)更新等具有重要意义，尤其是城区图像中的道路提取对城市规划、交通和测绘具有更重要的价值。因此利用计算机从遥感影像中快速准确地自动提取道路及河岸线等线性地物信息，成为了人们迫切的需求。从 20 世纪 70 年代至今，国内外学者在道路特征提取方面做了大量的工作，并取得了一些进展。1995年后，国际上共召开了三届针对该课题的研讨会，专门探讨关于人工地物提取课题，并出版了相应论文集，从此道路提取研究开始成为一个全球研究热点。目前，国际上如美国的Radius项目、瑞士的Amobe项目、德国的波恩大学和法国的地理院(IGN)等，国内有国防科技大学、武汉大学、中国科学院大学、信息工程大学等，均在道路特征提取等方面做了许多研究工作，并取得了一定成就。例如：Donald和Bruno(1996)在众多研究的基础上，深入探讨了10米分辨率的卫星影像道路识别方法；Gruen和Li(1998)研究了利用GIS数据从数字图像中提取线性特征的方法；Gruen和Li(1998)利用种子点和动态规划研究了航空影像线性目标提取；Steger、Mayer和Radig(1998)研究了利用类及模糊集提取道路网络；Tupin等(1999)从SAR影像上利用随机场模型等方法研究了道路特征提取；Mckeown和Denlinger(1999)研究了采用道路纹理关系与道路边缘跟踪交替进行的方法提取道路；Chanussot(2000)利用模糊融合技术研究了SAR影像的线性目标检测；Yuille和Coughlan(2001)利用贝叶斯估计、最大最小估计、条件分布等概率方法，通过建立结构树的判别方法，对自动提取道路特征的方法进行了分析研究；Laptev等(2001)基于多尺度检测与几何约束边缘检测相结合的方法，研究了航空影像上道路的自动提取；Hu等(2002)研究了基于模板匹配与神经网络的航空影像道路提取方法；Neil等人(2003)利用边缘研究了影像线性目标的变化检测等；Amer和Mobaraki等人(2008)采用聚类方法对图像像素进行分类，再通过C均值聚类获得道路的中心节点，并利用最小生成树(Minimum Spanning Tree)提取道路中心线向量；朱昌盛等人(2011)提出一种基于平行线对的方法，对SAR图像主干道进行提取，但是需要手动设置宽度参数；杨望山等人(2018)利用改进的*K*-means方法对点云法向量聚集，实现道路边线的提取。

虽然道路提取的研究已取得了一些成果，但目前仍处在试验研究阶段，主要研究的是半自动线性特征提取方法及一些特征较为简单的自动提取方法，提取出来的结果主要是一些线性特征，而较完整的道路目标如道路网络还很难被提取。至今还没有一套功能完善的系统能实现此功能。粗看起来，影像上的道路比其他地物更突出，而且道路成网，关系明晰，但实现起来却很困难。其主要原因是：

(1) 在影像数据方面，早先研究的影像基本上是航空影像及低、中分辨率卫星影像。但随着遥感技术的快速发展，遥感图像的空间分辨率不断提高，更多的细节信息得以表现，使得高分辨率道路和中、低分辨率道路呈现出具有很大差异的影像特征。在中、低分辨率下，道路表现为具有灰度一致性的线状特征，即灰度均匀或局部灰度变化缓慢的有限宽度的线状区域或带状区域，其区域灰度与周围环境存在较大差异，因而道路网络通常表现为关系比较明确的线形网络结构。但是，在高分辨率下，道路表现为局部灰度近似、宽度变化缓慢的狭长区域。随着遥感影像细节的逐渐丰富，影像场景越来越复杂，道路和周围环境的差异度不再那么明显，道路特征也复杂多变，路面噪声如建筑物或树木的阴影、路面上的车辆等变得不可忽略，随之而来的是影像上非目标噪声越来越多，这使得高分辨率下的道路提取更具有复杂性和挑战性。利用早先的中、低分辨率的影像来提取道路在准确性上有较大的限制，因而效果难以令人满意。因此，如何有效地利用高分辨率影像的高分辨率特性提取道路，化不利条件为有利条件，是进一步研究的主要方向。

（2）在研究方法上，没有从数学机理和人工智能上建立能够反映线性目标的分析模型，模型在适应性、广泛性等方面还有较大的差距。数学，作为一门研究客观物质世界的数量关系和空间形式的科学，在众多学科领域包括测绘领域取得了重要而广泛的应用。数学在道路特征提取方面也已经取得了一些应用，特别是概率论、数学形态学、数学规划等。但是数学应用的广度和深度还不够，一些新兴学科如小波分析、数学形态学等还没有得到深入的应用。

综上所述，还没有一种针对所有道路类型和比例尺度的通用提取策略和算法。目前的研究一般都是针对特定的图像资源、特定的道路类型进行实验性研究，给出实验结果。而且很多算法在理论上虽然是全自动的，但在实际应用中却有很大差异。自动提取道路等线状地物的研究至今已进行了二十多年，但是仍然没有出现一个实际生产可用的实用系统（无需人工干预的全自动提取系统），正是这一问题的难度导致了“在可预见的将来”全自动提取是不太现实的。而采用人工干预或引导的半自动提取，将人的模式识别能力和计算机的快速、精确的计算能力有机地结合起来，则是完全可能的。结合全自动与半自动提取的特点，在对整体影像全自动识别较好的前提下，对识别不好的局部区域进行人工干预，进行半自动提取，将人的模式识别能力和计算机快速、精确的计算能力有机地结合起来，将使道路提取的效率和精度得到较大提高，而且算法也会更具有使用价值。道路半自动提取已经在很多商业图像处理软件中得到实现，如 PCI、ENVI、ERDAS、ERMapper、DPW770、Image Station 等。

随着遥感技术的进一步发展，从遥感图像中提取线性特征的研究越来越受到国内外学者的关注，遥感图像中道路网络的提取已成为遥感技术应用研究中的热点之一，其目的就是利用自动或半自动提取技术为道路中心线的描述和 GIS 空间数据库的更新提供一种行之有效的方法。从当前的研究现状可以看出，有关道路网络提取的研究集中于以下几个方面：

（1）从高分辨率遥感图像中提取道路网络；

（2）将多种传感器数据融合后用于提取道路网络；

（3）道路网络提取算法的自动性和适应性；

（4）利用遥感图像对空间数据库中道路网络数据进行自动更新。

本节将从新的角度出发，针对高分辨率遥感影像中的道路中心线直接进行提取，并且采用与传统方法不同的思路，对道路方向角度直接进行计算，从而迭代提取出所需道路。

6.5.2 遥感图像道路特征分析与提取方法

1. 道路特征分析

影像特征是由于景物的物理与几何特性使影像中的局部区域的灰度产生明显变化而形成的。特征的存在意味着在该局部区域中有较大的信息量，而在影像中没有特征的区域，应当只有较小的信息量。对遥感影像地物的自动提取必须明确所要提取的目标的定义及特征。线状地物或线特征与其他类型地物的区分主要是几何上的。像道路、河流、水域等都是线特征，其中道路的提取最为重要。要提取出理想的道路效果，首先需要了解道路在遥感图像上的基本特征。

1）不同分辨率下道路具有不同的特征

随着卫星技术和遥感技术的日益进步，获取的卫星遥感数据的分辨率越来越高，这些卫星遥感数据因为传感器的不同，图像分辨率有很大差别。随着分辨率的提高，目标特征也发生变化，如图 6.14 所示。根据不同的需求，在道路提取时，选用的遥感图像也具有不同的分辨率，因此了解不同分辨率下的目标特征是十分必要的。在低分辨率图像中，道路主要呈现为线特征，道路交叉口主要呈现为点特征，因此可以用线特征和点特征对道路进行描述。在中分辨率图像中，道路段呈现为由两个平行边缘形成的一个长条形区域，该区域内部灰度均匀，道路交叉口区域的灰度特征和道路保持一致，但在形状上表现为 T 或 Y 型交叉区域，对于该分辨率图像可以用平行线特征对道路进行描述。在高分辨率图像中，道路段呈现为一系列灰度相似的窄长连通区域，每一部分都有自己的内部特征，道路中的车辆、车道线、人行横道线、隔离带等都成为可分辨目标，图像中包含了道路以及道路内部的细节信息，所以图像的复杂性大大提高，必须按照不同的层次详细地对道路进行描述。

(a) 低分辨率道路图像

(b) 中分辨率道路图像

(c) 高分辨率道路图像

图 6.14　不同分辨率下的道路图像

本节主要针对高分辨率遥感图像(如图 6.15 所示)进行提取。高分辨率图像提取中需要面对的主要问题有：

(1) 高分辨率图像中道路内部存在和道路方向一致的直线(如道路分界线)，还有和道路方向不一致的直线(如人行横道线和天桥)，这些直线是导致错误道路提取或者道路端分裂的原因之一。

(2) 分辨率越高，地面建筑物越清晰，建筑物顶部或者建筑物的阴影往往会形成邻近道路的规则平行线，这在高分辨率道路提取中也是导致错误道路提取的原因之一。

(3) 道路上的汽车、汽车道、树木等在图上清晰可见，这同样会增加道路网提取难度，图像中的道路会因此而变成很多断裂的线性片段。

(a) 道路阴影区域

(b) 道路天桥区域

(c) 道路斑马线及路标区域

图 6.15　高分辨率遥感图像下的各类路况

2) 城郊道路特征描述与分析

在遥感图像中，图像的结构特征通常和图像的实际地形有很大关系。

城市地区图像的结构特征一般都要比郊区图像结构特征复杂，而且在几何特征上存在着很大不同，如图 6.16 所示。城区道路主要呈现直线特征，道路交叉多，道路附近建筑物密集，灰度复杂，不容易建立统一的道路灰度模型。在城市中因为人群聚集，所以建筑物、公园、车辆、停车场、立交桥等目标众多，这些目标平行的边缘与道路的两条边极其相似，易形成虚假道路信息。在道路交叉处的立交桥因为自身的复杂性不容易识别，就会造成道路的断裂。市区的道路随着城市规划现代化程度的提高，呈现出几个明显特征：道路网为规整的矩形形状，道路纵横交错，同一条道路的像素灰度相似，但因为道路表面物理特性的差异，它们的平均灰度或者比背景高，或者比背景低。

(a) 郊区道路图像

(b) 城区道路图像

图 6.16　城郊道路对比图

在郊区道路中，虽然道路数量比较少，但和城市相比道路所处地形会比较复杂，所以道路形状随地形不断变化，没有明显的几何特征，造成道路建模困难。另一方面，郊区树木和植被众多，高大的树木往往会对道路形成遮挡或者阴影。基于以上原因，遥感图像中的郊区道路信息往往是不连续的。但从纹理和灰度信息上来说，郊区的道路和周围的环境仍具有比较大的差别，从灰度信息上相比于城市道路网更容易识别。

根据上述分析可以得出，对于城市地区道路自动提取，依靠单一提取算法不容易得到较好结果；而对于部分野外地区道路，可以依靠单一提取方法的推广得到较好的结果。

道路模型应该包括道路段定义、几何特征和灰度特征，道路段之间的拓扑关系等要素。本节侧重于文献中较少研究的城市道路网提取，在前面分析的基础上对城市道路网模型加以总结。对城市道路网模型描述如下：

(1) 几何特征：长条形(有一定的长度，长宽比大)，曲率有一定的限制，往往具有明显的道路中心线；

(2) 辐射特征：内部灰度比较均匀，与其相邻区域灰度反差较大，一般有两条明显的边缘线(边缘梯度较大)；

(3) 拓扑特性：不会突然中断，相互有交叉，连成网络；

(4) 功能特征：一般都有指向，与村庄、城镇等居民地或人工设施相连接；

(5) 关联特征：与道路相关的图像特征，如车辆或者立交桥的存在。

本节主要针对其中(1)、(2)、(3)所列的道路特征进行分析总结，并分别设计出对应的提取策略，获得了具有较强的实时性和鲁棒性的道路提取算法。

2. 道路提取方法研究

对于道路提取的研究，目前来看无论采用何种复杂的数学模型和提取技巧，都无法采用一种提取算法来提取各类道路。针对不同类型的目标，分别采取对应的提取算法是较为切实可行的。道路提取算法根据提取的自动化程度，大致可分为两类：半自动提取与自动提取。

1) 半自动道路特征提取

半自动道路特征提取即利用人机交互的形式进行特征提取和识别。其主要思想是人工首先提供初始道路点(种子点)，有时还提供初始方向，然后再由计算机进行处理识别，同时适当地进行人机交互。这方面已有很多研究，并取得了较好的效果，基本分为如下类型：

(1) 基于像素与背景的算子模型的道路提取。在航空影像和遥感影像道路特征提取方面，较为直观的研究是将影像像素分为“道路”或“背景”，从而识别出道路。这主要通过图像分析的方法，在局部范围内对目标像素周围的一个小邻域进行处理。这些处理技术通常有二值化、边缘检测、形态学算子、统计分类和神经网络等。其基本方法是：首先利用边缘模板作卷积，然后选择满足三个准则的边缘点，同时进行细化并取阈值，最后连接方向最接近的点得到所要提取的道路。

(2) 基于树结构的特征判别模型的道路提取。其基本方法是：首先利用初始点和方向获得道路的统计模型特征，建立主动试验的树结构的试验规则和统计模型，并建立“决定树”；然后基于决定树进行道路跟踪，这包括道路的几何模型、统计模型、局部滤波、试验熵、检验、估计、识别等。该算法对大面积的影像进行了识别试验，效果良好。该算法需要大量的道路先验知识，对中、低分辨率遥感影像有效果，但对高分辨率影像则有较大困难，因为树结构形成的判别法则较难确定。

(3) 基于最小二乘 B 样条曲线的道路提取。在道路提取中，一种研究较多的方法就是基于最小二乘 B 样条曲线的道路识别方法。其基本方法是；首先人工给定道路曲线上的一些初始种子点；然后由这些点用最小二乘法构造 B 样条曲线，并设定适当的宽度，得到有一定宽度的带状初始道路；其次，由影像匹配、活动控制模板匹配、GIS 数据支持等方法得到道路曲线；最后，得到道路的中心线。如果道路特征能够从多于一幅的影像中得到，则道路的三维空间坐标就能够得到。其主要思想是利用外部几何约束连接每一个影像的光度测定观察方程。

(4) 基于类与模糊集的道路网络提取。利用一定的特征提取算法，能够提取道路特征。

但由于影像的复杂性、人工智能发展的局限性等原因，目前还不能很好地完全满意地得到影像的道路，通常只能得到部分不很连续的道路，因而得不到合适的道路网络。其基本思想是利用类及模糊集提取道路网络。其基本方法是：首先提取影像道路，这可由一般的道路特征提取方法得到；然后连接道路，其中需要给出连接的定量评价，所用方法是利用模糊集理论给出连接的权函数，由此确定连接的道路网络。试验表明，该方法能够很好地连接复杂地区的主要道路网络。上述方法比一般的道路特征提取更具有一般性，研究的区域也更大，更具有实用性。但该方法需首先提取出基本的道路，这就需要合适的提取算法。

(5) 其他道路提取算法。道路特征提取的算法还有很多，例如利用动态规划的方法提取遥感影像道路及应用模板匹配和神经网络半自动提取道路特征的方法，都取得了较好的效果。

2) 自动道路特征提取

自动道路特征提取包括道路的自动定位和理解。即采用能够分析出影像道路特征的各种方法，这些方法有局部的，有全局的，方法的优劣直接影响后续过程的理解。理解过程包括人工智能、计算机视觉、模式识别、数学模型等内容。能够很好地识别道路或识别某一种类型道路如高速公路，则所述方法就具有重要意义。目前，完全自动识别各类道路还不现实，但自动识别某一种类型道路还是取得了一定的成功，获得了一些有意义的算法。这些算法具有如下基本分类：

(1) 基于平行线对的道路提取。道路的本质特征从边缘上看是一组平行线，由此特征产生许多相关的道路提取算法。对于高分辨率遥感影像和航空影像，出现了基于人工智能的自动识别道路的方法。其方法在如下三个层次上进行研究：基于低层次的边缘检测和连接；基于中层次的特征信息处理；基于高层次的特征识别处理。其思想源于 Marr 的视觉理论。其关键在于在连接好的边缘中产生表示道路的平行线对这一特征，以及识别平行线对是否为道路的识别策略。试验结果表明，这种方法具有较好的效果，但用于一般的影像时还有许多问题有待研究。平行线对道路检测的方法基于道路平行的特点，取得了一定的效果。

(2) 基于二值化和知识的道路提取。道路提取的难度在于影像的复杂性，若能有效地简化影像，例如简化为二值图像，则算法能得到大大的简化。基于二值化和知识的道路网络自动识别方法包括低水平的图像处理过程和高水平的模式识别过程。其基本算法是：

① 利用离散拉普拉斯变换进行低通滤波以消除噪声；

② 在平滑图像上进行聚类得到二值化的图像；

③ 建立道路跟踪规则以决定搜索过程，产生线性模型；

④ 利用知识对线性模型建立识别模型，进行处理和分析，识别出道路；

⑤ 标示道路。

试验表明，算法对直线型道路有较好的识别效果，对一般的道路还有待进一步深入研究。该方法具有较大的实用性，特别是与人工参与相结合，则识别道路的可靠性和广泛性能够有较大的提高。该方法利用数学形态学等现代数学工具，也会产生好的效果。

(3) 基于窗口模型特征的道路提取。道路在影像中呈一定的概率分布规律，此性质在道路提取中有重要意义。基于窗口模型特征的道路提取方法是利用几何、概率分布模型建立检测窗口，研究自动提取遥感影像的主要道路特征的方法。该方法要求对道路做一些假设，如要求宽度变化小、方向变化缓、局部灰度变化小、道路与背景差异较大、道路较长等。一般的自动道路提取都基本上要求满足这些假设。基于这样的假设，该方法首先研究了道路的几何性质和道路模型，这些可作为进一步识别道路的基础，然后基于 Gibbs 分布和 Gauss 分布等概率模型，建立道路检测窗口，最后用该方法对几种实际影像进行试验，影像中的主要道路能够被准确识别。

(4) 其他道路提取算法。自动道路特征提取的算法还有很多，这里不再多做介绍。

道路特征提取还不尽如人意，但终究取得了不少成果，特别是一些方法对低分辨率影像较为有效。因此，应用现有方法和成果，将现有成果实用化，具有重要的意义。目前全自动提取道路还不现实，但是自动提取某一种类型道路如高速公路，或建立半自动化提取系统还是有可能的。同时，提取的道路特征在 GIS、地图更新、目标识别等方面的应用也具有重要作用。目前已有的方法在新种类的影像如高分辨率的卫星遥感影像上的应用也很重要，利用已有的方法，结合高分辨率影像的特点进行道路提取，能取得更为有效的成果。

6.5.3 基于动态匹配与中心校正的道路半自动提取算法

遥感影像中道路的自动提取在过去的二十多年里一直是摄影测量、计算机视觉领域的热点问题，并且利用道路自动提取对更新 GIS 数据以及城市规划、交通和测绘都具有重要的价值。人们也提出了许多从遥感影像中提取道路的方法。

全自动提取无疑是遥感影像目标识别与提取的发展方向和最终目标，但由于遥感影像的复杂性和多样性，对道路的自动提取涉及计算机视觉、人工智能、模式识别与图像理解等诸多方面，因此，尽管自动提取道路的研究已经进行了许多年，国内外专家在这方面也做了大量的探讨和努力，但至今还没有一种针对各种道路类型和影像分辨率的通用提取策略和算法。在可预见的将来，足以代替人工测图自动化程度的实用化系统仍然难以出现。鉴于此并结合实际应用的考虑，在目前的条件下，充分利用人与计算机各自的优点，将人的模式识别能力和计算机快速、精确的计算能力有机地结合起来，由人工干预或人工引导的半自动提取成为了当下更为实际的选择，以此可以更加准确、快速地提取出所需道路部分。

1. 道路半自动提取与人机协调

在目前的技术水平下，对于高分辨率遥感影像理解系统这样复杂的智能系统来说，不加入人工干预是不现实的。在智能系统的建造过程中，人应当被视为系统的一个重要因素，人与机器在系统的科学指导下构建智能系统，实际上就是强调人机合作的重要性。人的长处在于智能，包括低级智能，如听、视觉感知等，以及高级智能，如归纳学习、运用经验、存储和处理不精确和不确定的信息等；机器的长处在于对确定性的信息与刺激的感觉、存储与处理及数值计算能力大大超过人工。如何更好地将这两者的优势结合起来，是人工智能研究的一个重要课题。而对于一个道路提取的半自动系统来说，如何充分利用这两者的优势，同样是至关重要的。

遥感影像道路的半自动提取应该详细分析和利用道路的基本特征，充分考虑人与计算机在提取方面各自的优势。分析上述常见半自动提取算法在人机协同工作方面收获的经验，人机互补的策略应尽量遵循以下原则：

(1) 遵循准确、效率和实用的原则。在保证较高准确度的前提下，将提取精度和提取效率很好地加以结合，尽可能提高提取的自动化程度，争取利用少量人工种子点提取整条道路或道路网，以满足实用的要求。

(2) 有较强的自适应性，能够较好地适用于不同类别与不同分辨率的遥感影像；有较强的抗干扰能力，能够按照人工种子点提示较好地排除干扰因素，实现道路的正确提取。

(3) 充分利用相关资料和方法，做到多种方法的有机融合。充分利用各种资料(包括道路的几何特征、物理特征、关联特征、功能特征、道路影像知识库与模板等)，形成有关道路的各种知识，合理运用摄影测量、图像处理、模式识别、最小二乘平差、数学形态学、神经网络、动态规划、遗传算法等多种方法，根据不同的道路类型和特点，将这些方法有机融合起来，是实现道路提取的有效手段。

另外，还要考虑将全自动提取和半自动提取相结合。虽然，在目前条件下全自动提取还不太成熟，但作为最终的发展趋势，特殊目标(如高速公路、主要道路等)的全自动识别与提取近年来也取得了较大的进展。可以考虑结合全自动与半自动提取的特点，在对整体影像全自动识别较好的前提下，对识别不好的局部区域进行人工干预，进行半自动提取。这样道路提取的效率和精度可以得到较大提高，提取算法也会更具有实用价值。

现阶段半自动提取相对而言更具有实用性，人们对遥感影像半自动提取线状特征已经进行了较为深入的研究。大多数方法都基于对线状特征的灰度特征和几何约束的整体优化计算。不论是模板匹配、动态规划、可变模型还是 Snake 方法，其区别只是在于优化的手段有所不同。常见的几种算法主要有最小二乘模板匹配算法、动态规划算法、Snake 模型算法、基于边缘跟踪的算法、基于树结构的特征判别模型算法、利用统计和结构信息的提取算法等。上述道路半自动提取方法只适用于部分路况，而在其他应用中常常难以定义相似能量函数。我们结合实际路况条件，通过对不同方法的研究分析，最终对传统的模板匹配法进行了针对性改进，设计出了一种基于中心点校正与动态相似度匹配的道路半自动提取算法，该算法具有较好的实用性、实时性及鲁棒性。

2. 基于中心点校正与动态相似度匹配的道路半自动提取算法

1）道路特征分析与提取策略

随着遥感影像分辨率的提高，道路的细节越来越清晰地展现出来，使得高分辨率道路和中、低分辨率道路呈现出差异很大的影像特征，这使得高分辨率下的道路提取更具复杂性和挑战性。与低、中分辨率遥感影像相比，高分辨率遥感影像能表示更多的地面目标和更多的细节特征：在高分辨率卫星影像上，可以看到许多不同类型的道路如高速公路、立交道路、主要街道、次要街道以及建筑物之间的小路等，这些道路整体上可以看作是亮度较周围显著不同的连续狭长区域。由于路面材料、车辆、树木阴影、障碍物、道路标记线的影响，道路灰度及宽度的差异较大，这样会给道路提取工作带来很大困难。但我们注意到，在大部分主要道路上，道路中心标志线都是清晰可见的，如图 6.17 所示。对于这样的城区主干道路，中心线作为一个较完整的线性特征，不仅清晰可见、完整连续，且受环境噪声等影响较小，即使在中心线附近存在汽车等“环境噪声”，也易于通过灰度等特征进行区分。这样的线状特征终止于道路的交叉口，有时会被高大建筑物的阴影或障碍物所遮蔽。除此之外，沿道路中心线的亮度模式一般均保持相似性，而且大部分道路中心线比较平缓，方向变化不会特别突然。

图 6.17　高分辨率遥感图像道路中心线

基于这种特点，可以直接利用道路中心线进行道路的提取，以此来避免高分辨率影像上的复杂多变的道路类型以及道路中的各类干扰。同时，对于复杂的路况区域加入以下解决策略：

(1) 在提取过程中，为了避免部分区域的道路中心线附近存在的大量车辆以及阴影等干扰而造成搜索偏差，在每一次搜索提取之后，对提取点进行中心点校正，将其校正至道路的中点位置，以防止客观干扰对道路定位造成的影响。

(2) 针对高分辨率遥感影像中不同区域路况信息，例如宽度、灰度以及干扰程度等差异较为明显，本节针对性地设计了动态模板来进行匹配。根据不同路况，操作者可以在道路中心线附近设定相适应的模板来进行匹配计算，以便更加有效地利用道路信息来为提取工作服务。

(3) 对模板匹配方法进行改进，针对预处理后的二值图像进行相似度计算。根据本算法主要针对道路中心线特征进行提取的特点，同时为了避免中心线附近的道路标记线等其他干扰，我们采用针对性的加权计算法，即距离匹配窗中心线位置越近的点对相似度匹配贡献越大，距离与相似度贡献成反比，使得算法精确性与鲁棒性大幅度提高。

(4) 由于部分路况干扰严重，对后续算法影像较大，我们针对性地加入了基于区域生长的高亮干扰滤除策略，使得本算法对于各类路况均可获得较好的提取效果。

2) 基于中心点校正与动态相似度匹配的道路半自动提取算法原理

本算法的基本原理：首先由操作者人工选取两个种子点和一个方向引导点，种子点的选取根据路况与道路中心线宽度而定，分布于中心线两侧；为提高算法实时性，不对整幅图像进行预处理，而是根据两个种子点的中心位置生成一个尺度较大的预处理窗口，通过高亮干扰滤除、对比度增强与阈值分割等方法，对目标特征进行提取并滤除干扰，来满足后续计算要求；为防止人工选取的误差，在处理后的窗口中，对两个种子点的中点位置进行中心点修正(修正后的中点即为初始中心点)，然后根据两个种子点间的距离、初始中心点位置与引导方向，在处理后的二值化图像中动态地建立与路况相适应的初始模板窗，并从初始中心点开始，沿道路引导方向建立多个候选目标窗；将每个目标窗与模板窗加权后进行相似度匹配，得出相似性差别，确定出与模板窗最相似的目标窗，将其作为下一次匹配比较的模板窗，并对此窗的中心做中心点修正，修正后的中心点作为下一次搜索的初始中心点循环计算直至满足终止条件。在搜索过程中，随着搜索到的道路点数量的增加，搜索的前进方向也在做相应调整。当遇到以下情况可终止搜索：到达方向引导点附近，需要新的方向引导点来指引进一步的搜索工作或者遇到交叉路口、障碍物或阴影部分，以及因主观需要被操作者中断等，此时可切换成人工方式，对无法提取道路特征区域采取人工连线等方式，而对于路况变化区域则可以针对性地重新选取种子点，之后继续道路搜索工作，直至提取出所需路网。

具体步骤及原理如下：

(1) 动态初始化提取信息。

初始点选取个数为三个，其中前两个是初始种子点，第三个是初始方向点。针对不同类型道路与路况，本算法充分发挥人工对于路况信息识别的优势，针对人工分析后所选取的种子点与方向点，首先根据两个种子点的中心位置生成尺度较大的预处理窗口，在此区域进行目标特征提取与干扰滤除，然后在此二值化区域内动态地构造出匹配模板，以便更加有效地利用道路信息来为提取工作服务。道路宽度与其中存在的干扰在不同区域会有不同的变化，无法在提取前预判，所以不能静态地设置出模板窗的尺度，原因如下：若模板窗尺寸设定过小，在部分道路区域变宽时，会导致匹配模板中的信息量不足，从而严重影响算法的适用性与鲁棒性；若模板窗尺寸设定过大，在存在大量干扰的部分路段，匹配模板中会出现大量的随机干扰，严重影响道路提取的准确性。因此针对复杂的高分辨率遥感城区道路提取工作，引入人工识别设定后，可以根据不同路况做出相应调整，以此提高算法的鲁棒性与适用性。例如在部分道路区域不存在中心线，而此类道路线状特征明显且干扰较小，可以动态地扩大匹配模板窗直接进行提取，以增加算法的适用性；而在路面干扰较多的区域，可以选择较小尺度的匹配模板窗，只在道路中心线附近进行匹配计算，避免路面干扰对于道路提取工作的影响，增加算法的鲁棒性。

初始种子点由人工选择，分布在道路中心线两侧，根据两个种子点间的距离与其中心位置，确定出匹配模板的尺度以及初始道路中心点位置。初始中心点选好后，为避免人工选取的误差，根据中心点校正法，将其校正至道路中心。这样算法就有了执行的起点，大大简化了自动提取方法中需要在整幅图像中判定像素点是否为种子点的计算过程。初始方向点的选择用于对道路搜索方向的启发式引导。盲目的全面搜索方式会降低算法的实时性，而人工设定的引导方向可以在有监督的情况下，沿人工设定的大致道路方向进行启发式搜索，减少不必要的时间消耗，提高算法效率。依照规则，人工设定的两个种子点分布在线性提取目标两侧，并且两点间的距离应略大于线性目标宽度；初始方向点应设定在所需提取道路方向的附近，不可偏离实际道路。因此依据种子点间的距离设定匹配模板窗的尺度(长宽比为 2∶1)，可以完整地包含目标信息并且尽量将干扰滤除在窗口之外(但匹配窗尺度上限不大于 15 个像素)，有效增加算法的适用性与鲁棒新，并且可以直接根据道路引导方向，将匹配窗口的方向调整至与道路引导方向一致，更加有效地获取和利用道路的线性目标信息，使得模板窗与目标匹配窗的方向相同。具体的调整原理如下：匹配窗口进行方向调整时，在其中心点处建立水平方向的预设基准匹配窗，根据道路的引导方向角，按公式(6-20)计算调整后匹配窗的坐标：

$$\begin{pmatrix} x \\ y \end{pmatrix} = \begin{pmatrix} x_m \\ y_m \end{pmatrix} + \begin{pmatrix} x_o \\ y_o \end{pmatrix} \begin{pmatrix} \cos\theta, & \sin\theta \\ -\sin\theta, & \cos\theta \end{pmatrix} \tag{6-20}$$

其中，x 是调整后匹配窗的行坐标，y 是调整后匹配窗的列坐标，x_m 是中心点的行坐标，y_m 是中心点的列坐标；x_o是预设基准窗的行坐标，y_o是预设基准窗的列坐标，θ 是道路引导方向角。

为了避免人为操作时误差过大，保证算法对道路搜索的准确性，我们对初始点的选取规则限定如下：

① 两个初始种子点分布于道路中心线两侧并且位置最好能相对应，种子点位置的选取与实际道路中心线边缘的距离不大于 5 个像素，同时应尽量不使选取的初始种子点过于偏离目标道路；

② 初始方向点的选取方向应沿目标道路搜索的前进方向，且与实际道路方向角的角度差值不大于15°。

(2) 图像预处理。

各种因素的影响，使得图像中部分区域的道路特征并非十分清晰，并常存在大量干扰。为了提高提取结果的准确性，需要对原图像的目标区域进行预处理。首先检测道路中心线附近是否存在车辆等高亮干扰，并进行相应的高亮干扰处理。然后加强道路与周围环境的对比度，并在增强后对图像进行阈值分割，得到二值化图像，获得更清晰的道路特征，以便于后期匹配计算。

① 基于区域生长的高亮干扰滤除。考虑到道路中心线附近可能存在车辆等高亮干扰，本算法加入了相应的处理策略。当中心线附近出现高亮车辆干扰时，经过对道路图像分析得知，高亮干扰区域对应像素峰值可达到255，而中心线上的像素峰值通常只有100左右。因此，为了减少客观的突变干扰影响，采用以下策略进行处理：每一次向前搜索中心点的过程中，首先在窗口内检测是否存在灰度值大于240的像素点，若存在，则将该点设定为种子点，采用区域生长的方法，提取出该高亮干扰区域，采用大尺度均值滤波器(尺度选取为15×15)，对该区域进行均值滤波，滤除高亮区域，并以周边道路区域的像素均值替代。其处理效果如图6.18所示。

(a) 高亮干扰图

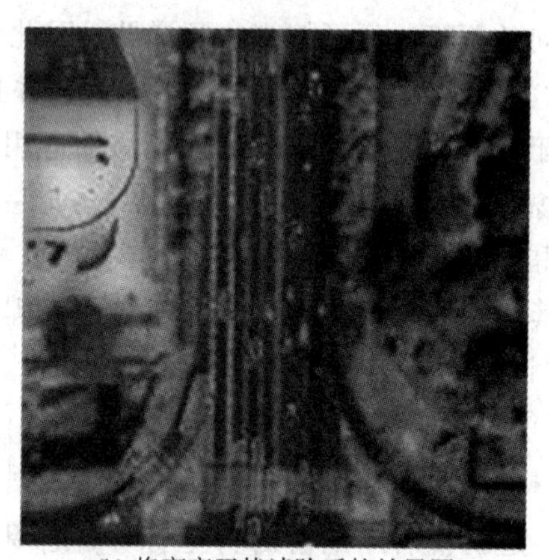
(b) 将高亮干扰滤除后的效果图

图6.18 高亮干扰处理效果

② 对比度增强。虽然大部分高分辨率的城区图像的道路尤其是中心线都比较清晰，但是为了增强本算法的适用性，使得本算法在道路相对模糊的区域依然可以准确地提取出道路，本算法针对性地引入对比度增强处理。对比度是指图像亮色区域和阴暗区域之间的反差比例。本算法使用非线性对比度拉伸的方法得到了较为满意的效果，既提高了道路中心线和周围环境的对比度，又不改变基本的道路特征。经过这样的对比度拉伸调整后，中心

线特征比处理前更突出、明显，更有利于后续计算，尤其对于道路及中心线区域相对模糊的区域，效果更加明显。

③ 阈值分割。为了在模板窗与目标窗之间进行线状特征匹配，需要进行线状特征提取。本算法起初采用Canny边缘检测算法对线状特征进行提取，但对中心线边缘提取的结果只是一对平行线。利用这样的边缘线进行线段匹配，像素特征点少，对道路特征的应用不充分。因此本算法每一次建立模板窗和目标窗后，都需要对窗内图像块进行二值化分割处理，即采用迭代阈值法，直接对窗口内的图像进行阈值分割，以便保留更多的线状特征信息。为自动选择阈值，阈值 T 采用迭代方法进行计算。迭代步骤如下：

a. 为 T 选择初始估计值，取窗口中最大和最小灰度值的均值；

b. 用 T 分割图像，将灰度值大于等于 T 的所有像素记为 f_1，灰度值小于 T 的所有像素记为 f_2；

c. 分别计算 f_1 和 f_2 的像素灰度均值 μ_1 和 μ_2；

d. 更新阈值 T 为T_{hr}：$T_{hr}=(\mu_1+\mu_2)/2$；

e. 重复步骤a至d，直到迭代中 T 与T_{hr}的差小于设定差值 ΔT。

得到阈值 T 后，利用该阈值对图像进行二值分割，经过处理的窗口内的道路中心线成为一条狭窄的带状区域，有利于后续的匹配计算。

(3) 道路中心点校正。

在上一步的操作中，由于人为因素，初始种子点的选取不可能每次都刚好落在道路中心线对应两侧。为了后面算法的准确搜索，需要对两个种子点的中心点位置进行校正，将其位置移动到沿垂直道路方向上距离该中心点最近的中心线处，并且在后续提取过程中，对于道路提取点同样加入中心校正，避免在提取过程中由于误差而引起提取偏离，影响本节算法的定位准确性。

具体校正过程如下：在经过预处理的二值化区域，以初始中心点为中心生成正矩形校正窗口，然后沿水平、垂直和两条对角线4个方向分别进行搜索，当搜索至边缘交界处时会出现数值突变，记录每条线与道路边缘的一对交点，并计算每对交点之间的距离，将距离最短的一对交点中心作为校正后的道路中心点位置。如果某条线在窗口内与道路中心线只有一个交点或无交点，则排除该条线。

(4) 相似度匹配算法。

本节算法对模板匹配法进行针对性的改进：在经过预处理的二值化图像中，线性目标特征突出，并滤除了大量干扰，在此基础上针对路况动态地确定模板窗以后，搜索过程中将此窗口随着道路引导方向进行旋转调整，自适应地与道路引导方向保持一致。其搜索策略如下：

以初始中心点为起点，沿道路引导方向按设定步长前进，计算出待定种子点坐标，在待定种子点处建立目标窗，并沿道路法线方向平移，得到多个目标窗。根据道路方向的不同，目标窗的平移准则分以下三种情况：① 若道路角度方向的正弦值 $\sin\theta < 0.5$，则只沿 x 方向进行目标窗的左右平移；② 若道路角度方向的正弦值 $\sin\theta \geq 0.5$ 且 $\sin\theta \leq 0.866$，则沿 x 方向、y 方向分别同时平移，平移值大小相同，符号相反；③ 若道路角度方向的正弦值 $\sin\theta > 0.866$，则只沿 y 方向进行目标窗的上下平移。

本算法设定模板窗的长宽比为 2∶1，是为了更好地获取并利用道路的线状特征信息，针对道路中心线特点，设置相似度权值矩阵。鉴于所提取的线性目标信息主要集中于窗口中心线附近，同时为了避免其他道路标记线等干扰，在设置此权值矩阵时，距离矩阵中心线位置越近则所占权重越大，越远则权重越小，即采取线性递减的原则。权重的最大值与最小值之比不超过 2∶1。然后沿道路引导方向建立若干待定目标窗，计算模板窗与各目标窗之间的相似度差值，寻找与模板窗最相似的目标窗。相似度匹配差值计算如下：

$$S = \sum_{i=1}^{l}\sum_{j=1}^{d}(f(i,\ j) - g(i,\ j)) \times W(i,\ j) \times l \times d \tag{6-21}$$

其中，S 为相似度匹配差值，$f(i,\ j)$表示模板窗二值化后的第 i 行、第 j 列元素，$g(i,\ j)$表示目标窗二值化后的第 i 行、第 j 列元素，$W(i,\ j)$表示与窗内第 i 行、第 j 列元素对应的权值大小，l 和 d 分别表示窗口的长和宽。

相似度匹配差值计算完成后，选取相似度差值最小的目标窗中心作为所提取出的道路点，对该点进行中心校正后将其作为下一次匹配计算的初始中心点。若最小相似度差值大于相似判定阈值(目标窗像素值总和的 25%)，则判定提取失败，须修正道路引导方向，重新进行匹配计算。如果调整方向后仍找不到匹配目标窗，可能是由于道路中心线上有阴影等因素造成部分区域间断，则将前进步长修改为跃进步长(设置为原始步长的 5 倍)，重新进行提取。若增加步长仍不满足判定阈值，则跳出循环，改由人工介入，重新初始化提取信息或结束本次道路提取。

循环提取直至提取终止。经多次实验测试，对于多数高分辨率遥感图像，动态相似度匹配法可以较好地提取道路中心线等线性目标，算法适用性强，鲁棒性高，取得了良好的提取效果。

3) 提取流程

本节算法的具体实现步骤如下：

(1) 人机交互道路提取信息初始化。人工介入，通过人工智能对路况信息进行预判，针对性地设置道路初始信息，输入两个初始种子点和一个引导方向点，根据初始种子点的位置确定出初始道路中心点。

(2) 图像预处理。对初始中心点附近区域进行预处理，即通过区域生长法提取出道路周边的高亮干扰并以大尺度滤波器滤除，增强模板窗内线性目标的对比度，并通过阈值分割进行二值化，提取出目标特征。

(3) 中心点校正。在二值化图像中，对初始中心点进行道路中心点校正，并且在之后的道路提取过程中对每一个道路提取点进行中心点校正，确保算法的准确性。

（4）相似度匹配计算。在目标特征突出的二值化图像中，根据人工设定的初始道路信息动态地建立相应模板窗和目标窗，并建立与模板窗对应大小的相似度权值矩阵，进行相似度权值矩阵的初始化，采用相似度匹配法对道路中心线进行搜索，寻找到相似度最高的目标窗口，若此窗口的相似度满足相似度差值判定条件，则对应的目标窗中心即为下一个道路中心点。

（5）提取中断解决策略与终止条件。若最小相似度差值不满足判定条件，则修正道路引导方向角度，返回到步骤(2)，如果调整角度仍找不到满足判定条件的匹配目标窗，可能是由于道路中心线上有天桥、阴影等因素造成了狭小间断，此时将前进步长修改为跨步更大的跃进步长(原始步长的5倍)，返回步骤(2)，若仍不满足相似度判定条件，无法找到匹配目标窗，则跳出循环，改由人工介入连接间断区域，重新初始化提取信息或结束本次道路提取。

3. 实验结果与分析

以下为应用上述提取算法进行的实验。实验中的基本步骤选取为(2)，针对高分辨率遥感图像中的各类道路，在带有Intel Core I5 2.53 GHz处理器的计算机上的Matlab R2009a环境下进行仿真实验，提取结果耗时分别为1.1 s、1.6 s、2.7 s。各仿真实验均可快速准确地提取出目标道路，无需人工干预。

仿真实验1：针对干扰较为强烈的道路区域进行道路提取，见图6.19。

(a) 原图

(b) 道路提取效果

图6.19　干扰路况与提取效果

仿真实验 2：针对道路方向改变路段进行提取，见图 6.20。

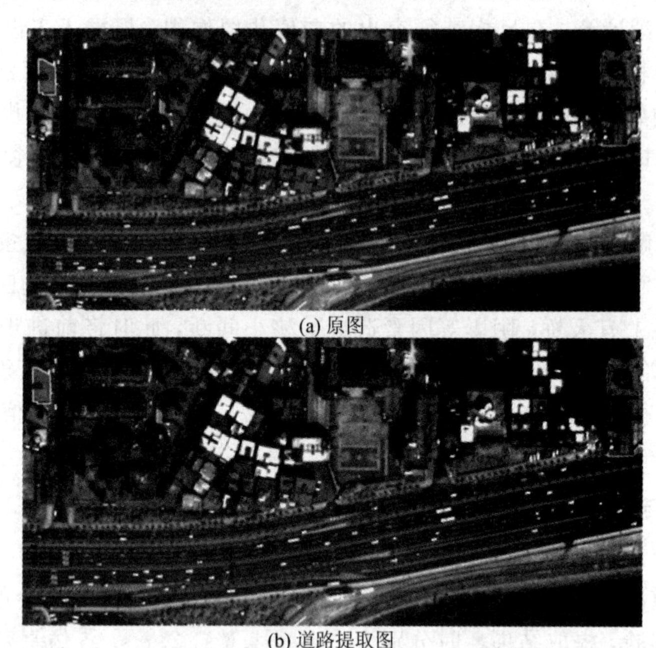

(a) 原图

(b) 道路提取图

图 6.20　道路方向变化路段与提取效果

仿真实验 3：针对道路中心线消失的常规路况进行动态匹配提取，见图 6.21。

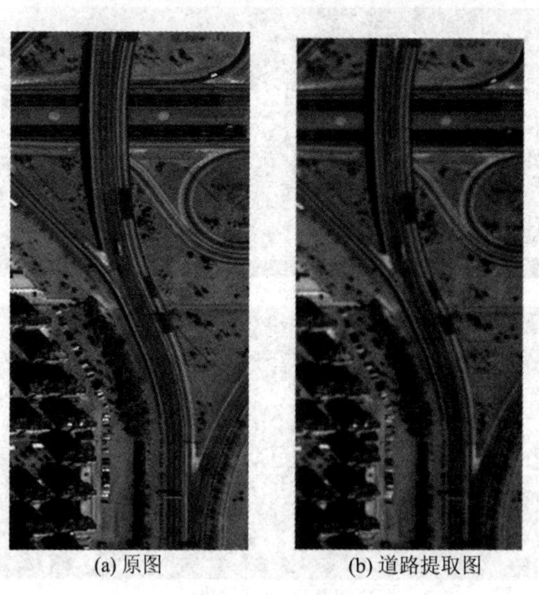

(a) 原图　　(b) 道路提取图

图 6.21　无道路中心线的规则路段与提取效果

从图 6.19 可以看出，图像中虽然道路背景较复杂，两侧存在车辆及交通标志等干扰，但道路中心线特征明显，通过动态设置匹配窗口可避免过多干扰进入道路提取计算过程，并且在加入了道路中心线校正算法后，提取出的道路点均准确无误地出现在中心线的中心位置，且具有良好的鲁棒性。

从图 6.20 中可以看出，当道路方向发生较为平缓的曲率变化(20°以内)时，本算法依然可以快速准确地对道路目标进行提取，当道路方向逐步变化时，无需人工介入对引导方向进行调整。

从图 6.21 中可以看出，在部分道路区域，道路中心线会因路况变化而消失，对于路况相对常规、路宽较窄的道路区域，本算法通过动态调整匹配窗口大小，可以适应新的需求，对于部分较为常规的无中心线道路，依然得到良好的提取效果，只是由于匹配窗口的增大带来了计算量的增多及耗时增加，但对本算法实时性的标准并无大的影响。

本算法对多种路况进行了仿真实验，均取得了良好的提取效果，并且在衡量道路提取算法的主要指标——实时性、鲁棒性与定位精确性等几个方面都表现突出，较好地满足了实际应用的要求。

习　题

1. 如果一个正常目标被检测为异常目标的概率是 0.01，异常目标被检测为异常目标的概率是 0.99，如果 99%的目标都是正常目标，检测准确率和误警率分别是多少？请使用以下定义：

$$检测准确率=\frac{被检测到的异常目标数}{总异常目标数}$$

$$误警率=\frac{误检异常目标数}{被检测到的异常目标数}$$

2. 简述如何结合多种异常检测技术提升异常目标检测正确率。请同时考虑有监督和无监督的情况。

3. 简述基于以下方法的异常检测算法的时间复杂度：基于模型的聚类、基于邻近度和基于密度的方法。

延伸阅读

[1]　SHAPIROL G，STOCKMAN G C. 计算机视觉. 北京机械工业出版社，2005：56-58.

[2]　冈萨雷斯. 数字图像处理. 北京：电子工业出版社，2004：225-260.

本章参考文献

[1] WREN C, AZARBAYEJANI A, DARRELL T, et al. Pfinder: Real-time Tracking of the Human body. IEEE Trans. PAMI, 1997, 19(7): 780-785.

[2] INCE S, KONRAD J. Occlusion-Aware Optical Flow Estimation. IEEE Transactions on Image Processing, 2008, 17(8): 1443-1451.

[3] BARRON J, FLEET D, BEAUCHEMIN S. Performance of optical flow techniques. International Journal of Computer Vision, 1994, 12(1): 43-77.

[4] ŠAMIJA H, MARKOVIC I, PETROVIC I, et al. Optical Flow Field Segmentation in an Omnidirectional Camera Image Based on Known Camera Motion. 2011 Proceedings of the 34th International Convention, 2011: 805-809.

[5] QI Y G, AN G. Infrared moving targets detection based on optical flow estimation. 2011 International Conference on Computer Science and Network Technology, 2011: 2452-2454.

[6] BRINK A D, PENDOCK N E. Minimum cross-entropy threshold selection. Pattern Recognition, 1996, 29(1): 179-189.

[7] WANG L, DUAN H C. A Fast Algorithm for Three-dimensional Otsu's Thresholding Method. IEEE International Symposium on IT in Medicine and Education, 2008: 136-140.

[8] 陈琪，熊博莅，陆军，等. 二维类内最小交叉熵的图像分割快速方法. 计算机工程与应用. 2011, 47(9): 149-153.

[9] 唐英干，邸秋艳，赵立兴，等. 基于二维最小 Tsallis 交叉熵的图像阈值分割方法. 物理学报, 2009, 58 (1): 9-14.

[10] GONG J, LI L Y, et al. Fast recursive algorithm for two-dimensional thresholding. Pattern Recognition, 1998, 31(3): 295-300.

[11] ABUTALEB A S. Automatic thresholding of gray-level picture using two-dimensional entropies. Pattern Recongnition, 1989, 47(1): 22-32.

第7章 图像分割

图像分割是从处理向分析转变的关键，也是图像数据中关键区域和目标的一种挖掘方法。图像分割将图像表示为物理上有意义的连通区域的集合，即根据目标与背景的先验知识，对图像中的目标、背景进行标记、定位，然后将目标从背景中分离出来，在此基础上才能对目标进行特征提取和测量，从而使更高层的分析和理解成为可能。图像分割领域已经发展出各种各样的方法，比如阈值分割方法、基于边缘的分割方法、基于区域的分割方法、基于特定理论的分割方法、基于图论的分割方法、基于深度学习的分割方法等。

阈值分割方法的发展历史已有四十年之久，现在已经提出了很多基于阈值理论的分割方法。阈值分割就是根据图像的直方图分布设定合适的灰度值作为阈值，将图像中有明显差异的区域分割开，将图像分成不同的类别。阈值分割的典型应用是OTSU大津算法，该算法是由日本学者OTSU在1979年提出的对图像进行二值化的高效算法，其优化目标为最小化类内方差和最大化类间方差，利用阈值将图像分割成前景和背景两个图像。除此经典应用以外，还有很多多级阈值分割方法的应用。最近，又出现了很多新的阈值分割方法，比如严学强提出了基于直方图量化的阈值处理算法，把图片直方图量化后采用熵值最大化阈值处理，大大降低了计算量。章毓晋、薛景浩等提出了类间后验交叉熵最大化的阈值分割算法，从目标与背景之间的区别出发，使用贝叶斯定理估计图像像素分别属于背景和目标这两类区域的后验概率，再确定这两类后验概率的交叉熵。阈值分割法使用简单，原理易于理解，适用于分割目标和背景差异较大的图像，且对这种图像一般能获得较好的分割结果。但是针对背景与目标差异小的图片，阈值分割方法的分割结果不尽如人意。

基于边缘的分割方法其作用机理类似于边缘检测，是基于图像边缘即图像不连续性的分割方法。图像的大多数信息存在于不同区域的边缘上，并且视觉认知系统通常也是通过图像的边缘对图像进行认识分析的，因此可以通过对图像的边缘进行检测来实现图像分割。经典的图像边缘检测是通过构造对图像像素灰度值差异变化敏感的差分算子来实现图像分割的，常用的差分算子有Sobel算子、Laplacian算子、Robort算子、Prewitt算子。

基于区域的分割方法是指把具有灰度相似性或者纹理相似性的像素归为同一类别，从而把该类别的像素作为最终的分割区域。基于区域的分割方法利用了图像空间的局部相似性信息，能够克服分割结果不连续的劣势，但该分割方法容易出现过分割的现象。该方法通常从整图出发，依据图像区域特征相似的原则，判定图像像素的类别归属，由像素点形成区域图，然后根据区域图的差异将区域图进行合并，形成最终的分割结果。该方法目前有分水岭分割法、种子点分割法，其分割质量常常取决于种子点选取的质量和数量。2000年王广君等提出了基于四叉树结构的图像分割技术，该技术结合了区域生长和人工智能，提高了分割速度，能同时得到图像目标大小、个数、边界。另外基于区域的图像分割方法还有超像素分割法，超像素的概念是由 Xiaofeng Ren 于 2003 提出并发展起来的图像分割方法。超像素是指图像中具有纹理相似性、颜色相似性的相邻像素共同组成的大像素块，用超像素代替原始像素，能够减少像素相似性计算的复杂度，提高图像分割的速度。超像素分割典型的方法为 SLIC(Simple Linear Iterative Clustering，简单线性迭代聚类)，于 2011 年提出，该方法采用简单的线性迭代聚类，算法思想简单、易于使用。它首先将图像像素转化为包含 CIELAB 颜色空间和像素空间坐标信息的五维特征向量，依据五维特征向量，按照欧氏距离度量标准迭代生成超像素块，然后可以应用简单的聚类思想例如 *K*-mean 聚类将超像素块进行合并和归类，实现图像的分割。

基于特定理论的分割包含形态学分割技术，以及基于模糊集理论的图像分割技术、基于遗传算法思想的图像分割技术。基于形态学的分割技术机理是通过使用符合某种形态的结构矩阵框去提取图像中的对应形状，实现图像分割。基于模糊集理论的图像分割技术机理是以模糊集合和模糊数学作为基础，采用迭代的思想更新各个像素点对于不同类别的隶属度信息，隶属度值最大的类别就是该像素点的类别。基于遗传算法理论的图像分割技术以进化论作为自然选择机制，能够实现并行优化，多种子点同时优化搜索，实现图像的快速分割。

基于图论的分割方法主要有 Graph-cut 分割法，其思想是把图像像素看成图网络中的结点，把像素点之间的相似性联系看成图网络中的边进行迭代优化。

近年来，深度学习在图像任务中的应用热度极高，它不需要人为指定提取何种特征，能够充分自动地提取图像特征，只需要设计一个合适的损失函数，监督网络去学习优化即可。U-Net 网络模型属于全卷积神经网络，是一个应用较多的用于有监督的端到端的图像分割网络。

7.1 图像分割的概念

图像分割(Image Segmentation)，就是把图像分成若干有意义的区域的处理技术。这些区域互不交叠，每一区域内部的某种特性或相同或接近，而不同区域间的图像特征则有明显差别，即同一区域内部特性变化平缓，相对一致，而区域边界处则特性变化比较剧烈。区域内的所有像素是一个连通集，在一个连通集中任意两像素之间都存在一条完全由这个集合元素构成的连通路径。连通路径是一条可在相邻像素间移动的路径。笼统地说，图像分割就是按照某种或某些性质，将具有相似性质的区域分割到一起，将性质差异较大的区域分割开来。

多年来，人们对图像分割提出了不同的解释和表达，我们可借助集合概念给出如下比较正式的定义：

对大小为 $M\times N$ 的数字图像 I，图像函数可以定义为一种映射 $f: M\times N\rightarrow G$，$G=0$，1，…，$k$ 为像素灰度级(Grayscale)，那么图像 I 的分割可以看作是将其分为满足以下五个条件的非空子集 I_1，I_2，…，I_N：

(1) $\bigcup_{i=1}^{N} I_i = I$；

(2) 对任意 i、j，$i\neq j$，有 $I_i \cap I_j = \varnothing$；

(3) 对 $i=1, 2, \cdots, N$，$F(I_i) = \text{True}$；

(4) 对任意 i、j，$i\neq j$，$F(I_i \cup I_j) = \text{False}$；

(5) 对 $i=1, 2, \cdots, N$，I_i 是连通区域。

其中，$F(B)$是定义在区域 B 上的一致性测量的逻辑准则：

$$F(B)=\begin{cases}\text{True}, & H(R)\in \overline{D}\\ \text{False}, & \text{其他}\end{cases} \tag{7-1}$$

定义 H：$B\rightarrow\overline{D}$ 是 B 的一致性估计的函数，$\overline{D}$ 是已经定义的 D 的子区域。则将图像 I 分割为若干个邻近且互不交叠、满足上述五个条件的非空子集的文字描述如下：

条件(1)指出，一幅图像分割所得到的全部子区域的总和(并集)应能包括图像中所有的像素(也就是原始图像)，或者说分割应将图像中的每一个像素都分割进某个子区域中。

条件(2)指出，分割结果中各个子区域是互不重叠的，也就是相互独立的；或者说在分割结果中一个像素不能同时属于两个子区域。

条件(3)指出，分割结果中每个子区域都具有特性，或者说属于同一个区域中的像素应该具有某些相同的特性。

条件(4)指出，分割结果中不同的子区域具有不同的特性，没有公共元素，或者说属于不同区域的像素应该具有一些不同的特性。

条件(5)指出，分割结果中同一个子区域内的像素是连通的，即同一个子区域内的任何两个像素在该子区域内互相连通，或者说分割得到的区域是一个连通单元。这个条件并非必要，因为待分割的对象未必一定是连通的。当然，如果把对象不连通的部分看作是不同的子对象，那么这个条件就是必要的。

虽然有以上定义，但是在图像分割的实际应用中，图像分割不仅要把一幅图像分成满足上面5个条件的各具特性的区域，而且要把其中感兴趣的目标区域提取出来，只有这样才算真正完成了图像分割的任务。

图像分割包括特征提取、目标识别、边缘检测等图像处理问题。目前，有很多种图像分割的方法，有些可直接应用于任何图像，有些只适用于特殊类型的图像分割。有时需要对待分割图像进行粗分割或预处理操作，先获取图像的基本信息或一些参数等，以便为即将进行的图像分割提供必要的依据。各种图像或自然界的景物都可以作为待分割的图像数据。不同的方法适用的图像类型不同，对于不同类型的图像，一般可以找到适合其分割的方法。图像分割结果的好坏要根据具体的场合和要求来评价。图像分割是从图像处理到图像分析的关键步骤，图像分割结果的好坏直接影响对图像理解的程度。

7.2 图像分割的意义

图像技术作为视觉图像获取与加工处理技术的总称，近年来受到人们的广泛关注。它包含的内容非常丰富，大体可分为低级处理(狭义图像处理)、中级处理(图像分析)和高级处理(图像理解)三个级别。

(1) 低级处理的输入和输出都为图像，常被称为狭义的图像处理。

(2) 中级处理涉及图像分割以缩减对目标物的描述，以使其更适合计算机处理及对不同目标的分类和识别。中级处理输入为图像，但输出是从这些图像中提取的特征，如边缘、轮廓及不同物体的标识等。

(3) 高级处理涉及图像分析中对识别目标的总体理解，以及执行与视觉相关的识别等。

所以，图像分割属于中级处理阶段，它是连接低级计算机视觉和高级计算机视觉的桥梁，它既是对所有预处理效果的集中检验，也是模式识别、图像理解、计算机视觉等领域最重要的基础环节，分割结果的质量直接影响到后续处理。图像分割在不同领域中的名称也不尽相同，目标检测等技术的核心实质上就是图像分割技术。

图像分割是从处理向分析转变的关键，也是一种基本的计算机视觉技术。图像分割将图像表示为物理上有意义的连通区域的集合，也就是根据目标与背景的先验知识，对图像中的目标、背景进行标记、定位，然后将目标从背景中分离出来，在此基础上才能对目标进行特征提取和测量，从而使更高层的分析和理解成为可能。

7.3 传统图像分割方法

图像分割的研究最早可以追溯到20世纪60年代，经过多年的研究，国内外学者已经提出了上千种算法，但目前还没有一种适合于所有图像的通用的分割算法，绝大多数算法都是针对具体问题而提出的。另一方面，给定一个实际应用要选择适用的分割算法仍是一个很麻烦的问题，由于缺少通用的理论指导，常常需要反复进行实验。

早期的图像分割方法分为两大类：基于边缘的分割方法和基于区域的分割方法。

7.3.1 基于边缘的分割方法

不同图像灰度不同，边界处一般会有明显的边缘，利用此特征可以分割图像。需要说明的是：边缘和物体间的边界并不等同。边缘指的是图像中像素的值有突变的地方，而物体间的边界指的是现实场景中存在于物体之间的边界。有可能有边缘的地方并非边界，也有可能有边界的地方并无边缘，因为现实世界中的物体是三维的，而图像只具有二维信息，从三维到二维的投影成像不可避免地会丢失一部分信息；另外，成像过程中的光照和噪声也是不可避免的重要因素。正是因为这些原因，基于边缘的图像分割仍然是当前图像研究中的世界级难题，目前研究者正在试图在边缘提取中加入高层的语义信息。基于边缘检测的方法，假设图像分割结果的某个子区域在原来图像中一定会有边缘存在。

在实际的图像分割中，往往只用到一阶和二阶导数，虽然在原理上可以用更高阶的导数，但是因为噪声的影响，三阶以上的导数信息往往失去了应用价值，而二阶导数还可以说明灰度突变的类型。在有些情况下，如灰度变化均匀的图像，只利用一阶导数可能找不到边界，此时二阶导数就能提供很有用的信息。二阶导数对噪声也比较敏感，解决的方法是先对图像进行平滑滤波，消除部分噪声，再进行边缘检测。不过，利用二阶导数信息的算法是基于过零检测的，因此得到的边缘点数比较少，有利于后续的处理和识别工作。

图像的边缘是图像最基本的特征之一。所谓边缘，是指其周围像素灰度有阶跃变化的像素的集合。基于边缘的图像分割方法正是基于图像灰度级的这种不连续性，通过检测不同均匀区域之间的边界来实现对图像的分割，这与人的视觉过程有些相似。基于边缘的分割方法与边缘检测理论密切相关，此类方法大多基于局部信息，一般利用图像一阶导数的极大值或二阶导数的过零点信息作为判断边缘点的基本依据，进一步还可以采用各种曲线拟合技术获得划分不同区域边界的连续曲线。根据检测边缘的执行方式的不同，边缘检测技术大致可分为以下两类：串行边缘检测技术(Serial Edge Detection Technology)和并行边缘检测技术(Parallel Edge Detection Technology)。

1. 串行边缘检测技术

串行边缘检测技术首先要检测出一个边缘初始点，然后根据某种相似性准则寻找与前一点同类的边缘点，这种确定后继相似点的方法称为跟踪。串行边缘检测技术的优点在于可以得到连续的单像素边缘，但是它的效果严重依赖于边缘初始点，由不恰当的边缘初始点可能产生虚假边缘，较少的边缘初始点也可能导致边缘漏检现象。

串行边缘检测在处理图像时不但利用了本身像素的信息，而且还利用了前面处理过的像素的结果。对某个像素的处理，以及是否把它确定为边界点，与先前对其他点的处理得到的信息有关。串行边缘检测技术通常是通过顺序地搜索边缘点来工作的，一般有三个步骤：确定起始边缘点；根据搜索准则确定下一个边缘点；设定搜索过程终止条件。

边界跟踪算法是一种串行边缘检测的方法。它从梯度图中的一个边缘点出发，搜索并连接边缘点，进而逐步检测所有边界。在并行边缘检测法中，边缘像素不一定能够组合成闭合的曲线，因为边界上有可能会遇到缺口。缺口可能太大而不能用一条直线或曲线连接，也有可能不是一条边界上的缺口。边缘检测的方法可以在一定程度上解决这些问题，使得在某些图像上的分割结果更好。其基本步骤是：

(1) 设定起始点：对梯度图进行搜索，找到梯度最大点，作为边界跟踪的起始点。

(2) 设置生长规则：在这个点的8邻域像素中，梯度最大的点被当作边界，同时，这个点还会作为下一个搜索的起始点。

(3) 按照(2)的准则一直搜索，直到梯度绝对值小于一个阈值时，搜索停止。有时为了保证边界的光滑性，每次搜索只是在一定范围的像素中选择，这样得到的边界点还能保证连通性。

2. 并行边缘检测技术

并行边缘检测技术利用相邻区域的像素值的不连续性质，采用一阶或二阶导数来检测边缘点。并行边缘检测技术通常借助空域微分算子，通过其模板与图像卷积实现，因而可以在各个像素上同时进行，从而大大降低了时间复杂度。常见的并行边缘检测算子有如下几种：

(1) Roberts 算子：边缘定位准，但是对噪声敏感，适用于边缘明显且噪声较少的图像分割。

(2) Prewitt 算子：对噪声有抑制作用，抑制噪声的原理是通过像素平均，但是像素平均相当于对图像的低通滤波，所以 Prewitt 算子对边缘的定位不如 Roberts 算子。

(3) Sobel 算子：与 Prewitt 算子一样都是加权平均，但是 Sobel 算子认为，邻域的像素对当前像素产生的影响不是等价的，所以距离不同的像素具有不同的权值，对算子结果产生的影响也不同。一般来说，距离越远的像素，产生的影响越小。

(4) Isotropic Sobel 算子：加权平均算子，权值反比于邻点与中心点的距离，当沿不同方向检测边缘时若梯度幅度一致，就是通常所说的各向同性。

(5) 微分算子：由于微分算子不仅对边缘信息敏感，而且对图像噪声也很敏感，所以微分算子只适合于噪声较小而且不太复杂的图像。

图 7.1 是 Sobel 算子的 3×3 模板，权值 2 用于增加中心点的重要性而实现某种程度的平滑效果。在图 7.1(a)所示模板中，第一行和第三行间的差值近似于 x 方向上的导数，图 7.1(b)的第一列和第三列间的差值近似于 y 方向上的导数。

上面的算子利用的是一阶导数的信息。

(6) Laplacian 算子：二阶微分算子，具有各向同性，即与坐标轴方向无关，坐标轴旋转后梯度结果不变。但是，它对噪声比较敏感，所以图像一般先要经过平滑处理，而平滑处理也是用模板进行的，故通常的分割算法都是把 Laplacian 算子和平滑算子结合起来生成一个新的模板。

−1	−2	−1
0	0	0
1	2	1

(a)

−1	0	1
−2	0	2
−1	0	1

(b)

图 7.1 Sobel 算子模板

7.3.2 基于区域的分割方法

基于区域的分割方法假设图像分割结果的某个子区域的像素一定会有相同的性质，而不同区域的像素则没有共同的性质。代表性的算法是区域生长算法和分裂合并算法。由于物体的轮廓线往往是任意形状的，这两种算法的分割速度都比较慢。分水岭法是一种较新的基于区域的图像分割方法，由于其具有计算速度较快和物体轮廓线封闭及定位精确等优点，引起了人们广泛的关注，但是它存在过分割的问题。

基于区域的分割方法按某种准则把图像分为若干规则块，然后按属性一致的原则，反复分开属性不一致的图像块，合并具有一致属性的相邻图像块，直至形成一张区域图。基于区域的图像分割方法弥补了阈值法和边缘检测法没有或者很少考虑空间信息的不足。在没有先验知识可以利用时，该类方法对含有复杂场景或自然景物等先验知识不足的图像进行分割时，可以取得较好的性能。但是，该类方法是一类迭代的方法，空间和时间开销都比较大。常见的算法有阈值分割法、区域生长法、分裂合并法、分水岭法等。

1. 阈值分割法

阈值分割(Threshold Segmentation)法是图像分割中最简单也是最常用的一种图像分割方法。它基于对灰度图像的一种假设：目标或背景内的相邻像素间的灰度值是相似的，但不同目标或背景的像素在灰度上有差异，反映在图像直方图上，不同目标和背景则对应不同的峰。如果图像中具有多类目标，则直方图将呈现多峰特性，相邻两峰之间的谷即为多阈值分割的门限值。选取的阈值应位于两个峰之间的谷，从而将各个峰分开。根据阈值个数的不同，阈值法分为单阈值法和多阈值法。根据阈值获取原理的不同，阈值法又可分为最大类间方差法、最小误差法、最大熵法等。

直接的阈值分割一般不能适用于复杂景物的正确分割，如自然场景，因为复杂景物的图像有的区域很难判断究竟是前景还是背景。不过，阈值分割在处理前景和背景有很强的对比的图像时特别有用，此时需要的计算复杂度小。当物体的灰度级比较集中时，简单地设置灰度级阈值提取物体是一个有效的办法。

阈值分割法分为全局阈值分割和局部阈值分割两种方法。如果分割过程中对图像上每个像素所使用的阈值都相等，则为全局阈值分割法；如果每个像素所使用的阈值可能不同，则为局部阈值分割法。确定最佳全局阈值的常用方法一般有试验法、直方图法、最小误差法(这种方法假设背景和前景的灰度分布都是正态分布的)。当光照不均匀、有突发噪声，或者背景灰度变化比较大时，整幅图像分割将无法设置一个合适的阈值，因为单一的阈值不能兼顾图像各个像素的实际情况。这时，可对图像按照坐标分块，对每一块分别选一阈值进行分割。这种方法称为动态阈值分割方法，也称为自适应阈值分割方法。这类方法的时间和空间复杂度比较大，但是抗噪声能力比较强，对采用全局阈值不容易分割的图像有较好的效果。自适应阈值比较简单的选取方法是：对每一个像素，确定以它为中心的一个邻域窗口，计算窗口内像素的最大和最小值，然后取它们的均值作为阈值。对图像分块后的每一个子块可以采用直方图分析，如果某个子块内有目标和背景，则直方图呈双峰。如果块内只有目标或只有背景，则直方图没有双峰，可根据邻域各块分割得到的参数插值进行分割。实际的自适应阈值分割完全可以根据图像的实际性质，对每个像素设定阈值，但这个过程要考虑到实际的要求和计算的复杂度问题。

阈值分割的优点是实现简单，当不同类型的目标灰度值或其他特征值相差很大时，它能很有效地对图像进行分割，对于直方图峰谷特性明显的图像，它具有较好的分割效果。该方法的缺点是不适用于多通道图像和特征值相差不大的图像，当图像中不存在明显灰度差异(直方图为宽谷或单峰)或各物体的灰度范围有较大重叠时难以得到准确的分割结果。另外，由于阈值分割法仅仅考虑了图像的灰度信息而未考虑图像的空间信息，因此它对噪声和灰度不均匀很敏感。

2. 区域生长法

区域生长法(Region Growing Method)要解决的主要问题是：区域生长准则的设计和算法的高效性生长准则往往和具体问题有关，这样会直接影响最后形成的区域，如果选取不当，就会造成过分割和欠分割的现象。

区域生长法先在每个待分割的区域找一个或一块像素作为生长的初始种子点，然后将种子点邻域内与种子像素有相似性的像素合并到种子像素集合。如此重复，直到再没有像素可以被合并，一个区域就形成了。区域生长的好坏取决于初始点(种子点)的选取、生长准则和终止条件。区域生长法的优点是计算简单，对于较均匀的连通目标有较好的分割效果，特别适合于小目标的分割。它的缺点是需要人为确定种子点，对噪声敏感，可能导致区域内有空洞。另外，它是一种串行算法，当目标较大时，分割速度较慢，因此在设计算法时要尽量提高效率。

3. 分裂合并法

分裂合并(Region Splitting and Merging)法先将图像分割成很多一致性较强的小区域，再按一定的规则将小区域融合成大区域，达到分割图像的目的。分裂合并法的基本思想是从整幅图像开始，通过不断分裂合并得到各个区域。这种方法对复杂图像的分割效果较好，但算法较复杂，计算量大，分裂还可能破坏区域的边界。

分裂合并的关键是提出最优相似性检验准则，使之与图像特征相吻合，以快捷高效地合并相似区域。这种方法存在的不足有两点：一是分裂如果不能深达像素级就会降低分割精度；二是深达像素级的分裂会增加合并的工作量，从而大大增加其时间复杂度。

分裂合并差不多是区域生长的逆过程：从整个图像出发，不断分裂得到各个子区域，然后再把前景区域合并，实现目标的提取。分裂合并的假设是对于一幅图像，前景区域由一些相互连通的像素组成，因此，如果把一幅图像分裂到像素级，那么就可以判定该像素是否为前景像素，当完成所有像素点或者子区域的判断后，合并前景区域或像素就可得到前景目标。

4. 分水岭法

分水岭法是一种较新的基于区域的图像分割方法，该方法的思想来源于洼地积水的过程：首先，求取梯度图像；然后，将梯度图像视为一个高低起伏的地形图，原图上较平坦的区域梯度值较小，构成盆地，原图上边界区域的梯度值较大，构成分割盆地的山脊；接着，水从盆地内最低洼的地方渗入，随着水位的不断涨高，有的洼地将被连通，为了防止两块洼地被连通，就在分割两者的山脊上筑起水坝，水位越涨越高，水坝也越筑越高；最后，当水坝达到最高山脊的高度时，算法结束，每一个孤立的积水盆地对应一个分割区域。分水岭法有着较好的鲁棒性，但是却往往会形成过分割。

具体来说，分水岭分割法是一种基于拓扑理论的数学形态学的分割方法，其基本思想是把图像看作测地学上的拓扑地貌，图像中每一点像素的灰度值表示该点的海拔高度，每一个局部极小值及其影响区域称为集水盆，而集水盆的边界则形成分水岭。分水岭的概念和形成可以通过模拟浸入过程来说明。在每一个局部极小值表面刺穿一个小孔，然后把整个模型慢慢浸入水中，随着浸入的加深，每一个局部极小值的影响域慢慢向外扩展，在两个集水盆汇合处构筑大坝，即形成分水岭。

分水岭的计算过程是一个迭代标注过程。分水岭比较经典的计算方法是 L. Vincent 提出的。在该算法中，分水岭计算分两个步骤，一个是排序过程，一个是淹没过程。首先对每个像素的灰度级进行从低到高的排序，然后在从低到高实现淹没的过程中，对每一个局部极小值在 h 阶高度的影响域采用先进先出(FIFO)结构进行判断及标注。

分水岭变换得到的是输入图像的集水盆图像，集水盆之间的边界点即为分水岭。显然，分水岭表示的是输入图像极大值点。因此，为得到图像的边缘信息，通常把梯度图像作为输入图像，即

$$\begin{aligned} g(x, y) &= \mathrm{grad}(f(x, y)) \\ &= \{[f(x, y)-f(x-1, y)]^2[f(x, y)-f(x, y-1)]^2\}^{0.5} \end{aligned} \tag{7-2}$$

式中，$f(x, y)$表示原始图像，grad(•)表示梯度运算。

分水岭法对图像中的噪声、物体表面细微的灰度变化，都会产生过分割的现象。但同时应当看到，分水岭法对微弱边缘具有良好的响应，是得到封闭连续边缘的保证。另外，分水岭法所得到的封闭的集水盆为分析图像的区域特征提供了可能。

为消除分水岭法产生的过分割，通常可以采用两种处理方法，一是利用先验知识去除无关边缘信息，二是修改梯度函数使得集水盆只响应想要探测的目标。

为消除分水岭法产生的过分割，通常要对梯度函数进行修改，一个简单的方法是对梯

度图像进行阈值处理，以消除灰度的微小变化产生的过分割，即

$$g(x, y) = \max(\text{grad}(f(x, y), g_\theta)) \tag{7-3}$$

式中，g_θ 表示阈值。

编程算法的步骤是：用阈值限制梯度图像以达到消除灰度值的微小变化产生的过分割，获得适量的区域，再对这些区域的边缘点的灰度级进行从低到高排序，然后再从低到高实现淹没的过程。梯度图像用Sobel算子计算获得。对梯度图像进行阈值处理时，能否选取合适的阈值对最终分割的图像有很大影响，因此阈值的选取是图像分割效果好坏的一个关键。阈值处理的缺点是：实际图像中可能含有微弱的边缘，灰度变化的数值差别不是特别明显，选取阈值过大可能会消去这些微弱边缘。

7.3.3 实验与结果分析

实验选取coins、cells和lifting body三幅图像进行轮廓检测实验，采用Canny和Sobel算子以及分水岭法和水平集演化法展示图像分割结果。

图7.2是运用边缘检测算子对coins图像进行边缘检测的结果。其中，Canny算子检测出过多的细节，Sobel算子的边缘检测结果要好一些，但是也不令人满意，还要做后续处理才能得到较好的轮廓。显然，其结果不满足标记的定义与描述，不适合用作分水岭法的标记。

(a) coins原图

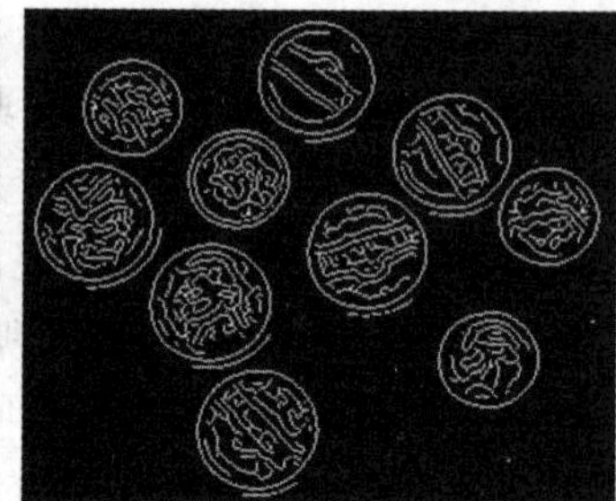
(b) Canny算子边缘检测结果

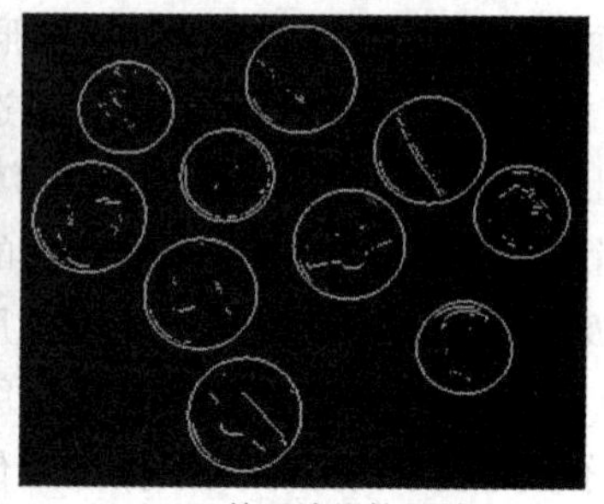
(c) Sobel算子边缘检测结果

图7.2 Canny和Sobel算子边缘检测结果

7.4 模型驱动的分割方法

随着神经网络、统计学理论、模糊集理论、形态学理论以及小波理论等在图像分割中的广泛应用，图像分割技术呈现出多特征融合、多种分割方法相结合的趋势。除了利用图像原始灰度特征外，还可将提取的图像梯度特征、空间几何特征、频域变换特征、统计特征等组成一个多维特征矢量，从而获得更好的分割结果。由于单一分割方法对含复杂目标的图像难以取得令人满意的结果，因而需要将多种分割方法进行结合，使其发挥各自的优势。

此外，基于人工智能技术和人工交互的图像分割也将是以后研究的重点。

借鉴各种学科理论，如图论、信息论、多尺度理论、分形理论、数学形态学、马尔可夫随机场、偏微分理论、模糊集理论、神经网络、遗传算法、机器学习等领域的研究成果，图像分割领域产生了很多新的分割算法。

7.4.1 基于马尔可夫随机场模型的图像分割方法

马尔可夫随机过程是一类重要的具有无记忆性的随机过程。无记忆性就是指在已知系统“现在”状态的条件下，“未来”的状态与“过去”的状态无关。状态离散的二维马尔可夫序列通常称为马尔可夫随机场(Markov Random Field, MRF)。在马尔可夫模型中，状态是可见的，而在隐马尔可夫模型(Hidden Markov Model, HMM)中，状态是不可见的，可见的是系统的观测值。

MRF 用于图像分割有两种基本的思路：一是把图像的不同区域看作是由不同的 HMM 产生的观测场，把图像分割问题作为 HMM 的评估问题来解决；二是把图像的不同区域当作是同一个 HMM 在不同的状态下产生的观测场，把图像分割问题作为解码问题来解决。当前比较成功的一个图像随机模型是运用马尔可夫随机场(MRF)模型来对纹理图像建模，可有效地刻画出纹理图像在局部空间中的特性。

7.4.2 基于模糊集理论的图像分割方法

图像分割问题是典型的结构不良问题，而模糊集理论(Fuzzy Set Theory)具有描述不良问题的能力，因此有研究者将模糊理论引入图像处理与分析领域，其中包括用模糊理论来解决分割问题。基于模糊集理论的图像分割方法包括模糊阈值分割方法、模糊均值聚类分割方法等。

模糊阈值分割方法利用不同的 S 型隶属函数来定义模糊目标，通过优化过程最后选择一个具有最小不确定性的 S 函数，用该函数增强目标以及属于该目标的像素之间的关系；模糊均值聚类(Fuzzy C-Means, FCM)分割方法通过优化表示图像像素点与 C 类中心之间的相似性目标函数，来获得局部极大值，从而得到最优聚类，这种方法计算量大，不具备实时性。

7.4.3 基于数学形态学的图像分割方法

近年来，数学形态学已发展为一种新型的图像处理方法和理论，在边缘检测和图像分割中得到了广泛的研究和应用。其基本思想是用具有一定形态的结构元素去量度和提取图像中的对应形状，以达到对图像分析和识别的目的。利用膨胀、腐蚀、开启和闭合四个基本运算进行推导和组合，可以产生各种形态学实用算法。基于数学形态学的图像分割方法的缺点是对边界噪声敏感。

基于数学形态学的图像分割方法中比较有代表性的是分水岭法。J. Tang 等人对分水岭法进行了较为深入的研究，并利用形态小波、复小波和阈值等方法获取控制标记，再与标记分水岭法相结合，对分水岭法进行了多处改进，并运用于SAR图像的分割中。实验结果表明，改进后的方法有效地提高了图像分割算法的抗噪性能。将数学形态学与其他方法综合运用以克服自身缺陷，将是以后数学形态学方法不错的改进工作方向。

7.4.4 基于多尺度理论的图像分割方法

多尺度几何分析(Multi-scale Geometric Analysis，MGA)方法由于能够综合不同尺度的图像信息，从而把精细尺度的精确性与粗糙尺度的易分割性完美地统一了起来，因此，这种分析方法非常适合自动或半自动的图像分割。由于在自然界和工程实践中，许多现象或过程都具有多尺度特征或多尺度效应，人们对现象或过程的观察及测量也往往是在不同尺度上进行的，所以我们采用多尺度理论来描述、分析这些现象或过程，才能够更全面地刻画这些现象或过程的本质特征。

目前，多种多尺度几何分析方法也已经运用于图像分割领域，包括Ridgelet、Curvelet、Contourlet、Bandelet等。基于小波(Wavelet)分析的方法在图像分割中比较流行，它是将小波理论与经典的图像处理技术相结合的图像分割方法。其基本思想是对图像采用离散小波变换，进行多分辨率分析，使之分解为不同层次上的低频和高频信息，再采用提取特征的方法进行分割。这种采用离散小波变换来分解图像的方法是快速的、局部的、稀疏的，并可利用逆离散小波变换很好地重构图像，克服了傅里叶分析在处理非平稳复杂图像时所存在的局限性。但离散小波变换不具备时移不变性，妨碍了其对于图像的更好表示。因此，学者们提出了很多算法，如复小波、树状小波、平稳小波等算法来进行改进。

7.4.5 基于偏微分理论的图像分割方法

在基于偏微分理论(Partial Theory)的图像分割方法中，基于变分法和水平集方法的主动轮廓模型集中体现了偏微分理论图像分割方法的优越性，在图像分割中是一个研究的热点问题。

主动轮廓模型又称为形变模型或水平集演化方法，采用曲线演化过程来实现分割。分割过程通常从图像平面上一条任意位置的闭合曲线开始，在内力(由曲线的固有属性驱动)和外力(由图像数据驱动)的共同作用下曲线不断演化，最终停止在图像的边界，从而把图像分割成不同的部分(曲线内部和曲线外部)。这一类模型给出包含曲线和图像数据的目标函数，然后通过最小化目标函数得到曲线的演化流，即描述曲线演化过程的偏微分方程。该方法在分割图像时，充分利用了感兴趣区域的位置、大小、形状等先验知识和图像自身固有的信息，并以能量泛函的形式来反映这种先验知识，从而保证曲线在演化过程中能够保持连续性和平滑性。

根据表达方式的不同，主动轮廓模型可分为参数主动轮廓模型和几何主动轮廓模型。参数主动轮廓模型采用显式参数化的形式表达目标轮廓曲线的运动，通过极小化能量函数，使轮廓曲线逐渐演化，直至到达目标区域的边界处。该模型允许与模型直接交互，且由于模型的表达式紧凑，因此利于快速、实时地实现。但参数主动轮廓模型是基于图像局部信息而建立的，因而对噪声十分敏感，且要求初始曲线必须靠近目标边缘。此外，参数主动轮廓模型的表达难以处理曲线拓扑结构的变化（如曲线的分裂、合并等），在凹陷边缘处收敛效果不理想。几何主动轮廓模型是 Caselles(1993)和 Malladi(1995)分别独立提出的，这种模型基于曲线演化理论和水平集方法(Osher，2002)，其演化过程基于曲线的几何度量(法向矢量、曲率等)，而这些度量采用水平集方法可以方便地表示。水平集方法的特点就是通过一个高维函数曲面来表达低维的轮廓曲线，即将轮廓曲线表达为高维函数曲面的零水平集(水平集函数为零值时所有点的集合)，并将轮廓曲线的运动方程转化为高维水平集函数的偏微分方程，从而自然灵活地处理了轮廓曲线拓扑结构的变化，且便于从低维到高维的扩展。

基于水平集的主动轮廓模型主要分为基于边缘的模型和基于区域的模型。基于边缘的水平集模型有 Snake 模型、GVF(Gradient Vector Flow)模型及 GAC(Geodesic Active Contour)模型。基于区域的水平集模型又分为基于局部的模型(LBF(Local Binary Fitting)模型和 LIF(Local Image Fitting)模型)和基于全局的模型(MS 模型和 CV 模型)。GAC 模型是一种经典的基于边缘的几何主动轮廓模型，由 Casellos(1995)和 Yezzi(1997)等人提出，它利用变分法来极小化能量函数，能自动地处理轮廓线的拓扑结构变化，在一定程度上解决"边缘泄露"问题，在图像分割特别是医学图像分割领域得到了广泛的应用。然而直接将该模型应用于胃部 CT 序列图像的分割时，得到的分割结果不太理想。这是由于该模型存在收敛速度非常慢、对于弱边缘的检测不太准确以及对初始条件敏感等缺点。

1. 基于区域的 CV 模型

用主动轮廓模型和水平集方法进行图像分割的核心思想是首先直接使用连续曲线来表达图像的边缘，同时利用图像自身的信息构造特定的能量泛函，然后应用动态格式下的 Euler-Lagrange(欧拉-拉格朗日)方程得到与该能量泛函对应的曲线演化方程，最后应用水平集方法来模拟初始曲线沿能量下降最快的方向演化的过程，以便求得最佳的边界轮廓曲线。

假设待处理的图像 $I(x, y)$的定义域为 Ω，初始轮廓曲线 C 将待处理图像分成内外两部分，即轮廓线内部的匀质区域 Ω_1 (inside C)和轮廓外部的匀质区域 Ω_2 (outside C)，$\Omega=\Omega_1 \cup \Omega_2$，$c_1$、$c_2$ 分别为 Ω_1 和 Ω_2 两个区域的灰度均值，则基于上述内外两部分区域信息的能量函数可定义为

$$E_{CV}(C, c_1, c_2)=\lambda_1 \cdot \iint_{\Omega_1} |I(x, y)-c_1|^2 \mathrm{d}x\mathrm{d}y+\lambda_2 \cdot \iint_{\Omega_2} |I(x, y)-c_2|^2 \mathrm{d}x\mathrm{d}y \tag{7-4}$$

给式(7-4)加上加权长度项和加权面积项，得到完整的 CV 模型的能量函数为

$$E_{CV}(C, c_1, c_2) = \mu \cdot L(C) + \nu \cdot S(C) + \lambda_1 \cdot \iint_{\Omega_1} \left| I(x, y) - c_1 \right|^2 dxdy +$$
$$\lambda_2 \cdot \iint_{\Omega_2} \left| I(x, y) - c_2 \right|^2 dxdy \tag{7-5}$$

其中，μ、ν、λ_1、λ_2 均为大于 0 的正数。

从式(7－5)可看出，CV 模型的能量函数与边缘梯度无关，它可检测出内部边缘，且对初始化不敏感。

设 ϕ 表示由 C 构造的水平集函数，即$\{C|\phi(x, y)=0\}$，并设 ϕ 为内正外负的符号距离函数。在总的能量函数中引入 Heaviside 函数和 Dirac 函数，则总的能量函数可写成如下形式：

$$E_{CV}(C, c_1, c_2) = \mu \iint_{\Omega} \left| \nabla H(\phi(x, y)) \right| dxdy + v \iint_{\Omega} H(\phi(x, y)) dxdy +$$
$$\lambda_1 \iint_{\Omega} \left| I(x, y) - c_1 \right|^2 H(\phi(x, y)) dxdy +$$
$$\lambda_2 \iint_{\Omega} \left| I(x, y) - c_2 \right|^2 (1 - H(\phi(x, y))) dxdy \tag{7-6}$$

在欧拉-拉格朗日框架下对上式进行能量极小化，可得到其偏微分方程为

$$\frac{\partial \phi}{\partial t} = \delta_\varepsilon(\phi) \left[\mu \nabla \left(\frac{\nabla \phi}{|\nabla \phi|} \right) - \nu - \lambda_1 (I(x, y) - c_1)^2 + \lambda_2 (I(x, y) - c_2)^2 \right] \tag{7-7}$$

设

$$H_\varepsilon(z) = \frac{1}{2}\left(1 + \frac{2}{\pi} \arctan\left(\frac{z}{\varepsilon}\right)\right) \tag{7-8}$$

$$\delta_\varepsilon(z) = \frac{1}{\pi} \frac{\varepsilon}{\varepsilon^2 + z^2} \tag{7-9}$$

则 c_1，c_2 可由下式计算：

$$\begin{cases} c_1 = \dfrac{\iint_{\Omega} I(x, y) H_\varepsilon(\phi(x, y)) dxdy}{\iint_{\Omega} (1 - H_\varepsilon(\phi(x, y))) dxdy} \\ c_2 = \dfrac{\iint_{\Omega} I(x, y)(1 - H_\varepsilon(\phi(x, y))) dxdy}{\iint_{\Omega} (1 - H_\varepsilon(\phi(x, y))) dxdy} \end{cases} \tag{7-10}$$

使用 CV 模型进行图像分割的主要步骤如下：

(1) 初始化水平集函数 ϕ 为一个符号距离函数 SDF。

(2) 利用式(7－10)分别计算轮廓曲线 C 内外部的灰度均值 c_1、c_2。

(3) 按照式(7－7)所示的 GVF 方程，迭代求解 ϕ，并更新轮廓曲线。

(4) 判断当前水平集的轮廓线是否是待分割目标区域的边缘，若是，则满足收敛条件，停止迭代；否则转向(2)，继续迭代。

2. 基于边缘的 GAC 模型

测地的主动轮廓(Geodesic Active Contour，GAC)模型由 Caselles 于 1997 年提出，该模型基于水平集方法，依赖于图像梯度定义的边缘算子，借助黎曼空间中测地线的定义，用求解一条加权弧长最小值问题代替图像目标边界的寻找问题。

由光学中的费马原理可知，在不均匀介质中光不是沿直线传播的。若 $n(x, y, z)$ 为该不均匀介质的折射率，则光线从 A 传播到 B 实际经过的路径为

$$L_R=\int_A^B n(s)\mathrm{d}s \tag{7-11}$$

其中，s 为曲线的 Euclidean 长度。式(7－11)说明光线总是沿着 n 的局部极小值传播。用 $g(|\nabla I|)$ 代替 n，得到如下 GAC 模型的能量函数表达式：

$$L_R(C(s))=\int_0^{L(C)} g(|\nabla I|)\mathrm{d}s \tag{7-12}$$

其中，$L(C)$ 为闭合曲线 C 的长度，$L_R(C)$ 代表曲线的加权长度。边缘停止函数 $g(|\nabla I|)$ 为一个单调递减的函数，它满足条件 $\lim\limits_{t\to\infty} g(t)=0$。设 G_σ 为标准差为 σ 的高斯函数，则

$$g(|\nabla I|)=\frac{1}{1+|\nabla G_\sigma * I|^2} \tag{7-13}$$

在图像的边缘检测即能量函数最小化的过程中，水平集曲线逐渐向目标区域的边缘处收敛，直至到达最小化状态时停止演化。

假设图像区域中的曲线可用 $C(q, t)=\{x(q, t), y(q, t)\}$ 来定义，$q\in[0, 1]$，则 GAC 模型的能量函数可用如下式子进行定义：

$$\int_0^1 g(|\nabla I_0(C(q, t))|)|C(q, t)|\mathrm{d}q \tag{7-14}$$

其中，I_0 表示原始图像，$\nabla I_0(C(q, t))$ 表示 I_0 在 $C(q, t)$ 上的梯度，$g(x)$ 为边缘停止函数，$C(x, y)=\{(x, y)|\phi(x, y)=0\}$。

GAC 模型通过加入一个气球力(Balloon Force)来增大轮廓演化的力，其能量泛函可修改为

$$E(C)=\int_C g(C)\mathrm{d}s+c\iint_{\text{inside}(C)} g(C)\mathrm{d}x\mathrm{d}y \tag{7-15}$$

其中，$\text{inside}(C)=\{(x, y)|\phi(x, y)<0\}$，$c$ 为权重系数。该能量泛函对应的以水平集函数为参量的能量泛函为

$$E(\phi)=\iint_\Omega g\,|\nabla H(\phi)|\,\mathrm{d}x\mathrm{d}y+c\iint_\Omega g[1-H(\phi)]\mathrm{d}x\mathrm{d}y \tag{7-16}$$

其中，$H(\phi)$ 为 Heaviside 函数。

设 $\delta(\phi)$ 为 Dirac 函数，则能量函数式(7－16)对应的梯度下降流为

$$\frac{\partial\phi}{\partial t}=\left\{\mathrm{div}\left(g\frac{\nabla\phi}{|\nabla\phi|}\right)+cg\right\}\delta(\phi) \tag{7-17}$$

其中，g 为边缘停止函数，c 为权重系数，$\delta(\phi)=\frac{1}{\pi}\frac{\varepsilon}{\varepsilon^2+z^2}$。

为了防止出现“边缘泄露”的问题，该水平集能量泛函又可加入约束水平集函数符号距离函数的惩罚项，从而避免水平集函数在演化过程中被重新初始化。重新修改后的能量泛函可表示为

$$E(\varphi)=\mu\iint_{\Omega}\frac{1}{2}(|\nabla\phi|-1)\mathrm{d}x\mathrm{d}y+\alpha\iint_{\Omega}g\ |\nabla H(\phi)|\ \mathrm{d}x\mathrm{d}y+ c\iint_{\Omega}g[1-H(\phi)]\mathrm{d}x\mathrm{d}y \tag{7-18}$$

式中，α 为权重系数。

应用变分法，极小化该能量泛函得到其对应的梯度下降流为

$$\frac{\partial\phi}{\partial t}=\mu\left[\Delta\phi-\mathrm{div}\left(\frac{\nabla\phi}{|\nabla\phi|}\right)\right]+\left\{\alpha\cdot\mathrm{div}\left(g\frac{\nabla\phi}{|\nabla\phi|}\right)+cg\right\}\delta(\phi) \tag{7-19}$$

3. 实验与结果分析

实验仿真所选用的胃部 CT 图像来自北京肿瘤医院影像数据，选取了不同人的 CT 序列进行测试，且标准分割结果为北京肿瘤医院放射科医生进行手工标注的结果，根据已标注的淋巴结的遗漏情况评价算法的有效性。实验环境为 Windows XP，SPI，CPU Pentium 4 (R)，basic frequency 2.4 GHz，software platform for Matlab 7.0.4。测试图像如图 7.3 所示。

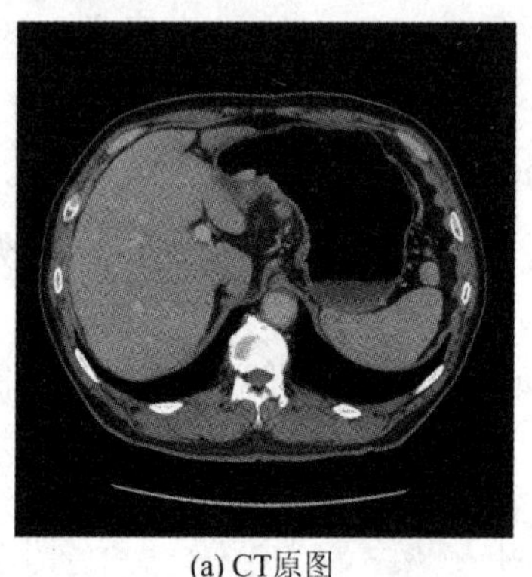
(a) CT原图

(b) 胃部淋巴结区域

图 7.3　胃部 CT 图像

图 7.4～图 7.6 为本节方法对 CT 序列图像进行胃部淋巴结可能出现的脂肪组织区域提取得到的结果图，其中图 7.4 为基于边缘的主动轮廓模型的分割结果，图 7.5 为在基于边缘的模型内加入区域信息后的分割结果，图 7.6 为采用基于正则距离的水平集演化方法的分割结果。三个图中的图(a)、(b)、(c)表示同一个 CT 序列中的不连续的三幅图像。由图 7.4 中的圆圈处可看出，基于边缘的主动轮廓模型在胃部 CT 图像目标区域的弱边缘处

分割不准确；由图 7.5 的圆圈处可看出，在边缘模型中加入区域算子后在弱边缘处产生了很多杂点；由图 7.6 圆圈处可看出，基于正则距离的水平集演化方法结合了边缘模型和区域模型的优点，对于弱目标的提取结果较为理想。

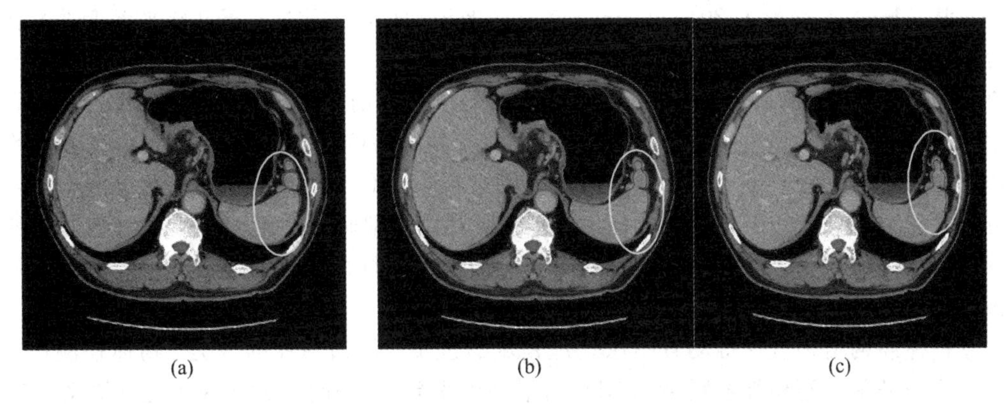

图 7.4　边缘模型未加区域项(LSWR 方法)的分割结果

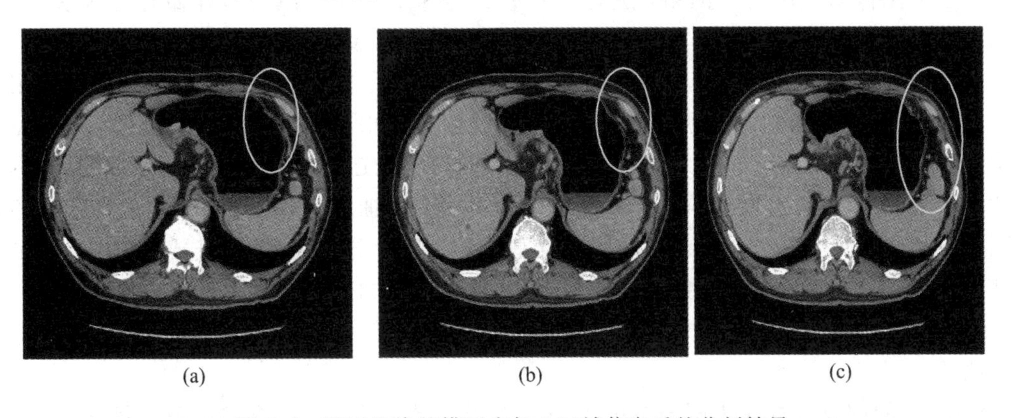

图 7.5　基于边缘的模型内加入区域信息后的分割结果

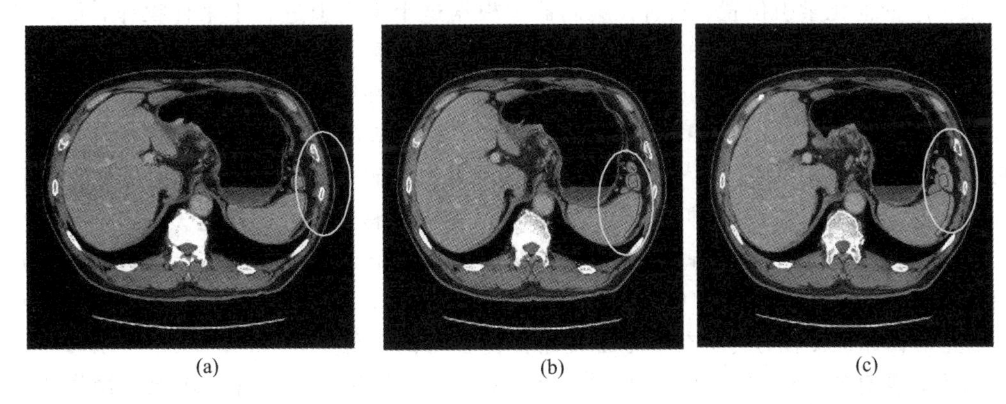

图 7.6　基于正则距离的水平集演化方法(DRLS 方法)的分割结果

7.5 深度学习的分割方法

自从 AlexNet 夺得了 2012 年 ImageNet 图像识别比赛的冠军，近几年来深度学习在图像分割领域发展迅猛，许多新的分割网络模型接连涌现，分割效果也越来越好，比如 CNN、FCN、SegNet、U-Net、Mask R-CNN 等。经典的语义分割网络架构主要由编码器-解码器网络构成。编码器通常是一个预训练的分类网络，例如 VGG、ResNet 网络，解码器网络将编码器学习到的低分辨率上的特征从语义空间上投影到像素空间，从而获得密集分类。语义分割既需要在像素级上具有判别能力，还需要有能将编码器在不同阶段学习到的特征投影到像素空间的机制。不同的语义分割模型架构采用不同的机制，跳接、金字塔池化等经常被作为解码机制的一部分。

卷积神经网络一直在推动着图像处理领域的进步。例如图片的分类、物体检测、关键点检测等任务都在卷积神经网络(CNN)的帮助下得到了快速发展。CNN 进行语义分割主要是通过将图像切成块输入网络，进行训练和预测来完成的，但是这样做存在很多弊端，例如存储资源耗费增加、计算效率低，图像块也限制了感知区域的大小。

全卷积神经网络(FCN)是 Jonathan Long 等人提出的图像分割网络模型，通过使用端到端的编码-解码结构，成功地从抽象的图像特征中重建出原始图像的语义信息，并对每个像素实现了分类任务。FCN 通过将 CNN 中最后的三个全连接层替换成卷积层(而且对输入尺寸不做限制)，再通过反卷积操作对网络的最后一个特征图进行上采样运算，将特征图恢复到与原始图像尺寸一致，从而完成图像分割任务。但是 FCN 也存在明显的缺点：一是分割结果还是有些粗糙，虽然 8 倍上采样相比 32 倍上采样的效果改善了许多，但是上采样的结果还是不够细致；二是对每个像素预测其所属类别，没有充分考虑相邻像素之间的空间一致性。

SegNet 的创新之处在于解码器中采用了上采样的操作。具体来说，最大池化过程中，会记录相应的池化索引位置，然后在编码器中根据这个索引值进行上采样操作，得到稀疏的特征图，随后进行卷积操作，最终得到密集的特征图。与 FCN、DeepLab-LargeFOV、DeconvNet 等架构相比，SegNet 在分割过程中可以保持高频细节的完整性。

U-net 将编码器下采样过程中的特征图跳接到相对应的解码器的上采样特征图上，从而形成一个对称的 U 型结构，并且在每个阶段都使得解码器可以学习在编码器池化过程中丢失的信息。该网络在 ISBI 神经元结构分割挑战赛中取得了最好的性能。

Mask R-CNN 是在 Faster R-CNN 网络结构的基础上，在识别任务上添加了一个并行分割任务分支。该网络在 COCO 所有的挑战赛中都获得了最优结果，其中包括实例分割任务、边界框目标检测任务等。在不考虑使用任何技巧的条件下，Mask R-CNN 在每项任务上都比所有现有的单模型表现出更好的性能。Mask R-CNN 将感兴趣区域池化操作改进为感兴趣区域对齐操作，免去了空间量化特征提取过程，而在最高分辨率条件下保持了空间特征。同时 Mask R-CNN 与特征金字塔网络结合，在 MS COCO 数据集上取得了目前最好的结果。下面以 U-net 为例给出深度学习框架用于图像分割的流程及其实验结果。

7.5.1 U-net 网络结构

U-net 网络结构如图 7.7 所示。该网络是由左侧四层收缩层(向下)和右侧四层扩展层(向上)构成的。从收缩路径跳接到扩展路径可以增强高分辨率层的上下文信息。左侧的目标是提取特征，将每一个区域划分为相似区域和非相似区域。右侧的目标是更精确地定位区域。每个收缩层由两个 3×3 卷积层和一个 2×2 的池化层级联组成。上行部分的每一扩展层都涉及对特征图先进行向上采样，然后是减少特征通道数目的两个 3×3 卷积层及非线性激活单元，跳接主要在左侧收缩层和右侧扩展层之间完成，使用灰色线表示。需要注

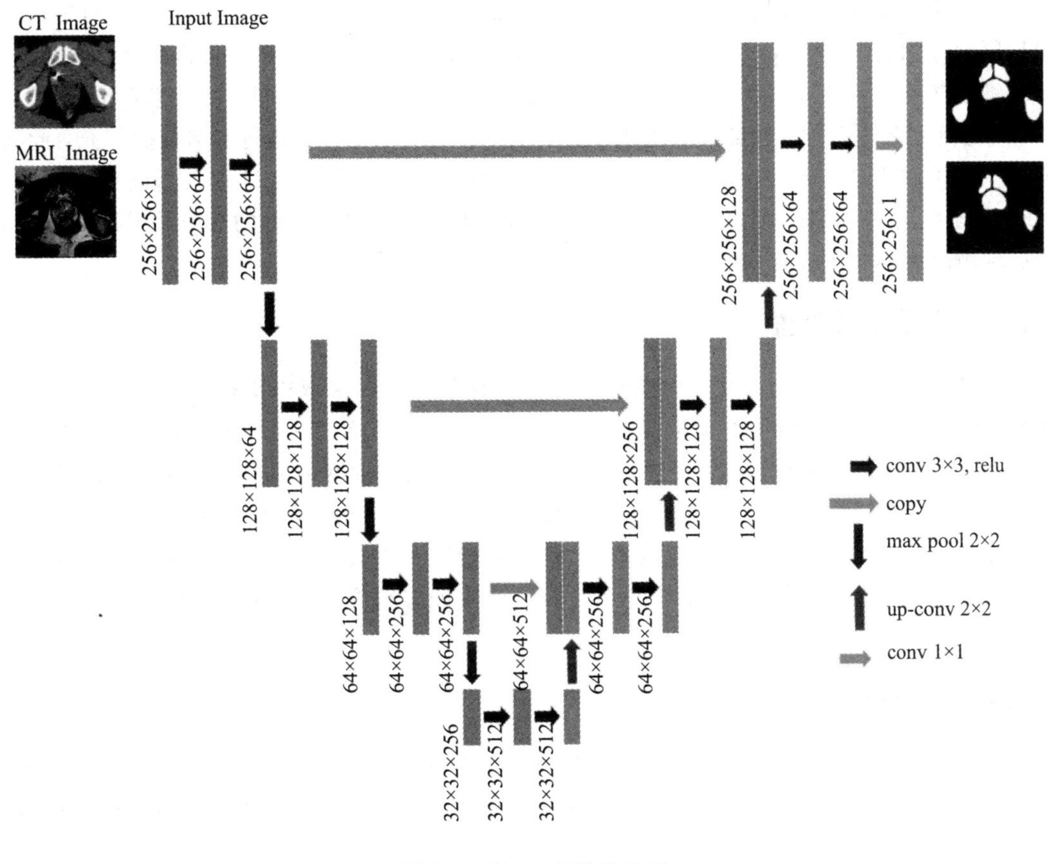

图 7.7 U-net 网络结构图

意的是，除了最后一层外，每一个收缩层或者扩展层都包含 ReLU 激活函数，即

$$f(x)=\begin{cases}0, & x\leqslant 0\\ x, & \text{其他}\end{cases} \tag{7-20}$$

其中，x 是经过卷积层之后的像素值。最后一层将像素值转换为[0，1]（目标分割区域和非目标区域），因此这里使用 sigmoid 函数：

$$f(x)=\frac{1}{1+\mathrm{e}^{-x}} \tag{7-21}$$

7.5.2 数据预处理

本节方法中，使用一个真实的临床数据集来训练和测试分割网络。该数据集包含 9 例前列腺患者，每位患者的 CT 和 MRI 图像分辨率不同。9 例患者的 CT 图像采用不同的扫描参数：切片层厚分别为 0.5mm、1.5mm 和 2.5mm。图像尺寸包含 512×512 和 512×384。9 例患者 MRI 图像尺寸包含 256×256、512×512、512×384、352×240 和 384×384，切片厚度分别为 1.5mm、2.5mm 和 3.0mm。对图像统一裁剪掉没有信息的黑色背景部分，然后将数据统一调整成 256×256 尺寸，再将数据归一化到 0～1 之间。每位患者按照 2∶1∶2 的比例划分训练集、验证集和测试集，然后对训练集和验证集进行 3 倍数据扩充，此处的扩充方式主要是旋转、平移、裁剪等操作，得到 CT 训练数据 3824 张、测试集 138 张，MRI 训练数据 3506 张、测试集 163 张。在分割结果中选取每位患者的对应数据进行配准，最后利用形态学相关操作对分割结果进行后处理。

7.5.3 实验参数设置

针对分割网络随机初始化会影响模型性能的问题，可以采取以下措施：同时初始化 3 个 U-net 模型，最后将预测结果取平均值，作为最终的分割结果；再在网络中添加批归一化层(Batch Normalization)，防止过拟合现象的发生。具体的网络参数设置为：损失函数选择加权 Dice 系数损失函数，优化函数选择 Adam 优化函数，初始学习率设置为 0.0001，加入验证集损失作为监控机制，每经过 10 代验证集精度不再提升的时候，学习率开始衰减，衰减因子设置为 0.5，训练轮数设置为 500 代，若验证集精度 20 代都还没有提升，则执行早停操作。

7.5.4 评价指标

对于图像分割，应用最广泛的是相似度(Dice Coefficients，DI)、灵敏度(Sensitivity，Sen)和特异性(Specificity，Spe)三个评价指标，此外还有 Hausdorff 距离、平均绝对表面距离等评价指标。

DI 表示两个相交体相交的面积占总面积的比值。相似度指标越高，说明 U-net 分割结

果与人工分割标准越接近，即分割方法效果越好。DI 的数学表示如下：

$$DI = 2 \cdot \frac{|V_1 \cap V_2|}{|V_1| + |V_2|} \tag{7-22}$$

其中 V_1 是人工分割结果像素集合，V_2 是通过本章方法得到的分割结果。

假设实验图像为 I，人工分割结果为 G，U-net 方法分割结果为 R。

Sen 表示分割结果正确判断出的感兴趣区域像素点占本身感兴趣区域像素点的比例，其衡量的是算法能分割出感兴趣区域的能力，其数学表示如下：

$$Sen = \frac{G \cap R}{G} \tag{7-23}$$

Spe 表示分割结果正确判断出的非感兴趣区域像素点占总的非感兴趣区域像素点的比例，其衡量的是算法正确判断非感兴趣区域像素点的能力，其数学表示如下：

$$Spe = \frac{I - G \cap R}{I - G} \tag{7-24}$$

Hausdorff 距离用于度量两个集合 A 和 B 的最大、最小距离，即通过求取集合 B 中的所有点到集合 A 边缘上点的距离并排序，选出最小的距离 $d_{B,A}$，就是集合 B 到集合 A 的单向 Hausdorff 距离，反之，可以求出集合 A 到集合 B 的单向 Hausdorff 距离 $d_{A,B}$，然后计算两者中的最大值 d_h，即为集合 A 和集合 B 的双向 Hausdorff 距离。

平均绝对表面距离(Mean Absolute Surface Distance，MASD)计算两个集合之间的平均距离，它是在 Hausdorff 距离的基础上改进的距离度量方法，用来表示两个表面轮廓之间的平均距离。

总之，DI、Sen、Spe 的值越高，说明分割效果越好；MASD、Hausdorff 距离的值越低，说明分割效果越好。

7.5.5 实验与结果分析

本节采用 U-net 网络自动分割出前列腺 CT 图像和前列腺 MRI 图像中的感兴趣区域骨盆和前列腺器官，分割任务的目的是提取理想的感兴趣区域，得到理想的分割结果。图 7.8～图 7.11 为实验结果图，图中给出了 U-net 分割结果并与医生手工勾画的器官结果进行对比，其中每幅图从左到右共由 3 列图像组成，第一列代表原始图像，第二列代表 Ground Truth，第三列代表 U-net 网络分割结果，图像的每一行代表一位病人的数据。从图 7.8 和图 7.9 中可以看出，前列腺 CT 图像骨盆分割效果较好，主要原因是因为骨盆与其他器官或组织的灰度差较大，而且从图中也可以看出，前列腺器官与周围的器官如直肠、膀胱等分界很不明显，因此分割时容易出现错分的情况。本节在前列腺 CT 图像中同时分割前列腺器官和骨盆，将较容易分割的骨头和前列腺器官的相对位置信息，作为分割过程的先验约束，一定程度上弥补了前列腺 CT 图像中前列腺器官的欠分割现象。前列腺 MRI

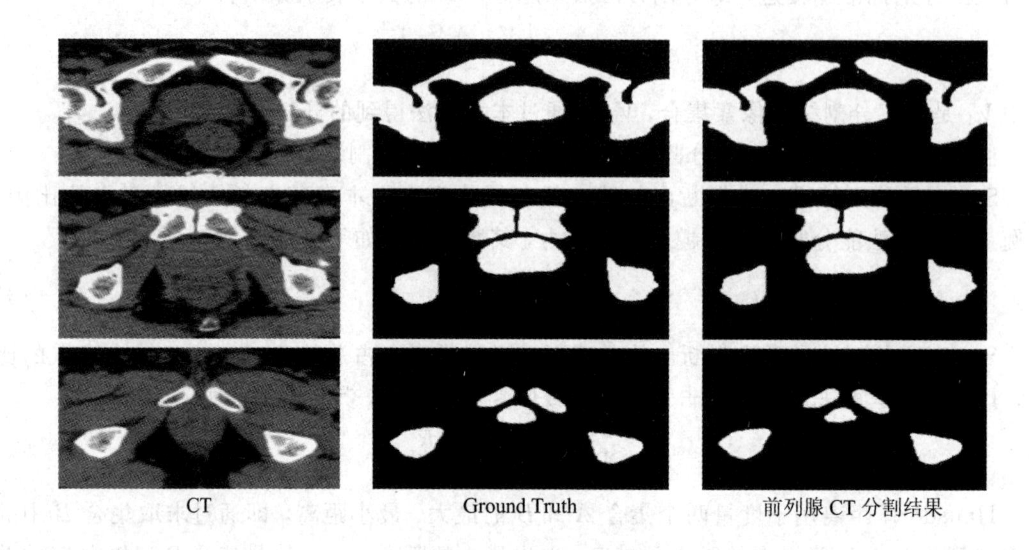

图 7.8　前列腺 CT 图像分割结果一

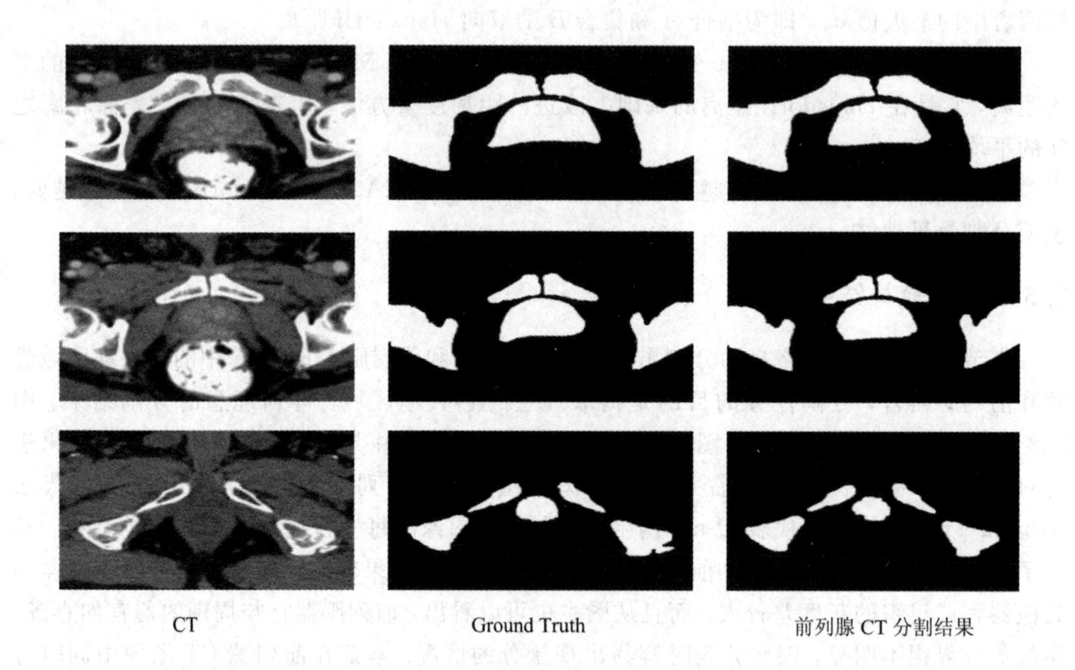

图 7.9　前列腺 CT 图像分割结果二

图像中，前列腺器官与骨盆部其他组织和器官分界明显，肉眼辨识度很高，因此前列腺MRI图像的分割应该比前列腺CT图像的分割效果更好；但是观察图7.10和图7.11可以发现，前列腺MRI图像中骨盆与周围非目标器官灰度特征较接近，有的难以用肉眼直接观察出骨盆边缘，因此前列腺MRI图像与骨盆分割也是一个有挑战性的问题。表7.1给出了对应的量化分割结果指标。

表7.1　前列腺MRI图像和CT图像量化分割指标

指标	MRI	CT
DI	0.9020±0.0415	0.9144±0.0365
Sen	0.9014±0.0421	0.8965±0.0612
Spe	0.9754±0.0184	0.9817±0.0075

(1) CT图像前列腺与骨盆分割结果如图7.8和7.9所示。

(2) MRI图像前列腺与骨盆分割结果如图7.10和图7.11所示。

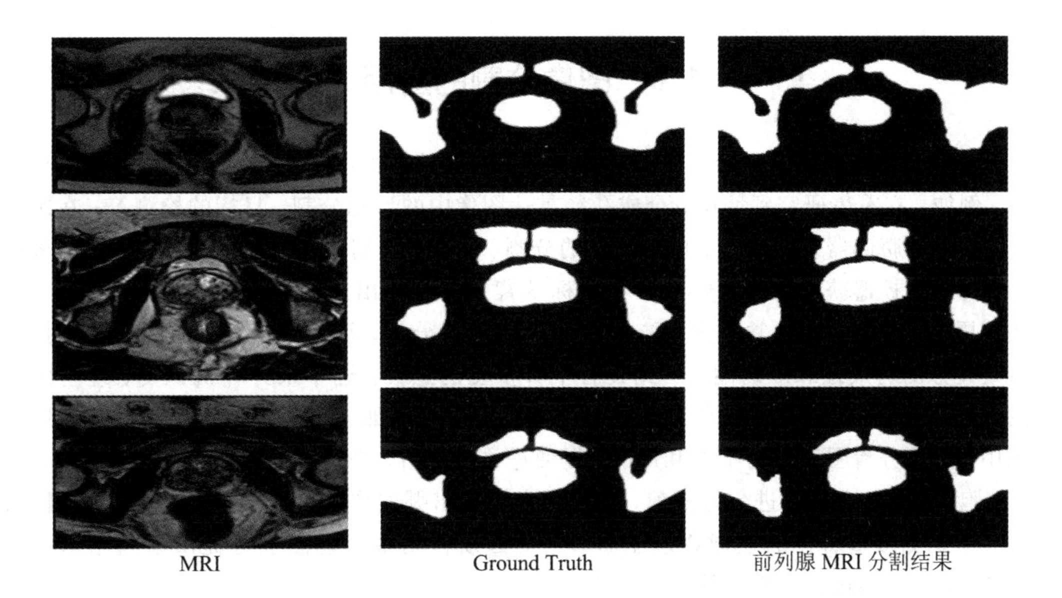

图7.10　前列腺MRI图像分割结果一

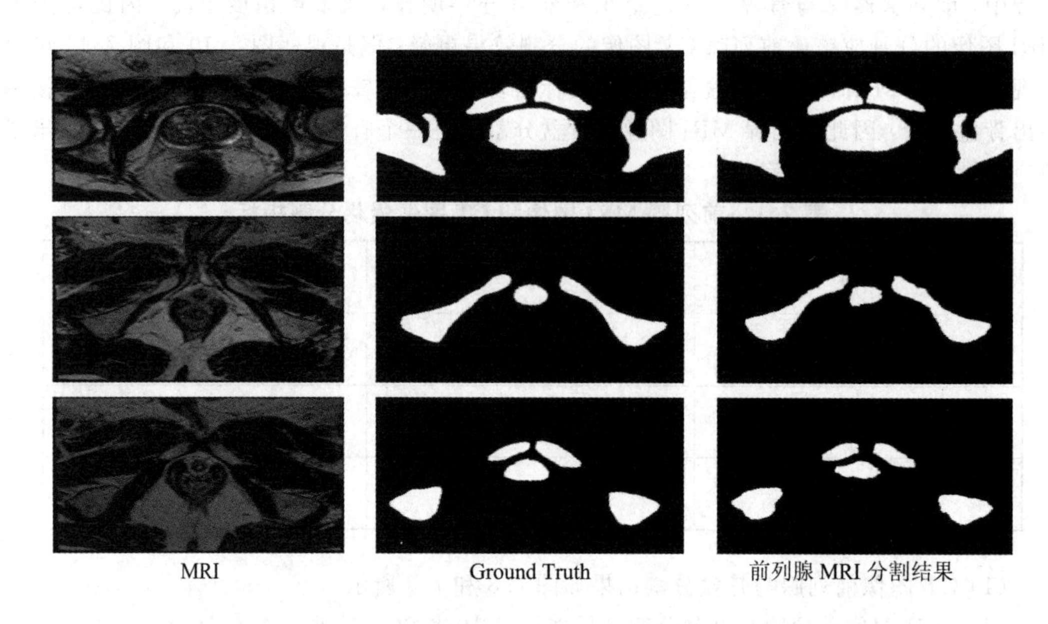

图 7.11　前列腺 MRI 图像分割结果二

7.6　图像分割的应用

图像分割的应用非常广泛，几乎出现在有关图像处理的所有领域，并涉及各种类型的图像，例如：在军事研究领域中，合成孔径雷达图像中的目标分割、目标的检测等；在医学影像分析中，腹部器官的提取、血管图像的分割、腿骨 CT 切片的分割等；在交通图像分析中，将交通监控器获得的图像中的车辆目标从背景中分割出来，以及进行车牌识别等。在这些应用中，图像分割通常是为了进一步对图像进行分析、识别等，分割的准确性直接影响后续任务的有效性和准确性，因此具有十分重要的意义。近年来计算机识别、理解图像的技术发展得很快，图像处理的应用也越来越广泛了。例如，在自动化的工业生产和质量监测中，必须分清图像中的工具和产品，以便进一步分析，决定适当的校正操作；在对染色体、细胞、器官、血管等进行分析前，必须首先辨别出哪些像素代表受检验的感兴趣目标；在对高空观测摄影所作的地球物理学解释中，必须自动鉴别地面上可提供不同用途的区域，如工业区、居民区或农田等。

但是，图像分割一直是机器视觉及多媒体应用技术中最困难的问题之一。虽然学者们已经提出了大量的分割方法，但没有哪一种方法能对所有图像都取得良好的效果。各种算法都存在一定的针对性和适用性。当需要构建一些实用的机器视觉系统时，面对大量的具有一定差异性的图像，设计一个对所有待处理图像都实用的分割算法将是一项非常困难的任务。可以预见，在未来几年内，研究一种通用的、可靠的自动分割算法仍将是分割问题的热点。

目前，图像处理主要关心以下方面：图像预处理、图像分割、图像边缘提取、形状建模、特征提取、目标识别、运动目标检测及图像可视化等。而关于图像分割的研究一直是该领域的热点，其应用也非常广泛，主要体现在以下方面：

（1）医学用途。通过图像分割将医学图像中的不同组织分成不同的区域，以便更好地帮助分析病情，或进行组织器官的重建，或进行其他医学研究，如脑部或膝盖 MRI 图像的分割与病因诊断、三维血管图像的分割与重建、荧光标记细胞的分割与跟踪等。

（2）军事用途。通过图像分割为目标自动识别提供特征参数。如 SAR 图像的分割，港口、桥梁、飞机、坦克目标的检测等需要首先进行图像分割等。

（3）工业用途。工业方面的用途相当广泛，例如车牌图像分割与识别、纸币序列号分割、指纹图像分割与提取、精密零件表面缺陷检测等。

（4）公众服务用途。例如通过遥感图像分析获知城市地貌、作物生长状况，对卫星拍摄的地形地貌照片进行分析，对云图中的不同云系进行分析等，这些都离不开图像分割技术。

（5）其他用途。例如：面向对象的图像压缩，将图像分割成不同的对象区域以提高压缩编码效率；基于内容的图像数据库查询，通过图像分割提取特征便于网页分类、搜索等。

习　题

1. 什么是区域？什么是图像分割？图像分割按途径可分为哪几类？

2. 什么是阈值分割？分割的依据是什么？

3. Otsu 方法寻找阈值的依据是什么？

4. P 参数法适合分割何种特征的图像？

5. 熵阈值法的依据是什么？Shannon 熵是如何定义的？

6. 用 Python 语言编程实现图像分割。

（1）图片：一只遥望大海的小狗，见图 7-12；

（2）此图为 100×100 像素的 JPG 图片，每个像素可以表示为三维向量（分别对应 JPG 图片中的红色、绿色和蓝色通道）；

（3）将图片分割为合适的背景区域（三个）和前景区域（小狗）；

（4）编程实现用 K-mean 对图像进行分割。

图 7-12　小狗图片

延伸阅读

[1] DUFOUR A, SHININ V, TAJBAKHSH S, et al. Segmenting and tracking fluorescent cells in dynamic 3-D microscopy with coupled active surfaces. IEEE Trans. IMAGE PROCESSING, 2005, 14(9).

[2] WANG S, LIU Z, JIAO L. Synthetic Aperture Radar Automatic Target Recognition Based On Curvelet Transform. SPIE sixth International Symposium on Multi-spectral Image Processing and Pattern Recognition, Wuhan, China. 2009.

[3] LAINE A, FAN J. Texture classification by wavelet packet signatures. IEEE Trans. Pattern Analy. Mach. Intell., 1993, 15: 1186-1191.

[4] KWON O J, CHELLAPPA R. Segmentation-based image compression. Optical Engineering, 1993, 32(07): 1581-1587.

本章参考文献

[1] SATOM, LAKARE S, WAN M. A gradient magnitude based region growing algorithm for accurate segmentation. International Conference on Image Processing, 2000, 3: 448-451.

[2] LIU L, SCLAROFF S. Deformable model-guided region split and merge of image regions. Image and Vision Computing, 2004, 22(4): 343-354.

[3] ALEXIS P, GUILLERMO S. Interactive image segmentation via adaptive weighted distances. IEEE Transactions on image processing, Vol. 2007, 16: No. 4.

[4] TANG J, ACTON S T. Vessel boundary tracking for intravital microscopy via multiscale gradient vector flow snakes. IEEE Trans. Biomedical Engineering, 2004, 51(2): 316-324.

[5] GAO S, TIEN D. Image Segmentation and Selective Smoothing by Using Mumford - Shah Model. IEEE Trans. IMAGE PROCESSING, 2005, 14(10).

[6] AWATE S P, TASDIZEN T, FOSTER N. Adaptive Markov modeling for mutual-information-based, unsupervised MRI brain-tissue classification. Medical Image Analysis, 2006, 10(5): 726-739.

[7] HARALICK R M, DINSTEIN I, SHANMUGAM K. Textural features for image classification. IEEE Transactions on Systems, Man, and Cybernetics, 1973, 3(6): 610-621.

[8] CHANG T, KUO C C J. Texture analysis and classification with tree-structured wavelet transform. IEEE Trans. Image Processing, 1993, 2: 429-441.

[9] KASS M, WITKIN A, TERZOPOULOS D. Snakes: active contour models. International journal of computer vision, 1988, 1(4): 321-331.

[10] TANG J, ACTON S T. Vessel boundary tracking for intravital microscopy via multiscale gradient vector flow snakes. IEEE Trans. Biomedical Engineering, 2004, 51(2): 316-324.

[11] MALLADI R, SETHIAN J A, VEMURI B C. Shape modeling with front propagation: A level set approach. IEEE Trans. Pattern Analy, Mach, Intell. , 1995, 17(2): 158-175.

[12] ZHAO H K, CHAN T, MERRIMAN B, et al. A variational level set approach to multiphase motion. Journal of computational physics, 1996, 127: 179-195.

[13] CHAN T F, VESE L A. Active contours without edges. IEEE Trans. IMAGE PROCESSING, 2001, 10(2): 266-277.

[14] MUMFORD D, SHAH J. Optimal Approximation by Piecewise Smooth Functions and Associated Variational Problems. Communication Pure and Applied Mathematics, 1989, 42: 577-685.

[15] JI L, YAN H. Attractable snakes based on the greedy algorithm for contour extraction. Pattern Recognition, 2002, 35(4): 791-806.

[16] SOILLE P. Morphological Image Analysis: Principles and Applications. Springer-Verlag, New York, 1999.

[17] LI C, XU C, GUI C, et al. Level set evolution without re-initialization: a new variational formulation. IEEE computer society conference on computer vision and Pattern Recognition, 2005, 430-436.

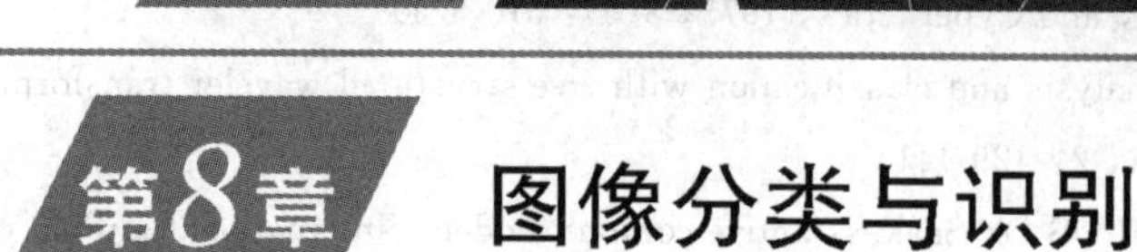

第8章 图像分类与识别

对图像更深层次的挖掘可用于寻找图像中的有用信息，这种挖掘包括图像分类与图像识别两类。进行图像分类与图像识别主要有三个步骤：图像的预处理、特征提取及识别。典型的图像分类与识别任务有自然图像中的目标分类与识别、遥感图像分类与识别和医学影像中器官病变的分类与识别等。近年来国际上对图像的分类与识别开展了广泛的研究。

8.1 图像目标分类与识别

8.1.1 图像目标分类与识别的研究

对于自然图像分类而言，通常需要解决两个关键问题：

(1) 特征提取。它是指采用合适的特征来表示图像。现在广泛应用的图像特征主要分为全局特征和局部特征。其中，全局特征主要包括颜色、纹理和形状特征，是对整幅图像的信息描述；而局部特征描述了图像在局部范围内所包含的信息。一幅图像可以提取大量的局部特征。图像局部特征提取技术包括兴趣点检测技术和兴趣点算子生成技术。

(2) 分类器设计。当前图像分类的主流算法有基于支持向量机(SVM)的分类方法、基于神经网络的分类方法等。其中SVM是由Vapnik提出的一种有效的数据分类器，它依靠训练样本信息在模型的复杂性和学习能力之间寻找最佳平衡，来获得更好的分类效果。相比于神经网络，SVM更加简单方便。

图像目标识别从识别层次来看，可以划分为三种：辨别、分类和识别。其中辨别是指仅仅将目标间的差异区别开来，而不指明其身份；分类是在辨别的基础上指出目标的类别属性；而识别则是在辨别和分类的基础上确认目标的具体型号。合成孔径雷达(SAR)图像解译系统的最终目的是实现SAR图像的自动目标识别。高分辨雷达识别技术通常分为基于一维高分辨距离像和二维SAR图像或逆合成孔径雷达(ISAR)图像的目标识别。广义的SAR自动目标识别实际上可以划分为目标辨别、目标分类和目标识别三个层次。基于SAR图像的自动目标识别已得到了广泛研究，至今已有大量的SAR自动目标识别算法被提出来。从识别方法看，SAR自动目标识别方法主要分为以下三类。

1. 基于模板匹配的方法

基于模板匹配的方法直接以已标记的训练图像为基础构建一系列的参考图像(空域或时域)，即模板，这些模板被事先存储起来，在测试阶段，给定一幅测试图像，将该测试图像与模板库内的所有模板进行匹配，然后将该测试图像归到与之最相近的模板所在的类中。

模板匹配法又可分为三类。

第一类是直接模板匹配法，它直接将训练图像本身作为模板。为提高精度，这类方法有时需要事先对图像进行简单的处理，比如旋转、配准等。MSE(最小平方误差)算法就是一种常用的直接模板匹配法，它使用最小平方误差作为匹配时的相似度准则。MSE 分类器已被应用到美国林肯实验室开发的一系列自动目标识别(ATR)系统中。对于 MSTAR 数据集，美国林肯实验室的研究人员将 17°的目标图像作为训练样本来构建 72 个模板，每个模板覆盖 5°的方位角。围绕某一方位角，对 5°范围内的所有训练图像求平均从而得到一个决策模板。MSE 分类器的性能容易受到 SAR 图像质量，比如分辨率、噪声等的影响，而且在目标类别较多时需要存储大量图像模板，空间复杂度较高。

相关滤波分类器是第二类模板匹配法，只是它往往在变换域被采用。该方法的优点是具有良好的杂波抑制特性和平移不变性，对目标姿态变换具有良好的鲁棒性。David Casasent 等人在这方面做出了较大贡献，他们提出了合成判别函数(Synthetic Discriminant Function，SDF)，并在此基础上提出了多种相关滤波识别方法，如最小平均能量滤波器(Minimum Average Correlation Energy Filter，MACE)、最小噪声和相关能量滤波器(Minimum Noise and Correlation Energy Filter，MINACE)，近来又提出了核 SDF(Kernel SDF)的概念。

第三类模板匹配法是最大似然分类器。这类方法首先对 SAR 图像像素值的分布建立一个模型，然后使用相似性度量或贝叶斯方法完成识别过程。迄今为止已有很多模型被提出，比如条件高斯模型、Log -幅度模型、Quarter power 模型等。这些模型都将图像中的像素值视为独立同分布的随机变量，其中条件高斯模型假定 SAR 图像服从复正态分布，Log -幅度模型假定 SAR 图像服从 Log 正态分布，而 Quarter Power 模型则假定 SAR 图像服从 gamma 分布。

模板匹配法由于需要存储大量的模板，而模板的维数一般又较高，因而空间复杂度较高。

2. 基于模型的方法

基于模型的方法的主要思想是将未知目标特征与目标模型数据库中预测的特征相比较，得出识别结果。该类方法克服了模板匹配法的不足。具体来说，就是从未知目标中提取特征，通过数学模型预测一系列与之相关的候选目标，对其类型、姿态、轮廓特征以及目标的局部遮挡程度等做出假设，据此利用计算机辅助设计或其他模型构建技术对候选的假设目标进行3D成像，再从所成的3D图像中提取出散射中心目标模型，并进一步针对待识别目标做出特征预测，作为待识别目标的参考特征，进行匹配并做出判决。

在匹配过程中有两个关键步骤：一是选择用来表示每一个候选目标的有效的假设特征；二是匹配方法，一般采用最小均方误差准则或最大似然判决准则等。通常将上述两个步骤称为假设与检验过程。基于模型的目标识别方法对有遮挡的、带有杂波的背景图像以及不同观测条件具有很好的鲁棒特性，能够很好地适应各种变化的场景，但该方法对图像的质量要求较高，而且需要用到高保真CAD建模技术，另外其运算代价也较高。

3. 基于高层特征的方法

基于高层特征的方法不直接使用原始图像而是使用从SAR图像提取的较高层次的特征作为训练样本和测试样本，比如主分量分析、独立分量分析、Hu不变矩、形状特征等，所提取的特征相对于原始图像来说其维数要小得多。由于模板匹配法具有较高的空间复杂度，而基于模型的方法实施起来又较困难，因而基于高层特征的方法越来越受到研究者的青睐。这种方法的一般步骤如图8.1所示。首先对SAR图像进行预处理，然后提取高维特征，使用所提取的特征训练分类器，比如神经网络分类器、支持向量机等，将训练好的分类器模型进行存储；对待识别图像同样提取其高层特征，然后输入分类器进行分类识别。

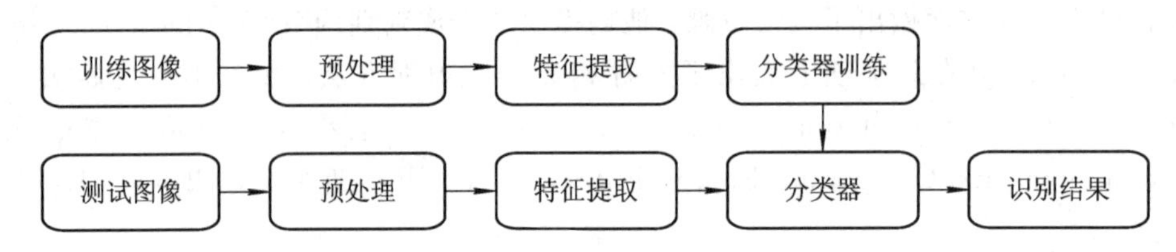

图8.1　基于高层特征的目标识别方法的一般步骤

基于二维SAR图像的自动目标识别可以分为预处理、特征提取和目标识别三个部分。预处理的目的是降低目标的几何变化的灵敏度，提高识别精度；特征提取就是一个线性的或非线性的变换，通过变换得到最能描述或表示原始数据的代表信息，从而减少要处理的信息或数据；目标识别过程主要是采用一个有效的分类器对目标进行识别，传统的识别方法有模板匹配方法、基于Bayes网络的方法、基于隐Markov模型的识别方法、基于Adaptive Boosting的方法、神经网络以及支持向量机(SVM)等。

8.1.2　图像目标识别技术的关键问题

1. 特征提取

特征提取是模式识别领域中的一个关键步骤，它对分类器的设计及性能有很大的影响。其基本任务是从样本中提取出最有效的特征。特别是对于SAR图像，其特殊的成像方式使得它不像一般的光学图像那样能够比较完整地描述目标的整体形状，而是表现为稀疏的散射中心分布，且对成像的方位比较敏感。因此如何有效地提取目标特征就显得尤为重要。SAR 图像目标识别的特征提取是研究中的一个难点，原因有以下几点：

(1) 一幅图像的特征提取和选择是比较难的，原因有二：一是维数高，一个像素就是一维；二是大量的信息存储在灰度值分布中，并且具有随机性，必须首先提取出能描述客体本质的纹理特征、几何形状特征和相关特征等，然后才能进一步处理。

(2) SAR 图像的目标特征提取与选择所用的方法与目标和 SAR 体制二者密切相关，在进行特征提取与选择时必须分析所有感兴趣目标的雷达特性，比较它们之间的异同，提取出区分某种目标与其他目标的最显著特征用于目标识别。因此，对不同目标在不同的电磁环境中必须采用不同的特征提取手段，不可能用一组特征解决所有目标识别问题。

由于特征提取是在复杂的目标类型和电磁环境下进行的，SAR 图像的特征提取至今仍未形成完整的理论体系，个别特征对于目标识别的作用难以量化，因此，现阶段的研究都是在现有目标识别理论的指导下，不断尝试各种特征提取与选择的手段，最后根据所掌握的数据分类效果对目标特征提取与选择方法进行取舍。

SAR 图像的特征取决于目标和雷达特性，包括 SAR 的波长、极化、入射角等，目标的复介电常数、表面粗糙度、几何特性、面散射和体散射以及它的方向特性等。由于图像记录了地面物体的电磁波辐射特性，所以地面目标的各种特征必然在图像上有所反映，人们正是利用这些特征从图像上识别目标的。广义来说，目标在 SAR 图像上反映的特征，都属于电磁特征，都能够作为识别的依据。不同的特征从不同的角度反映目标的性质，它们之间既有区别，又有联系，只有综合运用才能获得正确的识别结果。在 SAR 图像目标识别中，散射中心分布是重要的特征之一，准确、有效地提取目标的散射中心是该类目标识别方法的关键。M. P. Hurst 等人提出了经典的 Prony 模型，L. C. Gerry 和 M. A. Koets 提出了属性(attribute)散射中心模型，该模型能更准确、更贴切地描述目标的后向散射特性。在 SAR 图像中，“峰值”(同时在距离向和方位向都是局部极大值的那些点)本质上对应目标和(或)背景的散射中心，所以峰值特征可以作为 SAR 图像目标识别的一个很重要的特征。

在 SAR 图像目标特征提取方法中，一个很重要的分支是各种线性或非线性变换方法，最常用的如独立分量分析(Independent Component Analysis，ICA)、主分量分析(Principal Component Analysis，PCA)、核函数的主分量分析(Kernel PCA，KPCA)、Fisher 线性判决分析(Fisher Linear Diseriminant Analysis，FLD 或 LDA)、核函数的判决分析(Kernel FLD，KFD)等。常用的变换还有 Radon 变换、小波变换、Hough 交换等。采用这些方法都可以去除冗余信息，实现维数压缩。另外，Allen Y. Yang 和 Yi Ma 等人提出了随机降维特征提取方法，该方法基于压缩感知在特征选择方面提供的新的观点：重要的是特征的数量而不是这些特征是如何获取的，只要特征的数量大，甚至是随机选择特征，都可以对稀疏向量进行重构。该方法对于随机特征的识别同样能达到很高的识别率。本节主要是在此特征提取的基础上进行SAR目标识别的。

2. SAR图像的识别问题

在得到了SAR目标的特征(特征向量或特征矩阵)以后，接下来的主要任务就是对测试目标进行识别。基于余弦值的最大相关分类器和基于欧氏距离的最近邻分类器因其简单、容易执行等优点，成为最常用的分类方法，此外还有自适应高斯分类器算法(Adaptive Gaussjon Classifier)、隐马尔科夫模型方法、神经网络方法和支持向量机方法。目前，人工神经网络识别代表了模式识别的一个重要分支。人工神经网络和生物神经系统之间有着内在的联系，能够在有限领域内通过模拟人脑加工、存储与搜索信息的机制来解决某些特定的问题。它具有自适应、自组织、自学习能力，可以处理一些环境信息十分复杂、背景知识不清楚的问题；可以通过对样本的学习建立起记忆，将未知模式判为其最为接近的记忆。利用神经网络来进行模式识别，不仅可根据样本进行学习，改善识别能力，而且不需要对模式分布进行一些统计上的先验假设，可提高自适应性。

传统统计模式识别的方法都是在样本数目足够多的前提下进行研究的，很多方法在小样本数目时都难以取得理想的效果。在20世纪90年代中期，有限样本情况下的机器学习理论研究逐渐成熟起来，形成了一个较完善的理论体系——统计学习理论。支持向量机(Support Vector Machine，SVM)就是在统计学习理论的基础上发展起来的一种新的模式识别方法。它采用了结构风险最小化的准则，避免了过拟合问题，且对于样本的需求并不多，具有很好的推广能力，其计算过程可以归纳为一个有线性约束的二次凸规划问题。Zhao Q. 等人利用支持向量机算法对SAR目标进行自动识别。近年来，人们利用非线性映射(核技术)，将支持向量机推广至非线性领域，得到了基于核函数的分类器，并将其广泛应用于SAR图像目标识别任务中。由于SVM中需要搜索最优的核参数，这会增加计算负担，因此只有在样本数和样本维数较小的情况下才使用该方法。Allen Y. Yang和Yi Ma结合压缩感知的原理提出了稀疏表示分类算法，把识别问题用稀疏表示的方法来解决，就可以将压缩感知这一强大的数学理论作为工具来使用。下面讨论稀疏表示算法在SAR目标识别上的应用。

8.2 基于稀疏表示的图像分类

8.2.1 SIFT特征提取算法

随着信息化时代的来临，尤其是互联网的发展，大量的图像库得到应用。如何对这些图像进行有效的分类，逐渐引起了人们的重视。Lowe在2004年提出了一种图像局部特征的描述算子SIFT(Scale Invariant Feature)，在此基础上，学者们提出了PCA-SIFT和

GLOH 描述算子。SIFT 算子是基于尺度空间的，对图像缩放、旋转甚至仿射变换保持不变性。基于此特点，本节采用的特征为 SIFT 特征。图像的 SIFT 特征向量生成包括以下步骤：

(1) 尺度空间极值点检测。尺度空间中稳定极值点主要通过高斯差分算子获得。输入图像通过高斯卷积建立 DoG 空间，比较 DoG 尺度空间中图像的每个像素点与它临近的 26 个像素点的值，从而找到极值点，初步得到极值点的位置。

(2) 关键点的精确定位。由极值点检测得到的极值点只是候选极值点的集合，为了得到更稳健的关键点，还要去除低对比度的点和边缘点。低对比度的点是指该关键点的像素值与邻域内的点有明显的区别。Brown M. 和 Lowe D. G. 提出通过拟合三维二次方程剔除低对比度的点。边缘点通过 Hessian 矩阵进行剔除。

(3) 确定关键点的方向。计算关键点邻域内每个像素点的梯度大小和方向，用梯度直方图统计所有像素点的梯度方向，360°范围内每 10°一个直方图，共 36 个。统计得到的直方图主峰值所在的方向就是该关键点的方向。在梯度直方图中，可能存在多个相当于主峰值 80%的峰值，这种情况称为多方向。这些峰值视为辅助方向，能够增强关键点的鲁棒性。

(4) 生成 SIFT 描述子。以关键点为中心取 16×16 大小的邻域，再将其划分为 4×4 的子区域，每个子区域计算 8 个方向的直方图，这样每个关键点就产生了 4×4×8=128 维的信息，形成了 128 维的 SIFT 描述算子，即 SIFT 特征。图 8.2 是一幅标明了 SIFT 特征的示例图。箭头的起点表示关键点的位置，长度表示尺度大小，箭头的方向表示 SIFT 特征的方向。

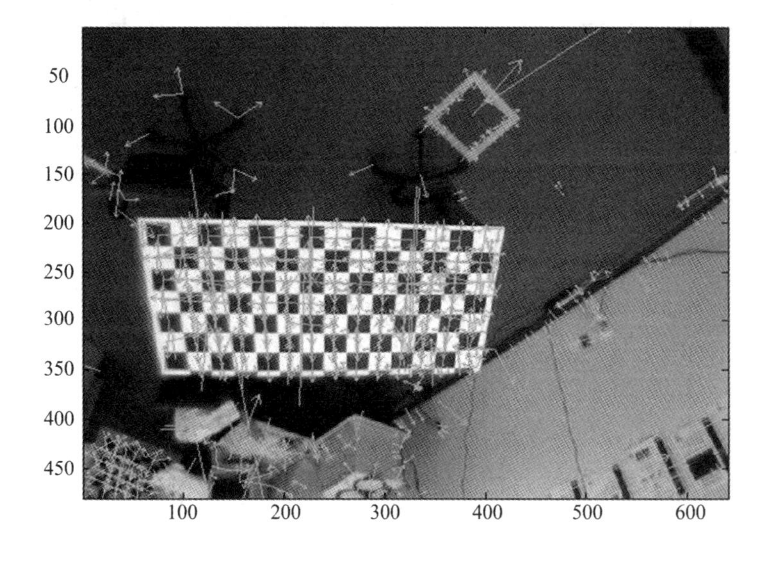

图 8.2 SIFT 特征示例图

8.2.2 构建特征金字塔

由于局部特征具有良好的旋转不变性等优点，如何充分和合理地运用这些局部特征表示图像成为近些年的热点问题。S. Lazebnik 提出了一种空间金字塔模型 SPM(Spatial Pyramid Matching)，将图像在二维空间中划分为不同大小的图像块，形成图像空间金字塔 G。金字塔 G 的层数为 $M(0, 1, \cdots)$，它将图像划分为不同的子区域，其中第 K 层划分的子区域数量为 $L=2^k\times 2^k$ 个，这样可以将图像的局部特征集合 X 划分到不同的子区域内，形成特征子集，并用 r 表示子区域编号，$r=0, 1, \cdots, L-1$。如图 8.3 所示，构建空间金字塔 G 并将特征子集映射到空间金字塔中，将图中 3 层 21 个特征排列成一列就组成了一幅图像的特征。

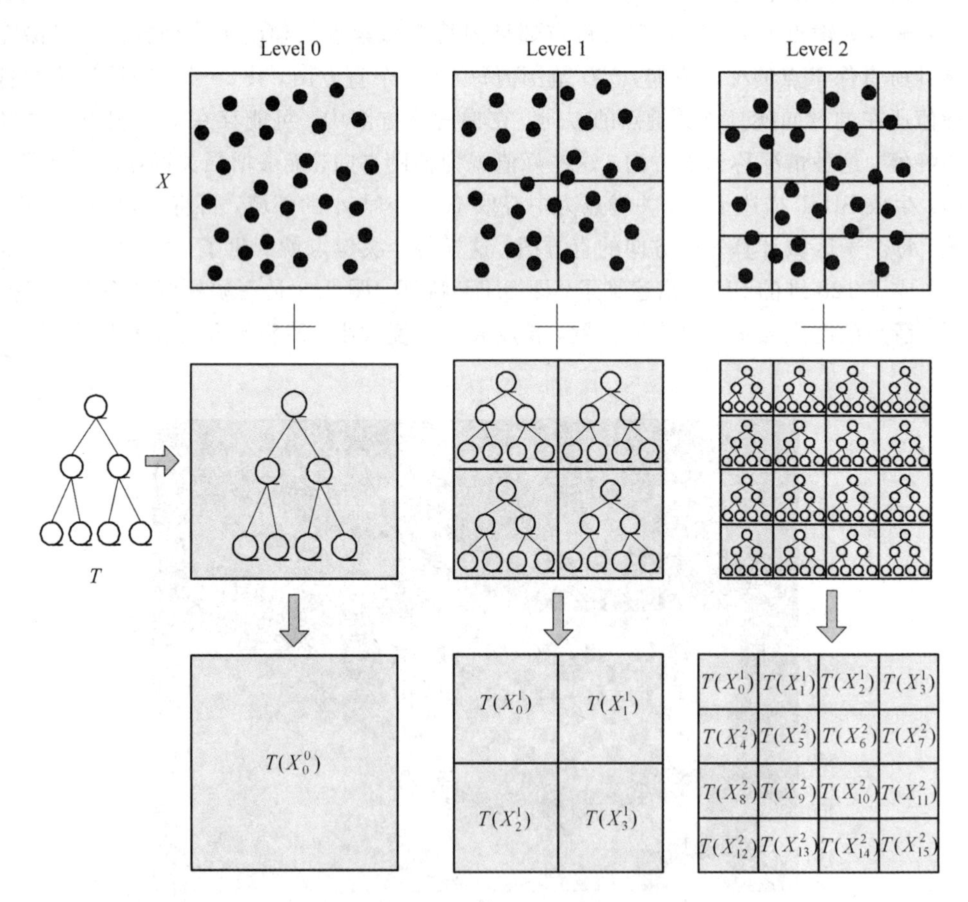

图 8.3　构建空间金字塔 $G(L=3)$，G 中特征点集 X^L 嵌入特征金字塔

8.2.3 迁移学习

前面讲述了图像特征的提取以及特征融合，以及将提取的特征用稀疏表示分类方法进行分类。为提高分类正确率，R. Raina、A. Quattoni、Liu 通过试验证明迁移算法是一个有效的方法。R. Raina 提出将特征映射到一个高维空间中，用无标签和不相关的图像来对要处理的图像库进行分类。无标签和不相关的图像可以从网上随意下载，对这些图像提取 SIFT 特征，通过 KSVD 训练这些特征，得到字典 D。将要分类的图像库同样提取 SIFT 特征，给定要处理的 m 张图像 $\phi_1:\{(x^1, y^1), (x^2, y^2), \cdots, (x^m, y^m)\}$，其中 x^m 表示图像的 SIFT 特征，y^m 表示其所属的类别。将每一个 SIFT 特征在已训练好的字典 D 上进行稀疏分解：

$$s(x^i) = \arg\min \| s^i \|_1 \qquad \text{s. t. } \| x^i - D_{s^i} \|_2 < \varepsilon \tag{8-1}$$

如此将原来的特征映射到新的特征空间中，即 ψ：$\{(s^1, y^1), (s^2, y^2), \cdots, (s^m, y^m)\}$。为了增强新特征的稳定性，R. Patnaik 等人在此基础上进行了改进，把无标签和不相关的图像训练成多个字典 $D_1, D_2, \cdots, D_k$，将 SIFT 特征 x^i 分别映射为 $s_1^i, s_2^i, \cdots, s_k^i$，计算平均值 $s^i = \frac{1}{k}\sum_{j=1}^{k} s_j^i \odot s_j^i$，$\odot$表示向量的点乘。式(8-1)要求 D_{s^i} 更好地逼近 x^i，因此在此基础上我们引入基于 KSVD 的多任务重构方法。多任务重构是指在多个字典上分别进行稀疏分解，然后进行加权求和，以便更好地逼近目标。

8.2.4 基于稀疏表示的图像分类

基于稀疏表示的图像分类算法步骤如下：

(1) 提取所有图像的 SIFT 特征，将无标签和不相关的图像特征用 K-means 方法分成 K 类，通过 KSVD 将其训练成 K 类字典 $D_1, D_2, \cdots, D_k$。

(2) 将要分类的图像的 SIFT 特征 x^i 分别在 K 类字典上进行稀疏分解，得到稀疏表示 $s_1^i, s_2^i, \cdots, s_k^i$，通过多任务加权求和得到新的特征 s^i。每幅图像有 n 个 SIFT 特征，因此可以得到多个新特征 $s_1^i, s_2^i, \cdots, s_n^i$。

(3) 构建金字塔空间，将每幅图像的 n 个新特征 $s_1^i, s_2^i, \cdots, s_n^i$ 映射到金字塔空间，形成最终的一维特征 $\hat{\boldsymbol{x}}^i$。

(4) 将要分类的图像分为训练图像和测试图像，假设图像库共有 N 类图像，每类图像取 m 张图像作为训练图像，本节分别取 $m=15$ 和 $m=30$，形成训练集 $A=[A_1, A_2, \cdots, A_N]$，其中 $A_i=[\hat{x}_1^i, \hat{x}_2^i, \cdots, \hat{x}_m^i]$，$A_i$ 为第 i 类图像的训练样本。

(5) 将每张测试图像的特征 $\boldsymbol{y}$ 在 A 中进行稀疏分解，即解决下面的优化问题：

$$\min \| \boldsymbol{\alpha} \|_1 \qquad \text{s. t. } \boldsymbol{y} = A\boldsymbol{\alpha} \tag{8-2}$$

在分类过程中，首先将求解得到的 α 进行如下处理：

$$\boldsymbol{\delta}_1(\boldsymbol{\alpha})=\begin{bmatrix}\alpha_1\\0\\\vdots\\0\end{bmatrix},\ \boldsymbol{\delta}_2(\boldsymbol{\alpha})=\begin{bmatrix}0\\\alpha_2\\\vdots\\0\end{bmatrix},\ \cdots,\ \boldsymbol{\delta}_N(\boldsymbol{\alpha})=\begin{bmatrix}0\\0\\\vdots\\\alpha_N\end{bmatrix} \tag{8-3}$$

$\boldsymbol{\delta}_i(\boldsymbol{\alpha})$表示第 i 类系数构成的新向量，即除了第 i 类所对应的系数保持不变外，其他系数都置为零。然后对测试 $\mathbf{y}$ 进行重构，计算在每类训练样本上的重构误差 $r_i(\mathbf{y})=\|\mathbf{y}-A\boldsymbol{\delta}_i(\boldsymbol{\alpha})\|_2$，重构误差最小的那个训练样本所属的类别就是最终的识别结构，即 $\text{identity}(\mathbf{y})=\arg\min\limits_i r_i(\mathbf{y})$。

8.2.5　实验与结果分析

本节我们采用 COREL 图像库进行实验。该图像库共有 1000 张图片，分为 10 类。图 8.4 是该图像库的一些例图。本节采用稀疏表示分类和 SVM 分类做对比实验，取训练样本为 30 张，其余图像作为测试图像，实验重复 10 次，求平均正确率。实验结果如表 8.1 所示。实验结果表明，稀疏表示分类器对自然图像的分类效果也是不错的，在正确率上可以与 SVM 相媲美。针对 Bus、Elephant、Flower、Horse 数据集，本节算法在分类精度上分别提高了 3.42%、6.0%、5.42%和 7.43%。对于 3 幅 SAR 图像，新算法的总分类精度与 kappa 系数也有一定程度的提高。新算法在与 CSA、MVIN 和 FCM 的分类结果的比较中还是比较有优势的。另外，我们尝试将该算法应用于混合数据的分类，与其他几个代表算法相比，其效果良好。该算法存在的不足有：① 虽然每个类别采用单个 B 细胞加快了算法的收敛速度，但是收敛速度还是偏慢；② 处理多类别的 SAR 图像(类别数大于 4)以及数据规模比较大的混合特征数据时，分类结果不理想。

图 8.4　COREL 图像库中的部分例图

表 8.1 COREL 图像库的实验结果

Dataset	每类 30 张训练样本	
	SVM	本节方法
Indian	67.71%	67.71%
Beach	81.43%	70.00%
Building	78.57%	72.86%
Bus	96.29%	99.71%
Dinosaur	100.00%	100.00%
Elephant	78.57%	84.57%
Flower	88.29%	93.71%
Horse	88.00%	95.43%
Jokul	79.14%	77.43%
Diet	80.86%	77.43%
平均正确率	83.88%	84.14%

8.3 基于自适应 PSO 的人工免疫网络分类算法

人工免疫网络分类算法(AINC)的特点是：简化了网络结构，同时引入了新的亲和度评价函数。它比较好地解决了部分标准数据以及简单 SAR 图像(类别数小于等于 3)的分类问题，然而该算法仍然存在着一些不足：① 收敛速度仍偏慢；② 应用范围具有局限性，处理一些更复杂的分类问题时结果不是很理想。众所周知，变异算子对免疫算法的搜索能力以及收敛速度有着至关重要的影响，而 AINC 采用的是现有人工免疫算法所普遍采用的变异算子——随机变异，这是导致产生以上缺陷的主要原因。为了克服以上缺陷，我们尝试着将具有快速全局收敛能力的自适应权值的 PSO(Particle Swarm Optimization，粒子群优化)算法引入人工免疫网络算法的变异算子中，提出了一种新的基于自适应 PSO 的变异算子，该算子具有良好的记忆特性并能根据网络进化来自适应调整搜索范围，加快收敛速度；同时该算法采用各个 B 细胞包含抗原(即训练样本)所有类别信息的策略(即每个 B 细胞就是一个分类器)，减少了同类别 B 细胞之间的抑制操作。我们把该算法命名为基于自适应 PSO 的人工免疫网络分类算法(Artificial Immune Network Classification Algorithm based on Self-adaptive PSO，SPAINC)。为了体现新算子以及部分改进的有效性，我们选取了更复杂的问题进行仿真实验：大规模的混合特征数据(规模大于 1000)、类别数大于 3 的纹理图像和 SAR 图像以及遥感图像。

8.3.1 标准PSO算法和自适应PSO算法

1. 标准PSO算法

在PSO中，粒子的位置为被优化问题在搜索空间中的潜在解。所有的粒子都有一个由被优化的函数决定的适应度值，每个粒子还有一个速度决定它们飞翔的方向和距离。粒子追随当前的最优粒子在解空间中搜索，PSO初始化为一群随机粒子(随机解)，然后通过迭代找到最优解。在每一次迭代中，粒子通过跟踪两个“极值”来更新自己：一个极值是粒子本身所找到的最优解，称为个体极值(pbest)；另一个极值是整个种群目前找到的最优解，称为全局极值(gbest)。最常用的PSO算法是全局PSO算法和局部PSO算法，它们之间的差别在于粒子的邻域不同，即与各粒子直接连接的粒子数不同。局部PSO的粒子邻域仅为其周围局部有限的几个粒子，而全局PSO可看成是局部PSO的特殊情况，其收敛速度较快，但易陷入局部最优。

设在一个n维的搜索空间中，存在由m个粒子组成的种群$\boldsymbol{X}=[\boldsymbol{x}_1, \cdots, \boldsymbol{x}_i, \cdots, \boldsymbol{x}_m]$，其中第$i$个粒子的位置为$\boldsymbol{x}_i=[x_{i1}, x_{i2}, \cdots, x_{in}]^{\mathrm{T}}$，其速度为$\boldsymbol{v}_i=[v_{i1}, v_{i2}, \cdots, v_{in}]^{\mathrm{T}}$，它的个体极值为$\boldsymbol{p}_i=[p_{i1}, p_{i2}, \cdots, p_{in}]^{\mathrm{T}}$，种群的全局极值为$\boldsymbol{p}_g=[p_{g1}, p_{g2}, \cdots, p_{gn}]^{\mathrm{T}}$，则算法可描述为

$$v_{id}^{(t+1)} = wv_{id}^{(t)} + \mathrm{rand} \times r_1(p_{id}^{(t)} - x_{id}^{(t)}) + \mathrm{rand} \times r_2(p_{gd}^{(t)} - x_{gd}^{(t)}) \tag{8-4}$$

$$x_{id}^{(t+1)} = x_{id}^{(t)} + v_{id}^{(t+1)} \tag{8-5}$$

其中，$d=1, 2, \cdots, n$，$i=1, 2, \cdots, m$；t为当前进化代数；w为惯性权重，通常w的取值为[0.4, 1]；r_1，r_2为加速常数，取小于2的正数。此外，为使粒子速度不至于过大，可设置速度上限。

标准PSO的算法步骤如下：

步骤1：初始化粒子种群；

步骤2：计算各个粒子的适应度值；

步骤3：对各个粒子，比较它的适应度值和它经历的最好位置p_{id}，更新p_{id}；

步骤4：对各个粒子，比较它的适应度值和群体所经历的最好位置p_{gd}，更新p_{gd}；

步骤5：根据式(8-4)和式(8-5)更新粒子的位置和速度；

步骤6：若达到停止条件(足够好的位置或最大迭代次数)，则结束，否则转步骤2。

2. 自适应PSO算法

一般而言，PSO的参数设置对算法的性能影响很大。在式(8-4)中，惯性权重w对算法能否找到最优解影响很大：当w的取值比较小时，能够使算法在目前的搜索领域搜索精确解，但是容易陷入局部最优；当w的取值比较大时，能够使算法跳出局部最优，搜索全局最优解，但全局搜索能力有限。合适的惯性权重取值(使算法在全局搜索能力和局部搜索

能力之间取得平衡)能够使算法取得更好的优化结果。为了解决局部搜索和全局搜索之间的矛盾，自适应惯性权重取值被引入到 PSO 中。在自适应 PSO 中，w 的取值为

$$w=\begin{cases} w_{\max}, & f>f_{\text{avg}} \\ w_{\min}+\dfrac{(w_{\max}-w_{\min})(f-f_{\min})}{f_{\text{avg}}-f_{\min}}, & f\leqslant f_{\text{avg}} \end{cases} \tag{8-6}$$

其中 $w_{\max}$ 表示 w 的最大值，$w_{\min}$ 表示 w 的最小值；f_{avg} 和 $f_{\min}$ 分别表示粒子适应度值的平均值和最小值。

8.3.2 部分术语的定义

基于生物免疫网络模型和粒子群全局优化原理，我们提出了 SPAINC 算法。该算法的各个 B 细胞包含抗原(即训练样本)所有类别的信息，即每个 B 细胞就是一个分类器。为了更好地描述算法，以下将简要阐述该算法引用的免疫学术语及其在算法中的含义：

(1) B 细胞：本算法中的每个 B 细胞包括所有类别的信息，即单个 B 细胞本身就是个分类器。

(2) 抗原 ag：输入到人工免疫网络算法的训练样本，记为 $\text{ag}=(\text{ag}_1, \text{ag}_2, \cdots, \text{ag}_C)$，$\text{ag}_i$ 为第 i 类训练样本的集合。

(3) 克隆规模：B 细胞的增殖规模，用 pclone 表示。对第 i 类 B 细胞克隆的对象是 M_i，克隆的原则是：M_i 中的亲和度最高的个体的克隆个数为 pclone，亲和度次高的个体克隆个数为 pclone－1，以此类推。所以对 M_i 中的元素 M_{ij} 的克隆规模为 pclone$-j+1$（j 为按亲和度大小排列的次序)，实际总的克隆规模为：$\text{num}_C=\sum_{j=1}^{\text{pclone}}\text{pclone}-j+1$。因此克隆规模是随 B 细胞的亲和度自适应调整的。

(4) 变异率：每个克隆个体发生变异的概率，本节用 p_{m} 表示。

8.3.3 算法及其关键技术

本节首先详细介绍算法中涉及的关键技术，包括数据预处理、网络初始化、抗体亲和度函数、超变异、免疫网络的抑制操作以及 B 细胞的再选择操作，最后给出了算法的流程图。

1. 数据预处理

对于读入的连续特征数据，需要进行预处理，预处理的目的是使数据的各维特征在算法处理过程中占有相同的比重，这样能够避免因为某维数据值过大而只获得与该维数据有关的分类结果。数据预处理可依据如下公式进行：

$$E'=\frac{E-\min(E)}{\max(E)-\min(E)} \tag{8-7}$$

其中，E'为预处理后的数据，E代表读入的待处理的数据，$\min(E)$和$\max(E)$分别表示某个连续特征数据所属列中的最小值和最大值。

2. 网络初始化

在本算法中，每个B细胞包含所有类别的信息，即每个B细胞实际上就是一个分类器，每个初始B细胞从各个类别的训练样本中随机选取一个样本组成。

3. 抗体亲和度函数

本算法将B细胞对训练样本的正确识别率作为抗体亲和度函数，假设待处理的数据要分成C类，则第i个B细胞$B_i(i\leqslant C)$的适应度函数为

$$\text{affinity}(B_i)=\frac{1}{K}\sum_{j=1}^{C}\text{pr}_{ij} \tag{8-8}$$

其中，pr_{ij}表示B_i第j类训练样本的正确识别个数，K表示所有的训练样本的个数。

4. 超变异

超变异操作发生在克隆操作以后，克隆后的群体记为MC。超变异由基于自适应PSO的变异和细胞之间的信息重组两部分组成。细胞之间的信息重组是指MC中的所有B细胞的各维特征值之间发生随机交换。下式(8-9)是粒子的初始速度公式，基于自适应PSO的变异公式如式(8-10)所示。

$$V(i,j)=\text{rand}\cdot\text{pm}\cdot|\text{MC}(i,j)-\text{train}(k,j)|\cdot(\text{MC}(i,j)-\text{train}(k,j)) \tag{8-9}$$

$$\begin{aligned}\text{MC}'(i,j)=&\text{MC}(i,j)+W(i)\cdot V(i,j)+r_1\cdot\text{rand}\cdot\exp(-f(i))+\\&r_2\cdot\text{rand}\cdot(\text{gBest}(j)-\text{MC}(i,j))\end{aligned} \tag{8-10}$$

其中，$\text{train}(k,j)$表示随机选择的与变异基因片段相同类别的训练样本的第j维元素，f是适应度值，全局极值gBest为当代种群中亲和度最高的个体，$\text{MC}(i,j)$表示被选择的第i个个体的第j维元素，r_1，r_2表示学习参数，它们的取值之和为1。

5. 免疫网络的抑制操作

网络抑制的原则是先将B细胞按亲和度大小从高到低排列，然后将这些细胞按顺序添加到网络中，如果某个B细胞添加前后未能够提高网络对训练样本的正确识别率，那么该B细胞将会被删除；此外，B细胞抑制完成后，会在网络中加入一定数量的随机产生的B细胞，这样可以增加算法的多样性，有效地避免算法陷入局部最优。

6. B细胞的再选择操作

本算法分类时采用的是多数表决法(分类时，每个B细胞都会将待分类数据分到某个类别中去，统计各个B细胞的分类结果，出现次数最多的类别即为该数据所属类别)，因此，虽然训练完成后输出的免疫网络能够很好地实现对训练样本正确的识别，但是在对测试样本进行分类时，网络中的B细胞并不能很好地拟合到一起。所以有必要对网络中的B

细胞进行再次选择：将B细胞按亲和度从大到小的顺序排列，然后按顺序将B细胞依次放到网络中；如果某个B细胞添加以后没有造成网络的识别率下降，那么保留该B细胞，否则删除。

算法8.1 基于自适应PSO的人工免疫网络分类算法。

Step1：读取数据，对数据预处理，根据分类所需的类别数选择训练样区，如果分类类别数为C，那么就要选取C个训练样区。

Step2：初始化B细胞。

Step3：网络进化过程。

3.1：计算各个B细胞的亲和度值，并将它们按亲和度从大到小排列，B细胞群记为M，最优个体记为B_{best}，iteration=0；

if affinity(B_{best})=1

then

turn to step3.6；

end if

3.2：按克隆规模pclone对M中的个体按亲和度大小进行克隆，克隆后的B细胞群记为MC；

3.3：对MC进行超变异，超变异后的种群记为MC′；

3.4：对MC′中的每个B细胞计算它的亲和度，并将它们按亲和度从大到小排列；

3.5：选出MC′中亲和度最高的个体MC'_{max}；

if affinity(MC'_{max})>affinity(B_{best})

then

将MC′中亲和度高于B_{best}的个体添加到M中(更新免疫网络)，更新B_{best}；

else if iteration<10

iteration=iteration+1；

end if

3.6：网络抑制操作；

if affinity(B_i)=1 or iteration=10

then

turn to step4；

else

添加新的B细胞到免疫网络中(M)；

turn to step3.2；

end if

Step4：对网络中的B细胞再选择。

Step5：输出网络，进行分类。

8.3.4 算法的复杂度分析

假设训练样本的个数为 n，待处理的样本数目为 S，数据的维数为 N，分类的类别数为 C，克隆规模用 pclone 表示，最大迭代次数为 10，则 SPAINC 算法的计算复杂度为：计算亲和度值的时间复杂度为 $O(n \cdot N)$，超变异操作的时间复杂度为 $O(\text{pclone} \cdot N \cdot C)$，再次计算亲和度值的时间复杂度为 $O(n \cdot \text{pclone} \cdot N \cdot C)$，分类阶段的时间复杂度为 $O(S \cdot N \cdot C)$，因此 SPAINC 算法总的最差时间复杂度为

$$O(n \cdot N \cdot C) + 10 \cdot [O(\text{pclone} \cdot N \cdot C) + O(n \cdot \text{pclone} \cdot N \cdot C)] + O(S \cdot N \cdot C)$$

根据符号 O 的运算规则化简，SPAINC 算法的最差时间复杂度为

$$O(n \cdot \text{pclone} \cdot N \cdot C) + O(S \cdot N \cdot C)$$

8.3.5 实验与结果分析

本节首先采用了 4 组 UCI 的大规模数据集(数据规模大于 1000)以及两幅纹理图像对算法性能进行了测试，然后对 3 幅 SAR 图像实现了分类，最后对一组遥感图像集实现了目标识别测试。为了体现本算法的优越性，在实验中，我们将 SPAINC 与基于普通 PSO 的人工免疫网络分类算法(PSOAINC)以及基于普通变异算子的人工免疫网络分类算法(AINC)进行了比较实验。算法主要参数设置为：SPAINC 变异概率 $p_m=0.5$，克隆规模 pclone=10，最大迭代次数为 100，停止条件为最优个体的亲和度为 1 或者最优个体的亲和度在 10 代以内没有变化。PSOAINC、AINC 的参数设置与 SPAINC 完全相同。

本算法采用 HEOM 距离公式，当处理的数据特征是线性特征时使用欧氏距离，当该维数据是象征性的特征时使用叠加距离(overlap metric)。n 表示数据特征的第 n 维，N 表示数据的总维数。距离公式如下：

$$\text{HEOM}(x, y) = \frac{1}{\sqrt{N}} \sqrt{\sum_{n=1}^{N} \text{heom}(x_n, y_n)^2}$$

$$\text{heom}(x_n, y_n) = \begin{cases} \text{overlap}(x_n, y_n), & n \text{ 是具有象征意义的特征值} \\ |x_n - y_n|, & n \text{ 是离散的或是实数的特征值} \end{cases} \tag{8-11}$$

1. 大规模标准数据测试与结果分析

测试数据的属性如表 8.2 所示，它们分别是 Abalone、German Credit (GC)、Adult、Digit。其中前 3 组数据为混合特征数据(即它们既包括连续特征值又包括离散的以及象征意义的特征值)，其中 Adult 数据中还有 3620 组数据的部分特征值缺失。表格的最后两列分别表示各个数据集所选取的训练样本以及测试样本个数，其中 German Credit 采用的是 10 倍交叉比对技术。

表 8.2　测试数据属性

数据集	实例	连续	离散	象征	类别	属性缺失	训练	测试
Abalone	4177	7	0	1	3	0	3133	1044
GC	1000	7	2	11	2	0	900	100
Adult	48 842	6	0	8	2	3620	32 561	16 281
Digit	10 992	16	0	0	10	0	7494	3498

表 8.3 中的运行时间以每组数据中耗费的最短时间作为一个单位时间。由表 8.3 可以看出：基于自适应 PSO 的人工免疫网络分类(SPAINC)算法较基于普通 PSO 变异的人工免疫网络分类算法(PSOAINC)和普通变异的人工免疫网络分类算法(AINC)，在对所有的 4 组数据的分类精度上都有了一定程度的提高；而且由标准方差来看，SPAINC 的分类结果是最稳定的；在运行时间方面，SPAINC 与 PSOAINC 相当，而 AINC 在所有的 4 组数据中所耗费的时间都是最长的。总而言之，基于自适应 PSO 的变异算子不仅提高了算法的分类精度，而且加快了算法的全局收敛速度，缩短了算法找到全局聚类中心的时间。

表 8.3　各算法的运行结果

分类算法		Abalone	GC	Adult	Digit
AINC	精度(标准方差)	62%(9.7)	72.1%(6.7)	82.3%(140.7)	81.1%(53.4)
	运行时间	1.38	2.2	1.39	2.26
PSOAINC	精度(标准方差)	61%(18.3)	72.1%(8.3)	82.4%(192)	82.8%(67.2)
	运行时间	1	1.1	1.03	1
SPAINC	精度(标准方差)	62.1%(11.7)	72.7%(6.8)	82.8%(33)	83.7%(24.5)
	运行时间	1.16	1	1	1

2. 纹理图像的分类与结果分析

由于基于灰度共生矩阵的统计量以及小波变化在纹理特征分析中表现出了良好的特征，本节分别提取了基于灰度共生矩阵的 4 维特征，分别为角二阶距(能量)、对比度、熵和相关性以及 2 层小波变换提取子代能量的 7 维特征，因此算法处理的是灰度共生矩阵与小波的混合纹理特征。本小节实验选择了两幅纹理图像作了分类比较实验，它们的类别数都为 4。

(1) 纹理图像 1 如图 8.5(a)所示。

该测试纹理图像的大小为 256×256，其中包括四种不同的纹理，如图 8.5 (a)所示。图 8.5 (b)为该图像的模板。每个类别分别选取 400 个点作为训练样本。灰度共生矩阵和小波的滑动窗口的选择大小都为 11。图 8.5(c)、(d)、(e)分别为 SPAINC、AINC 与 PSOAINC 的分类结果。其中 SPAINC 取得了最佳分类精度 97.5%；其次是 PSOAINC，为 97.3%；最差的是 AINC，分类精度为 96.7%。

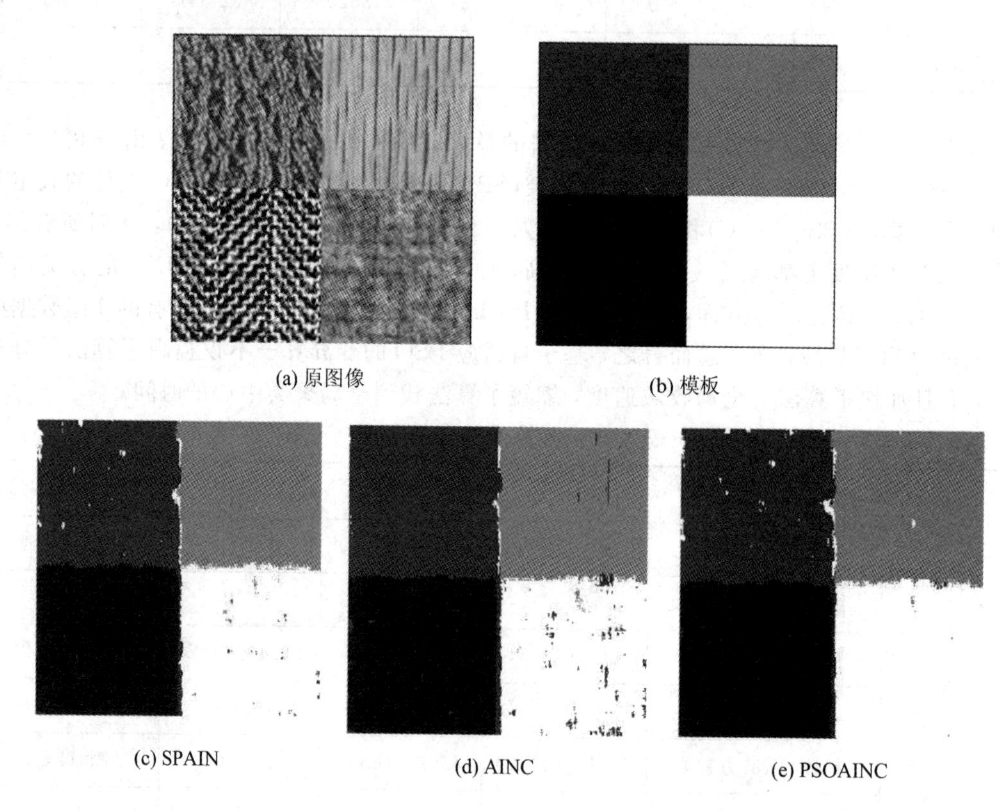

图 8.5 纹理图像 1 的分类结果

(2) 纹理图像 2 如图 8.6(a)所示。

该测试纹理图像的大小为 256×256，同样包括四种不同的纹理，如图 8.6(a)所示。图 8.6(b)为该图像的模板。每个类别分别选取 400 个点作为训练样本。灰度共生矩阵和小波的滑动窗口的选择大小都为 11。图 8.6(c)、(d)、(e)分别为 SPAINC、AINC 与 PSOAINC 的分类结果。其中 SPAINC 取得了最佳分类精度 96.9%；其次是 PSOAINC，为 94.7%；最差的是 AINC，分类精度为 93.5%。

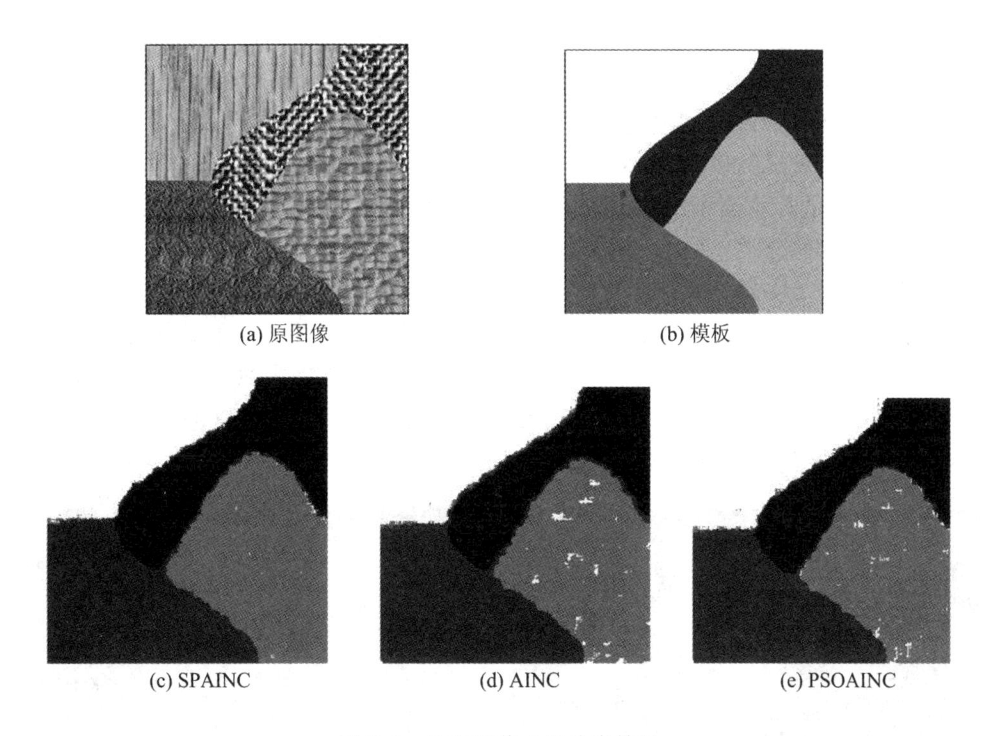

(a) 原图像　(b) 模板

(c) SPAINC　(d) AINC　(e) PSOAINC

图 8.6　纹理图像 2 的分类结果

3. SAR 图像分类与结果分析

这里选取了三幅 SAR 图像做分类对比实验，它们的类别数分别为 3、4 和 4。处理的特征值同样是基于灰度共生矩阵与 2 层小波变换的 11 维纹理特征值。

(1) SAR 图像 1 如图 8.7(a)所示。

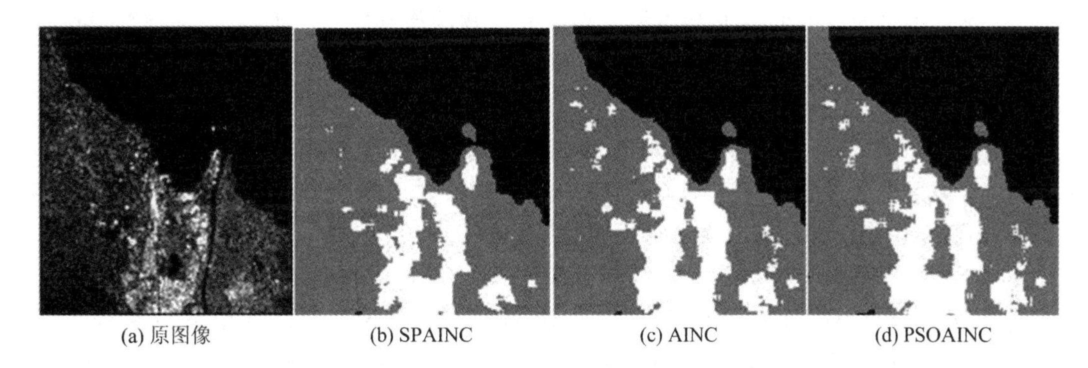

(a) 原图像　(b) SPAINC　(c) AINC　(d) PSOAINC

图 8.7　SAR 图像 1 的分类结果

该图像选取瑞士一湖区的 X 波段 SAR 子图像，图像大小为 140×155。其中包含三类地物：湖泊、城区和山地。选取各类具有代表性的区域作为训练样本，样本数分别为200、100和200。灰度共生矩阵和小波的滑动窗口选择都为7。图8.7(b)、(c)、(d)分别为SPAINC、AINC与PSOAINC的分类结果。

从图8.8可以看出，SPAINC在对山地的分类中要优于PSOAINC与AINC，AINC和PSOAINC把更多的原本属于山地的像素错分给了城区；对于湖泊和城区，这三种算法基本上都能实现正确的分类。

(2) SAR图像2如图8.8(a)所示。

该图像是X波段、分辨率为1 m的无人机载SAR图像，其中包含四类地物：河流和三种农作物。其中河流及白色、灰色、淡色农作物选取的训练样本个数分别为100、100、200、400。灰度共生矩阵和小波的滑动窗口大小选择分别为5、13。图8.8 (b)、(c)、(d)分别为SPAINC、AINC与PSOAINC的分类结果。

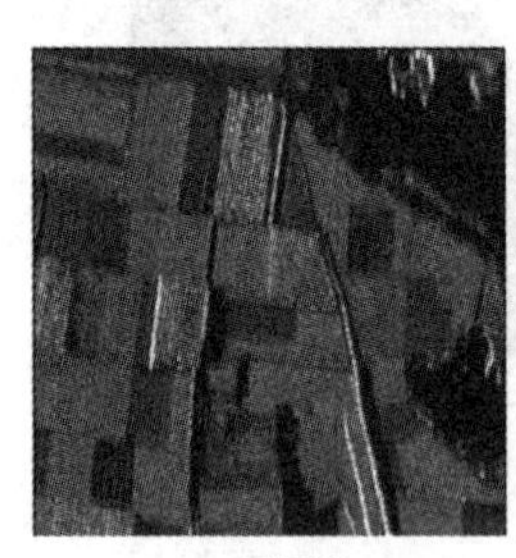
(a) 原图像

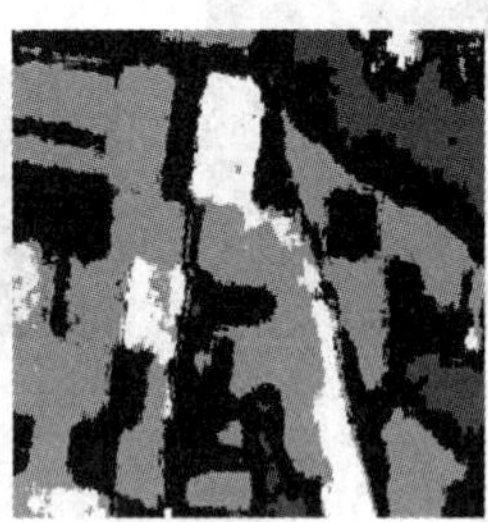
(b) SPAINC

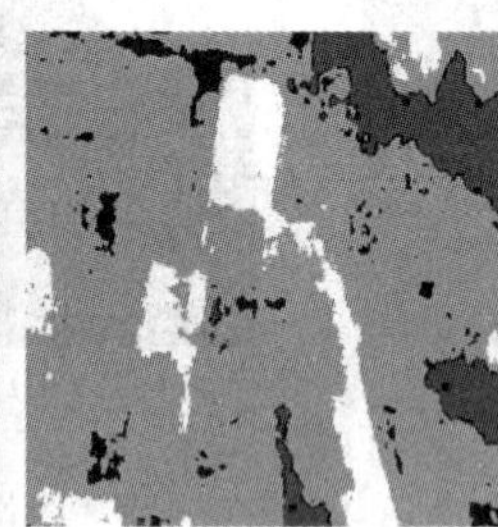
(c) AINC

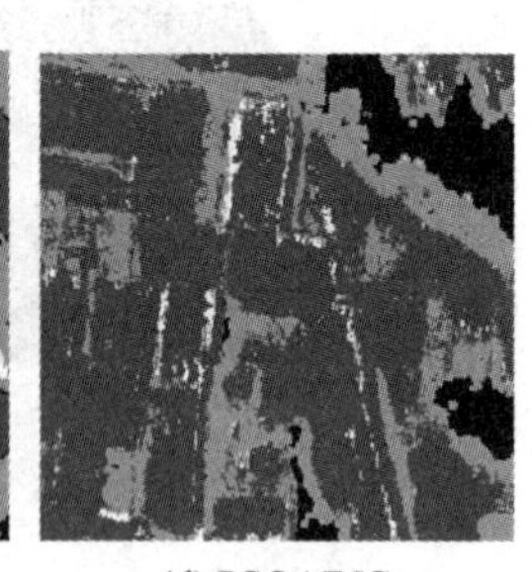
(d) PSOAINC

图8.8 SAR图像2的分类结果

从图8.8的分类结果我们可以看出，SPAINC对四种地物只有少部分的误分，而AINC与PSOAINC对三种农作物的相互错分率相当高，其中AINC把灰色与淡色农作物基本上分成了一类，而PSOAINC却把原本属于白色农作物的像素错分给了淡色农作物，同时对灰色和淡色农作物的相互错分率也比较高。

(3) SAR图像3如图8.9(a)所示。

该图像是一幅256×256的无人机载X-SAR图像，空间分辨率3 m，其中包含四种地物：水体、城区和两种农作物。分别从每类地物中选取225、64、200、200个训练样本。灰度共生矩阵和小波的滑动窗口大小选择都为7。图8.9 (b)、(c)、(d) 分别为SPAINC、AINC与PSOAINC的分类结果。

从图8.9的分类结果中可以看出，SPAINC与AINC的分类结果要明显优于PSOAINC；PSOAINC对四种地物都有程度不等的相互误分，其中河流与深色农作物、两种农作物之间的错分现象尤为严重；而SPAINC与AINC之间，SPAINC的分类结果要略好于后者，后者把不少原本属于深色农作物的像素误分给了水体和淡色农作物。

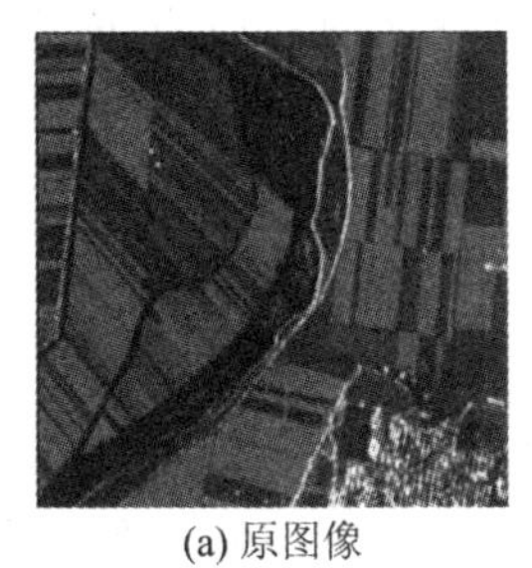
(a) 原图像

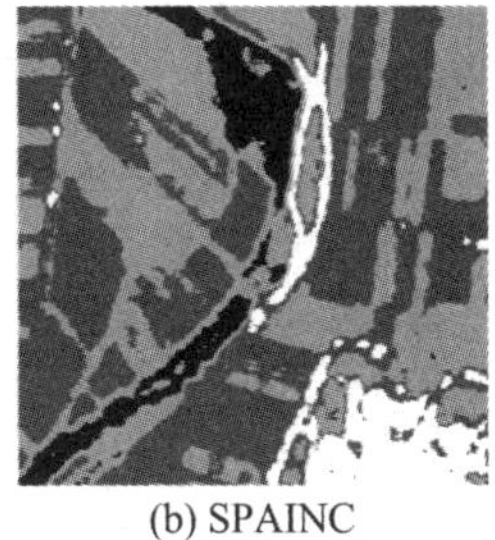
(b) SPAINC

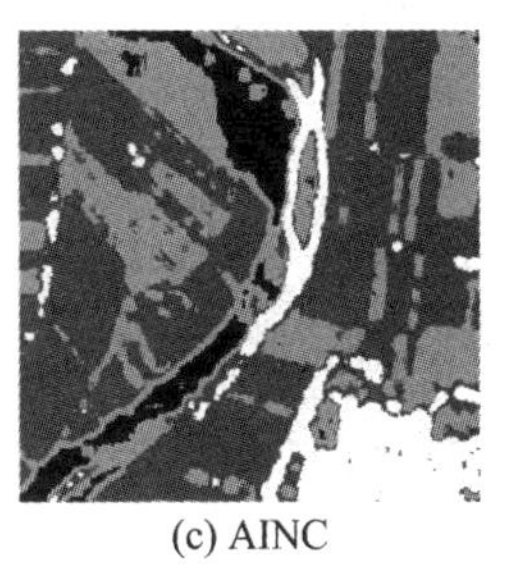
(c) AINC

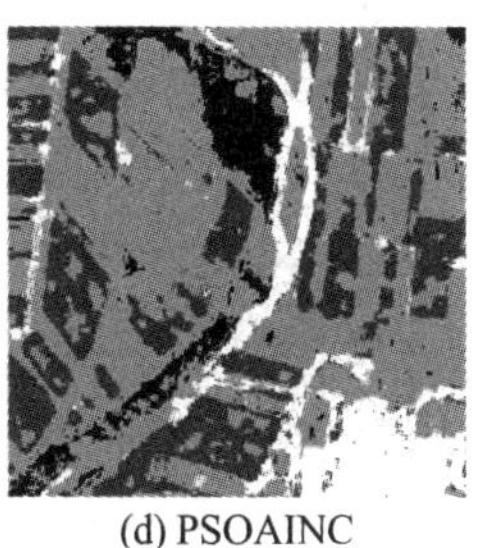
(d) PSOAINC

图 8.9　SAR 图像 3 的分类结果

4. 遥感图像目标识别

实验图像为实测遥感图像，每幅图像仅包含目标与背景。整个图像集包括各种目标的不同旋转角度、不同尺度以及残缺不全的图像共 1064 幅，其中飞机类 608 幅，舰船类 456 幅。将飞机类分成 9 类，舰船类分成 4 类；训练样本数选择为：飞机类为 160，舰船类为 120，其余的为测试样本。部分图像如图 8.10 所示。

图 8.10　部分遥感图像

因为二维图像的 7 个不变矩特征具有旋转、平移和伸缩不变性，已经得到了广泛的应用，所以本算法提取图像的 7 个不变矩作为分类特征。

二维图像 $f(x, y)$的$(p+q)$中心矩为

$$u_{pq} = \sum_{x}\sum_{y}(x-\bar{x})^{p}(y-\bar{y})^{q}f(x, y)$$

其中，$\bar{x}$、$\bar{y}$ 分别表示二维图像中所有像素横坐标与纵坐标的平均值，$f(x, y)$表示位于(x, y)位置上的像素的灰度值，则基于 2 阶和 3 阶中心矩的 7 个不变矩 $M_1 \sim M_7$ 为

$$
\begin{cases}
M_1 = (u_{20} + u_{02}) \\
M_2 = (u_{20} - u_{02})^2 + 4u_{11}^2 \\
M_3 = (u_{30} - 3u_{12})^2 + (3u_{21} - u_{03})^2 \\
M_4 = (u_{30} + u_{12})^2 + (u_{21} + u_{03})^2 \\
M_5 = (u_{30} + u_{12})(u_{30} - 3u_{12})[(u_{30} + u_{12})^2 - 3(u_{21} + u_{03})^2] + \\
\qquad (3u_{21} - u_{03})(u_{21} + u_{03})[3(u_{30} + u_{12})^2 - (u_{21} + u_{03})^2] \\
M_6 = (u_{20} - u_{02})[(u_{30} + u_{12})^2 - (u_{21} + u_{03})^2] + 4u_{11}(u_{30} + u_{12})(u_{21} + u_{03}) \\
M_7 = (3u_{21} - u_{03})(u_{30} + u_{12})[(u_{30} + u_{12})^2 - 3(u_{21} + u_{03})^2] - \\
\qquad (u_{30} - 3u_{12})(u_{21} + u_{03})[3(u_{30} + u_{12})^2 - (u_{21} + u_{03})^2]
\end{cases}
\tag{8-12}
$$

为使公式具有尺度不变性还需作如下处理，其中，P 为目标所包含的像素个数，$r = u_{20} + u_{02}$。

$$
\begin{cases}
M_1' = \dfrac{M_1}{P}, \quad M_2' = \dfrac{M_2}{r^2}, \quad M_3' = \dfrac{M_3}{r^3}, \quad M_4' = \dfrac{M_4}{r^2} \\
M_5' = \dfrac{M_5}{r^6}, \quad M_6' = \dfrac{M_6}{r^4}, \quad M_7' = \dfrac{M_7}{r^6}
\end{cases}
\tag{8-13}
$$

分类结果如表 8.4 所示。从表 8.4 中可以看出，SPAINC 在所有的三项评价指标(平均分类精度、标准方差和运行时间)上都是最优的，其中运行时间以 SPAINC 的耗费时间作为一个单位时间。因此，基于自适应 PSO 的人工免疫网络分类算法具有更高的分类精度、更稳定的分类性能以及更快的全局收敛速度。

表 8.4 遥感图像分类结果

分类算法	平均分类精度/%	标准方差	运行时间
AINC	91.2	14.2	1.22
PSOAINC	91.5	14.8	1.04
SPAINC	92.7	7.7	1

8.3.6 算法参数分析

基于自适应 PSO 的人工免疫网络算法主要有三个设定的初始参数，即初始 B 细胞规模 num、克隆规模 pclone、变异概率 p_m。其中初始 B 细胞规模 num 和克隆规模 pclone 与算法的时间复杂度有直接关系，且在其他参数不变的情况下，越大的抗体群规模和克隆规模会换来越好的种群多样性，越有利于算法的全局寻优和局部快速收敛，但这是以牺牲算法的

时间复杂度为代价的。因此在算法设计时主要考虑了参数 p_m 对算法性能的影响。

克隆变异概率 $p_m \in [0, 1]$ 是控制算法局部搜索的重要参数。若 p_m 取值较大，算法的随机搜索能力加强，有利于B细胞群在搜索空间上的整体转移，产生出较多的新的基因模式，但也有可能破坏掉很多较好的模式，使得局部搜索的能力下降；若 p_m 取值太小，则会使B细胞群在搜索空间上趋于稳定，减缓收敛速度。为了估计 p_m 的合理取值，这里我们将其他参数固定，对参数 p_m 在区间[0，1]上以0.1为步长进行采样，考察其对分类精度的影响。这里以遥感图像为例，结果见图8.11。从图8.11可以看出，变异概率 p_m 的取值在0.4～0.7之间较为合理。

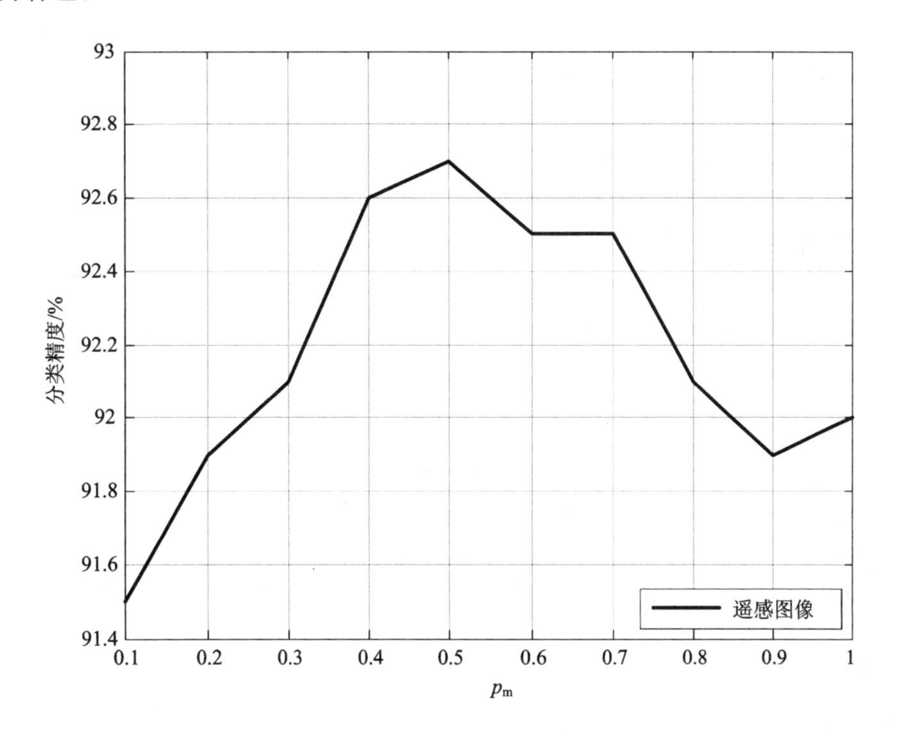

图8.11　分类精度与变异概率变化关系图

8.4　基于Curvelet＋KFD特征提取的SAR目标识别

对SAR图像进行特征提取是SAR图像识别过程中非常关键的一个环节，如何提取有效的特征对后续的识别结果有很大的影响。本节提出了一种基于Curvelet＋KFD的SAR目标识别方法。结合Curvelet和KFD，该方法先采用Curvelet进行变换分解，由于Curevelet的“各向异性尺度关系”，图像的信息主要集中在第一层及低频系数部分，因此通过 Curvelet 变换提取出图像的低频信息；其次，虽然 Curvelet 变换提取的低频信息相对于原始数据量有所减少，但是其信息量还是比较大的，这样不利于后续的识别工作，因此希望通过 KFD 对这些数据进行降维处理，使其特征维数进一步降低到合理的维数，从而减少识别数据的信息量，减少识别时间；最后对经过特征提取后的训练数据集采用最小二乘支持向量机来进行训练，得到分类模型，用该分类模型对测试数据集进行识别。

下面分别介绍本节方法的三个过程。

8.4.1 Curvelet 变换

采用第二代 Curvelet 变换对 SAR 图像进行变换分解，得到一个低频子带系数和各尺度各方向的高频子带系数。假设图像大小是 $M\times N$，则 Curvelet 变换的分解尺度为

$$s=\lceil \mathrm{lb}(\min(M,\ N))-3\rceil \tag{8-14}$$

式中，$\lceil x\rceil$表示不小于 x 的最小整数，s 表示 Curvelet 分解尺度大小。Curvelet 分解层数的大小将影响特征提取的效果。若分解层数太小，则数据将含有较多的冗余信息；若分解层数太大，则会丢失一部分图像的基本特征。

低频系数能很好地表征了图像的基本特征，在使用式(8-14)求得 Curvelet 的分解层数后，我们会得到一个低频子带系数矩阵，其大小为 $m\times n$，m 和 n 分别为

$$m=2\times\left\lfloor\frac{M}{3\times 2^{s-2}}\right\rfloor+1$$

$$n=2\times\left\lfloor\frac{N}{3\times 2^{s-2}}\right\rfloor+1 \tag{8-15}$$

其中，$\lfloor x\rfloor$表示不大于 x 的最大整数。

假设图像大小为 128×128，则由式(8-14)和式(8-15)可以计算出 Curvelet 分解层数为 5，而低频子带系数矩阵大小为 21×21。

8.4.2 KFD 降维

经过 Curvelet 分解后得到的 SAR 图像的低频信息的数据量还非常大，不利于后续的识别工作。为了进一步减少数据量，降低特征维数，必须对其进行降维处理。在本节中，我们采用 KFD 方法降维。KFD 基于核方法，在特征空间中构造线性判别分析，在最大化类间散度的同时最小化类内散度，把原始数据的维数大小降为 $C-1$ 维，C 是图像的类别数。

8.4.3 LSSVM 训练和识别

通过 Curvelet 变换和 KFD 处理后，就可以得到 SAR 图像的一个训练样本集和识别样本集，然后再采用最小二乘支持向量机来进行训练和识别。在采用最小二乘支持向量机分类器进行 SAR 目标的识别过程中，主要包含两个阶段：训练阶段和识别阶段，如图 8.12

所示。

在训练阶段，其主要步骤是对训练集目标图像进行 Curvelet 变换和 KFD 降维处理，得到一个 SAR 图像的特征向量，建立特征向量训练集，由特征向量训练集建立 LSSVM 分类模型。而识别阶段的主要步骤是对要识别的 SAR 图像进行 Curvelet 变换和 KFD 处理，提取特征向量，将该向量送入 LSSVM 模型进行分类与识别。

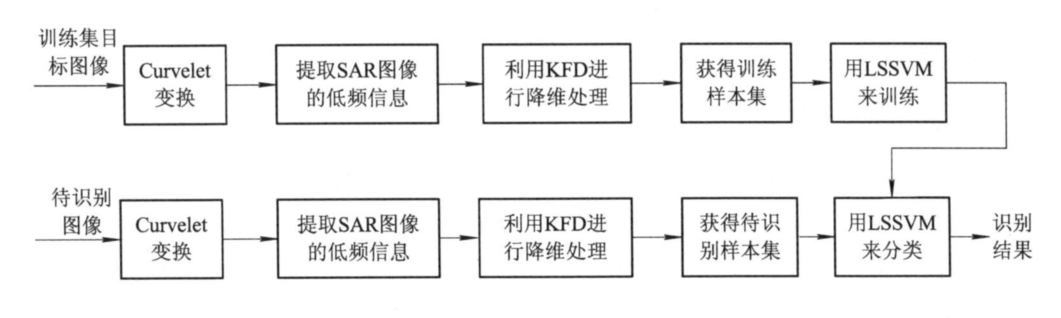

图 8.12 识别过程

8.5 基于多视角学习和加权的证据组合的 SAR 目标识别

8.5.1 引言

前已述及，一个集成分类器系统包含两个重要的组成部分，一是具有一定差异性的子分类，二是能够有效组合分类器输出的组合器。为达到这两个要求，在前面的工作中，我们使用 bagging 算法训练子分类器，通过决策模板和 DS 证据理论组合分类器的输出。然而，在样本数量比较大时，前述方法有两个缺陷，一是训练大量的子分类器是一个耗时过程，二是决策模板的构建需要将训练样本经过所用的子分类器进行分类，这无疑增加了组合的代价。

除了 adaboost、bagging 等常用的集成学习方法外，多视角学习也是用来产生具有差异性的子分类器的方法之一。与通过改变训练样本来产生差异性的集成学习方法不同的是，多视角学习使用多个不同特征集来表示待分类的目标，然后在每个特征集上用不同的学习算法训练一个分类器。由于使用了不同的学习算法，同时每个算法又使用了不同的特征集，因而子分类器之间具有较大的差异性。实验证明，在这种情况下，无需像 adaboost 或 bagging 算法那样训练大量的子分类器，只需使用每个学习算法训练一个分类器，就能达到较高的识别率。

本节设计了一个基于多视角学习的集成分类器来解决 SAR 图像目标识别问题。使用三种特征来描述 SAR 图像：PCA 特征、轮廓特征和二维 FT 变换(二维 FT 变换也被看作一种特征)。基于这三种特征，分别使用三种学习算法——KNN、支持向量机和 MINACE 相关滤波理论来训练三个分类器。

至于分类器组合方法，采用加权的证据组合。首先直接根据分类器的输出定义基本概率赋值，根据冲突因子计算每个证据的权重，使用该权重对每个证据对应的基本概率赋值进行折扣操作，最后使用 Dempster 证据组合方法组合各个证据对应的基本概率赋值。

8.5.2 基于多视角学习的集成分类器

1. 整体框架

对 SAR 图像从不同的角度进行描述：PCA 特征、轮廓特征和二维 FT 变换(2D FT)，其中轮廓特征使用椭圆傅里叶描述子(Elliptical Fourier Descriptor，EFD)。基于这三种特征，分别使用 KNN、SVM、MINACE 相关滤波器训练分类器，最后使用 Dempster-Shafer 证据理论对分类器加以组合。整个集成分类器的基本框架如图 8.13 所示。

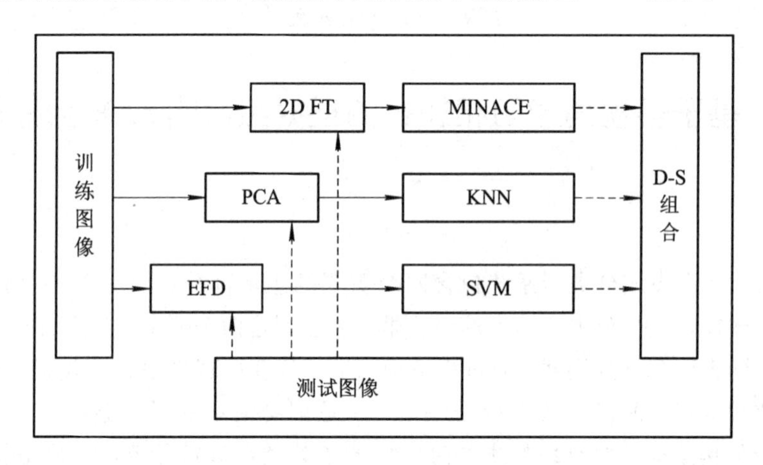

图 8.13　基于多视角学习的集成分类器

PCA 特征提取以及 KNN 学习算法已在第 2 章中进行了详细介绍。这里只对椭圆傅里叶描述子以及 SVM 和 MINACE 滤波器理论做一简要介绍。

2. 轮廓特征提取

这里使用的轮廓特征为椭圆傅里叶描述子特征，LP Nicoli 等人将椭圆傅里叶描述子应用于 SAR 目标识别。椭圆傅里叶描述子(EFD)假设 C 是平面上的光滑闭合曲线，由向量 $\boldsymbol{v}(t)=[x(t),\ y(t)]^{\mathrm{T}}$ 表示，其中 $t\in[0,\ 2\pi]$，那么 $\boldsymbol{v}(t)$ 是 t 的周期函数，它可以由下面的傅里叶级数来表示：

$$\begin{bmatrix} x(t) \\ y(t) \end{bmatrix} = \sum_{k=0}^{\infty} \boldsymbol{F}_k \begin{bmatrix} \cos(kt) \\ \sin(kt) \end{bmatrix} \tag{8-16}$$

其中 $\boldsymbol{F}_k$ 是一个 2×2 的实值矩阵，称为椭圆傅里叶描述子(EFD)，它可由下式来计算：

$$\boldsymbol{F}_k = \begin{bmatrix} a_k & b_k \\ c_k & d_k \end{bmatrix} = \frac{1}{2\pi}\int_0^{2\pi} \begin{bmatrix} x(t) \\ y(t) \end{bmatrix}^{\mathrm{T}} \begin{bmatrix} \cos(kt) \\ \sin(kt) \end{bmatrix} \mathrm{d}t \tag{8-17}$$

即

$$\begin{cases} a_k = \dfrac{1}{2\pi}\displaystyle\int_0^{2\pi} x(t)\cos(kt)\,\mathrm{d}t, & b_k = \dfrac{1}{2\pi}\displaystyle\int_0^{2\pi} x(t)\sin(kt)\,\mathrm{d}t \\ c_k = \dfrac{1}{2\pi}\displaystyle\int_0^{2\pi} y(t)\cos(kt)\,\mathrm{d}t, & d_k = \dfrac{1}{2\pi}\displaystyle\int_0^{2\pi} y(t)\sin(kt)\,\mathrm{d}t \end{cases} \tag{8-18}$$

其中 $a_0 = \frac{1}{2\pi}\int_0^{2\pi} x(t)\,\mathrm{d}t$，$b_0 = 0$，$c_0 = \frac{1}{2\pi}\int_0^{2\pi} y(t)\,\mathrm{d}t$，$d_0 = 0$，则封闭曲线 C 可由一些列系数 $\{a_0, c_0, a_1, b_1, c_1, d_1, \cdots\}$ 来表示。

上述公式是关于如何求连续闭合曲线的 EFD，而对于 SAR 图像来说，其坐标是离散的，因而需要使用上面这些公式的离散化的版本。假设图像内有一闭合曲线，闭合曲线上共有 R 个像素点，则该曲线离散化的表示为$\{x(t_j), y(t_j)\}$，其中$t_j = \frac{2\pi j}{R}$，$j=0, 1, \cdots, R-1$，则

$$\begin{cases} a_k = \dfrac{1}{2\pi}\displaystyle\sum_{j=0}^{R-1} x(t_j)\cos(kt_j), & b_k = \dfrac{1}{2\pi}\displaystyle\sum_{j=0}^{R-1} x(t_j)\sin(kt_j) \\ c_k = \dfrac{1}{2\pi}\displaystyle\sum_{j=0}^{R-1} y(t_j)\cos(kt_j), & d_k = \dfrac{1}{2\pi}\displaystyle\sum_{j=0}^{R-1} y(t_j)\sin(kt_j) \end{cases} \tag{8-19}$$

3. MINACE 滤波理论

相关滤波分类器也是进行 SAR 图像目标识别的典型方法之一。相关滤波最早被应用于光学模式识别，David Casasent 在这方面做出了大量贡献并将其应用于 SAR 目标识别中。Casasent 引入了合成判决函数(Synthetic Discriminat Function，SDF)，这种判决函数可以用相同的滤波器完成对多个训练模式或测试类的识别。在此基础上，Casasent 又提出了多种相关匹配滤波识别方法，如最小平均能量相关(Minimum Average Correlation Energy Filters，MACE)滤波器以及最小噪声和相关能量(Minimum Noise and Correlation Energy，MINACE) 滤波器。近来，Casasent 已将 MINACE 滤波理论应用于 SAR 目标识别、目标跟踪和人脸识别。

对分类问题，MINACE 为每一类训练样本构建了一个或多个滤波器。在测试阶段，将测试样本与每一类的滤波器进行相关，然后将测试样本归到相关峰值最大的滤波器所在的类。MINACE 所有的操作都在傅里叶变换域进行。假设对于某个目标，共有 N 幅训练图

像，现在从这 N 个训练图像中拿出N'幅图像来构建一个滤波器。

首先对这N'幅图像求二维傅里叶变换(2D FT)，然后将这N'幅图像的 2D FT 按行拉成一个列向量，依次放进矩阵 $\boldsymbol{X}$ 中。假设 $\boldsymbol{h}$ 是我们要构建的滤波器，它是一个列向量。对参与构建该滤波器 $\boldsymbol{h}$ 的每幅训练图像的 FT 与 $\boldsymbol{h}$ 进行相关，要求 $\boldsymbol{h}$ 能够产生一个特定的相关峰值，这些相关峰值(一般为 1)放在列向量 $\boldsymbol{u}$ 中，即

$$\boldsymbol{X}^{\mathrm{H}}\boldsymbol{h} = \boldsymbol{u} = [1\ 1\ \cdots\ 1] \tag{8-20}$$

其中( )^{H} 表示复共轭转置。

然后定义矩阵 $\boldsymbol{S}_i$，$\boldsymbol{S}_i$ 的每个对角线元素为第 i 个训练图像的二维功率谱($|\mathrm{FT}|^2$)，即将第 i 个训练图像的二维功率谱拉成一列放在 S_i 的对角线上，令

$$\boldsymbol{S}(k,\ k) = \max\{\boldsymbol{S}_1(k,\ k),\ \boldsymbol{S}_2(k,\ k),\ \cdots,\ \boldsymbol{S}_{N_T}(k,\ k)\} \tag{8-21}$$

$$\boldsymbol{T}(k,\ k) = \max\{\boldsymbol{S}(k,\ k),\ c\boldsymbol{N}(k,\ k)\} \tag{8-22}$$

其中 $\boldsymbol{N}$ 是一个单位矩阵，代表噪声，$c(0\leqslant c\leqslant 1)$为控制噪声的方差，$N_T$ 为全部训练图像的总数。

为提高性能，还要求滤波器 $\boldsymbol{h}$ 最小化相关平面能量为

$$E = \boldsymbol{h}^{\mathrm{H}}\boldsymbol{T}\boldsymbol{h} \tag{8-23}$$

在式(8-20)约束下，式(8-23)的拉格朗日乘子解为

$$\boldsymbol{h} = \boldsymbol{T}^{-1}\boldsymbol{X}(\boldsymbol{X}^{\mathrm{H}}\boldsymbol{T}^{-1}\boldsymbol{X})^{-1}\boldsymbol{u} \tag{8-24}$$

在实际应用中，为了获得较高的识别率，常常为每一类样本构建若干个滤波器。比如，可以将每一类的训练图像按一定的角度间隔划分为几部分，然后为每一部分构建一个滤波器。而在测试阶段，将一个测试图像的 FT 与所有的滤波器进行相关，每个滤波器产生一个相关峰值，然后将该测试图像归到相关峰值最大的滤波器所在的类中。

8.5.3 基本概率赋值函数的定义

每个分类器关于某个测试样本的输出即为一个证据，在 DS 证据组合中，每个证据都应该有一个基本概率赋值与其对应。首先从分类器的输出定义基本概率赋值，然后通过冲突因子计算各个证据的权重，如果分类器能以概率的形式输出分类器结果，比如 SVM，则可以直接使用分类器的输出定义基本概率赋值。而对于 KNN 和 MIANCE 这样的分类器，它们的输出不是概率的形式，必须经过一定的转换来定义基本概率赋值。

1. SVM 基本概率赋值

SVM 算法的实现可以采用 LIBSVM 程序包，LIBSVM 可以用概率的形式给出分类结果。给定一个测试样本 x，假设 SVM 输出 $\Psi_{\mathrm{SVM}}(\boldsymbol{x})=[s_1,\ s_2,\ \cdots,\ s_M]$，则定义基本概率赋值 m_{SVM} 为

$$m_{\mathrm{SVM}}(C_j \mid \boldsymbol{x}) = s_j \tag{8-25}$$

$m_{\mathrm{SVM}}(C_j|\boldsymbol{x})$代表了 $\boldsymbol{x}$ 被标记为 C_j 的置信度。

2. KNN 基本概率赋值

对于一个测试样本 $\boldsymbol{x}_i$，KNN 分类器寻找它的 K 个最近邻点 p_{i1}，p_{i2}，…，p_{iK}，并输出这 K 个最近邻点所属的类别 c_{i1}，c_{i2}，…，c_{iK} 以及它们与 $\boldsymbol{x}$ 的距离 d_{i1}，d_{i2}，…，d_{iK}，则基本概率赋值函数定义如下：

$$m_{\mathrm{KNN}}(C_j \mid \boldsymbol{x}_i) = \sum_{k=1}^{K} \mathrm{e}^{-d_{ik}} \langle c_{ik} = C_j \rangle \tag{8-26}$$

符号〈·〉的意思是如果它里面的表达式成立，则为 1，否则为 0。然后将 m_{KNN}归一化：

$$m_{\mathrm{KNN}}(C_j \mid \boldsymbol{x}_i) = \frac{m_{\mathrm{KNN}}(C_j \mid \boldsymbol{x}_i)}{\sum_{k=1}^{M} m_{\mathrm{KNN}}(C_k \mid \boldsymbol{x}_i)} \tag{8-27}$$

式(8-27)的意义在于一个属于 c_{ij} 的近邻点 p_{ij} 离 $\boldsymbol{x}_i$ 的距离越小，则它对 $\boldsymbol{x}_i$ 属于 c_{ij} 的支持程度越大，反之则越小。

3. MINACE 基本概率赋值

对于 MINACE 相关滤波分类器，给定一个测试图像 I_i，首先计算它的 2D FT 并将其拉成一个列向量，记为 $\boldsymbol{x}_i$。假设所构建的滤波器为 h_1，h_2，…，h_R(R 为滤波器的个数)，将 $\boldsymbol{x}_i$ 与所有的滤波器相关，得到相关峰值

$$u_j = \boldsymbol{x}_i h_j,\ j = 1,\ 2,\ \cdots,\ R \tag{8-28}$$

由于每一种类别有多个滤波器，因而首先找出每一类滤波器相关峰值的最大值$u_{1\max}$，$u_{2\max}$，…，$u_{M\max}$，定义基本概率赋值为

$$m_{\mathrm{MINACE}}(C_j \mid \boldsymbol{x}_i) = \mathrm{e}^{\alpha u_{j\max}} \tag{8-29}$$

其中 α 是一个大于 1 的常数。

式(8-29)的意义在于最大相关峰值越大，其提供的置信度越大。如果某一类的最大相关峰值大于其他任何类的最大相关峰值，则 $\boldsymbol{x}$ 属于该类的可能性最大。由于这些最大相关峰值之间的差别比较小，如果直接使用最大相关峰值定义基本概率赋值，会使得置信度在各个类标签上的分配过于均匀，从而意味着 $\boldsymbol{x}$ 属于各个类的可能性几乎是相同的，因此，为增加置信度之间的差别，我们用一个指数函数并使用一个大于 1 的常数 α 将最大相关峰值转化为置信度。

8.5.4 加权的证据组合

在前面的工作中曾使用各个子分类器的权重作为折扣因子对每个证据进行折扣操作，而子分类器的权重是根据子分类器在训练样本中的分类性能获得的。这一方面增加了分类器组合的代价，另一方面由于分类器的权重是一次性获得的，且在整个测试阶段是固定不

变的，也就是说，针对任何测试样本，每个分类器对应的证据都会被相同的权重折扣化，这显然是不合理的。而比较合理的情况是，针对不同的测试样本，分类器输出的证据应该被赋予不同的权重。针对在证据之间冲突较大时 Dempster 证据组合失效的情况，叶清等人提出一种基于权重系数的证据合成方法，使用冲突因子来计算每个证据的权重，然后通过折扣操作调整基本概率赋值。假设对于某个待识别样本，T 个分类器产生 T 个证据E_1，E_2，…，E_T，这 T 个证据代表的基本概率赋值函数分别为m_1，m_2，…，m_T，按以下步骤计算这些证据的权重。

(1) 计算证据 E_i 和其他所有证据$E_j(j=1, 2, \cdots, i-1, i+2, \cdots, T)$的冲突因子，得到关于 E_i 的冲突向量：

$$\boldsymbol{K}_i=[k_{i,1}, \cdots, k_{i,i-1}, k_{i,i+1}, \cdots, k_{i,\mathrm{T}}] \tag{8-30}$$

其中 $k_{i,j}=\sum_{B\cap C=\varnothing} m_i(B)m_j(C)$ 。

(2) 将 $\boldsymbol{K}_i$ 归一化：

$$\boldsymbol{K}_i^N=\frac{[k_{i,1}, \cdots, k_{i,i-1}, k_{i,i+1}, \cdots, k_{i,\mathrm{T}}]}{\sum_{j=1, j\neq i}^{T} k_{ij}}=[k_{i,1}^N, \cdots, k_{i,i-1}^N, k_{i,i+1}^N, \cdots, k_{i,T}^N] \tag{8-31}$$

(3) 计算归一化冲突向量的熵值：

$$H_i=\sum_{j=1, j\neq i}^{T} k_{i,j}^N\ln(k_{i,j}^N), \quad i=1, 2, \cdots, T \tag{8-32}$$

(4) 计算H_i 的倒数：

$$H_i^{-1}=\frac{1}{H_i}, \quad i=1, 2, \cdots, T \tag{8-33}$$

(5) 将H_i^{-1} 归一化，得到证据E_i 的权重：

$$w_i=\frac{H_i^{-1}}{\sum_{i=1}^{T} H_i^{-1}}, \quad i=1, 2, \cdots, T \tag{8-34}$$

最后将所有的权值除以最大的权值进行归一化：

$$w_i=\frac{w_i}{\max\{w_1, w_2, \cdots, w_T\}} \tag{8-35}$$

使用计算出的权重对各个证据进行折扣操作，对置信度进行调整：

$$(A)=\alpha\times m_i(A), A\subset\Theta$$

$$m_i^\alpha(\Theta)=(1-\alpha)+\alpha\times m_i(\Theta) \tag{8-36}$$

其中，Θ 指空间，称为辨识框架，由一些互斥且穷举的元素组成。

最后通过 Dempsterz 证据组合以上各个证据，而待识别样本将会被归到置信度最大的那一类中。

8.5.5 实验与结果分析

将以上算法用于 MSTAR 数据集。MSTAR 原图像的大小为 128×128，根据其他文献中的做法，将其切割为 64×64 大小，这种大小已足以包含整个目标。对于特征提取，PCA 为 40 维特征。根据 LP Nicoli 等人的实验结果，使用椭圆傅里叶描述子和 SVM 在 MSTAR 数据集上进行实验，取 7 阶系数就已经能够达到满意的识别率，而如果继续增加阶数，识别率不会有显著的提高，因而这里使用了 7 阶系数，共 26 维特征。

支持向量机采用径向基核函数 $k(x, y)=\exp(-\gamma\|x-y\|^2)$，相应的参数采用粗略的格点搜索获得其最优值。对于 MINACE 相关滤波分类器，式(8-22)中有一个参数 c 需要调整，我们采用以下方法寻找最优的 c 值。从整个训练样本中拿出 1/5 的样本作为验证集，使用剩下的训练样本为每一种类别构建 6 个 MINACE 滤波器，然后在这些滤波器上测试所有的验证集。如果对于某个验证样本，某一类的 6 个滤波器的相关峰值中的最大值大于 0.6，则接收该验证样本为该类的样本。在 0.0001～0.001 的范围内，以 0.0001 的间隔进行搜索，找到能够产生最高识别率和最低虚警率的 c，即为最优的 c 值。本实验最终 c 值被设定为 0.0001，0.0001，0.0002。

表 8.5 至表 8.7 给出了实验结果。首先在表 8.5 中将本节设计的基于多视角学习的集成分类器与单个分类器的结果进行比较。从表 8.5 中数据可以看出，单个分类器的识别率比较低，但集成之后的识别率有了大幅度的提高，这说明虽然仅用了三个分类器，但因为分类器之间的差异性比较大，因而获得了较高的识别率。在表 8.6 中将本节的基于加权的证据融合的分类器组合方法与其他几种分类器组合方法进行比较。由表中数据可以看出，基于证据融合的分类器组合方法具有一定的优越性，而且均值规则、最大值规则和乘积规则也能达到较高的识别率。在表 8.7 中将本节提出的基于多视角学习和加权的证据组合的识别方法与文献中的其他方法进行比较。由表中数据可以看出本节提出的算法具有较大的优势。

表 8.5 识别结果(%)

算法	BMP2	BTR70	T72	平均
MCS+DS	97.44	100	96.74	97.51
KNN+PCA	91.48	97.45	92.61	92.82
SVM+EFDs	84.67	92.35	88.66	87.47
MINACE	94.21	87.76	72.51	84.03

表 8.6　几种组合方法的比较

方法	BMP2	BTR70	T72	平均
DS	97.44	100	96.74	97.51
多数投票法	97.61	96.94	92.10	0.9516
均值规则	97.27	100	97.77	97.14
最大值规则	0.9557	100	97.77	97.14
最小值规则	95.74	100	97.08	96.92
乘积规则	96.42	100	97.25	97.29

表 8.7　与文献中其他算法的比较

算法	BMP2	BTR70	T72	平均
MCS+DS	95.91	99.49	98.45	97.51
Adaboost	0.9438	0.9796	0.9794	0.9612
模板匹配	0.8842	0.9796	0.8986	0.9040
SVM	0.9406	1.000	0.9296	0.9487
SVRDM	—	—	—	0.9450
KPCA+SVM	—	—	—	0.9150

8.6　基于深度学习的骨龄识别

骨龄为骨骼年龄的简称，是一种用来描述人体，特别是青少年骨骼发育程度的数据。对于大多数人来说，骨骼年龄和自然年龄(日历年龄)是一样的，然而人的生长发育会受到各种因素(可能是不同地区的环境气候，也可能是遗传因素)的影响，有些人的骨龄和自然年龄会产生几年的差距。那些骨龄长于自然年龄的通常偏早发育，但同时停止生长的时间也偏早；骨龄短于自然年龄的则相反。在各类评测人体发育程度的方法中，骨龄的判定凭借其可靠性和稳定性应用于许多领域，因此被认为是目前评价人体发育状况的最好方法，与青少年和儿童相关的检查基本上都要进行骨龄判定。

骨龄的判定可以帮助医生确定哪些因素阻碍和影响了青少年与儿童的生长发育。人身体的发育程度由许多因素共同决定，包括遗传、生活环境、饮食习惯、精神状态、疾病等。以疾病为例，很多疾病都会对骨骼发育造成影响，导致其异常提前或者滞后。如甲亢、先天性肾上腺皮质增生等通常会使得儿童骨龄提前，而骨龄滞后的群体中大多伴随有特纳综合征、甲状腺功能不足、生长激素缺乏、软骨不正常发育等。因此，临床上，少年儿童的健康状况可以通过检测骨龄与实际年龄的差距来判断。

8.6.1 骨龄的判定方法

在人类的生长期内，从婴儿到成人，骨骼的形状、大小都会发生变化，而且我们可以通过 X 光检查到这些变化。在出生的时候，只有长骨的干骺端是存在的。随着儿童的成长，骨骺逐渐钙化。在 X 光下观察时，如同手的腕骨一样，骨骺是一层不可见的软骨，这些软骨的位置就是骨骼生长的位置。当少年生长接近尾声，身高接近成年人身高时，骨骼开始变得接近成年人的大小和形状，剩下的骨骺软骨也变得更薄。当这些骨骺软骨部分消失时，骨骺被称为处于闭合状态，骨骼也停止生长。以尺骨为例，不同年龄段的尺骨生长情况如图 8.14 所示。

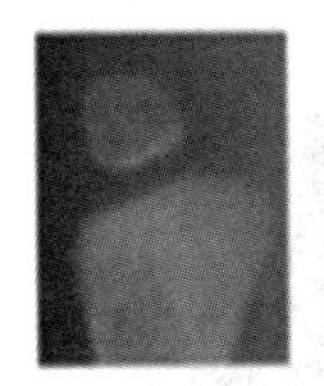
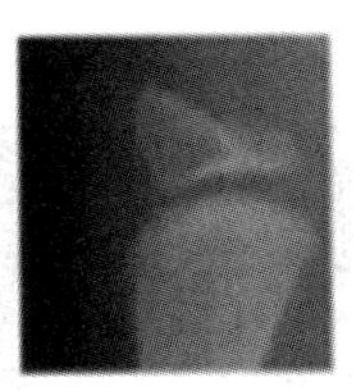
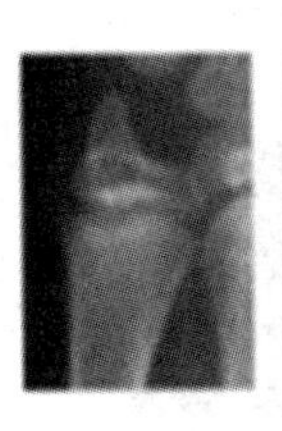

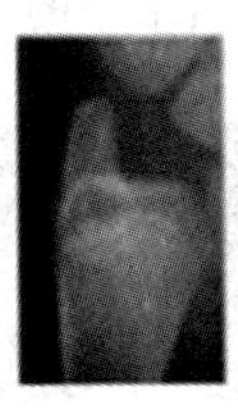
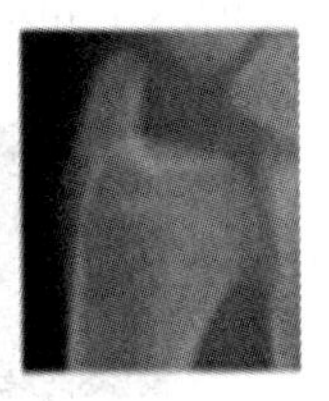

图 8.14 不同生长阶段的尺骨

最常见的测量包括手腕、手肘、膝关节等部位，其中，因为手部只需要很小的放射剂量就可以得到影像，而且手腕部有尺骨、桡骨、14 块指骨、5 块掌骨和 8 块腕骨，包含了大量与生长发育有关的信息，且与骨发育密切相关，所以拍摄左手腕骨的 X 光图像的方法更为常用。目前来看，国际上常用的骨骼发育程度判定方法有 G－P 图谱法和 TW 记分法。G－P 图谱法是 Greulich 和 Pyle 在 Todd 1926 年的研究基础之上，将患者的 X 光扫描图与年龄图谱比较，从而确定骨龄的方法。TW 记分法包括 TW1、TW2、TW3 法，其中，TW2 法检查特定的 20 块骨骼并对每一块进行评分，最后综合计算出骨龄的值。TW3 法在 2000 年对 TW2 法做了进一步改进，判定骨龄时的量化更为细致，结果也更精确，但代价是过程较为繁琐。由于人种和饮食的差异，不同地域、不同种族的人之间骨骼的发育情况存在明显的差距，因此针对不同的人群应当有着不同的骨龄判定标准。目前许多国家和地区都建立了针对自己国家和地区的骨龄数据库，发布了自己的骨龄判定准则。

我国也先后制定了李果珍法、CHN 法、中华 05 法等评价方法。李果珍法是一种骨龄百分计数法，这种方法和 TW2 法有一定的相似之处。它统计 10 块骨头从发育到成熟需要的年数平均值并采用 Tanner 评分法进行评分，总分为 100。分别计算 10 块骨头在各个生长时期的发育指数并相加，再与标准曲线图进行对比后得到骨龄。而 CHN 法则在对照参考了 TW2 法和 G－P 法的基础上，拍摄左手手腕部 14 块骨骼的 X 光片，按照骨骼的发育进行分级，每一级都有相应的分值，并以此建立适合国人的骨骼发育等级标准。中华 05 法则是张绍岩等人在 2006 年提出的，它参考 TW3 法和 CHN 法制定出一套统一的骨龄标准，其中包括了 TW3－C RUS、TW3－C 腕骨和 RUS－CHN 骨龄标准。这些方法都能比较准确地判定骨龄，但过程复杂，时间较长，评估者和相关医护人员都需要经过专业的训练和一定经验的积累才能准确地进行判定。

图像数据集是由北美放射学会(RSNA)提供的左手 X 光扫描图像。RSNA 成立于 1915 年，是加拿大与美国联合成立的一个地区性放射学学术团体，他们把科研重心放在放射学和相关学科的研究上，并为相关研究人员提供高质量的学习材料。数据集包括 12 611 张 X 光扫描图，如图 8.15 所示为部分图像样例。图像为灰度图像，尺寸大小为 1514×2044，每张图像有三个标签，分别是编号、年龄和性别，年龄以月为单位。由图 8.15 可以看出，所有图片的灰度和亮度并不平衡，有的偏浅有的偏暗，而且方向也不完全一致。为了提高训练的效率和最后结果的准确性，需要对图像进行预处理。

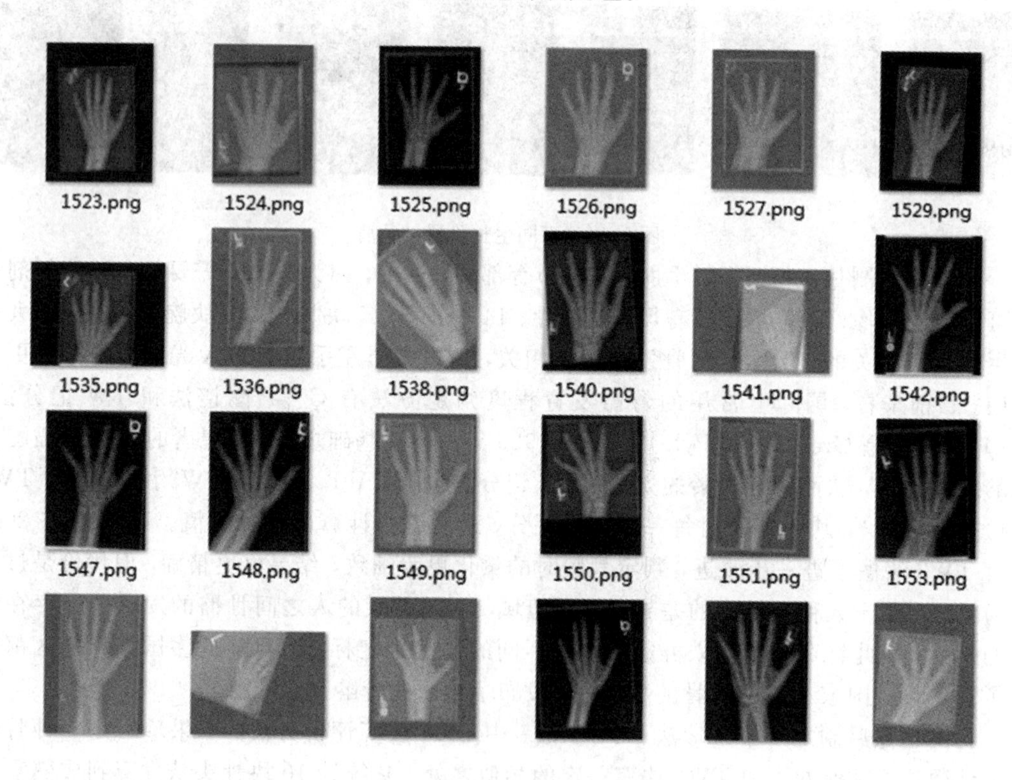

图 8.15 部分图像样例

8.6.2　图像校正

在观察 X 光片的时候通常认为左手手臂线垂直的方向是标准方向，但在观察数据集时发现很多图像拍摄时的方向并不是标准方向，需要先对其进行方向校正，背景以原图像背景色进行填充。校正前后的图像对比如图 8.16 所示。还有一部分图像需要进行水平翻转处理，如图 8.17 所示。

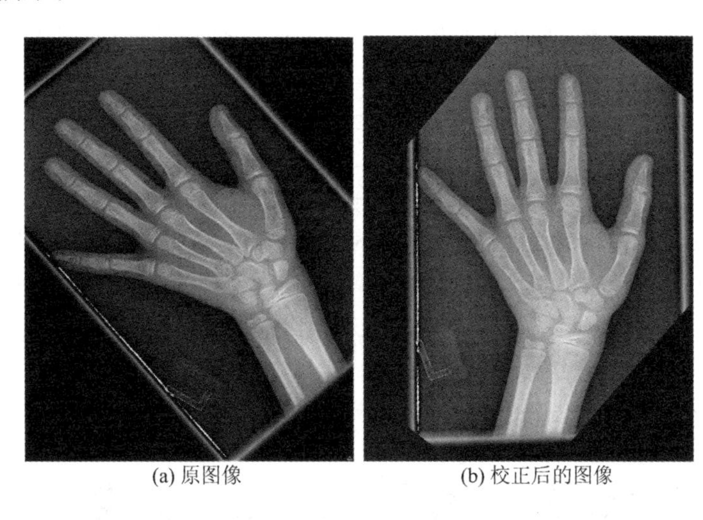

(a) 原图像　　(b) 校正后的图像

图 8.16　图像校正结果对比

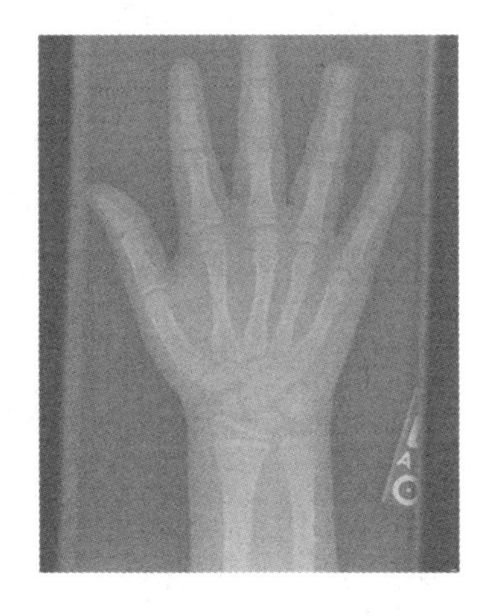

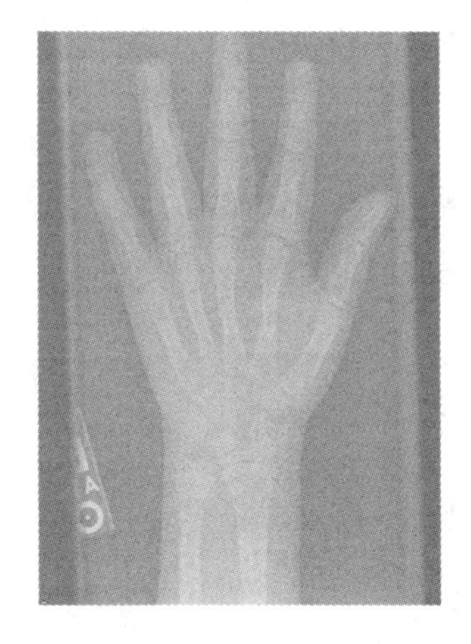

图 8.17　图像水平翻转

8.6.3 灰度分布标准化

所有的训练数据均为灰度图像，其像素值位于0～255之间。由图8.15可见，由于拍摄X光片时的种种原因，每幅图像之间的对比度都不相同，图像像素亮度分布不平衡，这会给后续的网络训练带来一定的偏差，从而影响最终骨龄判定的准确度，所以要对所有的训练数据和测试数据做灰度分布标准化。我们把图像视为二维矩阵 $\boldsymbol{D}[W][H]$，W 和 H 分别表示图像的宽和高，然后以第一幅图像为模板，计算图像的灰度平均值 μ 和灰度分布方差 σ：

$$\mu=\frac{1}{W\cdot H}\sum_{i=0}^{W-1}\sum_{j=0}^{H-1}D[i][j] \tag{8-37}$$

$$\sigma^2=\frac{1}{W\cdot H}\sum_{i=0}^{W-1}\sum_{j=0}^{H-1}(D[i][j]-\mu)^2 \tag{8-38}$$

之后，对于每一个输入的样本，计算图像的灰度平均值 μ' 和灰度分布方差 σ'。为了将它们变换到式(8-37)和式(8-38)中计算的 μ 和 σ，需要将图像中的每一个像素点做如下变换：

$$\hat{D}[i][j]=\frac{\sigma}{\sigma'}(D[i][j]-\mu)+\mu' \tag{8-39}$$

最后，完成灰度分布标准化的数据如图8.18所示。与图8.15相比，图8.18中每幅图像之间的像素亮度分布有了明显改变，手部骨骼更加明显。

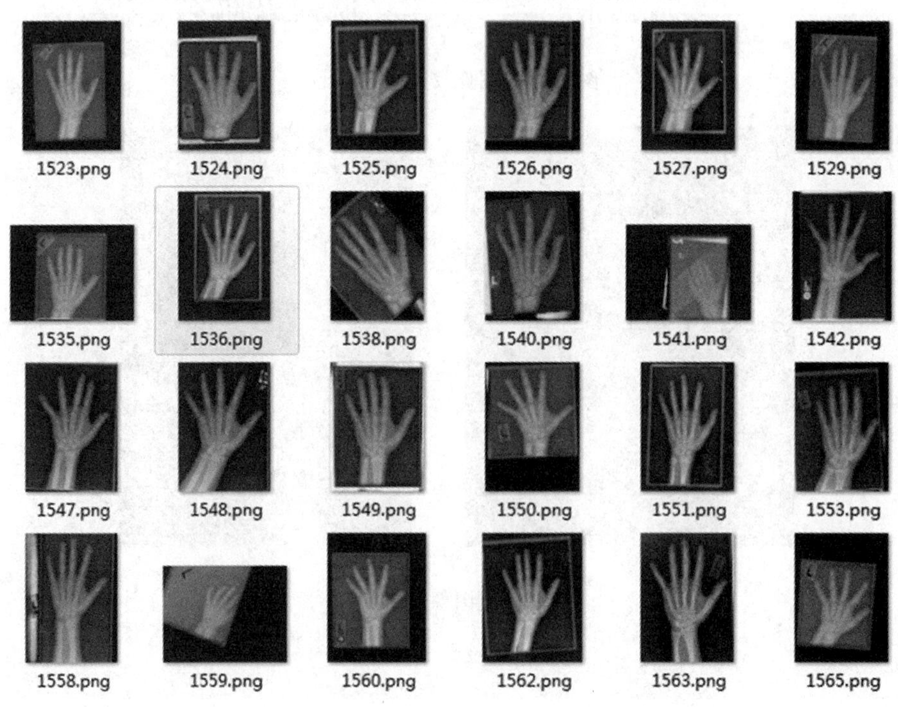

图8.18 灰度分布标准化处理后的部分图像样例

8.6.4 形态学处理

1. 二值化

图像的二值化就是把原始图像上每个点像素的灰度值变换为 0 或 255，使图像成为一幅黑白图像。如果选取的阈值合适，获得的二值图像就可以很好地表现整体特征和局部特征。对 X 光扫描图像做二值化处理的原因是：图像中不仅有手部骨骼，还含有很多无关信息，比如背景中的噪声、标签和水印等，有的图像甚至含有多层背景，去掉这些无关信息后可以使数据量变得更小，提高训练效率。二值化后可以得到比较清晰的手部轮廓边缘，便于下一步的处理。

图像二值化最常用的方法有两种，即局部阈值法和全局阈值法。经过对比，本次实验选择 Otsu 算法。Otsu 算法是全局阈值法中的一种，它能自适应地处理阈值，进而通过最佳阈值将图像的灰度值分成两个部分：目标和背景，同时使得目标和背景之间分离性最大，也就是方差最大。该算法的基本原理为：对于一幅 $M\times N$ 的图像，令 L 表示灰度级，n_i 表示灰度级等于 i 的像素数量，则图中像素总数 $MN=n_1+n_2+\cdots+n_L$，相对直方图 $p_i=n_i/MN$，即灰度级为 i 出现的概率，则有 $\sum_{i=1}^{L} p_i=1$。设阈值 $T(k)=k$，$1<k<L$，可将图像分为C_1 和C_2 两类，则被分到C_1 和C_2 的概率分别为

$$P_1(k)=\sum_{i=1}^{k} p_i \tag{8-40}$$

$$P_2(k)=1-P_1(k) \tag{8-41}$$

分到C_1 和C_2 的像素灰度均值分别为

$$m_1(k)=\frac{1}{P_1(k)}\sum_{i=1}^{k} ip_i \tag{8-42}$$

$$m_2(k)=\frac{1}{P_2(k)}\sum_{i=k+1}^{L} ip_i \tag{8-43}$$

直至 k 级的累加均值 $m_k=\sum_{i=1}^{k} ip_i$，全局均值 $m_G=\sum_{i=1}^{L} ip_i$，由此可求得类间方差σ_B：

$$\sigma_B^2=P_1(m_1-m_G)^2+P_2(m_2-m_G)^2 \tag{8-44}$$

由式(8-40)～式(8-44)可得：

$$\sigma_B^2(k)=\frac{(m_G P_1-m(k))^2}{P_1(k)(P_1(k)-1)} \tag{8-45}$$

设 $\sigma_G^2=\sum_{i=1}^{L}(i-m_G)^2 p_i$ 代表全局方差，$\eta(k)=\frac{\sigma_B^2(k)}{\sigma_G^2}$为可分性度量，则最终要计算的是

使得 η 为最大值的 k，这就是最佳阈值。原始图像、直方图和二值化处理后的图像如图 8.19 所示。

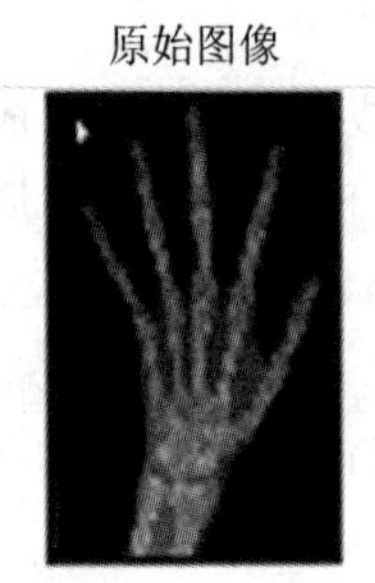

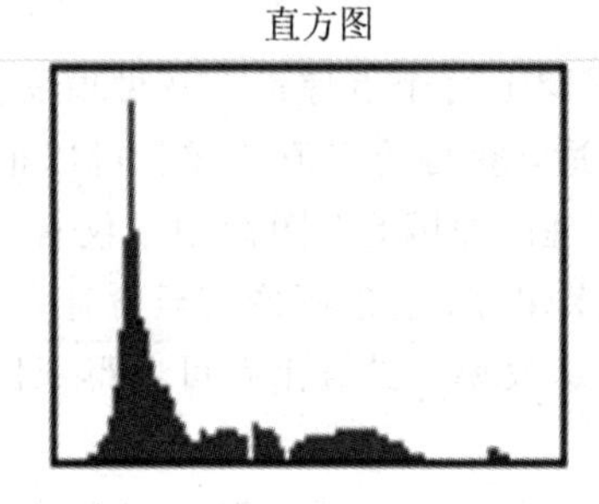

图 8.19　原始图像、直方图和二值化处理后的图像

2. 腐蚀和膨胀

对二值图像进行的形态学操作通常需要一个结构化元素，或称其为核，它是用来决定操作的性质。两种基本的形态学操作是腐蚀和膨胀，以它们为基础自由组合就构成了开运算、闭运算、梯度等操作。

腐蚀操作就是像物体侵蚀一样，它可以侵蚀掉前景物体的边界，删除目标的一些边界像素点。这一操作是将图像 A 与任意形状的卷积核 B 进行卷积，卷积核 B 通常是圆形或正方形，其中有一个人工设置的锚点，大多数情况下我们将锚点设置为中心点。在进行腐蚀时，让卷积核 B 滑过图像，选择出 B 所覆盖区域内的最小像素值，并以此值代替锚点内的像素值。对于二值图像来说，如果卷积核对应的原图像区域所有的像素值都为 1，那么锚点就保持原来的像素值，否则设置为 0。这样，所有前景图像周围的像素都会被腐蚀掉，也就是像素值变为 0。卷积核大小和形状的不同会带来不同的腐蚀效果，但都会使前景的目标物体变小，边界向内收缩。

膨胀恰好相反，它是腐蚀的对偶运算，在卷积核滑过图像时提取最大的像素值代替锚点的像素值，即与卷积核对应的图像中只要有一个点的像素值是 1，中心锚点的像素值就是 1。所以这个操作可以增加图像中白色的前景区域，扩大目标物体的边界。

3. 开运算和闭运算

开运算和闭运算是两个十分重要的形态学操作，由腐蚀和膨胀组合而成。开运算定义为先进行腐蚀再进行膨胀，这种操作能够去除孤立的点和边缘的毛刺。闭运算则相反，它是先进行膨胀再进行腐蚀，可以填平小的空洞，闭合裂缝。

最后，经过形态学处理的二值化图像如图 8.20 所示。

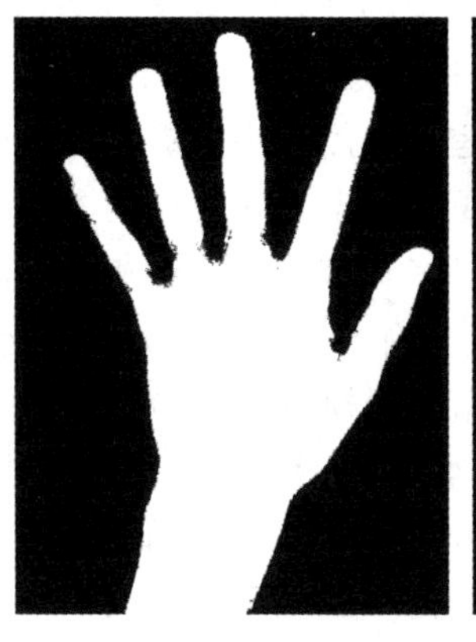
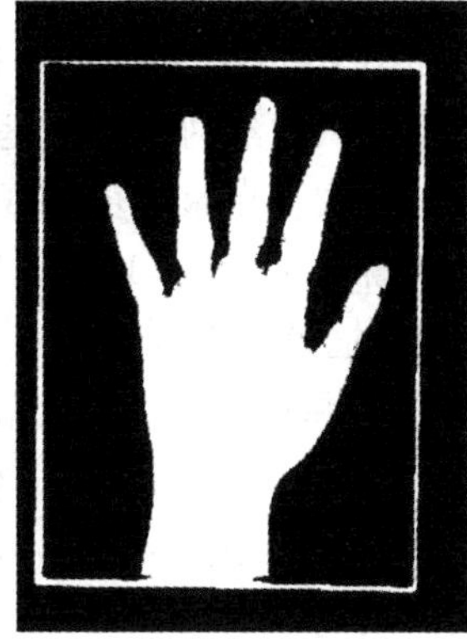

图 8.20　形态学处理后的二值化图像

4. 深度学习网络的骨龄判定算法设计

深度学习框架下的卷积神经网络在分类任务上有突出表现是因为它通过卷积操作后利用非线性激活函数得到了多种非线性特征组合，从而具有了强大的特征表示能力。一个卷积神经网络主要由输入层、卷积层、激活层(在卷积层后面，图 8.21 中不体现)、池化层和全连接层组成，后面会详细介绍每一层和具体的连接方式。图 8.21 展示了卷积神经网络的基本结构。卷积神经网络与全连接神经网络相比，两者的结构从直观上来讲差异很大，但是整体结构十分相似。卷积神经网络中的每一个结点就是一个神经元，整个网络则由层层的结点组织起来，这一点和全连接神经网络是相同的。对于全连接网络来说，因为相邻两层的结点都是由边连接起来的，所以为了在显示层与层之间的连接结构时能够方便直观，通常会把整个全连接层中的结点一字排开。然而对于卷积神经网络来说，两个相邻的层之间只通过一小部分的结点连接在一起，所以为了在结构图中能清晰显示各层神经元的不同维度，通常将每一个卷积层的结点以矩阵的形式展示出来，矩阵的维数为 3。

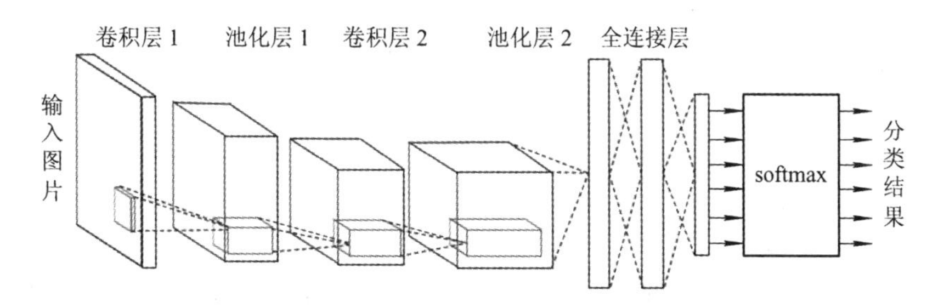

图 8.21　卷积神经网络的结构示意图

除了结构有相似之处外，卷积神经网络的输入和输出以及训练也基本与全连接网络一致。比如说，在处理计算机视觉的分类问题中，卷积神经网络输入的就是原图像的像素矩阵，而输出层的不同节点就代表了属于各个类别的置信度，这与全连接网络的输入、输出基本相同。如果使用 TensorFlow 框架，训练两种网络的过程和方式区别也不是很大。但是在本次实验中，我们选择卷积神经网络而不是全连接网络，就是因为全连接网络无法很好地处理图像数据，它在处理图像中最大的问题就在于全连接层的参数太多。对于 X 光图像来说，假如经过剪裁后的图片大小为 512×512×1(乘 1 代表着灰度图像)，如果我们用一个全连接的神经网络来训练，把第一个隐藏层设为有 500 个结点，那就会有 512×512×500+500=131 072 500 个参数。如果图片更大，数据集规模也庞大的话，参数的数量将难以估量。参数数量过多不仅会使计算速度减慢，影响训练效率，还有可能使网络训练过拟合，所以需要更加简洁有效的网络来减少神经网络中的参数。选择卷积神经网络可以有效达到这个目的。

在解决图像处理任务的卷积神经网络中，输入层是网络的开端，通常情况下，一张图片像素的矩阵就可以作为整个网络的输入。例如在图 8.21 中，网络左侧的矩阵就代表了一幅图像。其中，矩阵的面积就是图像的大小，矩阵的深度则代表了图像的色彩通道。RGB 模式的图像深度为 3，灰度图像(黑白图像)的深度为 1。在有些网络结构中，输入层还承担着对输入图像进行归一化、PCA 降维等预处理的操作。网络中的各种结构能将三维矩阵处理转化，使其能从前一网络层传递到下一层，直至网络尾端的全连接层。

在卷积层中，卷积核处理的结点矩阵的大小都是人为确定的，这个大小也被人们称为卷积核大小。常用的卷积核大小有 3×3 或者 5×5。虽然有的时候结点矩阵是三维的，但因为卷积核处理的矩阵深度和当前层网络的结点矩阵深度相同，所以在设置卷积核大小的时候只需要确定两个维度。卷积核中另外一个需要人为指定的参数是处理后得到的单位结点矩阵的深度，这个参数被称为卷积核的深度。

整个卷积层的前向传播过程就是通过将一个卷积核从网络当前层的第一个点移动到最后一个点，每移动一个步长就计算相应的单位矩阵得到的。为了能更好地表现移动过程，我们假设矩阵的深度为 1，空间坐标为(x, y)，卷积核的大小依然设为 $p\times q$，权重为 w，图像像素值为 a，则卷积过程可表示为

$$\mathrm{con}\ v_{x,y} = \sum_{i}^{p\times q}\omega_i a_i \tag{8-46}$$

如图 8.22 所示，此时输出的元素是

$$\begin{aligned}\mathrm{con}\ v_{x,y} &= 105\times 0+102\times(-1)+100\times 0+103\times(-1)+99\times 5+\\&\quad 103\times(-1)+101\times 0+98\times(-1)+104\times 0\\&= 89\end{aligned} \tag{8-47}$$

将卷积核随着图像从左上角到右下角平移扫描，就可以得到新的矩阵。当卷积核的大小不等于 1×1 时，卷积层输出的矩阵大小会比当前层矩阵的大小要小。假设输入图像的大小是 512×512，卷积核大小为 3×3，在不考虑填充的情况下，输出就是(512－3＋1)×(512－3＋1)＝510×510。有的时候，为了避免大小的变化，可以在当前矩阵的外围加入数

字 0，也就是我们所说的零填充，这样可以使得卷积层输出矩阵的大小保持不变。在卷积神经网络中，每个卷积层上面使用的卷积核的参数都是相同的，这是卷积神经网络的一个十分重要的特点，共享参数可以使得图像上的内容不容易受到位置的影响，而且这一特点可以大幅减少神经网络上的参数。

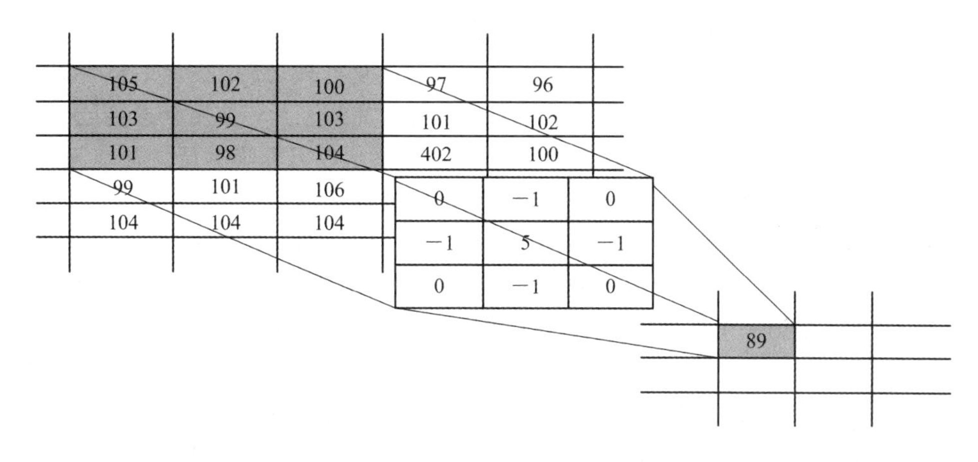

图 8.22　卷积层前向传播过程示意图

激活层又称为非线性映射层，通常添加在卷积层的后面，在卷积之后加入偏置(bias)并引入非线性激活函数，也就是把卷积层的结果做非线性映射。我们依然假设权重为 w，图像像素值为 a，偏置为 b，非线性激活函数为 $h()$，则激活后的输出结果为

$$Z_{x,y} = h\left(\sum_{i}^{p\times q}\omega_i a_i + b\right) \tag{8-48}$$

引入激活函数的目的是增加整个网络的表达能力，这样可以避免只有线性层叠加导致的无法形成复杂函数的问题。目前，使用较多的非线性激活函数有 Relu 线性整流单元、tanh 函数和 sigmoid 函数。激活函数的性质与生物神经元特性相似，它接收输入，产生输出。每个神经元都有一个临界的阈值，没有刺激时一直处于抑制状态。它从外界接收输入信号的刺激并不断累积，当累积的值超过了该阈值，神经元就会被激活，从抑制转变为兴奋状态。我们可以在人工神经网络中用几种函数来模拟这一个过程，例如使用 sigmoid 函数。

池化层又称汇合层。由图 8.21 可以看出，这种结构通常加在卷积层之间。池化层可以在保持矩阵深度的前提下，减小传递到下一层网络的矩阵的大小，用于压缩数据和参数的量，是一种降采样的操作。根据实验数据，这种操作可以有效地加速计算，同时也可以在一定程度上防止过拟合的发生。

与卷积层相似，池化层的运算过程也要通过移动一个类似卷积核的结构来完成。不过不同之处在于，池化层的卷积核里的计算不是求结点的加权和，而是使用更为简单的最大值或者平均值运算，也就是说，池化层并不包含需要学习的参数。使用得最多的池化层结构是最大池化，它采用最大值运算；采用平均值运算的则被称为平均池化。而且，也需要人为设置池化层中卷积核的大小以及移动的步长等参数。卷积核在池化层中的移动方式与在卷积层中相似，唯一区别在于池化层的卷积核只对一个深度上的结点产生影响，所以池化层的卷积核不仅要在长和宽这两个方向上滑动，还需要在深度这个方向上滑动。

全连接层充当了整个卷积神经网络的分类器。在网络最后通常会由几个全连接层来进行分类，给出结果，如图 8.21 所示。在多次的卷积和池化处理之后，图像中包含的信息经过网络的抽象已经转化为含有更多信息的特征，在提取完特征后，使用全连接层来实现最后的分类。如果把之前的各个功能层的操作看作是从原始数据到隐藏层特征空间的映射，那么全连接层的作用就是将学习到的特征映射到样本的标记空间。

常用的卷积神经网络模型有 LeNet、AlexNet、VggNet、GoogLeNet 和 ResNet。LeNet 网络是第一个在数字识别问题上取得成功的卷积神经网络，然而它无法处理比较大的图像数据集。AlexNet 是第一个得到广泛关注的卷积神经网络模型，它有五个卷积层和三个最大池化层，从本质上讲它是对 LeNet 的扩展，在其中加入了 Relu、Dropout 等操作。VggNet 有着很好的泛化性，与 AlexNet 相比它有着更多、更深的层数和更小的卷积核，但它最大的问题在于参数数量太多，可以说是参数数量最多的卷积网络架构。GoogLeNet 的特点是使用了 Inception 结构，这是一种与 VggNet 同年提出的网络，本次实验选择的 InceptionV3 网络就是其中的一种。

在卷积层中需要人工设定卷积核的大小，如何选择正确的大小就成为一个问题。Inception 模块给出了一个解决方案，那就是同时使用不同大小的卷积核，然后再把得到的矩阵拼接起来。图 8.23 展示了一个 Inception 模块的基本结构。从图中可以看出，Inception 模块首先使用不同大小的卷积核处理输入矩阵，图中第二层不同的矩阵为分别使用了边长为 1、3、5 的卷积核的卷积层前向传播的结果。不同的矩阵代表了 Inception 模块中不同的计算路径。虽然卷积核的大小不同，但如果所有的卷积核都使用零填充，并且将步长设置为 1 的话，那么输出矩阵的长和宽就都与输入矩阵一致。这样，即使使用的卷积核大小不同，处理之后依然可以把几个输出矩阵拼接在一起，形成一个深度更大的矩阵。

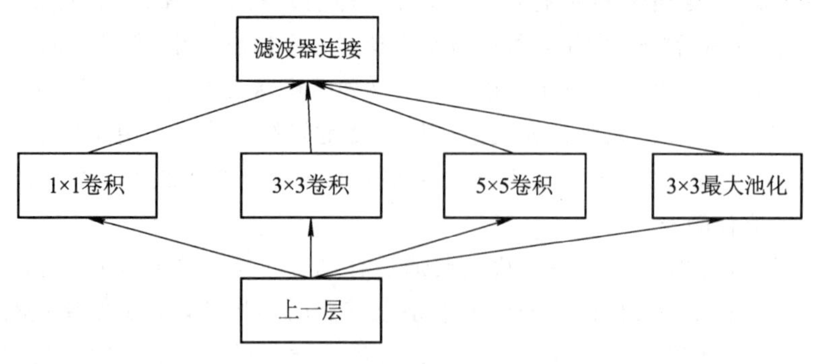

图 8.23 Inception 模块结构示意图

图 8.23 只是展示了 Inception 模块的核心思想，真正应用于 InceptionV3 模型中的模块要更加复杂且多样。Szegedy C. 等人将大的卷积分解为多个小的卷积累加，比如将一个 5×5 的卷积分解为两个累加在一起的 3×3 卷积，这样可以有效地节约 28%的计算。同时，还可将对称的卷积分解为非对称的卷积，比如将一个 3×3 的卷积分解为 1×3 和 3×1 的卷积计算，可以节约 33%的计算。推广可知，任意 $n\times n$ 的卷积都可分解为一个 $1\times n$ 和一个 $n\times 1$ 的卷积来减少计算，节约内存。除此之外还采用了更高效的下采样方案，有效地减小了网络大小。最终在 InceptionV3 中使用的三种 Inception 模块如图 8.24 所示。

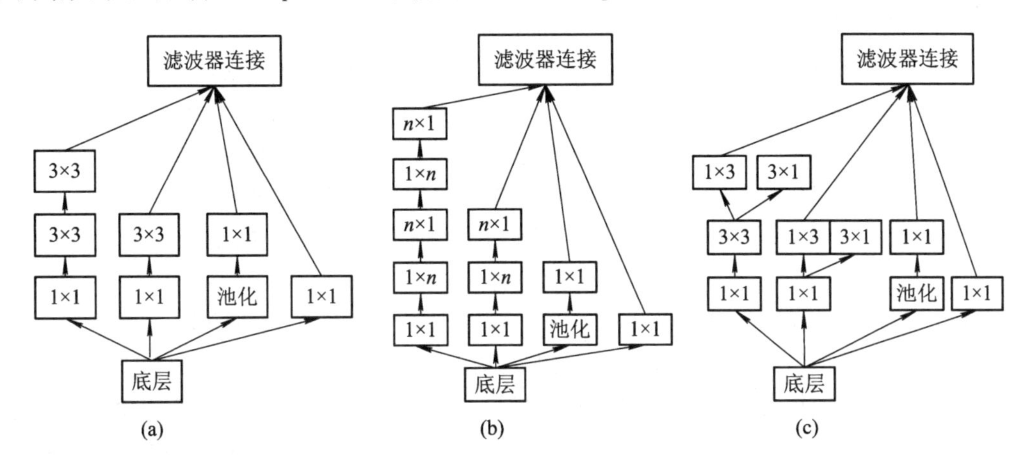

图 8.24　三种 Inception 模块

在用卷积神经网络解决现实问题时，一个不得不重视的问题就是训练问题。从谷歌官方的技术博客可知，训练一个深度学习模型需要的计算量是巨大的，他们用了大约半年的时间才将 InceptionV3 模型训练到让它达到 78%的正确率。在单一计算机上这样的训练速度太过缓慢，显然不可能应用在现实中来解决实际问题。为此，需要在 TensorFlow 中使用 GPU(图形处理器)进行计算加速。CPU 的主要功能虽然是解释计算机的指令以及处理软件中的数据，更加适合处理那些复杂的逻辑运算，也适合单独处理不同的数据类型，但在处理数量庞大的单一类型数据时，使用 GPU 并行计算能很好地降低计算压力，这是因为与 CPU 相比，GPU 中运算器的数量更多，缓存数量更小。为了成功地在系统中运行 GPU 版本的 TensorFlow，还需要配合使用对应版本的 CUDA 和 cuDNN。

CUDA 是一种操作 GPU 计算的软件和硬件架构，它是英伟达(NVIDIA)公司推出的只在自家 GPU 上使用的并行计算框架，这个框架把 GPU 看作一个数据并行计算设备，可以使 GPU 进行复杂的计算。cuDNN 是英伟达推出的用于深度卷积神经网络的 GPU 加速库，它更加注重性能、低内存占用和易使用性。除了 TensorFlow，cuDNN 还可以和其他开源且高级的机器学习框架集成，比如 caffe。通过 CUDA 和 cuDNN 的配合使用，GPU 可以进行高性能的深度神经网络训练工作。

虽然 GPU 可以加速 TensorFlow 的计算，但是把所有的操作都转移到 GPU 上执行并不是最优方案。通过实验得到的结论是将密集型的运算放在 GPU 上，而把指令类的操作和其他操作放在 CPU 上效果更好。在使用单个 GPU 加速依然达不到大型深度学习模型训练对计算量的需求时，通常会同时利用多个 GPU 或者多台机器同时训练来扩展计算资源，提升训练效率。

8.6.5 实验与结果分析

目前很多研究使用的是 Luk 等人提出的使用手腕部尺骨和桡骨 X 光片进行骨龄判定的分类架构，即 DRU 骨骼成熟度判定标准。他们按照骨骺成熟度来定义桡骨和尺骨的不同阶段，其中桡骨分为 R1～R11，尺骨分为 U1～U9。这种分类架构展示了青少年在各个成长阶段骨骼的不同变化，给出了桡骨和尺骨在各个阶段的特征。王永灿等人的研究就基于这一判定标准，他们从图像中分割出尺骨和桡骨，并训练卷积神经网络来判定它们属于哪一个阶段。

然而，如果按照这种判定标准进行实验，可以理解为把骨龄判别看作一个分类任务，最后输出的结果就是当前 X 光片上显示的图片对应的人属于哪个年龄阶段。这样做不仅需要人工对当前的数据集进行重新分类，而且最后也无法得到待检测人的具体年龄。所以，本次实验决定将该问题看作回归问题，即最后可输出 X 光扫描图片对应待检测者的具体年龄，单位精确到月。实验整体流程如图 8.25 示。

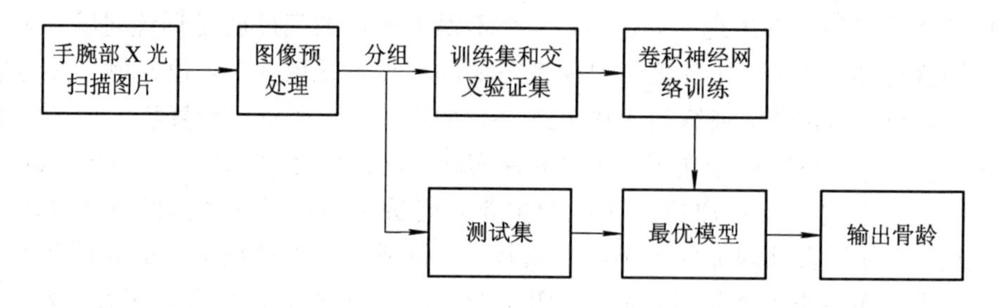

图 8.25 实验整体流程

实验环境为 Windows 10 系统，CPU 为 Intel Xeon E5-2678 v3，主频为 2.5 GHz，GPU 为 NIVIDIA GTX1080Ti，CUDA9.0，cuDNN 7.1。编程语言为 Python，使用 TensorFlow 和 Keras 框架。在卷积神经网络搭建方面，受硬件条件的限制，考虑到训练时间，输入的图像只使用了 500 张，随机分为训练集、验证集和测试集，其中训练集 350 张，验证集 50 张，测试集 100 张。输入图像的大小为 224×224×1。在将图像输入网络之前，使用 Keras. prepeocessing. image 模块中的图像生成器对图像做进一步处理。其中包括：开启水平翻转，垂直平移范围和水平平移范围都是 0.15，透视变换范围是 0.01，旋转范围是 5°，对于缺失值的填充模式为 nearest。

在训练深度卷积神经网络的时候，常常采用随机梯度下降类型的算法进行模型训练和参数求解，常用的算法有经典的随机梯度下降法、动量随机下降法等。在本次实验的训练过程中，经过比较使用 Adam 优化算法。这是一种自适应参数更新方法，它对目标函数没有平稳要求，而且计算高效，内存占用少。Adam 算法有三个参数，即两个衰减参数和一个学习率。在本次实验中，三个参数分别为 0.9、0.999 和 0.0001。同时，初始的权重参数 w 使用 ImageNet 提供的预训练参数。

本次实验在 InceptionV3 网络结构下可以修改的主要参数有以下四种：池化方式、Dropout、激活函数类型和输入图像大小。为了获得最佳判定模型，本节在不同参数下训练了网络模型，而且还将其与使用 Vgg16 网络进行的训练做了对照。具体的模型参数如表 8.8 所示。

表 8.8 不同模型的参数设置(受客观条件的限制，无法实现所有参数的排列组合)

模型	网络类型	池化方式	Dropout	激活函数类行	图片大小
模型一	InceptionV3	平均池化	0.5	relu	244×244
模型二	InceptionV3	平均池化	0.5	tanh	244×244
模型三	InceptionV3	平均池化	0.2	relu	244×244
模型四	InceptionV3	最大池化	0.2	relu	500×500
模型五	Vgg16	平均池化	0.2	relu	244×244

最后，不同模型的骨龄判定情况如表 8.9 所示。

表 8.9 不同网络模型的平均误差

模型	模型一	模型二	模型三	模型四	模型五
平均误差/月	9.6296	14.70185	8.5826	11.1650	26.0146

由表 8.9 可以看出，预测结果最好的是模型三，即使用 InceptionV3 网络、平均池化、Dropout=0.2 且激活函数选择 relu 的模型，最终的平均误差为 8.58 个月。2017 年北美放射学会举办的机器学习骨龄预测挑战赛冠军 Mark Cicero 和 Alexander Bilbily 团队在没有使用数据增强之前的平均误差也是 8～9 个月，在增强并使用两台装有 TitanX 型号 GPU 的计算机进行训练后，才将平均误差减小到 4.565 个月。

实验有三个输出：第一个是测试集的平均误差；第二个是所有测试集 X 光图片的真实骨龄与预测骨龄之间的对比；第三个是预测的骨龄。为了验证图像的预处理最后结果的准确性提升，分别使用原始图像和处理后的图像训练网络，网络参数使用了前述实验得到的最优参数得到两个模型，记录了训练时间，然后再用测试集验证准确率。最后，两个数据集的骨龄判定情况如表 8.10 所示。

表 8.10　两个数据集的实验结果对比

图　像	平均误差/月	最小误差/月	最大误差/月	训练时间/小时
原始图像	19.26	0	62	31
预处理后图像	8.58	0	26	26

可以看出，进行过预处理后，网络对 X 光图像骨龄判定的正确率显著提高，将骨龄的平均误差由原来的 19.26 个月减小到 8.58 个月，而且训练时间也有所减少。图 8.26 展示了网络模型在两个数据集上预测的骨龄与实际的对比，横坐标为所有图像的实际骨龄，纵坐标是横坐标对应 X 光图像的预测骨龄。图中实线代表了实际骨龄与网络判定的骨龄一致的标准线，小点则是每个实际骨龄对应的预测骨龄。小点的分布越靠近实线，两者的重合度越高，说明预测越接近实际，正确率越高。图 8.26(a)为原始图像的实验结果，可以看出，小点分布极其分散，在骨龄小于 100 个月(约 10 岁)的 X 光图像中还能维持一定的正确率，但在更高年龄群体中则出现了极大的误差，严重偏离标准线。图 8.26(b)是经过图像预处理后的实验结果，可以看出，较之前结果，判定的准确率已经大大提高，虽然小点的分布没有完全与标准线重合，但离散程度已经显著降低。通过图 8.26 可以更直观地看出图像预处理对于提高准确率的显著作用。

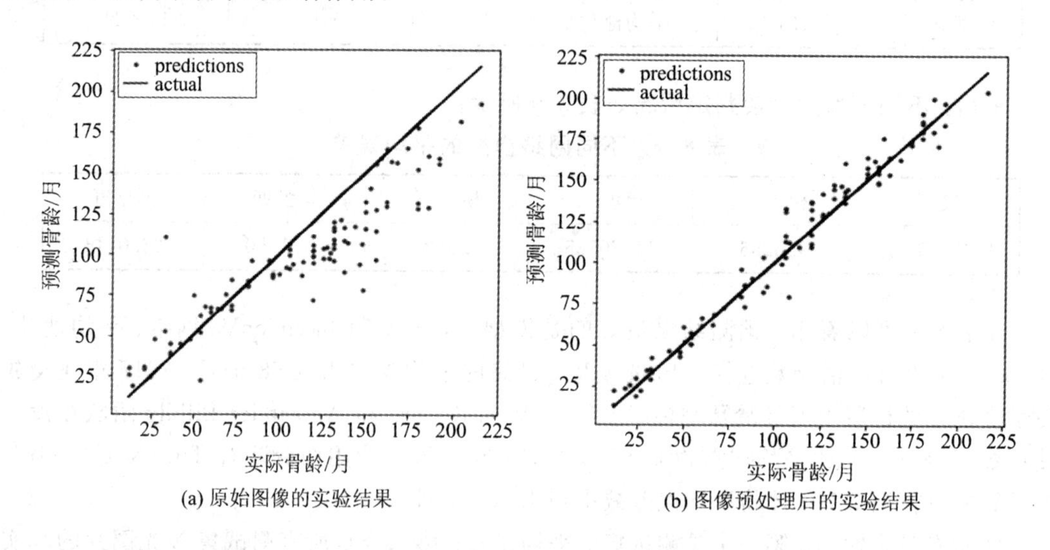

(a) 原始图像的实验结果

(b) 图像预处理后的实验结果

图 8.26　实际骨龄与预测骨龄对比

图 8.27 展示了处理后图像训练网络的输出，即将随机抽取部分测试集中的 X 光图像

对应的骨龄和网络判定的骨龄进行显示。为了方便查看，已经把年龄按月换算成了年。可以看出，在图像预处理中还存在着不彻底的情况，如果底片背景的灰度值和手部骨骼的灰度值接近的话，就很难将其彻底去除掉；但成功去除所有背景要素并完整保留手部骨骼的图像，网络对其骨龄的判定正确率还是比较高的。图 8.28 展示了原始图像训练网络的输出，未处理的图像每张之间的灰度分布不均衡，存在很多无关因素，影响了训练过程中神经网络对图像特征的提取，最后导致判定的骨龄偏离实际，降低了正确率。

真实骨龄 4.0 年，预测骨龄：4.0 年

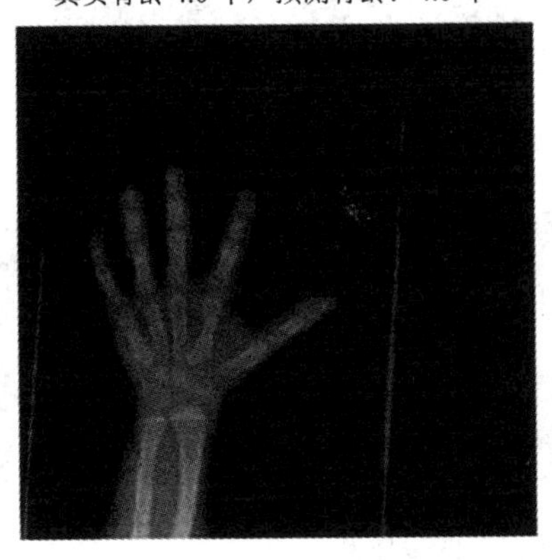

真实骨龄 6.8 年，预测骨龄：6.6 年

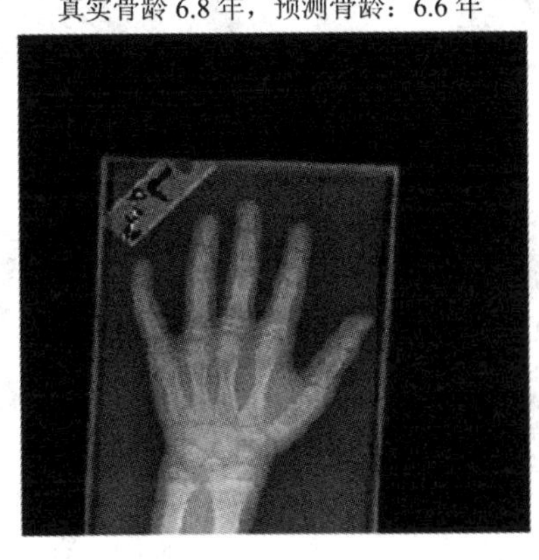

图 8.27　处理后图像输出样例

真实骨龄：4.0 年
预测骨龄：4.0 年

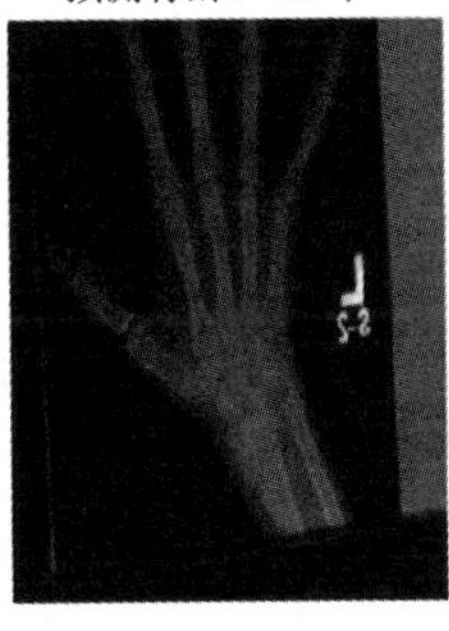

真实骨龄：11.6 年
预测骨龄：12.1 年

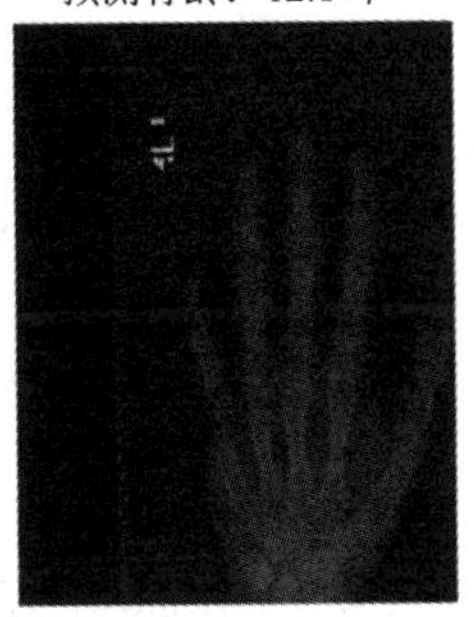

真实骨龄：13.5 年
预测骨龄：12.8 年

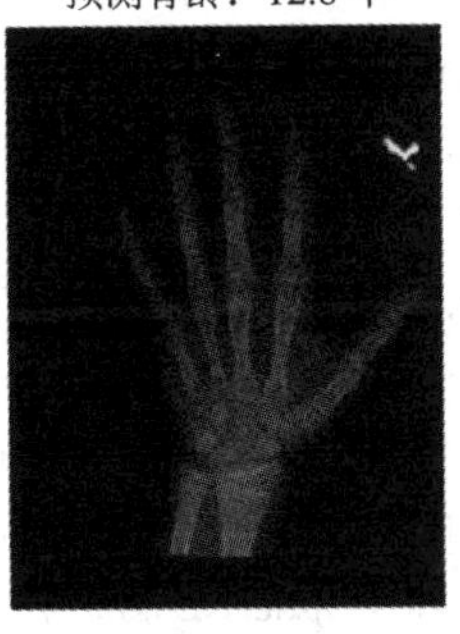

真实骨龄：18.0 年
预测骨龄：17.0 年

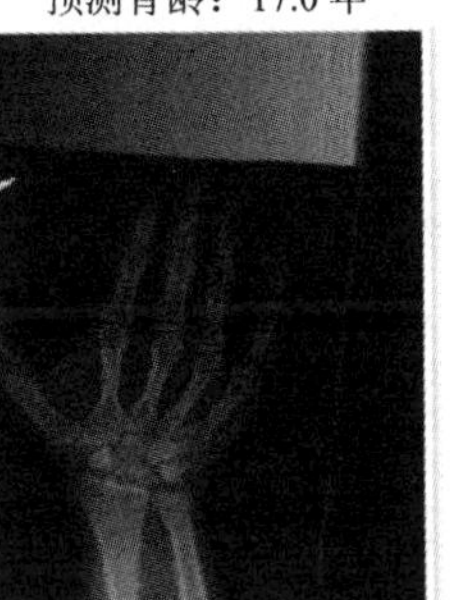

图 8.28　原始图像输出样例

习　题

1. 使用 10-fold 交叉验证方法实现 SVM 对图 8.29 和图 8.30 中两个人脸数据库的识别，列出不同核函数参数对识别结果的影响，要求画出对比曲线。

2. 使用不同的降维方法实现 SVM 对图 8.29 和图 8.30 中两个人脸数据库的识别，例如 LDA、LLE、ISOMAP 等。

图 8.29 AT&T 人脸数据库图像样例

图 8.30 Yale 人脸数据库图像样例

延伸阅读

[1] O'SULLIVAN J A, DEVORE M D. SAR ATR Performance Using a Conditionally Gaussian Model. IEEE Trans. AES, 2001, vol. 37, No. 1: 91-108.

[2] 宦若虹，杨汝良，岳晋. 一种合成孔径雷达图像特征提取与目标识别的新方法. 电子与信息学报，2008，30(3)：554-558.

[3] ZHANG C, LI S D, ZOU T, et al. An automatic target recognition method in SAR imagery using peak feature matching. Journal of Image and Graphics, 2002, 7(A): 729-734.

[4] KOTTKE D P, FIORE P D, BROWN K L, et al. A design for HMM-based SAR ATR. Proceedings of International Society for Optical Engineering (SPIE), 1998, 3370: 541-551.

[5] MAHALANOBIS A, VIJAYA KUMAR B B K, SIMS S R F. Distance-Classifier correlation filters for multiclass target recognition. Applied Optics, June 1996, No. 17: 3127-3132.

本章参考文献

[1] RAINA R, BATTLE A, LEE H, et al. Self-taught learning: transfer learning form unlabeled data. in: ICML, 2007: 759-766.

[2] 杜兰. 雷达高分辨率距离像目标识别方法研究. 西安：西安电子科技大学，2007.

[3] PATNAIK R, CASASENT D. Illumination invariant face recognition and impostor rejection using different MINACE filter algorithm. Proceeding of Spie the International Society for Optical Engineering, 2005, 5816(10): 628-637.

[4] PATNAIK R, CASASENT D. Fast FFT-based distortion - invariant kernel filters for general object recognition. Intelligent Robots and Computer Vision XXVI: Algorithms and Techniques, SPIE, vol 7252, 2009.

[5] HURST M P, MITTRA R. Scattering center analysis via pronys method. IEEE Trans. on Antennas and Propagation, 1987(35): 986-989.

[6] GERRY L C, MOSES R L. Attributed scattering centers for SAR ATR. IEEE Trans. on Image Processing, 1997, 6(1), 79-91.

[7] KOETS M A. Feature extraction using attributed scattering models on SAR imagery. Proc. of SPIE on Algorithms for Synthetic Aperture Radar Imagery VI, 1999, 3721: 104-115.

[8] 计科峰，匡纲要，郁文贤. SAR图像目标峰值提取与稳定性分析. 现代雷达，2003，01，25(2)：15-18.

[9] 高贵，计科峰，匡纲要，等. 高分辨SAR图像目标峰值提取及峰值稳定性分析. 电子与信息学报，2005，01. 27(4)：561-565.

[10] ZHAO Q, PRINCIPE J C. Support vector machines for SAR automatic target recognition. IEEE Transactions on Aerospace and Electronic Systems, 2001, 37(2): 643-654.

[11] ZHAO Q, PRINCIPE J C, BRENNAN V, et al. Synthetic aperture radar automatic target recognition with three strategies of learning and representation. Optical Engineering, 2000, 39(5): 1230-1244.

[12] DAVID G L. Object Recognition from Local Scale-Invariant Features. The Proceedings of the Seventh IEEE International Conference on Computer Vision. Corfu, Greece: IEEE Computer Society Press, 1999: 1150-1157.

[13] YAN K, SUKTHANKAR R. PCA - SIFT: a more distinctive representation for local image descriptors. Proceedings of IEEE Conference on Computer Vision and Pattern Recognition, Washington, DC, 2004: 506-5 1 3.

[14] MIKOLAJCZYK K, CORDELIA S. A performance evaluation of local descriptors. IEEE Transactions on Pattern Analysis and Machine Intelligence, 2005, 27(10): 1615-1630.

[15] QUATTONI A, COLLINS M, DARRELL T. Transfer learning for image classification with sparse prototype representations, CVPR, 2008: 1-8.

[16] LIU Y, CHENG J, XU C S. Building topographic subspace model with transfer learning for sparse representation. Neurocomputing, 2010, 73: 1662-1668.

[17] NICOLI L P, ANAGNOSTOPOULOS G C. Shape-based Recognition of Targets in Synthetic Aperture Radar Images Using Elliptical Fourier. Proc. of SPIE, 2008, 6967.

[18] PATNAIK R, CASASENT D. MSTAR object classification and confuser and clutter rejection using

Minace filter. In Automatic Target Recognition XVI. Proc. of SPIE, 2006, 6234.

[19] CHANG C C, LIN C J. LIBSVM: a library for support vector machines. ACM transactions on intelligent systems and technology (TIST), 2011, 2(3): 1-27.

[20] 叶清，吴晓平，宋业新. 基于权重系数于冲突概率重新分配的证据合成方法. 系统工程与电子技术，2006，28(7)：1014-1016.

[21] SUN Y J, LIU Z P, TODOROVIC S. Adaptive Boosting for SAR Automatic Target Recognition. IEEE Trans. On Aerospace and Electronic Systems, 2007, 43(1): 112-115.

[22] HO T H. The Random Subspace Method for Constructing Decision Forests. IEEE Transaction on Pattern Analysis and Machine Intelligence, 1998, 20(8): 832-844.

[23] HUANG Y S, SUEN C Y. A Method of Combining Multiple Experts for the Recognition of Unconstrained Handwritten Numerals. IEEE Transactions on Pattern Analysis and Machine Intelligence, 1995, 17(1): 90-94.

[24] 韩萍，吴仁彪，王兆华，等. 基于KPCA准则的SAR目标特征提取与识别. 电子与信息学报，2003，25(10)：1297-1301.

[25] ZHAN Z H, ZHANG J, LI Y, et al. Adaptive Particle Swarm Optimization. IEEE Transactions on Systems, Man, and Cybernetics: Part B, 2009: 1-20.

[26] LIU B, WANG L, JIN Y H. Improved particle swarm optimization combined with chaos. Chaos, Solitons and Fractals, 2005: 1261-1271.

[27] LEUNG K, CHEONG F, CHEONG C. Generating Compact Classifier Systems Using a Simple Artificial Immune System. IEEE Transactions on System, Man and Cybernetics: Part B, 2007, 10(5): 1344-1356.

[28] 潘晓英. 多智能体社会协同进化模型及其算法研究. 西安：西安电子科技大学，2008.

[29] 沈勋章. 手腕部骨龄鉴定方法的研究进展. 中国医药科学，2011，1(12)：9-12.

[30] LUK K D K, SAW L B, GROZMAN S, et al. Assessment of Skeletal Maturity in Scoliosis Patients to Determine Clinical Management: A New Classification Scheme Using Distal Radius and Ulna Radiographs. Spine Journal Official Journal of the North American Spine Society, 2014, 14, 315-325.

[31] 王永灿，胡勇，申妍燕，等. 基于卷积神经网络的骨龄阶段识别研究. 图像与信号处理，2018，07(01)：1-15.